인간 잠재력의 최고점에 오른 사람들
슈퍼휴먼

로완 후퍼 지음

이현정 옮김

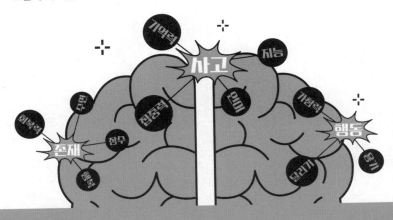

인간 잠재력의 최고점에 오른 사람들
슈퍼휴먼
SUPERHUMAN

11가지 분야에서 놀라운 성취를 이룬
사람들에 대한 과학적 탐구

동아엠앤비

몇 년 전, 영장류학자들의 한 컨퍼런스에 참석한 적이 있었다. 음료를 마시는 연회 시간에 나는 이해심 많은 과학자로 보이는 어떤 이에게 열정적으로 말을 쏟아냈다. 침팬지가 얼마나 우리 인간들과 비슷한지, 그리고 그 차이가 얼마나 작은 차원의 문제에 불과한지에 대해서 말이다. 사실 나는 상당한 수준의 침팬지 애호가였다. 물론 그냥 영장류학자들에게 잘 보이고 싶어서 애쓴 건지도 모른다. 하지만 내 관점은 당시에 내가 쓰고 있던 글의 내용을 반영한 것이기도 했다. 당시에 나는 한때 인간 고유의 것이라 여기던 특징들을 지닌 동물들에 대해 글을 쓰고 있었다. 예를 들면, 막대기를 인형처럼 갖고 노는 야생 침팬지나,[1] 창을 만들어 다른 척추동물들을 사냥하는 침팬지에 대해서,[2] 또 자기들만의 수화를 쓰는 침팬지들,[3] 전쟁을 일으키거나[4] 심지어 원시적인 종교의식으로 보이는 행동을 하는 침팬지들도 있었다.[5] 이러한 발견들에 대한 진화 생물학자로서의 내 견해는 이랬다. 바로 인간은 다른 동물들이 가진 특성,

심지어 행동까지도 공유한다는 것이었다. 즉, 인간은 동물들과 상호 연관된 존재들이며, 유전자까지도 공유한다. 그리고 그 유전자들이 행동에 영향을 미치는 것이다. 사실, 이건 별로 놀라운 일은 아니다. 우리가 선 또는 악이라 부르는 것을 포함한 모든 것들이 진화에 그 기반을 두고 있으니 말이다. 따라서 우리 인간들이 자신들의 어렴풋한 형상을 다른 동물들에게서 발견하는 건 너무 당연한 일인 셈이다.[6] 사실 저널리스트로서 나는 인간의 고유성이 얼마나 부실한 개념인가를 깨닫고 흡족해했다. 인간만의 고유성이 부족하기에, 인간과 다른 동물들 간의 유사성이 부각되기 때문이었다. 그렇다면 인간과 동물들 간의 유대감도 증진할 수 있을 것이다.

그렇게 나는 와인 잔을 손에 들고, 쾌활하게 호언장담했다. "우리 인간들만의 고유성이라는 건 없지요. 게다가 유전학을 한번 들여다보세요. 인간과 침팬지가 거의 판박이인 수준 아닙니까?" 그러자 이를 듣던 영장류학자가 마치 암살자 같은 냉소적인 미소를 지으며 이렇게 말하는 것이었다. "그렇담, 침팬지가 혼자서 강입자충돌기(Large Hard Collider, LHC)라도 만들 수 있답니까?"

바로 이 질문이 인간과 침팬지가 비슷하다는 나의 수년간의 사고를 와르르 무너뜨리게 했다. 당시에 스위스 소재 유럽핵연구센터(CERN)에 있는 강입자충돌기를 이용해 힉스 입자(Higgs boson, 우주 공간을 구성하는 소립자)를 발견하는 사건이 있었던 것이다. 뭐랄까, 눈에 씐 콩깍지가 벗겨나가는 기분이었다. 물론 지금껏 내가 동물들의 능력을 과장해온 것은 아니었다. 다만, 인간들의 능력을 저평가했던 것이었다. 이제 보니 그것은 어처구니없는, 우스운 일이었다.

내 앞의 영장류학자가 "그럼 마지막으로 침팬지가 달 위를 걸었던 건 언제랍니까?" 혹은 "침팬지가 〈게르니카 Guernica〉(피카소의 대표작)도 그릴 줄 안다던가요?"라고 추가로 묻는다 해도 이상할 게 없었다. 물론, 침팬지들은 훌륭하고 지능이 높은 동물이다. 하지만 정말로 놀라운 건 침팬지들이 얼마나 똑똑한가가 아니었다. 바로 우리 인간들이 얼마나 이루 말할 수 없이 대단한가였다. 나는 생물학자로서 현장에서 동물 행동을 관찰하곤 했다. 그리고 동물들의 생계 유지와 짝짓기라는 문제가 자연선택(natural selection)의 과정을 통해 해결되는 것을 보고 감탄했다. 물론 지금도 계속 감탄 중이다. 하지만 그러다 보니 인간 행동과 능력의 원대함에 대해 망각하는 경우가 종종 발생했던 것이다.

말하자면 이 책은 인간 능력에 대한 내 관점을 바르게 되돌리려는 시도이기도 하다. 나는 다양한 범위의 인간 특성에서, 잠재력의 최고점에 오른 사람들을 만나기 시작했다. 즉, 지능, 음악적 능력, 용기, 인내심 같은, 우리가 감탄하는 특성들에서 세계 최고라 평가받는 이들을 말이다. 또한, 우리가 가장 소중히 여기는 가치들, 즉 행복이나 장수에 있어 극한의 삶을 사는 사람들도 소개할 것이다. 즉, 이 책은 인간이 도달 가능한 최고점에 대한 자축인 셈이다. 이들과의 만남으로, 우리는 인간이라는 종이 지닌 가능성과 다양함에 경탄해 마지않을 것이다. 또한 이들이 그 단계에 도달하기 위해 어떤 개인적 노력을 했는지를 이해하고, 이를 분석해볼 것이다. 이런 이들은 초인까지는 아닐지라도, '슈퍼휴먼(superhuman)'이라고 불려 마땅하지 않을까. 나는 이 슈퍼휴먼들이 그들의 업적을 어떻게 쌓았는지를 이해하고 싶었다. 평범한 우리들이 좀 더 그들을 가까이 느끼도록 말이다. 이들이 내뿜는 천부적 재능의 마력이 우리에게 닿는다면, 인간의 미래를 엿보는 데 큰 도움이 될지 모른다. 그런 놀라운 능력 저변에 뭐가 숨어 있는지를 이해한다고, 그 마력이 사그라지는 건 아니다. 오히려 더 깊이 이해함으로써, 우리의 삶에 대해서도 더 잘 파악하게 될 것이다. 나아가 우리가 슈퍼휴먼은 아니라도, 생각보다 더 큰 능력을 지녔음도 깨닫게 될 것이다. 우리 모두에겐 숨겨진 깊이가 있다. 인류가 향상시키려 고군분투하는 그 특성들이 우리 내면에도 잠재되어 있는 것이다.

앞으로 이 책에서 다룰 특성들을 살펴보면, 누가 세계 제일의 '슈퍼휴먼'인지를 판단하기는 어렵지 않을 거다. 비록 필자의 기술이 다소 비과학적인 면이 있더라도 말이다. 예를 들어 필자는 '세계 제일의 가수들'을 '노래로 생계를 유지할 수 있는 사람'으로 정의한다. 또, '인내심이 가장 많은 사람'을 '가장 멀리 달릴 수 있는 사람'으로 정의한다. 물론, '가장 장수하는 사람'은 그 사람의 존재 자체가 이를 증명할 것이다. 그 외 다른 특성들, 예를 들어 용기와 지능은 다소 주관적인 분야이기는 하다. 거기에 대해서는 필자가 이에 부합하는 인물들을 제대로 골랐기를 바라는 마음뿐이다.

이 책은 크게 3부로 나뉜다. 1부는 사고(Thinking)이다. 여기에서는 인지 능력에 기인하는 특성들을 살펴볼 것이다. 이를 위해 지능, 기억, 언어 능력과 마음을 집중하는 능력에 대한 연구 사례들을 살펴볼 것이다. 2부는 행동(Doing)이다. 여기서는 용기, 가창력, 그리고 인내심을 인간이 다른 어떤 동물들보다도 더 크게 발전시킨 능력으로 간주하였다. 3부는 존재(Being)이다. 이 부분에서는 장수와 회복력, 수면과 행복에 대해 다룰 것이다. 이 특성들은 언뜻 보기에 그저 우리의 일부분처럼 느껴진다. 하지만 이를 훨씬 더 고난도로 수행하는 이들이 존재한다. 필자는 각각의 특성에 있어서 이 슈퍼휴먼들이 어떻게 잠재력의 정점까지 오를 수 있었는지에 대한 과학적 이해를 시도할 것이다. 또한 이런 특성들이 상대적으로 천성인지, 교육의 힘인지에 대해도 살펴볼 것이다. 즉, 그 원인이 유전적인지 환경적인지를 파헤치는 것이다. 필자가 꼽은 슈퍼휴먼들이 어떻게 그리 뛰어난 능력을 소유하게 되었는지에 대한 단서는 많다. 이를 통해 우리 모두가 많은 것을 배울 수 있을 것이다. 물론 이 11가지 특성들이 우리의 인간됨의 전부를 담아낼 수는 없다. 그러나 필자는 이 특성들이 널리 시사하는 바가 많다고 믿는다. 이를 통해서 필자 또한 인간의 풍부한 능력에 대해 깨달았을 뿐 아니라, 인간의 뛰어난 잠재력에 대한 열정으로 가득 차게 되었으니 말이다.

차례

3부

존재

1부

사고

THINKING

1장

— 지능 —

INTELLIGENCE

지식이 그 정수(精髓)로 압축된다고 가정해보자. 그래서 그림 혹은 간판 안에 쏙 들어가거나 별 대수롭지 않은 장소에 갇힌다고 말이다. 또 인간의 두개골이 아주 방대해져서 그 안에 공간들이 생겨나고, 마치 벌집 속의 방들처럼 웅웅거리는 소리를 낸다면 어떨까.

– 힐러리 맨틀의 『울프 홀 *Wolf Hall*』(2009) 중에서

뛰어난 지능은 보는 순간 알 수 있다. 필자는 이를 말레이시아의 보르네오섬(Borneo)에 서식하는 한 어린 수컷 오랑우탄을 보고 느낀 적이 있다. 이 오랑우탄은 삼림 파괴 탓에 고아로 남겨져 있었다. 이 수컷 오랑우탄을 처음 마주쳤을 때, 나는 한 영장류학자 친구와 함께 우림 보호 구역 근처를 하이킹을 하고 있던 참이었다.

이 오랑우탄은 재활 센터에서 자라났기에 사람들에게 친숙해져 있었다. 특히, 성인 남성들을 무척이나 좋아한다고 했다. 오랑우탄은 어슬렁대며 내게 다가왔다. 이 어리지만 강한 유인원이 내 옷자락을 잡아당기자, 나는 어쩐지 초조해졌다. 나를 흡사 나무로 생각하는 건지, 올라타려는 시도까지 하는 것이었다. 나는 이 오랑우탄을 몇 번 밀어냈다. 그러자, 마침내 오랑우탄은 엉덩이를 땅에 대고 털썩 앉더니 나를 올려다보며 손을 내미는 게 아닌가. 나는 손을 잡았다. 그 손이 내 손을 아주 포근하고 따뜻이 감싸는 걸 느꼈던 게 아직도 기억난다. 이윽고 나는 오랑우탄의 눈을 들여다보았다. 거기엔 뭔가 짜증과 희망 어린 보챔이 뒤섞인 표정이 담겨 있었다. 내가 자기를 자꾸 밀어낸 데 질렸던 모양이었다. 하지만 여전히 자기는 그저 나와 놀기를 바랐을 뿐임을, 내가 헤아리길 원하고 있었다.

지능은 목격하는 순간 알게 돼 있다. 그리고 나는 그것을 그 오랑우탄에게서 찾았다. 그렇게 악수를 하고 서로 눈빛을 교환한 뒤, 우리는 족히 한 시간을 함께 놀았다. 주로 오랑우탄이 내 몸을 타오르거나, 내가 그의 손을 잡아 빙빙 돌리거나 하면서 말이다. 말하자면 이 오렌지색 오랑우탄은 괴물처럼 힘이 센 유아나 다름없었다. 요즘도 그때 여섯 살이던 오랑우탄이 어찌 지낼지 가끔 생각하곤 한다. 아직도 그 삼림의 보호구역 한구석에서 안전하게 살고 있을까.

오랑우탄과의 만남은 내게 특별한 추억으로 남았다. 하지만 이 일화는 동시에 지능에 대한 연구가 몇 가지 문제점을 내포함을 시사한다. 우선, 내가 오랑우탄에게 특정 감정들을 투영하고 있었는지도 모른다는 점이다. 많은 이들이 개들의 눈에서도 그 비슷한 감정을 읽어낸다고 말하지 않는가. 물론 개들도 오랑우탄처럼 어떤 면에서는 지능적일 수 있다. 하지만 그 어떤 면이 대체 뭐란 말인가? 그걸 우리 인간들이 어떻게 측정할 수 있을까?

지능을 연구하기 위해서는 지능을 정의하고 측정할 수 있어야 한다. 하지만 그 정의도 측정도 여간 애매한 일이 아니다. 마치 신장처럼 재기 쉬운 것이 아니니까 말이다. 물론 사람들마다 서로 다른 다양한 수준의 신장을 갖는다는 점에서는 본질적으로 지능도 비슷하기는 하다. 여하튼 지능이란 복잡하고, 다면적이며, 변동적인, 그래서 파악이 힘든 것이다. 그리고 아마도 우리 모두가 가장 존경하는 인간적 특성이 아닐까. 그런데도 모두 수긍할 만한 지능의 정의를 내리기 힘들다는 게 이상하지 않은가. 여기, 미국 심리학회의 지능 관련 프로젝트 팀이 내린 지능의 정의를 살펴보기로 하자. "개개인은 복잡한 개념들을 이해하기 위한, 환경에 효과적으로 적응하기 위한, 경험으로부터 배우기 위한, 여러 형태의 사고를 위한, 사고를 통해 난관을 극복하기 위한 서로 간에 다른 능력을 지닌다." 물론 이 정의도 괜찮다. 하지만 나는 어떻게 예술가들이나 과학자들이 새로운 개념을 창조하고 발전시키는지, 그래서 대중에게 접해보지 못한 전혀 새로운 세계를 펼쳐 보이는지를 알고 싶었던 것이다.

사실 우리는 타인의 지능을 쉽게 알아차릴 수 있다. 게다가 IQ 테스트도 있으니, 지능의 일부분을 측정하는 것도 가능하다. 하지만 지능에 점수를 매기는 게 '남들보다 뛰어난 지능을 가지는 것'의 의미를 설명해주지는 않는다. 더구나 IQ 테스트를 한 번도 받아보지 않은 이들도 있지 않은가. IQ에 대해서는 이 장의 끝에서 더 자세히 살펴보기로 하겠다. 하지만 우선, 지능이라는 문제의 특성을 제대로 대표하는 이들과의 만남으로 얘기를 시작해보겠다. 예를 들어, IQ가 무려 150을 웃도는 아무개 씨가 있다고 해보자. 높은 지능으로 인해 그는 어떤 기분이 들까? 높은 지능의 이점이 있다면, 그건 뭘까? 이렇듯 지능이 넘치도록 뛰어난 이들은 과연 세상을 어떻게 바라볼까? 나아가 우리 자손들이 더 뛰어난 지능을 갖기 유리하게 만들 수도 있을까?

지능을 탐구함에 있어 필자가 제일 먼저 만나기로 한 사람은 바로 한 체스 그랜드 마스터(chess grandmaster, 최고 수준의 체스 선수)였다. 체스를 선택한 이유는 간단하다. 체스가 순수하게 지능적인 게임이거나, 적어도 매우 높은 지능을 요하는 게임이기 때문이었다. 게다가 과학자들도 체스라는 분야를 광범위하게 연구해온 바 있다.

심지어 이런 말도 있을 정도다. 인지과학에서 체스란, 유전학에서의 초파리의 역할과도 같다고 말이다. 초파리는 아마도 지구상의 유기체 중 가장 널리 연구돼온 대상일 것이다.

우리가 만나볼 존 넌(John Nunn)은 역사상 가장 훌륭한 체스 선수 중 한 명이다. 그는 전성기 때 전 세계 10위 안에 들 정도의 뛰어난 기량을 자랑했다. 한편, 그는 열다섯 살에 옥스퍼드 대학에 수학을 공부하기 위해 입학했는데, 그로써 1490년의 울지 추기경(Cardinal Wolsey) 이후 가장 어린 옥스퍼드 학부생으로 자리매김하기도 했다(이렇게 해서 자연스럽게 이 장에서 만나볼 다른 인물들과의 주제적 연결고리도 마련된 셈이다). 그 후, 존 넌은 대수적 위상 기하학(algebraic topology) 박사 학위를 취득했다. 물론 이 분야에 대해서 필자는 아무런 아는 바가 없지만 말이다.

존 넌은 스물여섯 살 되던 해에 프로 체스 선수로 전향했다. 그가 특별한 존재임은 자명했다. 하지만 뛰어난 역량을 발휘했음에도, 존 넌은 1위를 차지하지는 못했다. 한편, 역사상 가장 높은 랭킹을 자랑하는 체스 선수인 매그너스 칼슨(Magnus Carlsen)은 현재 61세인 존 넌이 한 번도 체스 월드 챔피언에 오르지 못한 원인에 대해 이렇게 언급했다. 바로 존 넌이 지나치게 똑똑하기 때문이라는 것이었다. "그는 머리에 든 것이 너무 많아요. 정말로 너무나. 그의 거대한 이해력과 지식에 대한 끝없는 갈증이 체스에 대한 집중을 방해하는 겁니다."

그러니, 존 넌을 만나기 전에 필자가 조금 위축됐던 게 어쩌면 당연했다. 게다가 그의 전문인 대수적 위상 기하학에 대한 내 이해력은 그야말로 보잘것없었다. 결국 나는 위키피디아에 찾아보기로 했다. 거기에는 대수적 위상 기하학의 목표가 "위상동형사상(homeomorphism)에 이르는 위상 공간(topological spaces)을 분류하는 대수의 불변(algebraic invariants)을 찾는 것이지만, 대부분은 동위(homotopy)의 동형(equivalence)을 찾는다"라고 기재되어 있었다. 이걸 읽고 나니 더 똑똑해지기는커녕, 더 멍청해진 기분이 들었다. 글쎄, 존 넌과 내가 만나 체스 게임에 대한 대화를 나누면, 좋은 얘깃거리가 생겨날 수도 있겠지만 좀체 엄두가 나지 않았다. 존 넌이 일부러 겸손할 척할 필요는 없지 않은가. 나 때문에 자신의 수준을 억지로 낮춰야 한다면, 그가 어색하지 않을까. 마치 내가 우사인 볼트(Usain Bolt)에게 공원을 한 바퀴 가볍게 뛰어보는 게 어떠냐고 권하는 꼴이 될지도 모른다. 존 넌은 1985년에 소련의 유명 체스 선수인 알렉산더 벨리아프스키(Alexander Beliavsky)를 굴복시킨 장본인이었다. 이 매치는 "존 넌은 불멸하다(Nunn's Immortal)"라는 평을 불러올 정도였다. 한편, 체스 선수들과 학자들의 성경이라고 불리는 잡지 『체스 인포먼트 *Chess Informant*』에서는 1966년부터 현재에 이르는 가장 멋진 체스 매치 순위 6위에 이 경기를 올려놓기도 했다(『체스 인포먼트』에서 체스 매치에 대한 기록을 시작한 게 1966년이었다).

존 넌과는 런던 남서 지역인 리치몬드의 한 커피숍에서 만나기로 약속을 잡았다. 나는 그곳에 십 분 먼저 도착해 자리를 잡아두었다. 그때까지는 그와 오직 이메일로만 연락해오던 터였다. 그래서인지 관계도 다소 형식적이었다. 나는 대체 그가 실제로는 어떤 사람일지 상상이 가지 않았다. 그러던 중, 그가 불현듯 내 앞에 도착했다. 청바지와 컨버스 운동화, 후드 티 위에 검정색 오토바이 재킷을 걸쳐 입은 차림으로 말이다. 그러고 보니, 그가 어떤 모습일까에 대해서는 딱히 생각해본 적이 없었다. 그런데 마주하고 보니, 생각보다 훨씬 멋들어진 체스 선수였다.

존 넌은 내게 자신이 체스를 처음 시작한 게 네 살 때라고 했다. 기억이 닿는 대로 보면, 아마 태어나면서부터 체스를 하지 않았을까 싶다고. "왜냐면 체스를 배운 기억이 나지 않거든요." 어쨌든 그가 체스에 타고난 재능이 있음은 곧 드러났다고 했다. 어떻게 알게 됐을까? "글쎄, 수많은 경기들을 이기다 보면 꽤 분명히 드러나죠." 그가 대수롭지 않게 말했다.

그의 말을 듣자, 대화가 지능에 대한 흥미로운 부분을 건드리고 있음을 직감했다. 존 넌이 체스에 타고난 재능이 있었다고 말할 때, 유전적인 부분이 큰 역할을 했다고 언급했기 때문이었다. 물론 그는 체스 두는 법은 배워야 했다. 하지만 체스를 잘 두기 위한 어떤 자연스런 능력이 있었다고 그는 주장했다. 이는 재능의 본질에 대한 정곡을 찌르는 말이었다. 또한 타고난 능력과 노력으로 특정 분야의 전문성을 키워나가는 것의 의미에 대해서도 설명해주는 말이었다. 이런 내용은 앞으로 이 책을 통틀어 계속해서 만날 수 있을 것이다.

전문성에 대해서는 크게 두 학파의 입장이 있다. 바로 오랫동안 논의돼온 '본성인가, 양육인가'를 중심으로 갈리는 두 입장이다. 양육의 중요성을 주장하는 학파의 대표적인 한 인물이 바로 안데르스 에릭슨(Anders Ericsson)이다. 에릭슨은 스웨덴 출신으로, 미국 플로리다 주립대의 심리학과 교수로 재직 중이다. 그의 연구는 주로 어느 일이라도 만 시간을 연습하면, 그 분야의 전문가가 될 수 있다는 유명한 주장을 골자로 한다(물론 요즘에는 이 주장이 널리 비판을 받기도 한다. 이에 대해서는 앞으로 6장에서 다시 다루기로 하겠다).

앞서 필자가 전문성에 대한 두 학파가 크게 '본성 중심'과 '양육 중심'으로 나뉜다고 했지만, 사실 문제가 있기는 하다. 바로, 두 입장을 가르는 선이 사실상 존재하지 않는다는 점이다. 본성도 양육도, 독립적으로 작용하지는 않기 때문이다. 유전자가 제대로 발현되려면 알맞은 환경이 필요하다. 반면, 적절한 유전자라는 도구가 갖춰지지 않았다면, 아무리 오랜 시간 연습을 해봤자 별 도움이 안되는 것이다. 따라서 진짜 논쟁은 유전자와 연습 간의 상대적인 중요성에 있다고 할 수 있다.

한편, 미시간 주립대에서 전문성 연구실(Expertise Lab)을 운영 중인 자크 햄브릭(Zach Hambrick)은 안데르스 에릭슨과 대조되는 진영의 대표 주자라고 할 수 있다. "물론 연습은 매우 중요한 요소예요." 자크 햄브릭이 내게 말했다. "하지만 기술(skills)이라는 면에서 다양한 사람들 간의 차이점을 설명하지는 못하지요. 그러니, 기술의 차이에 관여하는 다른 요소들이 존재하는 겁니다." 그리고 현재 우리의 관심사가 바로 유전적인 요소들이다.

예를 들어, 큰 격차로 세계 최고의 체스 선수에 올라 있는 매그너스 칼슨을 살펴보자. 그와 그를 제외한 10위까지의 다른 선수들의 연습량을 분석한 결과는 어떨까? 분석 결과, 칼슨은 타 선수들보다 총 몇 년의 시간만큼 현저히 연습량이 적었다고 한다.[1] 그렇다면 칼슨은 재능이 뛰어난 걸까? 다시 말해, 칼슨의 능력은 유전적 유리함을 타고난 걸까? 사실 체스 세계에서 이 질문에 대한 답은 너무 뻔해서, 묻는 경우조차 없다고 한다. "왜냐하면 칼슨은 '체스계의 모차르트'라고 알려져 있으니까요." 분석을 한 학자들인 영국 리버풀 대학의 페르난드 고베(Fernand Gobet)와 영국 브루넬 대학의 모건 에레쿠(Morgan Ereku)는 이렇게 말한 바 있다.

연습의 역할에 대해서는 앞으로 음악과 관련된 장에서 더 살펴보기로 하겠다. 지금은 넌에 대해 좀 더 심층적으로 알아보기로 하자.

나는 넌에게 이렇게 말했다. "매그너스 칼슨이 당신에 대해 말하기를, 당신이 지나치게 똑똑한 나머지 개인 관심사에 몰두한다는군요. 그래서 한 번도 월드 챔피언에 오르지 못했다고요."

"그렇게 말해주다니 고맙군요." 그가 말했다.

"실제로 그렇게 느끼시나요?"

그러자 넌은 어깨를 으쓱해 보였다. "아마 그가 옳을지도 몰라요. 정말로 성공하고 싶다면, 한 가지 일에 미친 듯이 몰두해야 하거든요. 그 일에 인생을 바치는 거죠. 하지만 그저 한 가지 일만 하지는 못하는 부류의 사람들도 있지요. 다른 관심사들이 있으니까요. 이런 사람들은 한 분야에 삶을 송두리째 바친다면 불행해질 겁니다."

물론, 이는 칼슨에게도 체스 밖의 삶이 있다는 걸 무시하는 발언인지도 모른다. 칼슨도 자신의 관심사가 친구들과의 온라인 채팅, 온라인 포커, 스키와 축구라고 밝혔으니까.[2] 하지만 이런 취미 분야는 넌의 관심사처럼 큰 인지적 능력을 요하는 것들은 아니다. 넌의 관심사는 천문학과 물리학, 그리고 극도로 난해한 고난이도의 수학이기 때문이다.

"한 가지 일에 백 퍼센트 헌신한다고 해봅시다. 그러면, 만약 그 일이 생각대로 풀리지 않을 경우, 매우 절망하게 될 겁니다. 왜냐면 그럴 때 기댈 수 있는 다른 분야가 없을 테니까요." 넌이 말했다.

게다가 대부분의 분야는 노력의 과정에서 일이 틀어지는 경험을 겪게 되기 마련이 아닌가. 특히 나이가 듦에 따라 수행 능력이 저하되기 때문이다. 넌은 그럴 때 간단히 그 일을 '그만둠'으로써 대처했다고 한다. 소위 유동 지능(fluid intelligence)에 대한 수많은 연구들도 이런 점을 시사한다. 유동 지능은 추상적인 문제를 푸는 능력과 정신적 처리(mental processing) 능력으로 대변되는데, 이 두 능력 모두 약 서른 살을 기점으로 그 효율이 감소하기 시작한다는 것이다. 반면, 지능의 한 부분 집합을 이룬다는 '결정지능(crystalized intelligence)'은 세속적인 정보의 활용을 통한 지능인데, 이는 수십 년간 정점을 유지하다 서서히 저하된다. 넌은 자신의 뇌 기능 중 어느 부분이라도 변할 수 있다는 사실을 인정하기 싫은 듯 보였다. 게다가 자신의 체스 랭킹은 프로 선수 데뷔 이래 거의 변동이 없지 않느냐고 지적하기까지 했다.

"변한 게 있다면, 가정을 이뤘고 다른 우선순위가 생겼다는 것뿐이죠. 그러니, 체스 게임에만 온전히 집중하기 싫어지는 거예요. 물론, 나이가 들어서 쉽게 피로해지는 경향도 있고요. 아직도 옛날만큼 체스를 잘 둘 수 있다고 느끼기는 하지만, 아시다시피, 오래 토너먼트 경기에 임하다 보면 지치거든요."

나는 플로리다 주립대의 심리학 교수인 닐 차네스(Neil Charness)와 대화를 나눠보았다. 그는 학교 내 '성공적 장수 연구소(Institute for Successful Longevity)'의 소장을 맡고 있기도 하다. 차네스와 그의 동료인 로이 로링(Roy Roring)은 선수들의 평생에 걸친 체스 능력의 변화에 대한 연구를 했다.[3] 5,011명에 달하는 체스 선수들의 데이터베이스를 분석한 결과, 이들은 평균적으로 선수들이 최고조의 능력을 이룬 나이가 바로 43.8세라는 결론을 얻었다. 또한 '노화는 더 능력 있는 자들에게 좀 더 관대하다'라는 사실도 발견했다. 즉, 더욱 고도의 능력을 지닌 선수들은 정점의 나이를 지난 후에도 능력의 퇴화가 좀 더 더디다는 것이었다. 차네스는 이렇게 말한다. "나이 든 선수들은 노화를 경험하는 여느 평범한 성인들과 같은 고충을 겪습니다. 다름 아닌 배움의 속도가 느려진다는 것이죠." 이십 대에서 육십 대 사이의 시간 동안, 배움의 속도는 반으로 줄어든다고 한다. 그 때문에 떠오르는 수많은 젊은 체스 선수들이 나이 든 선수들을 이기곤 하는 것이다. 노화에 따른 인지 능력의 퇴화는 서글픈 주제일지 모른다. 하지만 차네스는 '동기(motivation)'의 측면에도 노화에 따른 변화가 있을 것이라 덧붙였다. 또한, 뇌 효율성의 퇴화는 여러 측면으로 이뤄진다고도 했다. 예를 들어 기억, 주의력과 정보처리 속도 등에서 말이다. "말하자면 인간에게 있어 체스란 주로 패턴 인식(pattern recognition)과 지식에 기반을 둔 게임입니다. 하지만 평생에 걸쳐 체스를 배운다 해도, 딱 필요한 정보를 빠른 속도로 얻기란 어려운 일이지요."

차네스의 이런 설명은 넌의 인생 경험과 부합하는 듯했다. 하지만 내 관심사는 인간 가능성의 최고점에 도달한 이들이 어떻게 이를 이루었는지가 아니던가. 그래서 넌의 젊은 시절은 어땠는지 알아보고 싶었다. 넌은 "그럼요, 내가 다른 아이들과 다르다는 느낌을 받았지요."라고 말했다. 나는 그에게 자신이 그런 능력을 가졌다는 게 명백히 와닿았는지를 물었다. "말했듯이, 토너먼트를 계속 이기다 보면 꽤 명백하게 알게 돼요. 아홉 살 때, 런던에서 열린 12세 이하 체스 챔피언십을 따냈거든요." 그가 말했다. "그런 성공 덕에 우쭐해지던가요?" 내가 다시 물었다. 그러자 그는 자신이 또래 친구들과 잘 어울리는 균형 잡힌 어린이였다고 답했다. 약간 외로운 편이기는 했지만.

"그 외에 뭔가 남들과 다르다는 징조가 혹시 있었나요?" 내가 물었다. "아주 어릴 때, 글을 읽기도 전의 일이었죠. 우리 부모님이 내가 책장에 꽂힌 모든 책들을 훑어보는 걸 보셨대요. 그래서 제게, '얘야, 너 뭐하는 거니? 글을 읽지도 못하면서'라고 물으셨어요. 그래서 '그냥 각 책마다 몇 페이지가 있는지 보는 중이에요'라고 말씀드렸죠. 각 페이지 밑에 페이지 수가 있다는 걸 알았던 겁니다. 그랬더니 부모님은 그중 한 책이 몇 페이지로 돼 있냐고 물으시더군요. 그리고 전 답을 알고 있었고요. 그러니, 아마 어릴 때부터 수학적 능력이 꽤나 있었던 모양이에요."

넌은 이미 십 대 중반에 순수수학과 응용수학 과목에서 A레벨을 통과했다고 한다. 하지만 왜 그렇게 이른 나이에 대학에 진학했을까? "그냥 가고 싶었어요. 그때가 열네 살이었죠. 대학에 안 가면 몇 년 동안이나 어슬렁대며 지낼 것 같더라고요. 그런 건 십 대에게 별로 바람직하지 않잖아요? 그래서 가길 원했죠. 부모님도 동의하셨고요. 진학은 상당히 순조롭게 진행됐습니다."

그 옛날 울지(훗날 추기경이 될)의 집안에서도 이런 비슷한 논의가 벌어졌을지, 문득 궁금해졌다. 울지도 열네 살에 신학 교재를 읽기 위해 옥스퍼드 대학에 진학했으니 말이다. 울지 이후로 오백 년이상 그보다 더 어린 학부생은 존재하지 않았다. 넌이 입학하기 전까지는(하지만 우연찮게도, 넌 이후에 더 어린 학부생은 있었다. 1983년에 루스 로렌스(Ruth Lawrence)는 열두 살의 나이로 옥스퍼드에 입학한 것이다. 그녀의 전공은 뭐였을까? 다름 아닌 대수적 위상 기하학이었다).

열네 살이라는 어린 나이에 자신을 스스로 돌본다는 게 어땠을까? 그 나이대 대부분의 학생들은 세탁기도 제대로 못 돌리는데 말이다. "그게 꽤나 애매한 일이었죠." 전혀 애매하지 않았다는 듯한 말투로 그가 내게 말했다. "그래도 어떻게든 하게 되더군요."

더 힘든 부분은 사회생활이었다고 한다. 대학에서 넌은 술을 마시기에 너무 어렸던 거다. "열다섯 살과 열여덟 살의 차이는 상당히 커요. 대학 활동의 상당 부분이 열다섯 살에게는 별 감흥을 주지 못하죠. 한편으론 수학자 친구들, 체스 동아리 친구들과는 친하게 지냈어요. 한 열일곱쯤 되니 모든 게 정상적으로 느껴지더군요."

넌의 자신의 능력과 성공에 대한 평가는 앞서 소개한 햄브릭의 연구 내용과 직결된다. 즉, 전문성은 타고난 능력 위에 쌓아 올려진다는 것이다. "체스와 수학에 대한 내 능력은 선천적인 것 같아요." 넌이 말했다. "하지만 어떤 분야라도 최고가 되려면, 능력을 갖춘 뒤, 노력도 열심히 해야겠지요."

앞서 나는 체스가 순수한 지능적 게임이라는 가정으로 이 장을 시작했다. 그렇다면 체스 선수들은 일반 사람들보다 더 지능적이라는 뜻일까? 상식적으로 생각하면, 그게 맞는 듯하다. 하지만 그래도 논란의 여지는 있다. 체스 선수들은 대개 수년간 강도 높은 연습을 하기 때문이다. 그러한 노력은 타고난 재능 및 지능과 완전히 분리하기 힘든 경향이 있다.

햄브릭은 노력과 기술 간의 상대적 역할에 대한 정의에 항상 첨예한 관심을 기울여왔다. 그는 미시간 주립대 동료인 알렉산더 버고인(Alexander Burgoyne)과 함께 이와 관련된 질문들을 탐구했다. 버고인은 수천 개의 체스 기술에 대한 연구들을 샅샅이 파헤쳤다고 한다. 그러고는 총 1,800명의 체스 선수들이 참가한 19개의 연구를 선택했다. 이 연구들에서는 객관적인 체스 기술과 인지 능력 등을 측정했는데, 이는 현실적으로 높은 IQ와 결부되는 능력들이었다. 그 결과, 햄브릭과 버고인은 지능과 체스 기술 간의 상관관계를 발견했다. "전반적인 지능과 전반적인 인지 능력은 체스와 어느 정도의 상관관계가 있다"라고 그들은 밝혔다.

하지만 그 상관관계가 '어느 정도'일 뿐이라는 것이다. 아마도 이는 최고 수준의 체스 선수들이 모두 평균을 상회하는 지능을 지녔기 때문일지 모른다. 한편, 그들보다 더 젊거나 더 낮은 레벨의 선수들에서는 그 상관관계가 더 밀접한 것으로 드러났다. 햄브릭은 그 이유가 고도의 지능을 지닌 이들은 단기간 내 체스에 능하게 되기 때문이라고 했다. 반면, 평범한 이들도 체스를 잘 둘 수 있지만,

훨씬 더 많은 연습을 요한다는 것이었다. 햄브릭은 2017년[4]의 후속 연구에서 에릭슨의 주장을 시험해보고자 했다. 즉, 한 분야에서 전문가들의 능력이 탁월한 이유는 이들이 더 똑똑해서가 아니라, 훈련의 기회를 쉽게 얻기 때문이라는 주장이었다.[5] 에릭슨은 만약 과학자나 음악가들이 일반인들보다 더 높은 IQ를 가진다면, 이는 이미 높은 IQ를 가진 이들이 대학교에서 전문적 훈련을 제공받도록 선택됐기 때문이라고 논한 것이다. 그에 반해 전통적인 관점은 IQ 자체로 누가 전문가가 될지 예측할 수 있다는 입장이었다. 결국 이 논쟁은 '훈련의 역할'에서 그 차이점이 갈린다. 에릭슨은 훈련을 강조했고 말이다. 이에 햄브릭은 체스 선수들과 체스를 두지 않는 일반인들을 비교함으로써 이 주제를 시험해보기로 했다. 체스는 과학자 및 음악가들처럼 대학 입시 노력이라는 선택 과정이 없는 분야라는 게 햄브릭의 가정이었다. 따라서 만약 에릭슨이 옳다면, 체스 선수들과 일반인들 간의 IQ에는 차이가 없어야 했다. 하지만 결과적으로 전자와 후자 간의 차이는 존재했다. 체스 선수들이 일반인들을 인지 능력 테스트에서 월등히 앞섰기 때문이다. 이는 훈련만으로는 전문성을 설명할 수 없음을 시사한 것이었다.

그렇다면 체스에서 소위 '타고난 능력들'은 무엇일까? 넌은 우선 '시각화(visualization)' 능력을 꼽았다. 네다섯 수 안에 어떤 그림이 펼쳐질지 그려낼 수 있어야 하기 때문이다. 또한, 기억력과 계산 능력도 좋아야 한다. 패턴 인식 기술도 필요하다. 한편, 어린 나이에 체스를 시작하는 것도 중요하다. 연구들에 따르면 선수들의 연습량을 통제한 상황에서도, 더 이른 나이에 체스를 시작할수록, 훗날 더 높은 랭킹에 오를 확률이 높다고 한다.

차네스에 따르면, 패턴에 대한 자각은 체스 선수들이 최선의 수를 두기 위한 탐색 과정을 최적화하는 데 매우 중요하다. "만약 체스에서 천성적이거나 유전적인 차이점이 있다면 말이죠. 저라면 다른 선수들보다 더 풍부한 패턴 추상화(pattern abstraction) 과정을 수행하는 선수부터 연구를 해볼 겁니다." 물론 이 말이 실제로 체스 기술을 관장하는 유전자가 존재한다는 뜻은 아니다. 차네스는 이렇게 말했다. "완벽한 체스를 두는 데 어떤 진화적 압력이 있었다고 보기는 힘들기 때문이죠. 물론 가끔 자동차들에 붙여진 스티커에 '체스 선수들이 메이트(mate, 체스의 '장군(checkmate)'을 뜻하지만, 여기서는 짝짓기를 뜻하는 mate의 동음이의어로 사용됨)를 더 잘 한다'라고 쓰여 있긴 하지만."

이 모든 게 내게 체스 선수들이 더 높은 레벨로 보유한 지능적 요소들에 대해 일깨워주었다. 또한 체스 선수들이 어린 나이에 체스 기술을 갈고닦지만, 노화와 함께 그 능력은 차츰 퇴화한다는 사실도. 하지만 이런 사실들만으로는 체스를 둘 때 '어떤 기분이 드는지'는 알 수 없었다. 또, 넌이 어떻게 세계 랭킹 십위권의 선수가 되었는지도 말이다. 그래서 나는 넌과의 대화를 마치고, 유튜브에서 '넌은 불멸하다'라는 경기를 재구성한 내레이션 동영상을 찾아보았다. 소련의 체스 그랜드 마스터인 벨리아프스키를 상대로 한 문제의 그 전설적 매치를 말이다. 이 게임이 그토록 사람들의 찬사를 받는 이유는 뭘까? 바로 넌이 벨리아프스키의 하얀 말들[킹스 인디언 디펜스 라인(King's Indian defense line)에서 오프닝을 시작한]을 상대할 놀라운 수를 발견했기 때문이다. 상대를 강하게 압박할 공격 방법을 말이다. 넌의 검은 말이 실책을 하자, 벨리아프스키의 하얀 말들이 공격을 해온다. 결국, 넌의 기사(knight) 하나가 잡히고 만다. 이대로 게임은 끝나는 듯싶었다. 하지만 이내 넌은 하얀 말들이 도저히 벗어나지 못할 진을 짜낸 것이다. 동영상을 보고 있자니, 비로소 사람들이 이 경기에서 느끼는 아름다움을 알아차릴 수 있었다. 체스판이라는 거대한 게임 공간 속에는 온갖 가능성들이 잠재돼 있다. 여기서 넌은 뭔가를 재빨리 발견해낸 것이다. 하지만 그건 다른 이들에게는 전혀 보이지 않았다. 심지어 후일 이 매치를 분석한 다른 그랜드 마스터들도 이를 파악하지 못했었다. 사람들이 일반적으로 예술적이라 하는 요소를, 바로 이런 점에서 체스는 보여주곤 한다. 벨리아프스키 대 넌의 매치는 아무도 생각해보지 않은, 전혀 새로운 사고를 선보인 경기였던 것이다.

"경기 중에 정말 특별한 매치가 될 수도 있겠다는 걸 인식하고 있었지요. 평생 한 번 있을까 말까 한 기회라는 걸요. 부정확한 플레이로 그 기회를 망치지 말아야겠다고 다짐했어요." 넌이 말했다. "결국, 모든 게 순조롭게 흘러갔고요. 경기 후에 매우 기분이 좋더군요."

나는 그에게 혹시 IQ 테스트를 받은 적이 있느냐고 물었다. 그러자 그는 어렸을 때 받았다고 답했다. 하지만 내게 별로 그 결과에 대해 말하고 싶지 않다고 덧붙였다. "꽤나 높은 지수였거든요. 나도 비현실적이라 생각했을 정도로." 하지만 나는 그를 살짝 꼬드겨서 결국 점수를 알아냈다. 단, 절대로 책에 쓰지 않겠노라 약속한 뒤에. 하지만 점수가 '꽤나 높다'라고 밝히는 정도는 허락을 받았다. 꽤나 높다라…… 눈 덮인 가파른 산봉우리가 낮은 언덕과 늪지위에 우뚝 솟아 있는 그런 모양새일까. 언덕과 늪지를 대다수의 사람들에 비유했을 때 말이다. 나는 눈이 휘둥그레져서 그를 쳐다보았다. 입이 떡 벌어지는 수치였다. "그게 대수인가요. 제가 보기엔 아무 의미도 없는걸요." 넌이 말했다.

그럼 여기서 잠시 IQ 얘기를 해보기로 하자. 넌이 IQ가 대수롭지 않다고 말한 건, 아마도 그 특유의 겸손함으로 IQ 테스트의 가치를 평가한 거였는지도 모른다. 하지만 어쨌든, 그는 IQ 테스트를 부정하고 있었다. IQ 테스트란 그저 IQ 테스트를 얼마나 잘 치는지를 평가하는 시험에 불과하다고 말하면서 말이다. 이에 대해 에딘버러 대학교의 심리학과에서 지능에 대한 연구를 하는 스튜어트 리치(Stuart Ritche)는 이렇게 말했다. "넌의 말은 마치 억만장자가 '글쎄요, 아시다시피, 그저 먹고살 만은 합니다. 하지만 돈이 전부는 아니잖아요?'라고 말하는 것과 비슷할 뿐이지요." 하지만 사실 넌의 비판과 같은 입장은 흔하다. 그러니 한번 이에 대해 살펴보기로 하자. IQ는 실제로 일상의 다양한 성과들과 밀접한 상관관계를 갖는다. "이제 한 발짝 물러서서, 다양한 사람들을 살펴본다고 해봅시다. 우리보다 훨씬 더 높은 혹은 낮은 IQ를 가진 수많은 사람들을 말이지요. 그러면 IQ가 실제 어떻게 교육 수준, 건강, 직업적 성공, 장수 등과 연관이 돼 있는지에 대한 패턴이 보이기 시작할 겁니다." 리치가 이어서 말했다. "그러니 IQ는 사실 인간 삶의 중요한 부분을 측정하는 겁니다. 단순히 테스트를 얼마나 잘하나 측정하는 게 아니라는 말이죠."

　리치의 입장을 잘 대변하는 한 예를 살펴보자. 1947년에 1936년 생의 94퍼센트에 해당하는 스코틀랜드 아이들이 IQ 테스트를 치렀다. IQ 테스트는 본디 높은 생애 안정성(lifetime stability)을 지니는 검사이다. 즉, 열한 살 어린이들이 받은 점수가 미래의 지능 점수와 높은 상관관계를 갖는 것이다. 2017년에 연구자들은 과거의 그 1936년생 어린이들 중 육만 오천 명이 넘는 이들에 대한 후속 연구를 하는 데 성공했다. 그 결과, 어린 시절의 IQ 지수가 높을수록, 다양한 원인에 의한 사망 위험률이 낮음이 밝혀졌다.[6] 이는 호흡기 질환, 심장병과 뇌졸중, 치매와 자살에 의한 죽음을 포함하는 것이었다. 반면, 사회경제적인 수준은 죽음의 가능성에 약간의 영향만 미칠 뿐이었다.

　나는 사실 IQ 테스트를 받아본 적이 없다. 검사를 하기가 겁이 나는 이유는 준수한 점수를 못 받을까 봐서였다. 하지만 이런 두려움은 실은 근거 없는 것이다. 왜냐하면 위의 스코틀랜드 아이들의 경우처럼 IQ에 관한 연구 결과는 대부분 여러 인구 층을 대상으로 한 것이기 때문이다. 개개인의 경우에는 높거나 낮은 테스트 점수가 후일의 성공 및 실수를 예측하는 정확한 지표가 되기는 힘들다.[7] 하지만 수많은 이들이 IQ 점수로 사람들을 줄 세울지도 모른다는 점을 걱정한다. '나는 군집의 일원으로 전락하지는 않겠어'라는 논점을 내세우며 말이다. 현실은 인간 삶에는 더 많은 요소가 관여하는 데도 말이다. 이에 직결되는 시원한 두 답변을 들어보자.

　첫째로, 리치는 이렇게 말한다. "아무도 당신의 IQ가 단일 요소일 뿐이라고 말하지 않아요. 즉, 아무도 당신의 IQ가 당신의 삶을 대변한다고 주장할 순 없는 거지요. IQ는 그저 편리하게 요약된 점수에 불과합니다. 그런데 연구원들이 인지 능력의 상하관계에 대한 통계적 모델을 세워놓은 것이지요. 구체적인 것을 일반적인 것으로 확대해서 다양한 삶의 결과에 어떻게 연관되는지를 보는 겁니다."

하지만 둘째로, 만약 복잡한 현상들을 숫자로 간추리길 거부한다면, 그런 현상들을 과학적으로 탐구할 수 없게 된다. 심리학 테스트에서부터 기후 과학에 이르는 모든 현상들을 말이다. 리치는 이어서 언급했다. "우리 모두 지능이 얼마나 복잡한 것인지 민감하게 알고 있지 않습니까? 그런 점에서 IQ 관련 점수 및 모델들은 '왜 어떤 이들은 다른 이들보다 똑똑한가'를 진정으로 이해하는 첫걸음일 뿐인 겁니다."

사실, IQ 테스트는 과학계에서 가장 논란이 되는 검사일 것이다. 하지만 심리학에서는 IQ 테스트보다 더 철저히 고안된, 세련된 평가 방법은 없다고 한다. "모든 검사 및 설문지는 문제점을 내포하기 마련이지요"라고 센트럴 플로리다 대학의 관리부 소속 심리학자인 데이나 조셉(Dana Joseph)은 설명한다. "하지만 지능 검사는 아마 다른 어떤 종류의 검사보다 더 많이 연구돼왔을 거예요. 그러니 그런 문제들이 가능한 최소화된 거지요." 물론 IQ 테스트가 모든 종류의 지능을 다 다루는 건 아니다. 하지만 어떤 검사라도 측정하고자 하는 대상을 백 퍼센트 잡아내지는 못하지 않는가. 게다가, IQ 지수는 다양한 측정 방법에도 항상성을 유지하는 것으로 밝혀졌다. "여러 지능 검사가 지능 지수를 꽤나 잘 잡아낸다는 증거도 존재하고요." 데이나가 말했다.

적절한 IQ 테스트는 다양한 능력을 측정한다. 예를 들어, 기억력, 추론 능력(언어적, 추상적), 일반 지식, 두뇌 처리 속도와 공간 인지력 등이다. 이러한 다양한 세부 분야의 측정 결과가 한데 모여 총점수가 나온다. 검사를 진행하는 회사들은 일반인들을 대상으로 하는 테스트에서 평균 IQ지수가 100이 되도록 조절하고 있다. 많은 이들이 이렇게 말할지 모른다. "나는 언어 감각은 탁월한데, 수학 쪽은 완전히 절망적이야"라던가 "나는 추론 능력은 좋은데, 기억력은 최악이지"라고 말이다. 즉, 우리는 어떤 분야에서는 강점을 지니지만, 다른 어떤 분야에서는 그렇지 않다고 느끼는 거다. 하지만 IQ에 대한 이상하고도 강력한 진실이 하나 있다. 바로 IQ 테스트의 한 세부 분야를 잘하는 이들은 다른 분야들도 잘 하는 경향이 있다는 것이다. IQ의 모든 측정치가 한데 모여서 '지능의 일반적인 요인(general factor of intelligence)'으로 귀결된다. 연구원들은 이를 'g'라고 칭하고 있다.

물론 IQ가 g와 완전히 같은 것은 아니다. 하지만 IQ가 지능의 다양한 측면을 표본적으로 측정하기에, 둘은 높은 상관관계를 갖는 것이다. 수십 년간의 다양한 연구에 따르면, 지능 검사에서 높은 점수를 얻은 이들이 학교 및 직장에서 더 성취가 높았다. 심지어 건강에 관한 결과도 더 좋았다고 한다. 물론, 지능에는 유전적인 영향이 있는 것도 우리는 알고 있다. 지능에 저마다 작은 영향을 끼치는 유전자들도 무수히 많다. 따라서 우리는 복잡한 인간 특성들에 이러한 유전자들이 관여한다고 여기게 되었다. 그런데 지능의 유전적 영향을 측정해보면, g보다는 IQ에 유전이 미치는 영향이 더 적다고 한다. 다시 말해, IQ가 문화적, 교육적, 그리고 사회적 영향을 더 받는 반면, g는 좀 더 생물학적인 영향을 받는다는 것이다. 높은 IQ를 지닌 이들의 생애를 후속 연구로 따라가보면 어떨까? 이들은 더 중요하고 힘 있는 직책을 맡으며, 다양한 삶의 터전에서 영향력을 발휘하는 것으로 드러났다. 예술, 음악, 정치부터 과학 분야에 이르기까지 말이다. 게다가 이들은 더 건강한 경향까지 있다. 뭐든 더 나은 선택을 하기 때문이다. 우연찮게도, 당신은 당신의 배우자와 다른 어떤 특성보다 지능적인 면에서 잘 맞을 확률이 높다. 부부들 간의 IQ 상관 지수는 약 40퍼센트에 이르기 때문이다. 그에 비해 부부들 간의 성격 상관 지수는 10퍼센트, 키와 몸무게의 상관 지수는 20퍼센트에 불과하다고 한다.[8]

물론, IQ에 대한 강한 비판도 여전히 존재한다. 그중 가장 고질적인 비판은 서로 다른 집단 사람들의 IQ가 어떠한 차이라도 보이면, 실제로 두 집단 간의 지능차가 존재한다고 믿는다는 주장이다. 예를 들어 미국 내 흑인과 백인 집단 간의 경우가 그렇다. 하지만 사실, 이 두 집단 간의 IQ 차이는 유전적 원인보다는, 인종 차별 및 빈곤의 경험과 같은 사회경제적 및 문화적 차이에 의한 것일 가능성이 더 높다.

또 다른 비판은 IQ가 감성지능(emotional intelligence)은 무시한다는 주장이다. 감성지능은 타인의 사고와 감정을 이해하는 능력을 뜻한다.[감성지능을 여기서 언급할 필요성이 있다. 미국의 저널리스트인 애덤 그랜트(Adam Grant)는 감성지능을 강하게 발휘한 주요 역사적 인물들에 마틴 루터 킹 주니어(Martin Luther King Jr.)가 포함된다고 밝힌 바 있다. 물론 또 다른 인물로 아돌프 히틀러(Adolf Hitler)를 꼽기도 했지만.][9]

감성지능의 측정은 특히 사람들과 상호작용을 활발히 하는 직업의 지원자들을 평가할 때 유용하다고 알려져 있다. 하지만 데이나와 동료들의 연구에 의하면, 일반적인 IQ 테스트가 직업 성과를 더 정확히 예측하는 도구라고 한다.[10] 그러니, 특정 지능을 염두에 두고 만든 검사들보다도 IQ 테스트가 더 정확한 측정을 하는 셈이다.

요약하자면, 물론 IQ 체계는 문제점도 있지만, 현재로서는 지능을 측정하는 가장 효율적인 도구다. 또한, IQ는 사람들의 다양한 생애 결과물과도 놀랍도록 밀접한 상관관계를 지닌다. 이렇게 정리하고 보니, 지능이란 폭넓고, 복잡하며, 다양한 그리고 여러 방식으로 드러나는 것임을 다시 한 번 깨닫는다. 필자는 여러 종류의 지능을 보유한 뛰어난 인물들을 더 관찰해보고 싶었다. 그래서 이번에는 현존하는 영국 최고의 작가 중 한 명인 힐러리 맨틀(Hilary Mantel)을 만나보기로 했다.

그녀를 만나기에 앞서, 나는 그녀의 관점을 직접 느껴보고 싶었다. 그래서 런던 서부의 템스 강을 따라 조금 걸어보았다. 모트레이크(Mortlake)에 위치한 십 퍼브(Ship pub)에서부터 오백 년 전 토머스 크롬웰(Thomas Cromwell)의 영지를 둘러싼 성벽이 있던 경계를 따라가는 돌담에 이르기까지 말이다. 헨리 8세는 그의 비서 장관이던 토머스 크롬웰을 1536년에 모트레이크 영지의 영주로 임명했다. 481년 전으로 타임머신의 시계를 돌릴 수만 있다면 얼마나 좋을까.

그렇다면 왕궁에서 왕에게 자문을 해주던 크롬웰이 도시로부터 타고 온 배에서 내리는 모습을 볼 수 있었을 텐데. 측근이던 시종들도 몇 명 대동하고 말이다. 나는 눈앞의 이 일대에 현대식 주택들과 퍼브, 오래된 양조장과 치스윅 다리(Chiswick Bridge)가 없는 모양새를 상상해보았다. 그런 건축물들이 일시에 사라진다 해도 여전히 몇백 년을 더 거슬러가야 할 것이었다. 크롬웰의 시대와 변함없이 같은 건 오직 강의 형태일 뿐이리라. 물론 오백 년 전에 묘목에 불과했던 늙은 떡갈나무 몇 그루는 여전히 남아 있을지 몰랐다. 하지만 아무리 애써도 힐러리 맨틀이 그려낸 시대상은 그려내기 힘들었다. 그녀는 꾸준히 그 시대를 연구했고, 상상했으며, 거의 그 시대 속에 살다시피 했으니까.

맨틀은 토머스 크롬웰에 대한 소설을 쓰기 전부터 이미 성공적인 작가였다[한편, 크롬웰도 사실 그가 살던 튜더(Tudor) 시대에 가장 똑똑한 사람 중 하나였다. 물론 가장 영향력 있는 인물이기도 했다]. 하지만 바로 이 크롬웰에 대한 삼부작 소설의 첫 두 권, 『울프 홀』과 『앤 불린의 몰락 Bring Up the Bodies』으로 맨틀은 맨 부커 문학상을 수상하게 됐다(맨부커 상을 두 번이나 수상한 여성 작가는 맨틀이 유일하다). 그로 인해 그녀는 세계적 명성을 얻었다. 『타임 Time』지는 2013년에 맨틀을 세계에서 가장 영향력 있는 100인 중 한 명으로 선정하기도 했다. 더불어 그녀는 현존하는 가장 유능한 작가 중 한 명으로 널리 인정받고 있다. 거의 모든 비평가들은 맨틀의 인물 설정의 깊이와 지능적인 필력을 지적한 바 있다. 그러니 이 장에서 다뤄야 할 후보자가 있다면 단연 그녀가 아닐까.

"건물이 약간 튜더 형식을 흉내 냈어요." 맨틀이 내게 그녀의 아파트로 가는 길을 전화로 가르쳐주며 말했다. 튜더 풍을 현대식으로 재해석한 집에 그녀가 살다니, 여간 어울리는 게 아니었다.

맨틀이 언어 능력을 자신의 제1의 능력으로 꼽은 건 너무도 당연했다. "가족들끼리 하는 말로는, 제가 어려서 아무리 해도 말문을 트지 못했다는 거예요. 그러다가 만 두 살 반이 되니, 마치 어른처럼 술술 말하기 시작했다나요." 그녀가 말했다.

또, 맨틀은 자신의 어린 시절 기억을 떠올려보면, 우리가 흔히 생각하는 어린이의 기억처럼 느껴지지 않는다고 했다. 어린 맨틀은 아마도 급속도의 정신적 성숙을 경험한 건 아닐까. "마치 내 안에 훨씬 나이 많은 누군가가 들어앉은 기분이었다고 할까요."

맨틀은 자신의 언어적 유창함을 타고난 특성으로 여기고 있었다. 그녀는 어린 소녀 시절, 할머니와 이모할머니 곁에 몇 시간이고 앉아 있곤 했다. 두 분은 거의 의례적으로 끊임없이 말을 주고받았다고 한다. 아마 대화 내용도 그 전날의 내용과 거의 비슷했을 터였다. 하지만 맨틀은 그저 앉아서 대화 내용을 온전히 빨아들이곤 했다. 그래서인지 학교에 입학할 나이가 되자, 맨틀은 이미 어마어마한 양의 단어를 습득한 상태였다. 그녀는 어른들로만 이뤄진 가족 중 유일한 어린아이였고, 곧 어른들의 대화 속 리듬에 섬세히 젖어들게 됐다. "학교에서 이상한 단어들을 내뱉곤 했던 것도 그 때문이었죠. 말하고 있지 않을 때는, 머릿속으로 줄곧 생각을 했던 것 같네요. 아주 완벽하게 준비됐다고 생각하면, 그제야 입을 열곤 했지요."

이러한 맨틀의 높은 언어적 감각은 전혀 훈련에서 온 것이 아니었다. 그녀나 그녀의 가족이나 언어 감각을 키우려는 노력을 따로 하지는 않았으니까 말이다. 그저 그녀의 마음에서는 모든 말을 듣는 즉시 제대로 써먹을 준비가 된 듯했다. "우리 가족은 모두 말은 참 잘했어요. 열네 살에 학교를 그만두신 우리 어머니조차 구문(syntax)적, 문법적 실수는 한 번도 하신 적이 없었죠. 게다가 듣도 보도 못한 긴 문장으로 말하기까지 하셨고요. 문맥상으로는 말도 안 되는 것 같아도, 형식적으로는 완벽한 문장 말이지요. 그건 정말이지, 천성인 것 같아요."

앞서 우리는 IQ가 얼마나 실제 지능을 잘 반영하는지, 또 우리 삶의 여러 면모와 어떻게 밀접하게 연관되는지를 살펴보았다. 이것만으로도 논란이 될 내용이 아닐 수 없다. 하지만 지능의 특정 요소들을 타고난다는 전제에 비할 바는 아니다. 나는 이 전제를 더 깊이 연구해보기 위해 킹스 칼리지 런던에서 행동 유전학(behavioral genetics) 교수로 재직 중인 로버트 플로민(Robert Plomin)을 만나러 갔다. 플로민은 미국 시카고 태생으로 영국으로 건너왔다고 한다. 그는 일명 TEDS(Twins Early Development Study)라 불리는 '쌍둥이 초기 발달 연구'를 설계하고 실행한 장본인이다. TEDS는 영국에서 쌍둥이를 대상으로 하는 가장 큰 연구로서, 총 만 오천 쌍 이상의 일란성, 이란성 쌍둥이들을 연구해왔다. 쌍둥이들은 모두 유아 시절부터 현재인 21세에 이르기까지 관찰되었다.[11] 쌍둥이들은 유전자 및 거의 동일한 환경을 공유하기 때문에 지능(혹은 비만 같은 다양한 특성들)에서 유전과 환경이 각각 미치는 영향에 대한 연구가 가능하다. 또한 플로민은 서로 다른 환경에서 자라난 쌍둥이들 및 입양된 쌍둥이들도 연구했다고 한다.[12] 그가 내린 굳건한 결론은 명확하고, 조금은 충격적이기까지 했다. 바로 아이들의 16세까지의 학업 성적은 유전이 좌우한다는 것이었다. 아이가 어떤 학교를 다니던지, 어떤 가정 환경에서 자라나던지는 상관이 없었다. 어려서 따로 떨어져 자란 쌍둥이의 IQ는 쌍둥이 형제나 생모의 IQ와 밀접한 상관관계를 가졌다. 반면, 입양된 가정의 형제나 양어머니의 IQ와는 전혀 연관이 없었던 것이다. "다양한 연구 방법이 있었지요. 입양된 쌍둥이 연구, 일란성 쌍둥이 연구, 같이 혹은 따로 자라난 쌍둥이 연구 등. 각각 연구의 전제는 달라요. 하지만 그 결론은 놀랍도록 하나로 집결됩니다. 바로 학교나 가정의 환경보다 유전이 훨씬 중대한 영향을 미친다는 거지요. 데이터로 나온 것을 사람들이 부인하는 게 이해가 안 될 정도로." 플로민은 설명했다.

플로민과 동료들은 36만 쌍의 형제들과 9천 쌍의 쌍둥이들을 대상으로 한 연구에서 고도의 지능(우리가 이 장에서 살펴보는 것 같은)은 가족과 연관되는, 유전적인 것이란 사실을 발견했다. 고도의 지능에서 보이는 60퍼센트 정도의 차이가 유전으로 결정된다는 것이었다.[13] 이는 맨틀이 자신의 지능의 상당 부분이 유전적이라 추측하는 것을 뒷받침하는 연구인 셈이다.

하지만 '지능 유전자'라고 하는 것은 존재하지 않는다. 아니, 사실은 존재하지만 그 종류가 수천 개에 달해서, 종합적인 지능에 각자 미세한 영향밖에 미치지 않는 것이다. 지능이 아닌 다른 여러 특성에 동시에 영향을 미치면서 말이다. 2017년에는 78,308명을 대상으로 유전자 분석을 한 결과, 52개의 유전자들이 모였을 때, 사람들 간의 지능 차를 5퍼센트 미만밖에 설명해내지 못함이 드러났다.[14] 위에서 언급한 대로 지능의 60퍼센트가 유전에 의한 것이라면, 왜 연구에선 5퍼센트도 발견을 못 한 걸까? 그 이유는 개별적인 유전자는 찾아내기 어렵기 때문이었다. 그 5퍼센트는 특정 유전자들로 구성된 것이었고, 과학자들은 현재 나머지 55퍼센트를 찾아내는 데 주력하고 있다.

맨틀은 자신을 완벽주의자로 여기지는 않는다고 했다. 일을 제대로 하는 데 정열을 쏟을 뿐이라고 말했다. "사실 항상 작가가 될 준비를 해왔던 것 같아요. 어떤 대상을 표현하는 데 정확한 말을 찾으려고 늘 노력했고요. 모호한 말은 절대 용납할 수 없었죠.(그녀의 말에 나는 그건 과학자가 되기 위한 좋은 훈련이 될 수도 있겠다고 답했다)"

그녀는 스스로도 좋은 기억력과 극도의 언어적 유창함이 자신의 뛰어난 강점이라 보고 있었다(이 특성들에 대해서는 2장과 4장에서 더 심도 있게 살펴보기로 하자). 가끔 그녀는 얘기 중에 자신을 이인칭으로 언급하고는 했다. 그러자 마치 자신의 토머스 크롬웰 소설을 읊는 것 같은 효과가 났다. 소설에서는 크롬웰을 '그(he)'로 반복해서 지칭하기 때문이다. "자신의 일반적인 지능이 검사에서는 그다지 높게 드러나지 않을 거라 보기 쉽죠. 그런데 제가 느낀 건, IQ 테스트가 정말 못 짚어내는 건 꽤 좋은 기억력과, 방대한 양의 데이터를 잘게 추려내는 능력이라는 거예요."

하지만 실은, 제대로 된 IQ 테스트라면 기억력도 측정하기 마련이다. 다만 맨틀이 말하는 장기 기억력은 아닐 수 있다. 어쨌든 맨틀은 앞서 IQ에 대한 토론에서 살펴봤던 인물 유형의 한 명임이 드러났다. 자신을 "언어 감각은 뛰어나지만, 숫자에는 영 아니올시다"
로 평가하고 있었으니까 말이다. "사실 세상이 나를 과대평가한다
고 늘 생각하긴 했어요. 제가 워낙 언어적으로 유창하다는 이유로
요. 학교 시험지에다는 내 맘대로 써내서 버텼고요. 하지만 수학 쪽
으로 가면 완전히 백지 상태가 되더군요. 간단한 숫자 계산도 못하
지는 않았지만. 미적분학의 첫 교시가 생각나네요. 자리에 앉아 있
는데, 무슨 러시아어로 수업하는 줄 알았다니까요." 그녀가 말했다.

물론 이건 자신에 대한 가혹한 잣대일지도 모른다. 미적분학은
모국어로도 쉽지 않은 과목이니까 말이다. 물론 필자는 앞서 "나
는 언어는 뛰어나지만, 수학은 영 아니야"라는 표현을 쉽게 접할 수
있다고 언급했다. 하지만 많은 지능 연구가 똑똑한 사람들은 여러
분야의 지능에서 골고루 뛰어난 경향이 있다고 밝히고 있지 않은
가. 어쩌면 맨틀은 그저 수학을 잘할 필요성을 못 느낀 건지도 모른
다. 내가 이를 지적하자, 그녀도 자신의 의견을 수정했다. "글쎄, 엄
청나게 복잡한 곱셈 문제를 푸는 취미가 있긴 했어요. 그러니 숫자
를 아주 싫어한 건 아니지요. 하지만 수학의 기계적인 부분이 아닌
개념적인 부분으로 가면, 항상 제가 이해 못 하는 뭔가가 있었던 거
예요." 즉 맨틀의 경우는, 심리학자들이 말하는 '틸트(tilt, 기울기라
는 뜻)'가 한 가지 능력으로 기울었던 전형적인 사례라고 할 수 있다.
그 능력이 인생의 궤도를 바꿔놓았고 말이다.[15] 물론 그 능력은 소
설가가 되는 능력이었다.

뛰어나게 지능이 높은 아이들은 자주 외로워하곤 한다. 대개
또래 아이들과 어울리는 게 지루하기 때문이다. 맨틀은 그녀가 어

린아이였을 때 바보 같은 질문을 하는 사람들을 무시해버리는 경향이 있었다고 말했다. 또 학교 생활의 상당 부분이 시간 낭비라 여기기도 했단다. 또, 친구들을 사귀는 데 애를 먹기도 했다. "사람들은 내가 너무 부끄러움을 타서 활발하지 못하다고 여긴 것 같아요. 항상 팀에서 아웃사이더였으니까. 하지만 나는 전형적으로 다른 아이들이 나가서 게임을 하고 놀 때, 그 게임에 대해 생각하는 아이였던 거죠. 작가들이 으레 이렇게 얘기하잖아요? 글 쓰는 사람들은 남들이 뭐하는지 늘 다 관찰한다고."

하지만 맨틀은 어릴 때 불행보다는 좌절을 느꼈을 뿐이라고 말했다. "그래도 나의 때를 기다린다는 느낌이 항상 있었어요. 늘 어딘가 도달하기를 원했거든요. 무궁무진하지만 아직 실체가 없는 야망을 품었던 거죠. 그래서 지금 당장은 무슨 일이 일어나도, 이건 일시적일 뿐이라고 여겼던 것 같아요."

그녀의 얘기가 높은 지능을 지닌 혹은 성공한 사람들이 행동하는 방식에 접근하고 있음을 느꼈다. 야망 혹은 원동력에 대한 내용으로 말이다. "원동력이 있었단 말이군요?"내가 물었다.

"맞아요. 뭔가 내 이름을 남기겠다는 목표가 있었죠. 물론, '이 마을을 당장 떠나서 보란 듯이 성공하겠어' 같은 심정은 아니었어요. 뭐랄까, 그 어린이들에게 마시멜로를 주고 만족(gratification)을 지연시키는 실험 아시죠? 제가 그 실험을 했다면 아주 잘 버텨냈을 거예요."

이 소위 마시멜로 실험(marshmallow test)은 1960년대에 스탠포드 대학의 심리학자 월터 미셸(Walter Mischel)에 의해 고안되었다. 우선, 실험 대상인 아이들 앞에 마시멜로가 놓인다. 그 후 실험 진행자는 아이들에게 지금 당장 마시멜로를 하나 먹을지, 아니면 15분을 기다린 후 두 개를 먹을지를 선택하게 한다. 그러자, 약 삼 분의 일에 해당하는 아이들이 마시멜로 먹기를 참는 데 성공한 후, 상으로 하나를 더 얻었다. 몇 년 뒤, 미셸은 놀랍게도 실험에서 자기 절제력을 보여준 아이들이 사회적으로나 학업적으로나 더 나은 성과를 거두고 있음을 발견했다. 그 후, 비슷한 여러 실험에서도 같은 결과들이 나왔다. 그리고 40년이 지나, 연구원들은 이제 성인이 된 실험 대상자들을 다시 추적했다. 그러자 이들의 자기 절제력 차이에 따라 뇌의 네트워크(network)에도 차이가 있음이 드러났다. 예상대로, 자기 절제력이 더 강했던 아이들이 성인이 된 지금, 차별화된 뇌 행동 패턴을 갖고 있었던 것이다.[16]

더 나은 자기 절제력을 가진 이들이 더 높은 지능을 지닌다는 연구 결과는 또 있다. 또한, 이 연구에서 찍은 뇌 사진(brain scan)에 의하면, 이들의 전방 전전두엽 피질(anterior preforntal cortex) 활동이 다른 이들에 비해 활발하다고 한다.[17] 전방 전전두엽 피질은 뇌의 부위 중 가장 마지막으로 성숙하는 부분의 하나다. 맨틀의 말을 듣고 있자니, '정말로 그녀의 뇌가 더 빨리 성숙한 건 아닐까?' 하는 의문이 들었다. 자신의 안에 나이 든 누군가가 있는 듯했다고 그녀가 상상하지 않았던가. 그런 그녀의 촉이 실체가 있는 건지도 모르는 일이다.

"뒤돌아보면, 어려서 내가 타인에 대해 내린 평가는 마치 성인의 관점과도 같았어요." 맨틀이 말했다. "그냥 사람들이 재미있다고 느꼈던 것 같아요. '사람들이 다음에는 어떤 말도 안 되는, 특이한 행동을 할까?' 혹은 '사람들이 어떤 극단적인 행동으로 자신을 드러내려 할까?'를 기대하곤 했죠. 그러면 그 사람들이 그렇게 두렵지 않았거든요. 아이들은 가끔 이렇게 하지요. 상황에서 자신을 완전히 분리해버리는 겁니다."

맨틀은 잠시 생각하더니, 전에는 몰랐던 게 문득 떠올랐다고 했다. '사람들이 자신을 드러내기 기다리는 것'에 대해서였다. "어떤 사람에 대해서 선입견을 가지면, 그 사람이 행동으로 내 선입견을 증명하길 기다리게 되죠. 제가 그런 방식이었던 것 같아요. 마치 연극의 막이 오르길 앉아서 기다리는 기분이었다고 할까요. 그게 괴롭지 않은 건 아니었어요. 아웃사이더가 되고 싶은 아이는 없을 테니까. 그렇다고 그런 경험으로 제가 망가졌다거나 한 건 아니고요."

한편, 노르웨이 오슬로 대학의 인지 신경 심리학(cognitive neuro psychology) 교수인 크리스틴 월호드(Kristine Walhovd)는 한 연구에서 뇌와 인지 능력이 노화에 따라 어떻게 변화하는지에 주목한 바 있다. 나는 그녀에게 맨틀과 같이 확연히 높은 지능을 가진 이들은 어떤 다른 기분을 느낄지를 물었다. 그리고 이를 어떻게 설명 가능한지도 말이다. 그러자, 월호드는 내게 너무 앞서가지 말라고 충고했다.

"사람들은 모두 특별해요. 그러니, 맨틀이 자신은 다르다 느꼈다고 언급했다면, 물론 그것도 사실이겠지요. 우리 모두는 저마다 특별하니까요. 솔직히 말하자면, 맨틀을 비롯한 대부분의 사람들은 자라면서 어느 순간 '남들'과 다르다는 느낌을 받았다고 할 겁니다.

선생님이라면 안 그러시겠어요? 그리고 모두가 옳아요. 우리는 모두가 남들과는 다르니까요. 하지만 '남들'도 그 점은 마찬가지이죠."

글쎄, 그건 나쁘지 않은 생각이었다. 어쨌든 한계의 삶을 사는 이들의 실체를 파헤쳐보는 게 내 집필 의도이기도 했으니까 말이다. 결국, 맨틀은 '특별히' 다른 사람은 아니라는 거였다. 게다가, 그녀의 뛰어난 언어 능력도, 남녀 어린이들 간의 정신적 성숙의 속도차를 단적으로 보여주는 사례가 아닌 것이었다. 월호드는 남녀 간의 차이는 과장되었다고 설명했다.

만약 맨틀이 어린 소녀 시절부터 닦아온 능력이 있다면, 그건 그녀의 개인적 확신일 뿐이라는 것이다. 즉, 결단력과 집중력이라는 능력 말이다. 맨틀은 내게 이렇게 말했었다. "저는 항상 남들이 하는 말에 의존하지 않고, 강하고 확실한 자아감을 지녀왔죠. 남들이 나를 어떻게 보는지도 개의치 않았고요. 내면이 마치 돌같이 강인하다고 할까요."

맨틀이 꽤나 어릴 때부터 기획해온 프로젝트는 모두 상당히 규모가 큰 장기 프로젝트였다. 그녀는 비록 오 년 안에 대가를 얻지 못할지라도, 언젠가는 빛을 볼 것을 알았다. 하지만 그녀는 왜 만족을 지연시켜온 걸까? 그녀의 개인적인 마시멜로는 뭐였을까?

"일단 목표를 세우고 나면, 이를 향해 가는 동안 그 목표가 자신을 넘어서는 경우가 생기죠. 그러면 결국에는 자신이 상상하던 것보다 훨씬 더 크고 원대한 목표를 이뤄버리는 거예요. 그러면 스스로 변화를 느끼고, 능력도 더 커지게 되거든요. 그러니, 항상 자신을 넘어서려고, 자신의 한계를 넓히려고 했던 것 같아요."

맨틀의 목표가 자신에게 도전장을 내밀고 자신을 발전시키는 거라면, 그 원동력은 뭐였을까? 그녀는 이렇게 답했다. "호기심이 가장 기본이라고 생각해요. 정말 매일 아침에 스스로 이렇게 물어야 해요. '오늘은 무슨 일이 일어날까?'라고. 이런 마음가짐을 항상 가지면, 나이 들어서도 변함없이 즐거운 기분을 유지할 수 있지요." 그러고 나서 그녀는 잠시 멈추더니 말을 이었다. "물론 육체는 좀 변하겠지만요."

사실 맨틀은 수년간 건강이 좋지 않았다고 한다. 그녀는 자신이 정치에 발을 들이지 않은 이유가 신체의 스태미나가 떨어졌기 때문이라고 했다. 다행히, 그녀는 다시 기력을 회복했다. "내가 보기에 행복한 삶이란, 중년에 이르러서까지 새로운 능력을 계속 추구하는 삶이에요."

'행복'을 구성하는 게 뭔지는 이 책의 마지막에 가서 다시 살펴보기로 하자. 지금으로서는 맨틀에게 필자가 '애티커스 핀치(Atticus Finch, 『앵무새 죽이기 *To Kill a Mockingbird*』에 등장하는 인종 차별에 맞서 싸운 변호사) 문제'라 부르는 걸 물어보고 싶었다. 맨틀의 강점 중 하나가 바로 애티커스 핀치처럼 타인의 상황을 다른 관점에서 이해하는 능력이니 말이다. 그녀는 등장인물의 내면으로 들어가는 탁월한 재주를 지닌 작가이다. 그녀의 비결이 대체 뭘까? 나의 질문에, 그녀는 이렇게 답했다. "글쓰기란 작가가 모든 역을 연기하는 연극과도 같아요. 만약 작가의 머릿속에서 끄집어낸 등장 인물이라면, 작가의 일면을 보여주기도 한다고 생각하거든요. 자신의 활성화되지 않은 내면을 탐험하는 거지요. 예를 들어, '내가 남자라면 어떤 남자일까' 이런 식으로요. 그래서 살아보지 않은 삶들을 연기한다고나 할까요."

하지만 동시에 그녀는 자신의 소설 주인공들의 눈을 통해서 소설 속 세상을 보지는 않는다고 했다. 단지 곁눈질할 뿐이라고 말이다. "주인공들에게 자유의지를 부여하려 하거든요. 저는 크롬웰을 비롯한 등장인물들의 형태가 불완전하다고 생각해요." 나는 처음엔 그녀의 말을 이해하지 못했지만, 나중에 깨닫게 됐다. 그녀의 말인즉, 자신이 등장인물들에 전지전능한 힘을 발휘하지 않는다는 것이었다. 소설 속 등장인물들이 너무 심오하게 재현되어서, 마치 스스로 의지를 갖고 행동하는 듯하기 때문이었다.

맨틀은 자신의 창의성이 자기 분석(self-examination)에서 온다고 보았다. "내 머리 속에서 벌어지는 일들은 첨예하게 인지하는데, 실제 세상에서 일어나는 일에는 그다지 관심이 가지 않더군요." 그녀가 말했다. 그런 그녀가 마음속이 어수선한, 펜 끝을 씹어대는 정신없는 작가들을 대변하는 듯이 보였다. "사람들은 흔히 '백일몽(day-dreaming)'이라 일컫는 것에 대해 착각하곤 해요." 그러더니 그녀는 심리학자들이 최근에야 뇌 사진을 통해 발견한 사실을 직감적으로 언급하기 시작했다.

"왜냐하면, 작가들에게 백일몽이란 대단히 목적 지향적인 행동이거든요. 분명한 방향이 있지요. 마음속의 영사기에 보이는 내용을 언어로 옮겨서 저장하거나 다시 돌려보는 겁니다. 전혀 두서없는 행위가 아니지요." 실제로 하버드 대학교의 심리학자인 폴 셀리(Paul Seli)는 백일몽이 실제로 목적 지향적 사고와 연결되어 있다고 밝힌 바 있다.[18] 그 외에도 여러 연구에서 백일몽이 창의력을 높이고 문제 해결을 돕는다는 결과를 내놓기도 했다.[19]

"사실 전 내면의 갈등이 많아요. 왜냐하면 사실들을 캐내는 걸 워낙 좋아해서요." 맨틀이 말했다. 그 말을 들으니, 더욱더 과학과의 유사성이 떠올랐다. "창의성의 상당 부분이 모호함을 참는 데서 비롯되지요. 항상 여러 겹의, 여러 색깔의 진실을 다루어야 하거든요."

자, 그럼 이제 반대로 사실을 캐내길 좋아하지만, 절대 모호함을 참지 못하는 슈퍼휴먼을 한 명 만나보기로 하자.

그는 폴 너스(Paul Nurse)로 2001년에 세포주기(cell cycle)의 조절 인자 발견으로 노벨 생리 의학상을 수상한 장본인이다. 그의 이름 밑에는 셀 수도 없는 무수한 경력이 따라붙는다. 삶과 죽음 간의 근본적 차이를 이해하고자 하는 열망이 자신의 원동력이었노라고 그는 밝힌 적이 있다. 그리고 그 열망 실현을 위해 그는 바로 세포 분열에 주목했던 것이다.

너스는 효모(yeast)를 갖고 실험하던 중, 세포 분열 조절에 관여하는 유전자 및 단백질들을 발견하기에 이른다. 그는 곧, 인간 체내에도 이와 동일한 유전자들이 존재하지만, 과정에 문제가 발생하면 암이 생길 수도 있음을 알아냈다. 너스는 이러한 획기적 발견으로 인해 1999년에 영국의 기사 작위를 받았을 뿐 아니라, 뉴욕의 록펠러 대학의 총장을 역임하게 됐다. 그 후, 그는 영국의 과학 학회인 왕립학회(Royal Society)의 회장도 지냈다. 현재 그는 런던 소재 프랜시스 크릭 협회(Francis Crick Institute)의 원장으로 일하고 있기도 하다. 프랜시스 크릭 협회는 현재 유럽에서 가장 규모가 큰 생물 의학 실험실이다. 사실, 필자는 일전에 한 과학 축제에서 그와 인사를 나눈 적이 있다. 내가 "제가 뭐라고 부르면 될까요?"라고 물었더니, 너스는 "그냥 블랍(blob, 영화에 나오는 거품 괴물)이라 불러요"라고 답하는 것이었다(물론 나는 이 지시를 무시했다). 어쨌든 그가 우리 시대의 가장 영향력 있는 과학자의 한 명임은 틀림없다.

너스는 가정 배경도 특이했다. 그는 노벨상을 수상한 후 뉴욕에 거주했는데, 영주권을 신청하기로 마음먹었다고 한다. 그런데 영주권을 거절당한 것이었다. 그 이유는 그가 낸 출생증명서가 축약본으로서 그의 부모님의 이름이 적혀 있지 않았기 때문이었다. 마침내 그는 영국으로부터 출생증명서 원본을 전달받았다. 그런데 그의 아버지 성명란에는 '미상'으로 돼 있고, 어머니 성명란에는 그가 평생 누나로 여기던 여성의 이름이 적혀 있는 것이었다. 사실을 알고 보니, 그의 어머니는 신원 미상인 남자의 아이를 갖게 되었고, 자신의 부모가 살던 노포크(Norfolk) 지역에서 너스를 낳았다고 한다. 사생아 신분을 감추기 위해서였다. 결국 너스는 외조모부에 의해 길러졌다. 외조모부는 평생 그에게 부모 역할을 했다고 한다. 너스가 누나로 알던 열여덟 살 연상의 여인은 사실 그의 친모였던 것이다. 하지만 너스가 이 사실을 알았을 땐, 이미 그녀는 사망한 후였다. 당연히 그가 형제로 여기던 이들은 사실 그의 외삼촌들이었다. 아버지의 신원은 물론 알지 못했다. 이 모든 얘기가 티브이 드라마에 나온다 한들, 믿기지 않을 법한 일이 아닌가.

하지만 이 복잡한 사정이 알려지기 전까지, 너스는 거의 외동아들처럼 자랐다. 소위 그의 형제들이 너스보다 나이가 훨씬 더 많왔던 까닭이었다. 어린 너스는 혼자 지내는 시간이 많았다. 긴 등하교 시간 동안, 천성적인 그의 강력한 호기심이 발동하기 시작했다. 힐러리 맨틀처럼 그도 자신의 지능의 핵심이 바로 호기심이라고 언급했다. 물론 맨틀과는 달리 너스의 호기심은 논리와 실험으로 충족되었지만 말이다. 바로 이 논리와 실험을 통해 그는 과학자가 될 수 있었다.

물론 필자는 위에 '천성적인 호기심'이라는 표현을 썼다. 하지만 내가 크릭 협회에 방문해 그의 옆에 앉자, 그는 자신의 호기심이 유전적 특성이라 가정하는 것에 조심하는 모습이었다. "물론 제가 거의 괴상할 정도의 호기심을 키웠다는 데에는 의심의 여지가 없지요. 나를 둘러싼 자연 세계에 대해서 말입니다. 아마 내 관심을 흐트러뜨릴 가정 생활이 부족해서였는지도 몰라요." 어려서 혼자 보낸 시간 덕에, 그는 자연을 제대로 관찰했던 것이다. 그는 천문학과 자연사 그리고 세상의 작동 원리에도 관심을 갖게 됐다. 그로 인해 그는 자연 세계에 대한 진지한 호기심을 키우게 됐다. 그리고 그 호기심을 오늘날에도 이어가고 있단다.

너스에 따르면, 대개 지능과 같은 인간의 고도 능력은 약 50퍼센트가 유전, 약 50퍼센트가 환경에 의해 좌우된다고 한다. 물론 정확한 수치는 때에 따라 약간 변할 수 있겠지만 말이다. "저는 유전학자로서, 유전자가 지니는 영향에 대해 충분히 인지하고 있습니다. 사실 제 환경적 여건은 그다지 학구적이거나 지적이지는 않았어요. 그래서 전 머릿속으로 어떻게 내 환경이 학문을 추구하게 했는지를 합리화해왔지요." 그가 아버지의 실체에 대해 알기 전까지,

그는 가끔 왜 자신만 집안에서 지적으로 유별난지 궁금해했다고 한다. 어려서 그의 집에는 변변찮은 책도 없었고, 읽기를 독려하거나 호기심을 북돋아주는 부모님도 안 계셨다. 하지만 내면에서 시작된 호기심은 곧 하늘의 별과 등굣길에 만난 울타리 속 나방들에 집중됐다. 이 얘기를 들으니, 앞서 로버트 플로민이 내게 했던 말이 생각났다. 플로민은 협소한 학교 및 지루한 환경에 보내진 쌍둥이와 입양아 연구의 결과를 본 뒤 이렇게 결론 내렸다. "결국은 능력이 튀어나올 것을 저는 이제 압니다. 정말로 고도의 능력을 가진 아이들이 스스로 발전하는 걸 막으려면, 아마 옷장 속에 가둬 놓아야 할걸요."

과학자들은 대부분 자신들의 객관성, 논리 및 증거에 대한 철칙을 자랑스럽게 여기곤 한다. 하지만 현실에서는 그들도 결론을 속단하기 쉽다. 부족한 데이터를 바탕으로 한, 자신에게 유리한 가설에 집착하면서 말이다. 반면, 너스는 '바람직한' 과학적 방식이 뭔지를 그대로 대변하는 존재였다. 과학적 가설에 대해 가차 없기로 유명하니 말이다. "나는 항상 뛰어난 가설을 세우는 것 자체로는 별 의미가 없다고 여겨왔어요. 가설을 세우는 데는 별 대가를 치루지 않잖아요? 가설을 아주 철저하게 증명해야 비로소 가치가 생기는 거지요."

너스는 어떤 대상을 철저히 증명하려는 열망을 지능의 한 요소라고 보았다. "그건 자신감과도 연관되는 문제일지 몰라요. 만약 내가 가설을 세우고 이를 증명할 관찰 결과도 있다고 해보죠. 그럼 나는 결론을 당장 발표하기 전에, 이를 여러 다른 방향에서 보고 무너뜨리려 할 겁니다. 그조차 이겨내면, 그때야 슬슬 발표할 가치가 생기는 거지요. 그러니, 자신의 가설을 스스로 무너뜨리려는 건 가치 있는 일입니다. 그런 후에도 가설이 굳건하면, 그제야 큰 자신감을 갖고 얘기할 수 있게 되니까요."

중학교와 고등학교를 거쳐 대학에 입학하자, 너스는 부유한 배경의 학생들에 둘러싸이게 됐다. 집에 책도 많고, 지적인 격려도 충분히 받는 아이들이었다. 그러자 너스는 세상에 대해 더 많이 배워야 함을 느꼈다고 한다. 남들은 자신보다 훨씬 더 많은 걸 알고 있었기 때문이었다. 그때부터 그는 『타임스 리터러리 서플리먼트 *Time Literary Supplement*』나 『런던 리뷰 오브 북스 *London Review of Books*』와 같은 도서 평론지를 열심히 읽었다. 자신의 교육적 견문을 넓히기 위해서였다. 오늘날에도 그는 이를 즐겨 읽는다고 한다. "이 잡지들을 읽게 된 이유가 조금 부끄러운지도 모르겠네요. 하지만 어쨌든 세계에는 내가 알고 싶은 것들이 정말 많았으니까요. 그러니, 역시나 엄청난 호기심 때문이었죠." 너스가 말했다.

너스의 호기심, 그리고 발견에의 열망은 결국 그를 생명 과학에 이르게 했다. 그는 물리 과학은 질문들이 너무 거창하고, 답을 찾기도 너무 힘들다고 느꼈다고 한다. 자신이 먼지처럼 작게 느껴지고 말이다. 하지만 생물학은 달랐다. 생물학의 문제들이란 직접 관찰할 수 있는 것들이었다. 너스는 집의 뒤뜰에서 거미줄을 관찰하거나, 파리들의 분포(distribution)에 대해 생각하고는 했다. "정원에서 원자의 구조에 대해서 배울 수는 없는 노릇이니까요." 그가 말했다.

나는 너스에게 머릿속으로 뭐든 배울 수 있지 않았겠느냐 물었다. 그랬더니 그는 "저는 머릿속으로만 집중하고 있지 않았어요. 대신 항상 세상을 관찰하고, 세상과 연관을 시켰지요"라고 답했다. 문제를 내면화하고, 수학적으로 그 문제에 대해 생각하는 태도는 그에게 생소했다고 한다. 특히 학구적이지 않은 그의 가정 분위기에는 더더욱 맞지 않았단다. 그러자, 문득 맨틀이 했던 말이 떠올랐다. 그녀는 학교 수학이 개념화됐다고 느끼자, 수학에 손을 놔버렸다고 했었다. 또, 맨틀 또한 그다지 학구적이지 않은 가정 분위기에서 컸다고 했다("저는 당시 더비셔(Derbyshire) 지역에서 가장 안 좋은 학교에 다녔어요"라고 그녀는 말했었다). 물론 그녀는 학교 밖에서는 책에 파묻혀 지냈지만 말이다. 또, '틸트'의 심리학도 떠올랐다. 맨틀의 언어 능력은 '쓰기'로 기울어져 있었던 셈이다. 비슷하게 너스의 자연 세계에 대한 호기심도 '생물학'으로 기울어져 있었다.

물론, 폴 너스의 자녀들은 학구적이고 지적인 가정환경에서 자라났다. 그중 한 딸은 고에너지 물리학자(high-energy physicist)로 일한다고 한다. "그 애는 내 아래 세대니까, 자라난 환경도 달랐죠. 나는 그 분야에 주눅이 들었지만, 딸은 전혀 그렇지 않은 모양이에요." 너스가 말했다.

너스는 평생 그랬듯이 학교생활에서도 괴짜로 통했다. 종종 상상 속을 헤매거나, 백일몽에 빠져 있기도 했다. "흥미로운 방향으로 괴짜처럼 굴 때는 학교 성적이 올랐지만, 평범했을 때는 점수가 낮았지요." 하지만 점차 성장하면서, 그의 괴짜 행동에도 보상이 따르기 시작했다. "문제에 대한 해답을 찾을 때는 제가 상상력이 좀 풍부한 편이거든요. 물론 항상 현실의 실험과 관찰 및 검사로 되돌아오긴 했지만 말이죠. 아마 제가 세상을 관찰하기 좋아하는 데서 비롯된 것 같아요."

필자가 앞으로 탐구할 주제 중에 기억력과 언어가 있음에 주목해보자. 필자는 지능이 높은 이들이 기억력이 좋고 언어 능력이 높다고 언급한 바 있다. 하지만 폴 너스는 기억력과 언어 능력 간의 연관성을 무시해버렸다. "물론 둘이 연관이 있긴 하지요. 예를 들어 프랑스어로 'chien'이 '개'라는 걸 기억해야 하니까. 그렇지만 또 다른 측면의 문제도 있어요. 내 조부모님은 강한 노포크 사투리를 쓰셨죠." 그렇게 말한 뒤, 그는 시골내기 같은 말투로 말하기 시작했다. "런던에서는 이런 말투로 말하면 놀림감이 되기 십상이었어요."

그는 자신이 단어들을 '정상적으로 (즉, 강한 지방 사투리 없이)' 발음하지 못해서 언어에는 자신이 없었노라 말했다. 흉내 내기에는 영 소질이 없었고 말이다. 심지어 그는 기억력에도 문제가 있다고 했다. 하지만 정보들을 창의적인 방식으로 한데 모으는 게 진정한 실력이지 않은가. "지식으로 가득한 우주에서 서로 떨어져 있는 정보들을 연결시키는 셈이지요. 그 연결을 대부분의 사람들이 어려워하는 것이고요. 지식 전반에 걸쳐 탐욕스러울 정도의 열정에 논리가 결합돼야 하지요. 나는 정보들을 한데 모은 후, 논리를 적용합니다. 그게 실패로 돌아가면, 그 이론은 버려버립니다."

이런 지식에 대한 가차 없는 태도에는 그의 가정 배경도 어느 정도 연관이 있다. 그는 소박한 시골 가정에서 자라났기에 타인이 자신의 이론에 대해 왈가왈부하는 게 싫었다고 한다. 그러다가 자신을 시골내기라 무시할까봐 그랬다고 한다.

너스는 현재 68세이다. 물론 인지적 능력, 특히 사고의 속도와 사전 지식이 없는 추론 능력은 삼십 대부터 서서히 쇠퇴하기 시작한다. 하지만 앞서 언급한 대로 결정지능은 몇십 년 동안이나 동일한 수준을 유지한다. 실제 세계에 대한 지식, 정보 및 수치, 경험 등이 필요할 때 사용하는 지능 말이다.[20] 나는 너스에게 노년에 들어 바뀐 게 있다면 무엇인지를 물었다.

"물론 서른 살 때보다 사고를 잘하지는 못하지요"라고 그는 답했다. 잃어버린 능력 하나가 바로 무언가에 몇 시간이고 집중하는 능력이라고 했다. "요즘엔 이 능력을 고에너지 물리학자인 딸에게서 봅니다. 마치 문제가 증발해버릴 때까지 레이저를 쏘아대는 듯한 집중력이라고나 할까요. 이제 저는 완벽한 집중을 하기에는 너무 잡생각이 많아져서요." 그래도 그는 다른 면으로 이를 어느 정도 보완할 수 있다고 했다. "특정 문제에 적용하는 사고 과정을 이미 거친 바 있으니, 어떡해야 하는지를 쉽게 알 수 있지요." 게다가 일종의 잔머리도 발달됐는데, 이것도 도움이 된다고 했다. 말하자면, 순수한 학문적 노력은 약해졌을지 몰라도, 그만큼 경험치가 늘었다는 것이었다. 내가 떠나기 전, 그는 이에 대한 내용을 내게 전수해주었다. 우선, 그는 '사고의 기찻길'이라는 비유를 들었다.

"어떤 현상에 대해 설명할 방법이 떠오르면, 또 다른 방법을 동시에 생각하기란 어려운 일이죠. 일단 기찻길을 달리다가, 다른 기찻길로 뛰어들 방법을 찾는 것과 마찬가지니까요." 너스는 다른 기찻길로 뛰어들 그만의 요령이 있다고 했다. 그 요령은 바로 '너무 애써서 일하지 않는 것'이라고 한다. "특정 문제 하나에 대해서 노상 생각하고 있으면, 항상 같은 기찻길에 머물러 있는 것과 같으니 말입니다."

또, 직면한 문제와 관련 없는 책들을 읽는다던가, 방향의 전환을 돕는 일을 해보는 것 등이 도움이 된다고 했다. 너스의 취미는 비행기 조종인데, 비행은 그의 '사고의 기찻길'을 변경해준다는 것이었다. "하늘에 올라가 있으면, 생존해야겠다는 생각밖에는 들지 않거든요. 알프스를 넘나들다 다시 내려오면, 모든 걸 새롭게 바라보게 돼요. 머릿속이 정말 깨끗해진 느낌이니까요."

너스는 실패에 대한 성찰도 빼놓지 않았다. "실패를 막을 수는 없을 거예요. 항상 실패하기 마련이니까. 이를 받아들이고 반면교사로 삼은 뒤 다시 정진해야지요." 실제로, 너스가 사람들에게 하는 지도 편달의 상당 부분이 실패했을 때 우울해하지 않도록 돕는 것이라고 한다. 실패에 맞설 수 있는 자신만의 심리적 접근법을 개발하도록 돕는 것이다. 한편, 성공을 위한 동기는 꼭 필요하지만, 그 동기가 견고한지를 항상 확인해야 한다고 너스는 충고한다. "유명해지기만 바란다면, 아마 유명해지기 힘들 겁니다. 여러 다양한 동기가 있기 마련이지요. 저의 경우, 확고한 동기는 바로 호기심이었습니다."

2장

— 기억력 —

MEMORY

기억력, 자연의 가장 위대한 선물,

그리고 이 생애를 사는 모든 이들에게 가장 필요한 것.

— 플리니 1세(Pliny the elder), 기원후 1세기

나는 나의 현재로 기억을 구성한다.

나는 현재에 길을 잃고 버려졌다.

과거로 돌아가려는 헛수고를 하지만, 탈출할 수는 없다.

— 장 폴 사르트르(Jean-Paul Sartre),

『구토 *Nausea*』(1938) 중에서

나는 내 뇌보다 더 대단한 존재지만,

나를 나로 만드는 것은 내 기억이다.

그러니, 기억을 하지 않는다면, 나는 누구인가?

…… 나는 작별인사를 말해야 할지 모른다.

— 니콜라 윌슨(Nicola Wilson),

『플라그와 얽힘 현상 *Plaques and Tangles*』(2015) 중에서

이레네오 푸네스(Ireneo Funes)는 말에서 떨어져 정신을 잃는다. 그가 다시 정신을 차렸을 때 그의 몸은 마비됐지만 그의 기억력은 완벽해졌다. 마치 '슈퍼휴먼'처럼 말이다. 푸네스는 자신이 꾸었던 모든 꿈과 모든 백일몽을 모조리 기억하게 된다. 심지어 그는 1882년 4월 30일 아침 남쪽 하늘에 떴던 구름의 모양까지 기억한다. 그러고는 그 모양을 그가 고작 한 번 본 책 커버의 대리석 무늬결과 비교한다. 또, 케브라초(Quebracho) 전투 전날 저녁, 네그루 강(Rio Negro)에서 노를 젓다 일으킨 물보라 모양과 비교하기도 한다. 푸네스의 기억력은 이제 무한대가 된 것이다. 그는 또한 각각의 단어를 숫자와 연결시키는 체계도 개발했다. 예를 들어 7013은 '페레즈 최고(Maximo Perez)'라는 뜻이었고, 7014는 '철도'를 뜻했다. 이런 식으로 24,000개가 넘는 숫자가 이 체계 안에 속했다.

푸네스는 물론 허구적인 인물이다. 그는 뛰어난 상상력을 소유한 아르헨티나 작가 호르헤 루이스 보르헤스(Jorge Luis Borges)가 쓴 단편 소설인 『기억의 천재 푸네스 Funes, His Memory』의 주인공이다. 보르헤스는 이 소설에서 푸네스의 숫자 체계를 비롯해 비슷하게 복잡한 정신적 체계들을 세세히 관찰한다. 이런 체계들은 푸네스만 이해하는 것으로 사실상 아무런 의미가 없다. 하지만 적어도 푸네스의 마음에 어떤 일이 일어나는지는 보여준다. 이 체계들을 통해 푸네스가 살고 있는 뒤죽박죽인 세계를 살짝 들여다보거나 유추할 수 있는 것이다.

이 장을 통해서 우리가 살펴볼 세상도 푸네스의 세상과 비슷하다. 또, 기억력의 크기와 정확성이라는 점에서 푸네스를 대적할 만한 인물들도 만나보기로 하자. 이 인물들이 실존한다는 게 더 놀라운 일이 아닐 수 없다. 또 한편으론, 기억력이 대부분의 사람들에게는 얼마나 연약하고, 영향력을 받기 쉬운 기능이며 전적으로 신뢰가 불가능한 것인지를 살펴볼 것이다. 그리고 그편이 실은 더 바람직한 것임을 알게 될 것이다.

기억력이란 보르헤스의 단편 속에서처럼 기이하고, 더 신비로운 것이다. 앞으로 이 장을 탐험하면서, 한 가지 기억할 사항이 있다. 바로 "그녀는 정말 좋은 기억력을 가졌어"라고 할 때, 여기에는 두 가지 의미가 있다는 점이다. 첫 번째는 그녀는 많은 양의 정보를 저장할 '능력'을 지녔다는 것이다. 두 번째는 그녀의 기억력의 '내용'이 대단하다는 의미이다. 앞으로 우리가 주로 살펴볼 사안은 첫 번째 의미로, 인지적 능력이라는 면에서의 기억력이다.[1]

그럼 숫자 얘기로부터 시작해보자. 숫자라면 우리 모두가 학교에서 배워서 어느 정도 알고 있는 대상이다. 알다시피, 파이(pi)는 원의 둘레를 지름으로 나눈 값을 가리키며, 3.14159……로 시작한다. 하지만 이 숫자는 끊임없이 계속된다. 무한대이며, 무리수이기 때문에 절대로 끝나지 않고, 같은 수가 중복되지 않는다. 이 때문에 많은 이들은 파이의 궤도에 빠져 헤어나오지 못하기도 한다. 어떤 이들은 파이가 종교적인 매력마저 있다고 한다. 또, 어떤 이들은 '그냥 거기 존재하기에' 파이가 매력적이라는, 마치 산을 대하는 산악인들 같은 태도를 보이기도 한다. 투철한 훈련을 바탕으로 '기억력 선수(memory athletes)'라 불리는 이들도 특히 파이의 영원성에 매력을 느낀다고 한다.

도쿄 근교의 키사라주(Kisarazu)에 사는 아키라 하라구치(Akira Haraguchi)는 2006년에 파이를 10만 자리까지 암송한 장본인이다. 장장 열여섯 시간에 걸친 업적이었다. 그에게 파이란 의미를 찾아가는 종교적 탐구와도 같다. "파이의 숫자를 암송하는 것은, 불교에서의 경전 암송 혹은 명상과 같은 의미를 지닙니다"라고 하라구치는 말한다. "경전과 명상을 맴도는 모든 것이 부처의 영혼을 담고 있지요. 저는 파이가 그러한 궁극적인 예라고 생각합니다." 현재까지 하라구치는 파이 암송의 월드 챔피언이다. 비록 기네스북에서 그의 암송을 공식적으로 인정하지는 않았지만.

그럼 현재 파이 암송의 기네스북 보유자는 누굴까? 그는 인도의 라자스탄(Rajasthan) 내 사와이 마드호푸르(Sawau Madhopur) 구역 출신인 23세의 라즈비르 미나(Rajveer Meena)이다. 2015년 3월 21일, 타밀 나두(Tamil Nadu) 지역의 벨로어 공대(Vellore Institute of Technology)에서 7만 자리까지 파이를 암송하는 데 성공했다. 심지어 그는 눈에 안대를 착용한 채였다. 이 업적에는 9시간 7분이라는 긴 시간이 걸렸다. 그는 내게 자신의 가장 큰 동기 중 하나는 바로 가정 형편이었다고 말했다. "가정 배경이 무척 소박했지요. 하지만 그럼에도 세계의 가장 까다로운 기억력 테스트를 이길 수 있다는 것을, 세상에 보여주고 싶었거든요."

이러한 '기억력 천재'들은 각자 저마다 다른 동기를 지녔다. 그리고 그들이 쓰는 기억 방법도 다 다르다. 하지만 이들은 근본적으로 숫자를 하나의 '이야기(story)'로 전환하는 공통점을 지닌다. 즉, 이들은 숫자를 암송할 때, 우선 머릿속으로 이야기를 전개하는데, 이 이야기를 다시 숫자로 전환하는 식이다.

하라구치의 경우는 일본 가나 문자에 바탕을 둔 체계를 사용한다고 했다. 이 체계의 첫 오십 가지 숫자는 이런 이야기를 들려준다. "글쎄, 마음의 평화를 얻기 위해 고향을 떠난 연약한 나란 존재는, 어두운 구석에서 곧 죽을 거야. 죽기는 쉽겠지, 하지만 나는 긍정적으로 생각하려고." 이렇게 십만 자리 숫자까지 진행하면, 이야기가 꽤나 진행될 것 같지 않은가?

라즈비르 미나도 다양한 숫자 집단을 단어들과 연결시킨다고 한다. 마치 보르헤스의 소설 속 푸네스처럼 말이다. 미나와의 대화 도중, 그가 내게 예를 들어 주었다. "나는 집을 떠나서 로저 페더러(Roger Federer)를 만나고, 공원으로 가며, 청바지 한 벌을 집어 들고, 사무실까지 오십 달러가 드는 택시를 타고, 사무실에서 백 달러를 번다." 이 문장은 749099950100이라는 숫자로 번역된다고 한다. '나(74)는 집을 떠나서 로저 페더러를 만나고(90), 공원으로 가며, 청바지 한 벌을 집어 들고(999)……' 이런 식으로 말이다.

이렇게 7만 자리의 숫자 전개를 외우는 데, 꼬박 6년 이상이 걸렸다고 미나는 말한다. 이 방법은 자신이 세계 최고라는 걸 보여줄 방법이자, "인내력과 자신감을 증진시킬 훌륭한 방법"이라고 그는 무척 진지하게 설명했다. 또 그의 도전이 공식적으로 승인을 받기 전의 7개월을 견디면서, 그는 자신의 인내력과 자신감을 충분히 시험했다고 한다. "기네스북으로부터 내 도전이 성공이라는 이메일을 받았을 때, 그날 밤은 정말이지 잠을 이루기 힘들더군요. 몇 번이나 그 이메일을 다시 읽어봤다니까요."

그도 푸네스와 같은 기억력을 가진 게 아닐까? 나는 그에게 매일 일어나는 모든 일들을 다 기억하는지를 물었다. 그의 대답은 "아니오"였다. 사람들의 얼굴이나 일어난 사건 등은 기억을 잘하지만, 매일 매일 무엇을 입었고 먹었는지 등을 무심코 기억하지는 못한다는 거였다. 그런 류의 기억에 능통한 사람은 앞으로 만나보기로 하자.

여하튼, 파이를 암송하는 사람들을 이해하려면, 파이에 좀 더 친숙해져야 할 것 같았다. 그래서 나는 파이를 십억 숫자까지 나열해놓은 웹페이지를 들여다보았다.[2] 한동안 천천히 스크롤을 내리며 보았는데, 아직도 전체의 오 퍼센트밖에 내려가지 않은 것이었다. 이런 식으로 쭉 가다가는 정신이 흐트러질 것만 같았다. 화면에 쏟아지는 숫자들은 영화 〈매트릭스 The Matrix〉를 연상케 했다. 물론 숫자 속에 아무것도 없으니, 아무것도 못 보았지만 말이다.

파이는 무한대이다. 지금껏 파이는 22조 자리까지 계산되었다고 한다. 아무도 이를 인터넷에 올리지는 않았지만 말이다. 나는 화면으로 돌아가 3.14159……로 시작하는 숫자를 22,514자리에서 끊어보았다. 이 정도면 전체 파이의 새 발의 피 수준일 뿐이다(물론 무한대의 파이에 비하면 1조자리도 새 발의 피이겠지만). 숫자를 조각으로 잘

라놓으니, 이제 좀 여유롭게 들여다볼 수 있을 듯했다.

문득, 보르헤스의 또 다른 단편 소설인 『바벨의 도서관 *The Library of Babel*』이 떠올랐다. 이는 어마어마한 양의, 거의 무한대에 가까운 수의 책을 보유한 도서관에 대한 이야기다. 이 거대한 도서관은 모든 글자들의 조합을 총망라한, 출판 가능한 모든 책들을 품고 있었다. 하지만 도무지 해석할 수 없는 내용의 책들이었다. 가끔 아는 단어, 혹은 온전한 문장이 눈에 띌 뿐이다. 그래서 사람들은 평생 도서관에 갇혀 지내며, 무언가 뜻을 찾아 헤맨다.

나도 그 비슷한 심정이었다. 지금 화면 속 숫자 조각을 보자니, 마치 숫자로 이루어진 괴상한 섬을 보는 기분이었으니까 말이다. 9라는 숫자가 반복돼 군집을 이루거나, 0과 1들이 마치 이진법의 짧은 줄을 만드는 모양새였다. 그런가 하면 뾰족한 모양의 7들은 숫자들 사이를 지그재그 모양으로 미끄러져, 마치 사다리를 오르내리는 뱀 같은 형상을 이루었다. 물론 그걸로 끝이었다. 이런 모양들에 어떤 뜻이 있을리 만무하니까. 이런 숫자들 속에 푹 빠질 수 있는 이들이 신기하게 느껴졌다. 이 많은 숫자를 다 외운다고 생각해 보라.

하지만 지금 소개할 대니얼 태밋(Daniel Tammet)에게는 숫자들이 정말로 어떤 의미를 띤다고 한다. 그는 숫자가 아우라(aura)를 발산한다고 주장한다. 숫자들에는 각각의 색깔, 질감, 형태, 게다가 신기하게도 감정까지 깃들어 있다는 것이다. 예를 들어, 그에게 4라는 숫자는 파란색을 의미한다. 동시에 4는 수줍은 숫자이다. 그래서 자기 자신의 수줍음 때문인지, 태밋은 4를 친근하게 느낀다고 했다.

심지어 그의 별명이 바로 '4'라는 것이었다. 그에 따르면, 각각의 숫자는 저마다 빛나기도 하고, 윙크도 한다. 으르렁거리는 숫자도 있다. 한편, 여러 숫자들의 나열은 감정과 느낌에 관한 문장을 형성하기도 한다는 거다.

38세인 태밋은 베스트셀러 작가이자 번역가이다. 영국 태생인 그는 현재 파리에 살고 있다. 나는 찌는 듯한 6월의 어느 날, 파리에서 그를 만났다. 생제르맹데쁘레(Saint-Germain-des-Prés) 지역의 한 시원한 녹색 외관의 레스토랑에서 말이다. 그를 만나기에 앞서, 나는 동시에 내 기억력을 시험해보기로 했다. 나는 이 지역을 워낙 잘 알고 있던 터였다. 그래서 찜통더위 속에 거리를 돌아다니며 낯익은 장소들이 눈에 띄는지 살펴보았다(내가 특히 좋아하는 굴 요리 전문점인 '위트르리 레지(Huîtrerie Régis)'도 주변에 있을 것이었다). 결국, 더듬는 프랑스어로 물어서 몇몇 장소가 그대로 있는 걸 확인하고 나니, 흡족해졌다. 레지 식당에서 한꺼번에 21개나 되는 굴을 먹었던 어느 긴 점심이 아련히 떠올랐다.

태밋은 약 열 개의 언어를 구사하는 다국어 능통자이다. 또 그는 공감각(synaesthesia) 능력도 지니고 있다고 한다. 공감각이란 신경학적인 상태로, 그에게는 단어 및 숫자를 볼 때 색깔도 함께 보이는 증상으로 나타난다고 했다. "3은 녹색이고, 5는 노란색, 9는 파랑이지요. 아주 새파란 파랑입니다. 4의 파란색과는 달라요"라고 태밋이 내게 말했다. "태밋은 오렌지색입니다. 선생님의 이름인 로완은 빨간색, 성인 후퍼는 하얀색이고요(꽤나 근사한 색깔 조합이라서 나는 마음이 놓였다). 그는 또한 자폐의 일종인 서번트 증후군을 지니고 있다고 했다. 그의 IQ는 테스트에서 어떤 측정 등급을 쓰는지에 따라 150에서 180을 넘나든다고 한다.

한 사람의 IQ 테스트 결과가 그렇게 큰 점수 차로 다르다니, 이상하게 느껴졌다. 하지만 더 묻지 않기로 했다. 그보다는 IQ 지수는 IQ 테스트를 얼마나 잘하는지를 측정할 뿐이라는 그의 강한 주장이 더 놀라웠다. 앞서 넌이 얘기한 것과 똑같지 않은가. "IQ는 지능을 고작 숫자로 치부해버릴 뿐이지요. 의미 없는 거예요"라고 태밋은 말했다. 다시 한 번, 돈이 전부는 아니라는 억만장자의 말을 듣는 기분이었다.

하지만 사실 나는 IQ에 대한 대화를 나누려고 그를 만난 건 아니었다. 나는 그가 어떻게, 그리고 왜 유럽의 파이 암송 챔피언이 되었는지를 묻고 싶었다. 그가 파이를 22,514자리까지 암송하는 데 5시간이 살짝 넘게 걸렸다고 한다.

태밋은 아홉 형제 중 맏이로 태어났다. 그는 어려서부터 많은 형제들을 대해야만 했기에 자폐의 반사회적 성향이 조금 완화되었다고 한다. 게다가 그의 자폐 증상은 상대적으로 약한 편이었다. 비자폐인처럼 남들과 시선 맞추기도 잘했다. 물론 그의 말로는 그렇게 할 것을 늘 기억해야 한단다. 어린 시절, 그는 친구를 사귀거나 의사소통을 하는 데 어려움을 겪었다. 그런 그가 처음 익힌 언어가 다름 아닌 숫자였다. 학교에서 그는 파이에 매력을 느꼈다. 그가 그때 느낀 매력은 이십 대가 돼도 사그라지지 않았다. 결국 그는 파이 숫자들을 스무 장 프린트했다. 한 페이지당 천 개의 숫자가 담겨 있었다. 그리고 그는 곧 숫자들 속으로 풍덩 빠져버렸다. 말하자면 숫자들과 교감을 나눈 셈이었다.

"저는 숫자들을 보고 있으면 감정과 모양이 떠올라요. 마치 시와 같죠. 프랑스어의 보들레르나 영어의 셰익스피어 같은. 파이는 그 자체로 숫자로 쓰인 시예요. 파이에 점점 빠져들수록, 더 이해가 돼가죠. 왜냐하면 숫자들이 늘어날수록, 더 많은 의미와 색깔들을 부여하게 되니까요." 이 말을 들으니, 하라구치가 파이에 깊이 빠질수록, 불교적 의미를 더 깊이 탐색하게 된다고 언급한 것이 떠올랐다.

이렇듯, 태밋은 파이로부터 감정이 실린 시를 구성해낸 것이다. 그리고 이를 옥스퍼드의 대중 앞에서 암송해 보였다. 그에게는 이것이 실제 시 낭송 혹은 연극 시연과 같은 의미였던 것이다. "숫자들로 이뤄진 언어나 다름없으니까요. 암송을 들은 관객들은 매우 감격했어요. 숫자가 그들의 모국어는 아니었을지라도요." 태밋이 말했다. "그들이 쉬이 알아듣는 언어는 아니었지만, 저는 온몸을 통해 숫자를 재현해냈지요. 제 숨결과 말투에 온통 묻어나도록. 저는 숫자를 마치 언어처럼 사용했고, 이 점이 사람들에게 감동을 주었던 것 같아요."

하라구치는 파이를 마치 불교 경전처럼 암송했고, 미나는 마을의 명예와 자랑할 만한 세계 기록을 위해 파이를 암송했다. 하지만 태밋의 동기는 좀 더 단순했다. 바로 '소통'을 위해서였던 것이다.

파이 암송에 매달린 기간 동안, 혹시 그는 꿈에서도 파이를 봤을까? "잠들기 바로 직전, 파이의 숫자들이 눈앞을 스치고 지나곤 했지요. 그 모양 및 색깔, 감정과 의미들과 함께요. 특히 혼자라는 기분이나 두려움이 느껴졌어요." 태밋이 말했다. 그의 말에, 파이 암송에는 용기가 필수인가 하는 의문이 들었다. "파이 암송 중에 완전히 혼자라고 느껴지는 순간들이 있어요. 특히 첫 천 자리까지는 마치 우주에 혼자 덩그러니 놓인 기분이랄까. 정말 두려운 감정이었죠. 하지만 파이의 이야기는 계속되니까, 곧 새로운 국면에 접어들지만요."

암송 중에 신체적인 피로가 몰려올 때도 있다고 한다. 미나는 9시간의 암송 동안 설사와 고열로 고생했었다고 말했었다. 그래서 숫자를 입 밖에 내기도 버거웠다고 했다. 한편, 태밋은 배우들이 어떻게 장시간 연극 무대에 열중하는지 모르겠다고 했다. 또, 풍부한 감정이 실린 각각의 숫자를 대하는 데 따른 심리적 기복이 가장 용기가 필요한 부분이라고 했다.

"제가 암송을 끝냈을 때, 눈가에 눈물이 고였다고 말한 관객들이 있었어요. 제 목소리도 눈물로 촉촉이 젖어 있었을 거예요." 태밋이 말했다. "신기한 일이었죠. 머리로는 숫자를 세고, 또 세고 있었으니까요. 사람들로부터 멀어지게 했던 재능 덕에 결국 그들과 직접적으로 소통할 수 있게 된 거였어요." 태밋의 경험을 들으니, 문득 마크 라이런스(Mark Rylance)가 연극 〈예루살렘 Jerusalem〉에서 루스터 바이런(Rooster Byron) 역을 연기한 뒤 했던 비슷한 말이 떠올랐다. 라이런스가 보여준 연기는 너무나 강렬하고 인상 깊었다.

결국, 라이런스는 연극이 끝난 후 한동안 몸을 공처럼 둥글게 만 채 쭈그리고 있어야 했다. 정신을 추스르기 위해서였다. 태밋은 말을 이어나갔다. "용기가 필요했던 건, 불안할 때가 많아서였죠. 하지만 그때는 아름다운, 용기를 북돋아주는 무언가가 다가오는 게 느껴졌어요."

케임브리지 대학교의 심리학과 소속인 대니얼 보어(Daniel Bor)
와 동료들은 태밋에게 여러 테스트를 시행해 보았다. 그중에는 뇌
스캔(brain scan), 그리고 나본 태스크(Navon task)라 불리는 심리학 테
스트였다. 나본 태스크에서는 참가자의 앞에 몇 개의 커다란 전체
(global) 문자가 놓인다. 이 문자들은 숫자일 수도, 글자일 수도 있다.
각각의 전체 문자는 여러 개의 동일한 작은 국소(local) 문자들로 이
루어져 있다.

예를 들어 참가자는 작은 일곱 개의 모양으로 만들어진 큰
3이라는 숫자를 보고, 그 작은 숫자들이 7이라는 것을 인지해야
하는 것이다. 태밋은 평균 참가자들보다 국소 문자가 무엇인지 찾
아내는 데 빨랐다고 한다. 전체 문자가 무엇이든 간에 헷갈리지 않
고 말이다.

태밋의 공감각 능력도 특별한 양상을 띤다고 한다. 보어는 이
렇게 말한 바 있다. "태밋의 공감각은 어떠한 구조가 잡힌, 고도의
청킹(chunking)을 거친 내용을 생산해내는 듯해요. 이 내용이 숫자
의 부호화(encoding)와 숫자에 대한 기억 및 연산을 돕는 겁니다."[3]
'청킹'이란 작은 정보들을 좀 더 익숙한 단위로 엮는 인지 과정으
로, 흔히 기억력 선수들이 사용하는 단기 기억법이다. 예를 들어,
10271962라는 숫자는 1962년 10월 27일로 기억하는 식이다. 태밋
의 자폐 증상과 공감각은 파이를 외우는 데 큰 도움이 된 듯했다.

"태밋은 자신이 배우려고 하는 대상의 디테일에 집중하는 경
향이 있어요. 예를 들어, 숫자들 간의 관계라던가 외국어 단어의 구

체적인 특징 등에 말이죠. 이들이 어떻게 발음되는지, 어떤 공감각적 특성들과 연결될지 등을 살펴보는 거예요. 그리고 이를 대상을 기억하는 데 활용하는 거지요. 이러한 국소적인 접근이 그만의 특별한 공감각 능력을 향상시킨다고 봅니다." 보어가 말했다.

즉, 태밋은 파이의 숫자들에 특정 색깔과 감정을 연상시키는 공감각적인 '청킹'을 거치는 것이었다. 그래서 각각의 청킹을 모아 하나의 이야기로 짜내는 것이다. "물론 태밋은 연상기호(mnemonic) 기억법을 쓰기는 합니다. 하지만 그 기억법이 그만의 공감각 능력과 긴밀히 연결되어 있는 것이지요." 보어가 말했다.

기억력을 전문적으로 훈련하는 이들이 바로 '기억력 선수'들이다. 하지만 영화에서 필라델피아 미술관의 계단을 오르내리는 록키(Rocky) 같은 선수를 생각해선 안 된다. 이들은 테이블 앞에 등을 구부린 채, 트럼프 카드 한 질의 순서를 외우려 노력하는 선수들이니 말이다. 이게 기억력 선수들의 훈련이다. 물론 여전히 머릿속으로 록키의 테마 음악을 되뇌는 것은 선수들의 자유겠지만 말이다.

기억력 경기는 전국 혹은 지방 단위로 열린다. 나아가 세계 기억력 스포츠 협회(World Memory Sport Council)에 의해 운영되는 연간 세계 기억력 챔피언십이 있다.[4] 2016년의 세계 기억력 챔피언은 알렉스 물렌(Alex Mullen)이라는 25세의 미국 의대생이었다. 물렌은 20초 이내에 잘 섞인 트럼프 카드 한 질의 순서를 외우는 데 성공한 최초의 선수였다. 또, 삼천 개의 숫자를 한 시간 이내에 외운 최초의 선수이기도 하다.

물렌은 태밋과 다른 기억력 선수들과 마찬가지로, 정보를 부호화해서 좀 더 기억하기 쉽게 만드는 방법을 쓴다. 우리의 뇌는 마냥 생소한 정보를 채워 넣으려 하면 효율적으로 학습하기 힘들다. 따라서 우리의 뇌가 좀 더 편하게 느낄 수 있는 일종의 틀(framework)을 마련해야 하는 것이다. 그 이유는 단기 및 장기 기억을 처리하는 뇌 부위인 해마(hippocampus)가 감정과 방향 감각도 동시에 처리하기 때문이다. 태밋에게는 이 틀이 숫자들로 이뤄진, 감정 실린 이야기였던 셈이다. 그래서 이야기를 기억한 뒤, 숫자로 재번역해서 숫자들을 기억하는 식이었다. 즉, 그는 청킹을 통해 숫자들을 집단화한 뒤, 연상 기호적으로 이를 이야기와 연결시킨 것이다. 이는 하라구치와 미나가 파이의 숫자 집단으로 이야기를 짜낸 것과 비슷한 방식이다.

물론 이런 식으로 기억하기 위해 꼭 서번트 증후군에 준하는 능력이나 공감각 능력을 갖춰야 하는 건 아니다. 단지 연습만 하면 된다. 누구나 가능하다고, 과학 저널리스트인 조슈아 포어(Joshua Foer)는 말한 바 있다. 그는 기억력 챔피언십에 대한 기사를 쓴 적이 있는데, 그때 자신도 기억법을 배우겠노라 결심했다고 한다. 그러고는 결국 2006년 미국 기억력 챔피언십을 따내고야 말았다. 특히 '스피드 카드(speed card)' 부문에서는 미국 신기록을 세우기도 했다(트럼프 카드 한 질을 1분 40초 만에 외우는 데 성공했다).

필자는 네덜란드의 라드바우드 대학 의료센터(Radbound University Medical Center)의 돈더스 뇌, 인지 행동 연구소(Donders Institute for Brain, Cognition and Behavior) 소속 마틴 드레슬러(Martin Dresler)와 얘기를 나눠보았다. 드레슬러는 누구나 기억력 선수의 기억법을 사용해서 기억력 달인이 될 수 있다고 말했다. 우선, 그는 한 연구에서 23명의 가장 뛰어난 세계 기억력 선수들에게 기능적 자기 공명 영상(fMRI) 뇌 스캔을 받게 했다. 이 선수들은 수백 시간, 심지어 수천 시간 동안 기억법을 연습했다. 대부분은 '기억의 궁전(memory palace)' 기억법이라고도 불리는 '장소법(method-of-loci)'이라는 기억법을 사용했다.

이 기억법에서 참가자는 먼저 주로 자신의 집과 같은 아주 친숙한 장소를 떠올린다. 그러고는 외우고자 하는 목록의 대상들을 집안의 동선에 따라 채워둔다. 마치 앞서 미나가 제시한 '공원에 걸어가 로저 페더러 만나기'와 비슷한 방법이라 할 수 있다. 상상 속의 장면이 특이하고 놀라우며, 불안정할수록 대상들을 기억하기가 더 쉽다. 집안의 동선을 상상 속으로 짚어보면서, 대상들을 하나씩 마주해본다. 그리고 이 대상들을 다시 목록으로 원위치시키는 방식이다.

드레슬러의 연구팀은 선수들의 fMRI 결과를 체크해보았다. 그러자 기억력 선수들과 기억법을 훈련받지 않은 일반인들 간의 뇌 구조적 차이점이 발견되지 않음이 드러났다. 다만 뇌 활동에 차이가 있었을 뿐이다. 그것도 선수들이 휴식을 취하고 있을 때만이었다.[5]

그 후, 드레슬러는 기억법을 전혀 모르는 새로운 자원자들을 뽑아 6주간 '기억의 궁전' 훈련을 받게 했다. 그러자 이 자원자들은 생소한 목록의 단어들을 기억하는 능력이 두 배로 증가했다. 게다가 이들의 뇌 활동 패턴이 기억력 선수들의 것과 비슷해지기 시작한 것이었다.

그러니, 누구나 기억력에 있어서 슈퍼휴먼이 될 수 있는 셈이다. 인간 기억력의 가능성은 그야말로 무한하다. 하지만 핵심은 그 기억력이 어떻게 진화되어 왔는지를 살펴보고, 기억력의 장점들을 잘 활용하는 데 있다. 드레슬러는 이렇게 말한다. "사실 우리 조상들은 추상적 정보를 저장하려는 어떤 진화적 압력을 거의 받지 않았어요. 반면, 시각적 공간적 정보에 대한 기억력은 대부분의 동물들에게 무척 중요한 것이지요. 예를 들어, 집에 되돌아가는 법, 식사와 짝짓기를 위한 장소를 찾는 법 등에 대한 기억 등을 들 수 있어요."

기억력의 진화적 맥락을 이해하는 것은 기억이 정보의 오류에 얼마나 취약한지를 깨닫는 데 필수적이다. 처음에는, 더 많은 정보의 기억을 위해 데이터를 더 큰 부피의 형태로 부호화해야 한다는 게 직관에 어긋나 보일 수 있다. 펭귄과 우주정거장, 로저 페더러로 가득한 기억의 궁전을 창조해내야 할 테니 말이다. 더 적은 양을 기억하기 위해서 더 많은 정보를 창출해야 하는 것이다. 하지만 드레슬러는 그 이유에 대해서 이렇게 설명한다.

"우리의 뇌는 아직도 생물학적으로 주로 아주 구체적인 시각적 공간적 정보를 부호화하는 데 최적화되어 있어요. 추상적인 정보를 부호화할 준비는 훨씬 덜 되어 있지요. 따라서 추상적인 정보를 시각적 공간적 대상으로 전환하는 부수적인 과정을 통해 부호화하고, 그렇게 해서 추가 정보를 부호화하는 거예요. 이게 추상적인 정보를 직접적으로 부호화하는 것보다 훨씬 더 효과적입니다."

우리는 이야기를 듣는 동안 배운다. 그리고 우리가 스스로 이야기를 창조한다면, 기억하는 법도 배울 수 있는 것이다. 드레슬러의 연구에 참여한 모든 기억력 선수들은 하나같이 '타고난 능력'은 아니라고 말했다고 한다. 자신들의 모든 성과가 학습에 의한 것이라고 말이다. 하지만 물론 특별히 뛰어나게 타고난 형태의 기억력도 존재한다.

나는 넬슨 만델라의 커다란 청동 흉상 앞에 서서 약속 상대를 기다렸다. 이 흉상은 런던의 사우스 뱅크(South Bank) 내 로열 페스티벌 홀(Royal Festival Hall) 옆에 세워진 것이었다. 몇몇 행인들도 주변에 서 있었다. 붉은 머리의 여성과 검은 뿔테 안경을 쓰고 레인코트를 입은 남성 등 그리고 흉상 옆에서 사진을 찍으려고 멈추는 이들도 있었다. 나는 검은색 진과 가죽 부츠, 줄무늬의 긴 소매 면남방, 그리고 카키색 코트 차림이었다. 양말이나 속옷 상태는 언급하지 않겠다. 하지만 지난주에 파리 식물원(Jardin des Plantes)의 미로를 오르내리느라 진 바지의 가랑이 부분에 심하지 않은 구멍이 난 것 정도만 언급하겠다.

기다리는 동안, 나는 천천히 만델라 흉상을 관찰했다. 흉상 속 만델라는 원로 정치인이 아닌, 젊고 도전적인 리더의 모습이었다. 하늘에는 비 소식을 알리는 구름이 잔뜩 껴 있었다. 그때, 드디어 금발의 한 젊은이가 내게 다가왔다. 그는 나보다 키가 컸으며, 역시 검은 진을 입고 있었다. 검은 티셔츠 위에 남방을 오픈해 입은 차림이었다. 왼쪽 귀에는 작은 은색 링 귀걸이를 하고 있었다. 그는 내 이름을 확인하며 손을 내밀었다.

만약 필자가 위 문단의 내용을 만남 후의 어느 아침에 적어 내려가지 않았으면, 이런 구체적 사항들은 싹 잊어버렸을 거다. 그것도 만남 바로 그 다음날 아침에 적지 않았다면 말이다. 또, 만약 누가 2주 전 월요일에 내가 뭘 했는지 물어봤다면, 아마 기억해내느라 애를 먹었을 것이다. 내가 뭘 입었었는지, 날씨가 어땠는지 등의 디테일은 고사하고 말이다. 하지만 어떤 이들은 매일의 이런 디테일을 생생히 기억하곤 한다. 더구나 몇 년 전, 몇십 년 전의 일상도 말이다. 이들은 '매우 뛰어난 자서전적 기억력(HSAM, higly superior autobiographical memory)' 혹은 '과잉기억증후군'이라는 증상을 가진 이들이다.

과잉기억증후군이 공식적으로 진단 내려진 건 2006년의 일이었다. 캘리포니아 대학 어바인 캠퍼스(University of California, Irvine)의 제임스 맥고흐(James McGaugh) 교수가 질 프라이스(Jill Price)라는 여성을 만나면서 시작된 일이었다. 프라이스는 무려 지난 삼십 년의 일과라는, 방대한 양의 정보를 정확히 회상하는 신기한 능력을 지니고 있었다. 물론, 필자가 위에 묘사한 것처럼 사실 그다지 중요하지 않은, 시시콜콜한 정보들이었지만.

"1980년 2월 5일을 시작으로, 저는 모든 걸 다 기억해낼 수 있어요"라고 프라이스는 주장했다. 만약 그녀에게 아무 날짜나 대면, 그녀는 그게 무슨 요일인지 그때 뭘 했는지를 술술 읊어댔다. 맥고흐의 연구팀은 여러 날짜로 충분히 이를 시험해보았다. 예를 들어, 1987년의 10월 3일은 어땠는지 물으면, "그날은 토요일이었지요. 주말 내내 저는 제 아파트에서 어슬렁거렸어요. 팔꿈치를 다쳐서 붕

대를 매고 있었거든요"라고 대답했다. 연구팀은 프라이스가 수년간 기록해온 일기장의 세부 내용과 그녀의 발언을 대조해보았다. 또, 달력을 체크해 그녀가 말한 요일을 확인했다. 그 결과, 그녀는 틀림없이 완벽한 기억을 해낸 것이 밝혀졌다. 미디어에서는 그녀의 기억력을 '토탈 리콜(total recall)'이라 추켜올렸다.

프라이스의 등장으로 과잉기억증후군을 지녔다는 사람들이 더 많이 확인됐다. 그중 한 명이 배우인 마릴루 헤너[Marilu Henner, 미국의 여배우로 1980년대에 시트콤 〈택시 Taxi〉에서 일레인(Elaine)역을 맡았다]였다. 과잉기억증후군은 말하자면 선천적으로 뛰어난 기억력인 셈이다. 연상 기호를 사용하여 파이를 암송하는, 학습된 기억력과는 차이가 있는 것이다. 과잉기억증후군을 가진 이에게 기억하기란 그저 식은 죽 먹기인지도 모른다.

나는 이 증상에 대해 더 알아보고 싶었다. 그들의 비결이 뭘까? 머릿속에 그렇게 기억을 꽉꽉 채워 넣는다니, 과연 어떤 기분일까? "다들 재능이라 여기지만, 제게는 짐과 같아요. 머릿속으로 내전 생애를 매일 훑는 느낌이거든요. 정말 미칠 지경이죠!" 프라이스는 이렇게 말한 바 있다.

어쩌면 과잉기억증후군을 가진 이들이야말로 기억이란 무엇인지, 기억이 어떻게 저장되는지를 가르쳐줄 수 있을지 모른다. 문득, 예전에 본 해리포터 영화에서 해리의 스승인 덤블도어(Dumbledore)가 마법지팡이로 해리의 기억을 머리에서 빼내는 장면이 기억났다. 그래서인지 기억은 어쩐지 몇 가닥의 덩굴손 구조 같은 모양이 아닐까 하는 생각을 떨칠 수 없었다. 대체 기억은 어떤 형태일까? 또 어떻게 우리가 기억에 접근할 수 있을까? 나는 런던 정경 대학(London School of Economics)의 심리학자인 줄리아 쇼(Julia Shaw) 에게 물어보기로 했다. 그녀는 『몹쓸 기억력 *Memory Illusion*』이라 는 책의 작가이기도 하다. "기억이란, 물리적으로 서로 연결된 뉴런 (neuron)들의 네트워크입니다. 이 네트워크를 통해 뉴런들은 같은 파 장(wavelength)에서 발사되지요. 함께 윙윙대는 소리를 내듯 말이죠." 쇼가 말했다.

네크워크라면 물리적인 구조가 아닌가. 그렇다면 기억은 실제 로 형태가 있다는 것이다. 마치 머릿속에 거미줄이 쳐져 있듯이 말 이다. 기억은 탐색기(probe)를 내보내는 것으로 활성화된다. 마치 낚 싯대의 끝에 벌레 대신 질문을 달아 던지듯이 말이다. 예를 들어, 그 질문이 해변에 대한 것이라 해보자. 질문은 해변가와 관련된 기 억들을 활성화시킨다.

"탐색기와 가장 강력한 연관을 가진 개념들이 자동적으로 활 성화되는 거지요. 예를 들어, 질문이 '내가 최근 플로리다에서 방문 한 해변가'라고 해보죠. 이와 연관된 개념들이 떠오르면, 이 시점에 서 우리는 기억을 더듬어 이 질문이 과연 우리가 찾는 것인가를 확 인하는 겁니다." 쇼가 말했다. 만약 플로리다의 해변가에 대해 생각 하기 싫다면 어떻게 할까? 그러면 탐색기를 수정해서 '검은 모래사 장'에 대한 질문을 던져본다. 그러고 난 뒤 '뉴질랜드에 있었던 검은 모래사장'이라는 옳은 기억을 꺼내는 것이다.

다시, 현시점으로 돌아가보자. 지금 내 눈 앞에서 내 손을 흔 들고 있는, 나보다 더 키가 크고 금발인 이 젊은이는 바로 오릴리언 헤이맨(Aurélian Hayman)이었다. 그는 25세의 젊은이로 14세경부터 과잉기억증후군을 겪어왔다. 그도 역시 매일의 일상을 여과 없이 기억할 수 있다고 했다. 나는 로열 페스티벌 홀 내의 조용한 테이블에서 그와 함께 맥주를 마셨다. 맥주병에는 하늘색 포장지가 붙어 있었다. 맥주는 페일 에일(pale ale) 종류로, 지방의 토산물이었다. 그리고 양조장의 이름은 뭐였더라…… 아니, 지금은 기억을 전혀 못하겠다.

질 프라이스는 자신의 기억력을 "멈추지 않고, 컨트롤이 되지 않는, 자동적인 것" [6]이라 말했다. 그 능력은 그야말로 하룻밤 새 얻은 것이었다. 하지만 헤이맨은 언제 과잉기억증후군이 시작됐는지는 확실치 않다고 했다. "언제 그 증상이 시작됐는지는 전혀 기억이 안 나요. 항상 그게 파티에서 선보이는 장기 같은 거라 생각했거든요. 그냥 제가 쉽게 할 수 있는 것 말이지요. 머리를 한 번 쿵 부딪혔더니 그런 능력이 생겼다거나, 뭐 그런 건 아니었어요." 하루는 그가 매일의 일상을 기억하는 능력을 가진 세계의 몇몇 이들을 소개하는 다큐멘터리를 보게 됐다. 그러고는 "이건 완전히 나잖아"라고 생각했단다. 즉시, 그는 구글에 검색을 해보았다. 그 후로는 마치 도미노 현상과도 같은 일들이 벌어졌다. 우선 그는 영국 헐 대학(University of Hull)의 기억력 연구학자인 줄리아나 마조니(Giuliana Mazzoni)를 만났다. 그리고 여러 과학 연구와 미디어 보도에 등장했다. 또, 티브이 방송 및 영국 채널4(Channel 4)의 다큐멘터리에도 출연했다.

필자는 과잉기억증후군을 지닌 또 다른 인물인 27세의 레베카 섀록(Rebecca Sharrock)도 만나 보았다. 그녀는 호주의 브리즈번(Brisbane) 출신으로, 마치 앞서 소개한 푸네스와 비슷한 극단적인 형태의 과잉기억증후군을 겪고 있었다. "기억을 풀어놓을 때면, 늘 굉장히 세세한 내용이 돼요. 각 사건에서 느꼈던 감정들도 함께 되살아나고요. 그 경험들로부터 얻은 오감도 마찬가지죠"라고 섀록은 말했다.

나는 그녀에게 예를 들어 달라 청했다. 그랬더니 그녀는 매해 생일이면, 가장 행복했던 일곱 살 생일 파티 때의 기억이 떠오른다고 했다. "공기 속 재스민 향을 맡아요. 마음속은 온통 핑크색과 금색의 일출 장면으로 가득하고요. 또, 선물을 열기 전 느꼈던 흥분이 마음속에 울려 퍼져요." 이어서 섀록은 1996년이던 그해의 생일날에 받은 선물들을 읊었다. 공주 왕관과 장난감 말, 그리고 인형의 집이었다.

하지만 그녀가 '침입적인 기억(intrusive memory)'이라 부르는 것도 존재했다. 이는 신체적 감정적 고통의 순간에 대한 본의 아닌 기억을 뜻했다. 그녀는 생일날 무릎이 까졌던 것을 생생히 기억하며, 뒤이은 고통도 마치 유령처럼 따라온다고 했다. "통증은 무척 불쾌한 것이지요. 하지만 그에 따른 부정적 감정을 기억하는 게 훨씬 더 힘들어요."

오랫동안 과잉기억증후군을 겪는 것은 섀록에게 고달픈 일이었다. "사실 모든 이들이 저와 비슷한 방식으로 기억을 할 거라 믿어요. 하지만 대부분 저보다 기억에 수반되는 감정적 회상을 더 잘 감내하겠지요. 그 사실 탓에 비참하고 우울해지곤 했어요." 그녀가 말했다. 하지만 캘리포니아 대학 어바인 캠퍼스 내 크레이그 스타크(Craig Stark)의 연구실에 다녀온 뒤로 그녀는 진실을 알게 됐다. 그런 증상을 겪는 건 자신뿐이 아니라는 것을. "이제 훨씬 더 행복해졌지요." 그녀가 말했다.

새록의 특이점은 또 있었다. 그녀는 자폐를 앓고 있기도 한데, 해리포터 소설 시리즈의 전 권을 다 외웠다는 것이었다. 잠들기 전, 기억들이 떠밀려 올 때면 소설을 외우는 게 기분을 풀어준다고 했다. 나는 그녀에게 좋아하는 장면 하나를 꼽아달라고 부탁했다. 그랬더니 그녀는 기억력이라는 지금 우리의 대화 주제를 감안하면, 주인공 해리가 슬러혼(Slughorn) 교수에게 악당 볼드모트(Voldemort)의 십 대 시절 기억의 진실을 말해달라 설득하는 부분일 거라고 말했다. "그 장면은 제게 의미가 커요. 슬러혼이 제가 부끄러운 기억에 대해서 어떻게 느끼는지를 정확히 묘사했기 때문이지요."

연구원인 스타크는 새록의 경우가 과잉기억증후군 증상이 강하게 혹은 약하게도 올 수 있음을 증명하는 좋은 예라고 했다. "개인마다 자전적 이야기를 풀어놓는 능력에도 차이가 있지요. 어떤 이들이 다른 이들보다 과잉기억증후군 테스트에서 더 높은 점수를 받기도 하고요. 하지만 이들 모두가 일반인들에 비하면 훨씬 더 비범한 기억력을 갖고 있지요."

한편, 헤이맨은 그의 기억력이 부담스럽지는 않다고 했다. "사람들은 제 기억력을 재능 혹은 저주로 표현하곤 하지요. 하지만 제게는 그저 제 자신의 작은 일부분일 뿐이에요. 사람들은 묻곤 해요. '그런 기억력이 일상에 어떤 영향을 끼치나요?'라고. 글쎄, 아무 영향도 주지 않아요." 헤이맨은 자신의 과잉기억증후군을 완전히 컨트롤 가능하다고 했다. "아침에 일어나자마자, '아, 6월 5일이로군' 하면서 내 일생의 모든 6월 5일들을 떠올리거나 하지는 않아요. 또 남이 한참 전의 날짜를 말하면 가끔 기억 못 할 때도 있고요."

이쯤에서 그에게 아무 날짜나 대봐도 될 듯싶었다. 2005년 5월 1일이라면 어떨까? 이를 들은 헤이맨은 긴 침묵에 빠졌다. 그리고는 창문을 내다보았다. 과거를 헤집고 있는 게 분명해 보였다. 그가 끝없는 캐비닛 속의 서류들을 뒤지는 장면이 상상됐다. "그건 즉시 떠올릴 수는 없겠네요." 헤이맨이 말했다.

그러고 보니 2005년이면 그가 겨우 열세 살일 때라는 걸 잊고 있었다. 내가 뭘 기대했던 걸까? 마치 컴퓨터처럼 그 날짜를 재깍 떠올려서, 그날에 있었던 일들을 쭉 보고하기라도 바랐던 걸까? 하지만 헤이맨은 계속 그날의 세세한 일과를 떠올리려 애썼다. 우리 모두가 무언가를 기억하려 할 때 애쓰는 것처럼. 그러다, 결국 그는 기억해냈다. 그가 손가락을 튕기며 말했다. "기억났어요! 완전히, 전부 다요." 그가 말했다. 갑자기 퍼즐이 맞춰지는 것만 같았다. "그날은 일요일이었죠(필자가 나중에 확인해보니, 그가 옳았다). 저는 부모님과 낮에 칠턴스(Chilterns) 지역에 갔어요. 퍼브에서 점심 식사를 했고요. 그날에 대한 수많은 것들이 떠오르네요. 입었던 옷이라던가, 날씨 같은. 다 선생님께는 쓸데없는 정보들이겠지만요."

나는 그에게 그 날짜를 기억하려 애쓰던 순간을 묘사해달라고 부탁했다. "만약 어떤 기억이 당장 명확히 떠오르지 않으면, 마음속에 몇 가지 점검 포인트를 확인해요. 그 날짜에 대해서는, '내 생일이 4월 27일인데, 그때쯤에 은행 휴무일이 있었어' 이런 식으로요. 말하자면 머릿속을 헤집어보는 거예요. 그리고 필요한 정보를 찾아내죠." 헤이맨이 말했다.

이런 방식은 앞서 줄리아 쇼가 말한 탐색기를 내보내 관련 기억을 찾는 방식과 흡사하게 들렸다. 필자가 기억들을 떠올릴 때는, 주로 그 당시의 내가 있던 물리적 장소들을 기준으로 하는 경향이 있다. 예를 들어, 도쿄에 있는 내 아파트라던가, 더블린(Dublin)에 있는 내 원룸이라던가 하는 식으로. 공간이 아닌 시간을 기준으로 기억들을 정리하는 게 훨씬 더 어렵기 때문이다. 하지만 과잉기억증후군인 사람들은 정확히 시간을 기준으로 기억을 떠올린다. "과잉기억증후군인 이들에게는 시간이 최적의 신호가 되지요. 그런데 여기에는 일종의 연쇄 효과가 존재해요. 어떤 날짜로 인해 일정 기억을 떠올렸다고 해보죠. 그렇다면 그들은 떠올린 이 기억을 중심으로 또 다른 기억들을 떠올리는 겁니다. 만약 시간만 충분히 주어진다면, 훨씬 더 많은 기억들을 떠올릴 수도 있어요. 일생의 모든 순간을 다 떠올리는 건 아니더라도요." 마조니가 말했다.

한편, 헤이맨은 이렇게 말한다. "사람들은 이 모든 게 무한대의 기억력 덕분이라 생각해요. 그 모든 정보를 기억하는, 정말로 확장적인 능력 말이지요. 하지만 저는 제 기억력이 다른 사람들의 기억력보다 확장성이 있다고 생각지는 않아요." 그저 자신이 적절한 부분에서 기억을 끄집어내도록 정보들이 머릿속에 잘 나열된 것뿐이라는 것이다. "제게 맞춤형이라고 할 정도로, 기억에 대한 접근성이 좋은 것이지요." 필자 또한 적절한 자극을 받으면, 아마 아무 날짜나 대도 그날의 일을 기억해낼 거라는 거였다.

　글쎄, 적절한 자극이 주어지면, 아마 그날의 일을 기억할 수 있다고 '상상만' 하게 되는 게 아닐까. 앞으로 보겠지만, 이 시도는 꽤나 곤혹스런 결과를 낳았다. "조건만 적절하다면, 많은 이들이 더 많은 걸 기억해내게 되겠죠"라고 마조니도 말했다. 그녀는 바로 이 사실 때문에 과잉기억증후군에 그렇게 큰 매력을 느낀다고 했다. 장기 기억(long-term memory)의 잠재력을 엿보게 해주니 말이다. 마조니는 과잉기억증후군을 비롯한 기타 현상들로 보건대, 우리 인간들은 어느 한순간에 기억하는 것보다 훨씬 더 많은 경험들에 대한 심적 표상(mental representation, 사물 및 문제에 대한 지식이 마음에 저장되는 방식)을 지니고 있을 거라 믿고 있었다.

　좋다. 이제 필자는 헤이맨이 기억에 도달하는 방법에 대해 파악한 셈이다. 그런데 도대체 그는 특정 기억이 무슨 요일의 것인지 어떻게 아는 걸까? 이 문제를 두고, 처음에 나는 상당히 고심했다. 왜냐면 나 자신을 돌아볼 때, 나는 도무지 매일매일이 무슨 요일인지를 의식하지 못하고 지내기 때문이다. 더군다나 몇 년 전의 일이라면 말할 나위가 없다. 헤이맨은 이에 대해 한 번 어깨를 으쓱하더니 동의했다. 그도 그 작동 원리를 모르겠다는 것이었다. 하지만 다시 생각해보면, 비록 내가 오늘이 무슨 요일인지를 직접 말하지 않고 하루를 보내도, 심지어 오늘이 무슨 요일인지를 모르더라도, 마음속 깊숙이는 사실 무슨 요일인지 알지 않는가[이 대목을 쓰면서 순간 영화 <대부 Godfather>의 한 장면이 떠올랐다. 주인공 마이클 코를리오네(Michael Corleone)의 시칠리아 출신 아내가 "월요일, 화요일, 목요일, 수요일……" 하고 읊는 장면이 말이다). 요일이란 그저 너무 당연시 여겨져서, 우리가 미처 의식하지 못할 뿐이다. 마치 하늘의 비나 숨쉬기처럼.

나는 헤이맨에게 또 다른 날짜를 던져 보았다. "2012년 7월 9일." 그러자 그는 "한번 생각해보죠" 이렇게 말하고 회상 모드로 들어갔다. 창밖을 내다보면서. 나는 순간 사고의 덩굴이 마치 뱀처럼 뻗어나가, 안개 속에 떠오르는 지표들을 휘감아버리는 장면을 상상했다.

"그날은 월요일이었어요." 그가 말했다. 나중에 확인해보니, 월요일이 맞았다. "제가 기억하기에…… 그날은 제 다큐멘터리 방송을 찍은 날이었죠." 그는 내가 우연찮게도 그런 날을 골랐다며 웃었다. "그날 입은 옷이 기억이 나는데, 그건 아마 방송 기록이 남아 있기 때문인지도 몰라요. 그 전날은 윔블던(Wimbledon) 대회가 열렸었고, 당시 저는 심한 건초염(hayfever)을 앓고 있었지요. 원하시면 그날의 날씨도 말해드릴게요." 그의 말마따나 그 전날은 윔블던의 결승전이 있던 날이었다. 로저 페더러(Roger Federer)가 앤디 머레이(Andy Murray)에게 승리를 거뒀었다.

나는 그가 그날의 기억을 얼마나 깊숙이 기억하는지 궁금해졌다. "터무니없게 들리겠지만, 그날 하늘에 얼마나 구름이 껴 있었는지, 나아가 그 구름의 모양이 어땠는지도 기억나나요?" 내가 질문했다. 그러자 그는 대범한 미소를 지었다. "기억 못 해요. 그런 식으로 사진처럼 정확한 기억은 아니거든요. 오히려 제 기억은 가끔은 당시에 어떤 느낌이었는지, 기분이 어땠는지 등과 연관이 있죠."

확실히, 더 잘 알아보고 질문을 던질 걸 그랬다. 소설 속의 푸네스에 대한 생각에 사로잡혀 너무 앞서간 모양이었다. 앞서 만난 레베카 섀록조차 그 정도의 디테일은 기억하지 못한다고 했다. '사진같이 정확한 기억(photographic memory)'이란 존재하지 않는다는 것이다. 그나마 그에 가장 근접한 현상이 바로 '사진적 기억(eidetic memory)'이다. 이는 전체 중 약 오 퍼센트 정도의 어린이들에게서만 보이는 현상으로, 어른들에게는 절대 해당되지 않는다고 한다. 사진적 기억이란, 어떤 대상에 대한 기억을 마치 눈앞의 사진처럼 '보는' 것이다. 예를 들어, 사진적 기억을 지닌 아이에게 어떤 방을 일 분 혹은 이 분 동안 보여준 뒤, 아이의 눈을 눈가리개로 완전히 가린다고 해보자. 그러면 그 후 몇 분 동안 이 아이는 그 방이 아직도 눈앞에 펼쳐지는 것처럼 기억을 해낸다는 것이다.

과잉기억증후군을 지닌 일부 사람들은 평균보다 높은 작업기억(working memory, 보유한 정보를 바탕으로 기능을 수행하는 단기 기억)을 자랑한다. 헤이맨의 경우는 어떨까? "그런 면으로는 매우 안 좋아요. 사실 상당히 잘 잊어버리는 편이거든요. 직장에서도 할 일을 잊어버리곤 하지요. 과잉기억증후군과는 완전히 다른 문제예요."

과잉기억증후군의 특이점은 또 있다. 바로 이 증상 혹은 능력을 갖는 이들은 오직 자신들이 개인적으로 경험한 정보들만 기억하며, 그것도 그 경험이 발생한 지 몇 달 뒤에야 기억하기 시작한다는 것이다.[7] 크리스털로 된 보호케이스에 기억을 고이 넣은 후 곧장 부호화하거나 하지는 않는 거다. 특정 기억에 도달하는 과정이 추가되는 데는 시간이 필요하기 때문이다. 이러한 '기억의 추가가 지연되는 현상'에 대한 실험은 스타크의 실험실에서 진행된 바 있다.

"이 실험에서 얻은 결론 중 하나는 바로 과잉기억증후군을 지닌 이들의 기억들은 전적으로 전형적(typical)이라는 겁니다. 물론, 자전적인 구체적 내용만 빼고 말이지요. 기억들에 관여하는 근본적인 메커니즘도 전형적이고요. 물론 과잉기억증후군인 사람들이 일반인들과 완전히 다르다는 건 아니에요. 학계에 전혀 알려지지 않은 기억 체계를 사용하는 것도 아니고요. 하지만 그들이 일반인들을 훨씬 웃도는 강도의 기억을 수행하는 건 사실입니다. 적어도 그들의 기억 범위 내에서는 말이지요." 스타크는 설명했다.

이쯤에서, 헤이맨에게 또 다른 날짜를 시험해보기로 했다. 2009년 3월 12일은 어땠을까? 이번에는 그가 애를 좀 먹는 듯했다. 그러더니, 대신 2009년 3월 14일을 기억해보겠다는 것이었다. "사실 이건 밝히면 안 되는 기억인지도 몰라요." 그래? 흥미진진한걸? "그날은 토요일이었어요. 그날은 제가 처음으로 술에 취한 날이지요. 우리는 해변가에 있었어요. 페너스(Penarth) 해변가에." 나는 그에게 무슨 술을 마셨느냐고 물었다. "보드카요. 스트레이트로." 그가 답했다.

즉, 헤이맨의 모든 기억은 다 똑같이 생생한 것은 아니었다. 과잉기억증후군이 아닌 일반인들과 마찬가지로 어떤 기억은 좀 희석된 느낌이고, 어떤 기억들은 아주 날카로울 정도로 선명했다. 나는 그가 3월 14일의 기억으로 냅다 향한 이유가 3월 12일의 기억보다 더 강도가 높은 기억이라서라고 상상했다(물론 완전 술에 곯아떨어지기 전까지의 기억이겠지만). 뭐든지 첫 경험은 강렬한 법이니까. 하지만 전반적으로 그는 왜 어떤 기억은 다른 기억보다 강렬한지 알지 못했다. 혹시 각각의 경험에 대해 이후 얼마나 곱씹어보는지의 문제는 아닐까.

헤이맨이 과잉기억증후군을 지닌 다른 이들과 공유한 공통점은 또 있었다. 물론 그들의 숫자가 많지는 않지만. 전 세계적으로 겨우 육십여 명만이 이 증상을 진단받은 바 있으니 말이다. "저는 굉장히 활발한 상상력을 지녔어요. 자연히 몽상가 기질도 있고요." 물론 앞서 작가 힐러리 맨틀이 말한 '목적 지향적 백일몽'은 아닌 듯싶었다. 뭐랄까, 좀 더 속박 없는 백일몽이라고나 할까. "가끔은 남에게 내가 뭘 생각하는지 콕 집어 얘기할 수도 없어요. 부모님은 저를 보고 마치 요정들과 멀리 놀러간 듯 보인다고 하셨죠."

캘리포니아 대학 어바인 캠퍼스 연구팀의 일원이었던, 현재는 해티즈버그(Hattiesburg) 소재 서던 미시시피 대학(University of Southern Mississippi) 소속의 학자인 로렌스 패티스(Lawrence Patihis)는 이러한 풍부한 상상력이 과잉기억증후군의 핵심인지도 모른다고 주장했다. 그는 과잉기억증후군의 특징들에 관한 논문에 이렇게 썼던 것이다. "과잉기억증후군인 사람들이 심취하고, 훗날 공상하는 개인적인 사건들이 그렇게나 정확한 기억력으로 귀결되는 듯하다."[8]

한편, 헤이맨은 과잉기억증후군을 '짐'으로 여기는 건 오해라고 재차 힘주어 말했다. 적어도 그가 겪는 증상에 한해서는 말이다. "내 전 생애가 영화 필름에 담겨 마음속에서 계속 재생되거나 하는 건 아니니까요. 전혀 그런 식이 아니에요. 그저 자극을 받으면, 정보를 기억할 수 있게 되는 것이죠. 그러니까 많은 기억을 보유하는 게 아니라, 기억에 접근하는 능력이 남다를 뿐이에요."

그도 자신의 어딘가에 더 많은 기억이 저장돼 있을 거라 느낀다고 했다. 다만 그조차도 그에 쉽사리 접근하지 못하는 것뿐이라고. 이 점은 일반인들도 마찬가지일 거라 생각하고 있었다. 어쩌면 정말 우리 모두는 같을지 모른다. 경험들이 어딘가에 부호화되어 저장됐지만, 열쇠로 잠겨 있거나, 희미하게 잊혀서 더 이상 접근을 못하게 된 건 아닐까. 바로 이 질문을 덴마크 오르후스 대학교(Aarhus Univeristy)의 행동심리학과 교수인 도르트 번첸(Dorthe Berntsen)이 던진 바 있다. "과잉기억증후군이 아닌 나도 매일의 기억들이 어딘가에 저장되어 있지만, 그 기억에 닿지 못할 뿐인 건 아닐까?"[9] 이 흥미로운 질문은 사실 널리 던져져왔다. 물론 한편으론 근거 없는 얘기 취급을 받아왔지만 말이다. 하지만 내가 이 질문을 패티스에게 직접 하자, 그는 그 가능성을 단칼에 부인했다. "절대로 불가능해요. 그런 관점은 1900년대 초반의 신경과학자인 와일더 펜필드(Wilder Penfield)의 시대 때부터 거짓으로 드러났지요." 그는 말했다. 펜필드는 캐나다 출신 신경외과 의사로서 최초로 뇌의 다양한 부위를 지도화하고 그 기능을 유추한 장본인이었다. 특히 그는 간질의 외과적 치료 분야에서는 선구적 인물이었다. 패티스는 말을 이어나갔다. "대부분 우리들이 하는 경험은 부호화되지 않아요. 심지어 부호화된 정보가 있다 해도 시간이 지나면서 점차 희미해집니다."

한편, 앞서 소개한 네덜란드의 신경과학자 마틴 드레슬러는 이 질문을 시험해보는 것조차 힘들다고 지적했다. 게다가 어쨌든, 진화론적인 관점에서 볼 때, 인간의 뇌가 그렇게 거대한 용량으로 만들어져 모든 정보를 부호화하게 되는 건 어불성설이지 않는가. 그것도 어차피 의식적인 접근으로부터 숨겨질 정보인데 말이다. 드레슬러는 이렇게 말했다. "제 생각에는 어떻게든 떠오른 경험에 대한 기억들만 온전하고 영구적으로 부호화하는 게 훨씬 더 이치에 맞는 것 같네요. 예를 들면 강렬한 감정에 의해 떠오른 기억들 말이지요. 부호화에 우선순위를 두는 겁니다. 그리고 기타 잡다한 경험들은 그 핵심만 기억에 남겨 놓는 거예요. 지루하거나 중복되는 세부 사항들은 모두 제거해버리고요."

헤이맨에 따르면 문제는 일반인이라면 기억 못 할 사소한 정보에 자신은 어떻게 접근할 수 있는지를 찾는 것이라 했다. 사실, 그가 기억해내는 정보는 그다지 중대한 건 아니다. 하지만 뭐가 중요한지 아닌지를 뇌에게 지시를 할 수는 없는 노릇이니까. 글쎄, 그가 기억해낸 칠턴스에서의 부모님과의 식사는 중요할 가능성이 있기는 하다(물론 그렇게 치면 모든 일이 중요할 가능성이 있긴 하지만). 여하튼 우리가 결혼 같은 특별한 사건들을 문신 새기듯 마음에 새기거나 연상 기호법을 적극 활용해야 기억은 비로소 마음에 더 깊이 각인되는 것이다. 아니면 이란의 시인 하피즈(Hafiz)의 추종자들이 코란을 외우듯 열성적으로 외우고, 또 외우고 하든지 해서 말이다.

심리학자들은 기억들을 감정별로 분류하지 않는다. 일반적으로 사람들이 기억들을 행복한 혹은 슬픈 기억으로 분류하는 데 비해 말이다. 대신, 좀 더 넓은 의미로 분류한다. 예를 들어, 특정 기억이 일반적인 지식에 대한 것인지, 개인적 경험에 대한 것인지를 보는 거다. 바로 전자의 기억을 '의미 기억(semantic memories)', 그리고 후자를 '일화적 기억(episodic memories)'이라 칭한다. 과잉기억증후군인 이들이 아주 정확히 기억해내는 게 바로 일화적 기억에 해당한다.

패티스의 연구팀이 실행한 연구에 따르면 과잉기억증후군인 사람들은 놀랍도록 정확한 연대기적(chronological) 회상을 한다. 하지만 각각의 기억에 대한 디테일은 사실 평범한 내용일 뿐이다.[10] 만약 실험실 환경에서 단어 목록을 외우게 한다면, 과잉기억증후군인 이들과 일반인들 간의 기억력에 차이도 없을 것이다. 이는 헤이맨이 자신의 기억력에 대해 느끼는 바와도 일맥상통한다. "사실, 평소에는 드문드문 기억이 날 뿐이에요. 중요치 않은 주변 정보들이 기억나고요. 예를 들어 특정 해의 무슨 달이라고 하면, 당시 들었던 음악이나 사귀었던 친구, 라디오에서 뭐가 흘러나왔나 같은 기억들을 떠올리죠. 하지만 누군가 정확한 날짜를 대면, 그때서야 그날 이후로 처음 그날에 대한 기억을 봉인 해제하는 거예요. 희한한 현상이지요."

헤이맨과의 대화는 정말이지 유익했다. 과잉기억증후군인 이들에 대한 신비감이 벗겨져서는 아니었다. 어쨌든 그들도 일반인들과 같은 기억 메커니즘을 사용하는 게 자명해 보였다(낚싯대 끝에 질문을 매달아 던지는 걸 상상해보라). 패티스의 연구팀에서 수행한 거짓 기억(false-memory) 실험에서 이에 대한 근거를 찾을 수 있다. 이 실험에서 참가자들은 거짓 정보들로 가득한 다양한 상황에 처하게 되고, 이에 따라 시험을 거친다. 사실 우리 모두는 분별없이 거짓 기억을 우리의 기억 속으로 받아들이기 쉽다. 패티스는 이렇게 설명했다. "이 실험에서 사용된 '기억 왜곡 과제(memory-distortion task)'는 우리가 기억을 구성하는 다양한 방식들을 밝혀내고 있지요. 나아가 과잉기억증후군인 사람들도 기억의 저장 및 회상 과정이 일반인들의 방식과 별반 다르지 않음을 시사합니다."

패티스는 과잉기억증후군은 어떤 새로운 기억 메커니즘으로 설명되는 증상이 아니라 여겼다. 대신 강박이나 생생한 상상력 혹은 심취하는 경향 같은 개인적 특성의 차이에서 연유한다고 보았다.

그렇다면 자전적인 기억에서 뛰어난 능력을 보이는 과잉기억증후군들이 일반인에 비해 그리 우월한 건 아니라는 뜻이다. 물론, 우리는 그들이 어떻게 그렇게 지난 수천 일 동안의 기억을 세세히 끄집어내는지는 알지 못한다. 하지만 우리와 마찬가지로, 그들의 기억도 오염에 노출될 수도 있는 것이다. 여기서 오염이란, 거짓 기억을 취하거나 믿는 것을 가리킨다. 어쩌면 바로 그들의 능력의 원천, 즉 심취 및 백일몽에 대한 경향 때문에 그들의 기억이 왜곡될 가능성도 있다. "왜곡된 정보에 대한 깊은 심취는 기억의 오류로 이어질 수 있지요"라고 패티스는 지적했다.

앞서 말했듯, 과잉기억증후군은 '토탈 리콜'로 일컬어진다. 하지만 동일 제목의 영화를 기억한다면, 그 비유가 그리 적절하지 않음을 깨달을 거다. 영화 속 주인공의 기억은 온통 거짓이었기 때문이다. 그는 일생의 상당 부분을 잘못 기억하고 있었다. 영화에서처럼, 거짓 기억을 우리의 뇌로 수용하는 건 비극적 결말로 치달을지도 모른다. 하지만 현재 그 위험성에 대한 경각은 미미한 수준이다. 그럼 여기서 이 주제에 대해 더 깊이 얘기해보기로 하자.

리델 리(Ledell Lee)는 2017년 4월, 미국 아칸소(Arkansas) 주에서 이웃 여성인 데브라 리즈(Debra Reese)를 살해한 죄로 사형을 집행당한 사내였다. 하지만 억울한 선고를 받은 범죄자들에 대한 사면 운동을 벌이는 법률 단체인 '이노센스 프로젝트(Innocent Project)'에 따르면 리의 선고에는 여러 문제가 있었다. 예를 들어, 당시 범죄 현장에는 여러 사람들의 지문이 발견됐지만, 그중 리의 지문은 없었다. 또한 리의 구두에 묻은 작은 핏자국, 그리고 검사가 리의 것이라 주장한 현장에서 발견된 머리카락은 DNA 검사를 거치지 않았다. 결정적으로 검사측은 목격자 증언에 너무 지나치게 의존한 것이었다.

리를 데브라의 동네에서 봤거나 그가 그녀의 집을 떠나는 걸 목격했다는 사람들은 세 명이었다. 하지만 이노센트 프로젝트가 발표한 보고서에 따르면, 오늘날까지 DNA 증거에 의해 사면을 받은 범죄자들은 무려 349명에 이른다. 이들의 사건들 중 약 71퍼센트가 적어도 부분적으로 목격자 증언에 의존하고 있음이 밝혀졌다. 그럼에도 미 대법원은 리에게 DNA 검사를 진행하라는 지시를 내리지 않았다. 결국, 리는 독극물 주사를 통한 사형에 처해지고 말았던 것이다.

심리학자들과 변호사들은 오랫동안 목격자 증언이 신뢰할 만하지 않다고 주장해왔다. 목격자 증언이 내포하는 문제들을 제기한 과학 논문만 해도 수천 개는 족히 될 터였다. 그런 문제의 대표격이 바로 인종 편견이다. 사람들은 같은 인종적 배경을 공유하지 않는 이들을 알아보는 데 어려움을 겪는 경향이 있기 때문이다.

하지만 여전히 목격자 증언은 강력한 증거로 채택돼오고 있다. 안타깝게도, 관련된 과학적 근거가 법정에 영향을 주기엔 아직 역부족인 듯하다. 그러면 이와 연관된 1984년의 악명 높은 한 판례를 살펴보자. 미국 노스캐롤라이나(North Carolina) 주의 벌링턴(Burlington) 지역에서 한 젊은 여대생이 자신의 아파트에서 강간을 당한 사건이 발생했다. 피해자는 22세의 제니퍼 톰슨-캐니노(Jennifer Tompson-Canino)로 백인이었다. 그녀는 가해자의 얼굴을 기억하려고 특별히 애썼노라고 진술했다. 살아남는다면 그를 지목할 기회를 얻으리라는 판단에서였다. 한편, 동네 식당 종업원이던 흑인 로널드 코튼(Ronald Cotton)은 범죄가 발생한 날 밤에 자신의 집에 있었지만, 알리바이를 대는 데 실패했다. 하지만 톰슨-캐니노는 경찰이 보여준 사진들에서 코튼의 사진을 지목했다. 결국 코튼은 실시간 용의자 라인업(line-up)을 위해 경찰서로 불려왔다. 피해자는 여기서도 코튼을 지목했다. 그녀는 그가 가해자임을 백퍼센트 확신한다고 주장했던 것이다. '완벽한 확신'에 이의를 제기하기란 매우 힘든 일이다. 더구나 배심원이나 일반인이나 특정 인물의 직접적 진술에 더 무게를 두기 쉽다. 딱딱한 과학적 증거보다는 말이다. 결국 톰슨-캐니노의 법정 진술 때문에 코튼은 자그마치 무기징역에 52년을 더한 무거운 형을 선고받았다. 하지만 다행히 이 사건은 앞서 리의 경우보다 행복한 결말을 맞았다. 선고 후 고작 십 년 남짓 후에 DNA 증거에 의해 코튼은 사면을 받았기 때문이다(그리고 수감 중에 톰슨-캐니노에 대한 범죄를 시인한 진짜 범인이 새롭게 연루되었다). 결국, 톰슨-캐니노와 코튼은 친구 사이로 남게 됐다. 뿐만 아니라 둘은 함께 책도 집필했다(책은 『코튼을 지목하기 *Cotton Picking*』라는 근사한 제목이었다). 이를 바탕으로 이들은 목격자 증언에 대한 법 개혁의 필요성에 대한 연설도 정기적으로 했다.

로열홀로웨이 런던대학교(Royal Holloway, University of London)의 심리학자인 자케 태미넨(Jakke Tamminen)은 이렇게 언급했다. "어떤 증인들은 자신들은 뭔가를 백 퍼센트 확신한다고 말하지요. 하지만 이들이 옳을 확률은 자신이 없다고 말하는 증인들에 비해 아주 약간 더 높을 뿐입니다." 물론 원칙적으로는, 자신감과 정확도 간에 밀접한 상관관계가 성립할 것이다. 하지만 워낙에 다사다난한 현실에서 과연 그럴 수 있을까. 이 점을 특히 검사들이 간과하는 것이다.

태미넨의 실험실에서 나는 기억의 신뢰도를 측정하는 한 실험에 참가해보았다. 내가 증인의 입장이 되어 몇 개의 범죄 동영상을 관찰하는 거였다. 물론 이 범죄 영상들은 기억력 연구를 위해 특별 제작된 것이었다. 첫 번째 범죄는 두 명의 사내가 도서관에서 컴퓨터 모니터 한 개를 훔치는 영상이었다. 두 번째는 미국 매사추세츠(Massachusetts) 주 케임브리지(Cambridge) 지역의 눈 내리는 거리에서 어느 여성이 한 남자로부터 지갑을 소매치기당하는 내용이었다. 각각의 영상마다 여러 복잡한 요소들이 뒤엉켜 있었다. 예를 들어 주인공들은 다른 여러 등장인물을 만나고, 만나는 장소도 조금씩 다 달랐다. 일단 동영상들을 감상한 뒤, 나는 각각 사건들의 요약 및 등장인물들의 행동에 대한 목록을 읽었다. 그리고 그 이튿날, 나는 범죄들에 대한 질문을 받을 것이었다. 태미넨에 따르면 이는 목격자 증언의 정확성을 시험하기 위한 것이었다.

사실, 우리가 스스로의 기억이 생생하며 높은 신뢰도를 지녔다 믿어도, 항상 그 기억이 정확하지는 않음은 여러 번 과학 실험으로 증명된 바 있다. 한 예로, 에모리 대학(Emory University)의 인지 심리학자인 율릭 나이서(Ulric Neisser)는 1986년 미국의 우주왕복선인 챌린저(Challenger)호가 1986년 폭발하는 사건 다음날 아침, 학생들을 대상으로 이 사건에 대한 설문 조사를 했다. 그리고 삼 년 뒤, 나이서는 그 학생들에게 똑같은 설문지를 작성하게 하고는 그 내용을 대조해보았다. 그 결과, 학생들이 제출한 설문지 내용은 현저히 달랐다. 비슷한 설문지 실험이 뉴욕의 9·11 세계 무역센터(World Trade Center) 테러 이후 목격자들을 대상으로 실행되었다. 그러자 그들이 목격했노라 기억한 내용과 실제로 일어난 일이 완전히 어긋남이 드러났다. 그러니, 우리의 마음이 우리에게 장난을 치는 게 아니면 뭐겠는가.

이제, '범죄들'을 목격한 다음 날 아침의 나는 태미넨의 연구실에서 내가 본 것에 대한 질문을 받았다. 그리고 각각의 질문의 답에 얼마나 스스로 확신을 하는지를 점수로 매겨야 했다. 예를 들어, 지갑을 도둑맞은 여성의 경우를 살펴보자. 분명히 어제 사건에 대한 요약문을 읽었을 때는 "남자가 여자의 앞에서 부딪혔다"고 되어 있었다. 나는 이게 거짓이라고 생각했다. 범죄 동영상을 봤을 때, 남자가 여자의 뒤에서 부딪혔었기 때문이었다. 그게 어딘가 부자연스럽다고 생각했었던 기억이 떠올랐다. 그리고 지금, 나는 남자가 여자의 앞에서 부딪혔는지에 대한 찬성 혹은 반대를 결정해야 했다. 그러고는 얼마나 확신하는지 점수를 매겨야 했다. 나는 '반대'를, 그리고 '상당히 확신한다'를 택했다(확신도는 전체 5점 중 4였다). 그런데 다음 항목이 문제였다. '남자는 훔친 지갑을 자신의 재킷 주머니에 넣었다'라니. 나는 도무지 남자가 지갑을 재킷 주머니에 넣었는지, 아니면 바지 주머니에 넣었는지 헷갈렸다. 다른 항목들도 헷갈리기는 마찬가지였다. 과연 '도서관에 있던 여자가 안경을 끼고 있었을까?' 태미넨의 실험 의도는 이랬다. 바로 목격자의 기억에 대한 확신이, 사건 발생 직후와 하룻밤 자고 난 뒤 측정할 때 각각 어떻게 변하는지를 살펴보는 것이었다.

물론 우리는 장기 기억조차 변질될 수 있음을 안다. 이에 대한 증명이 지난 2000년 『네이처 *Nature*』에 실렸을 때, 상당한 논란이 있었다. 당시 연구원들은 장기 기억은 고정되어 변하지 않는다고 여겼었기 때문이었다.[11] 또한, 미국 에임스(Ames) 소재 아이오와 주립대(Iowa State University)의 심리학자인 제이슨 찬(Jason Chan)의 연구에 따르면, 사건이 일어난 직후에 하는 진술은 거짓 정보에 오염되기 더 쉽다고 한다. 기억을 떠올리려 노력하는 자체가 기억을 더욱 불안정하게 만들고, 이때 거짓 정보가 틈을 노리고 흘러 들어올 수 있기 때문이다.[12]

게다가 사람들은 사실이 아닌 것도 믿는 경향이 있다. 직접 목격하지 않은 일도 "바로 내 눈 앞에서 똑똑히 봤다니까"라며 충직하게 하지만 부정확하게 믿어버리는 것이다. 뉴질랜드의 해밀턴(Hamilton) 소재 와이카토 대학교(University of Waikato)의 심리학자인 매리앤 개리(Maryanne Garry)는 '거짓 기억의 습득'이라는 주제로 수년간 연구해왔다. "제 예상은 거짓 기억의 습득에서 자유로운 사람은 극히 드물다는 것이었죠. 그것도 정보와 방법, 환경이라는 세 가지가 적절히 갖춰질 때만 가능하고요."

제이슨 찬도 이에 동의한다. "물론 어떤 사람들은 거짓 기억을 남들보다 더 잘 거부해요. 여기에는 일반적으로 전두엽 피질(frontal lobe)의 기능이 중요하게 작용합니다. 전두엽 피질은 정보를 감시하는 능력 및 작업 기억 능력과 연관되어 있지요." 하지만 거짓 기억을 거부하는 것과 완전히 그로부터 자유로운 것은 다른 얘기다. "우리 연구팀은 거짓 기억으로부터 완전히 자유로운 사람은 보지 못했습니다."

그렇다면, 거짓 기억을 완전히 거부하는 슈퍼휴먼도 존재할까? 아마 누군가를 선발해서 훈련을 시킨다면 가능하지 않을까? 그러면 마치 압지가 잉크를 빨아들이듯이 뇌가 거짓 기억을 빨아들이는 경향을 거부하게 될지 모른다. 이 대목에서 특수부대 요원이 떠오르지 않는가? 그들이 받는 훈련은 특히나 치열하니 말이다. 실제로도 많은 국가들이 엘리트 군인들에게 적군의 심문을 거부하는 훈련을 시키고 있는 실정이다.

예일대 의과 대학(Yale School of Medicine)의 정신과 의사인 찰스 모건 3세(Charles Morgan III)는 목격자 기억과 심한 스트레스 상태에서의 심리적 기능에 대해 미국과 캐나다 군대에 자문을 해왔다. 또, 그는 두 국가의 특수부대의 선별에도 기여한 바 있다. 모건의 연구 대상은 주로 특수 군사 훈련을 받는 현직 군인들이었다. 그의 여러 실험에서 이 군인들은 전쟁 포로 상황을 본뜬 강도 높은 역할극에 참여했다. 48시간 동안 음식과 수면을 금지당한 상태에서, '활발한'

심문을 받는 것이었다. 전쟁 포로 수용소에서 풀려난 다음 날, 참가 자들은 그들을 심문했던 적군을 라인업에서 지목하도록 지시받았다. 그 결과, 여러 실험에서 많은 군인들이 이 지목에 실패하고 말았다. 심지어 몇몇은 적군의 성별조차 헷갈려했다. 이에 대해 매리앤 개리는 이렇게 설명했다. "잔인하리만큼 사실적인 심문을 받은 뒤에, 많은 군인들이 무슨 일이 있었는지를 회상하는 데 처절하게 실패했지요. 또, 자신을 심문한 적군을 알아보는 데도요."

이처럼, 특수부대의 군인들에게 기억 왜곡의 허점이란 달가운 게 아니다. 그렇다면 일반인들은 어떨까? 우리 대부분은 적에 붙잡혀 극도의 스트레스 상황에 놓일 일이 절대 없지 않은가. 우리는 그런 식으로 진화되어오지 않았다. 그러니, 우리의 뇌도 다르게 작동하는 것이다. 말하자면, 우리들은 '사회적 유인원(social apes)'이다. 다양한 타인으로부터, 다양한 시공간으로부터, 또 환경 속 다양한 단서들로부터 많은 걸 배워나간다. 그러려면 우리의 뇌는 가변성을 지녀야 하는 것이다.

개리는 이렇게 말했다. "사람들은 다양한 원천으로부터 배우도록 진화해왔지요. 전 이게 꽤나 분명하다고 생각해요. 실제 생활에서 오류를 자주 접하지는 않잖아요? 그러니 오류를 발견하도록 진화되지 않은 거지요. 대체로 합법적이고, 신뢰성이 있는 원천으로부터 배우도록 진화한 겁니다. 분석을 위해 뇌의 역량을 쏟아부을 필요가 없는 원천 말이지요."

하지만 어쨌든 거짓 기억을 더 잘 부인하는 사람이 있다는 의견도 엄연히 존재한다. 베이징 사범 대학(Beijing Normal University)의 뇌연구 협회(Institute for Brain Research) 소속인 바이 주(Bi Zhu)는 캘리포니아 대학교 어바인 캠퍼스의 심리학자인 엘리자베스 로프터스(Elizabeth Loftus)와 함께 일해왔다. 로프터스는 목격자 기억 분야의 권위자로, 좀 더 신뢰성 있는 기억을 지니는 사람들이 존재하는지에 대한 연구를 해왔다. 주는 내가 로열 홀로웨이 대학에서 참여한 것과 비슷한 기억력 실험을 진행한 바 있다. 그녀는 205명의 중국 대학생에게 연극으로 꾸민 범죄 동영상을 시청하게 한 후, 범죄에 대한 질문들에 답하게 했다. 물론 학생들에게 거짓 정보를 가득 흘리면서 말이다.

처음 답안은 동영상을 시청한 지 한 시간 뒤에 작성됐다. 하지만 두 번째 답안은 일 년 반 뒤의 것이었다. 한편, 학생들은 MRI 검사도 받았는데, 이는 주요 뇌 구조의 용량을 측정하기 위한 것이었다. 그 결과, 더 큰 해마를 지닌 학생들이 질문들을 더 정확히 기억하고, 거짓 정보에 덜 취약한 것으로 드러났다.[13] 물론 우리가 알 수 없는 건 이 '해마의 크기'에 유전이 얼마나 작용하는지에 대한 답이지만 말이다.

'기억이 신뢰할 만하지 않다'는 깨달음은 말 그대로 '우리가 자기 자신을 누구라 생각하는가'에 대한 심오한 영향을 미친다. 어쩌면 우리의 인생은 마치 러시아 인형 마트료시카와 같을지 모른다. 다른 자아들이 자신 안에 차례로 도사리고 있을 테니 말이다. 인생 첫 단계의 자아가 현재 단계의 자아에게 말을 건다면 어떨까? 아마 지나온 경험들에 대해 두 자아의 의견이 일치하지 않을지 모른다. 이 개념은 처음엔 나를 혼란스럽게 했다. 하지만 이제는 진화가 우리의 개인사를 수정할 방법을 허락해준다는 데 감사함을 느끼게 됐다. 얼마 전, 나는 한 63세 남성이 "드디어 내 자신에 대해 만족하게 됐지요"라는 말을 하는 걸 들었다. 바로 우리의 기억의 가변성 때문에, 우리는 우리가 원하는 존재로 성장할 수 있게 되는 게 아닐까.

미국 노스캐롤라이나 소재 듀크 대학교(Duke University)의 철학과 교수이자 대학 내 인지 뇌과학 센터(Center for Cognitive Neuroscience)에 재직 중인 펠리페 드 브리가드(Felipe De Brigard)는 꽤나 혁신적인 개념을 주장한다.[14] 바로 기억이란 정확한 기억만을 위해서 존재하는 게 아니며, '부정확한 기억(misremembering)'도 중요하다는 것이다. 부정확한 기억은 너무나 흔히 발생하기 때문에, 이를 기능 오류로 봐서는 안 된다고 한다. 브리가드에 따르면, 많은 부정확한 기억들이 우리에게 '일어날 수 있었던' 과거 사건들의 시나리오를 구성하게 한다. 그래서 미래에 '일어날 수 있는' 사건들을 더 잘 가상 체험해보도록 한다는 것이다. 한편, 신뢰성 낮은 기억은 개인의 성격도 불안정하게 만들 수 있다. 우리는 우리의 성격이 고유 불변의 것이라 생각하기 쉽다. 하지만 2016년의 한 연구에 따르면, 60년 동안 성격 변화를 측정한 결과, 성격은 생애에 걸쳐 심오한 변화를 겪을 수 있음이 드러났다.[15]

슈퍼휴먼의 특성들을 관찰하는 건 인간이라는 종의 다양성에 대한 이해를 넓히는 일이다. 인간의 기억에 대한 탐구는, 놀랍게도 우리가 생각보다도 더 다양성을 지닌 존재임을 깨닫게 해주었다. 아니, 이제는 한 개인이 다양성을 지녔다는 말로는 부족할지도 모른

다. 사실은, 한 개인 안에 여러 명의 다른 사람들이 동주하고 있다
고 해도 과언이 아니지 않을까.

3장

언어
LANGUAGE

언어란 마치 의식(consciousness)처럼 자연히 생겨나는 것이다. 다른 이들과의 사소한 교류로부터, 또 기본적인 욕구로부터.

– 카를 마르크스(Karl Marx),
『독일 이데올로기 *The German Ideology*』 중에서

"마리오(Mario)야, 불면증 환자, 회의적인 문외한, 난독증 환자를 합치면 뭐가 되게?"

"모르겠는데."

"매일 밤을 새며 세상에 개가 존재하는지 아닌지 고민하느라 스스로 정신을 들들 볶는 사람이 되지."

– 데이비드 포스터 월리스(David Foster Wallace),
『무한한 재미 *Infinite Jest*』(2011) 중에서

옆방에는 커다란 녹색 앵무새가 있다. 나는 그리스 북동쪽의 테살로니키(Thessaloniki) 지방의 한 아파트 안에 와 있었다. 혹시나 앵무새가 밤새 깍깍대면 잠을 설칠까 싶어, 나는 다가가 인사라도 해보기로 했다. "야쑤 야쑤(γεια σου, γεια σου 그리스어로 '안녕하세요'라는 뜻)" 그렇게 한순간에 내가 아는 모든 그리스어 어휘를 몽땅 소진해버렸다. 그런데 앵무새가 나를 유심히 쳐다보는 게 아닌가. 심지어 동공이 확장되는 것까지 보였다. 그때 나는 맛보았다. 이중언어 사용자가 외국어를 쓸 때 늘 느낄 법한 일시적 세로토닌 상승의 쾌감을 말이다. 그 외국어를 모국어로 쓰는 이들이 알아들어줄 때 느낄 희열을 말이다. 곧, 앵무새는 내게 화답까지 해왔다. "야, 야(γεια, γεια 그리스어로 '안녕'이라는 뜻)"

나는 앵무새와의 만남이 성공적이었다고 되뇌었다. 사실 나는 다중언어 사용자들(polyglots)에 대한 컨퍼런스 참석차 그리스에 와 있는 참이었다. 다중언어 사용자란 여러 언어를 구사할 수 있는 사람을 일컫는다. 이 책의 집필 목적이 우리가 높이 평가하는 다양한 분야에서 최고의 인물들을 만나보기 위해서가 아니었던가. 그리고 그들을 만나 그들로부터 배우기 위해서 말이다. '타인에게 이해받기'도 우리가 높이 평가하는 한 분야다. 특출하게 자신만만하지 않은 이상, 모두 타인의 인정을 바라기 마련이니까. 인간은 소통을 통해 번영하는 사회적 종(species)이다. 즉, 타인과 더 소통이 잘 되고 더 많은 말을 나눌수록 우리는 더 행복해지는 것이다. 또 친구도 더 많아지고 말이다. 그러니 더 나은 소통을 하면, 우리는 더욱 번영하고, 세상도 더 안전해질 것이다. 마치 광고 문구 같지만, 나는 실제로 이를 믿는 경향이 있다.

물론 나는 다중언어와는 거리가 멀었다. 글쎄, 일본어를 할 줄은 알았지만(영국인으로서는 특이하게도), 그건 내가 일본에서 팔 년간 살았기 때문이었다. 일본 체류 기간 동안, 그곳의 언어를 더 배울수록, 생활이 더 즐거워진다는 걸 뚜렷이 느꼈다. 또 그 나라의 문화도 더 존중하게 되고, 일본인들과 함께 잘 어울려 지낼 수 있었다. 나는 한때 프랑스어도 제법 잘 하는 편이었다. 학교 다닐 때 프랑스어 과목을 좋아했을 뿐 아니라, 박사 학위를 위한 현장 연구 때문에 프랑스에서 여름을 세 번이나 보냈기 때문이었다. 아직도 내 머리 어딘가에 프랑스어가 남아 있을 것이었다. 또, 학창 시절 독일어도 배웠지만, 당시에는 별로 잘 따라가지 못했다(지금은 좋아하지만).

여하튼, 나는 현재 다중언어 사용자들에 대해 배우러 그리스에 와 있었다. 이들이 얼마나 말하기를 좋아하면, 하나의 언어로 국한시키지 않고 다양한 말을 하겠는가. 심지어 십여 개의 언어를 구사하는 이들도 있다고 한다. 모두 휴가 때 해외에 나가 현지의 언어를 말하지 못해 얼굴을 붉힌 경험이 있지 않은가? 이 컨퍼런스에 참가한 내가 딱 그랬다. 아마 거기 모인 이들 중 내가 가장 구사하는 언어 수가 적었을 거다.

앞으로 이 장에서 우리는 여러 언어를 자유롭게 넘나드는 이

들을 만나볼 것이다. 또한 다중언어 사용자의 장점에 대한 증거들
도 살펴볼 거다. 그래서 새로운 언어를 배우는 최선의 방법이 무엇
인지 알아보고, 다중언어 사용자가 일반인에 비해 유전적 차이점이
있는지도 탐색해보기로 하자. 또, 대부분의 인류 역사와 진화를 통
틀어 다중언어에의 노출이 일반적이었으며, 이는 오늘날까지도 예
외가 아님을 살펴볼 것이다. 나아가 이것이 인간의 뇌에 어떤 의미
를 지니는지도 알아볼 것이다. 우선, 어린이들의 빠른 뇌 발달 속도
와 성인이 되어 겪는 불가피한 쇠퇴 과정을 중점으로 말이다. 두 번
째로는 우리 사회의 도덕적 시스템 그리고 언어의 진화 자체와도 어
떤 연관을 지니는지 살펴볼 것이다. 마지막으로, 세계의 언어들이
삼 개월마다 하나씩 빠른 속도로 멸종되는 현 세태에서 언어의 미
래상은 어떤지도 들여다보기로 하자.[1]

처음으로 만나볼 인물은 알렉산더 아겔레스(Alexander Arguelles)
이다. 그는 엄격하고 위엄 있는 태도의 키 큰 중년 미국인이다. 내가
그를 그리스에서 처음 만났을 때, 그는 버건디 색상의 셔츠를 입고
있었다. 나는 그 셔츠가 길어져서 마법사의 망토로 변하는 상상을
해봤다. 그도 그럴 게, 그는 지식의 아우라를 풍기는, 어쩐지 귀족적
인 분위기의 소유자였기 때문이다. 게다가 그는 소규모의 팬 무리
도 이끌고 다녔다. 그가 가까이 오면, 사람들은 경이로움에 목소리
를 낮추고는 했다. 그중 용감한 이는 셀피를 찍자고 청하기도 했다.
누군가 내게 말하기를 아겔레스는 '세계 제일의 다중언어 사용자'
라고 했다. 그는 60~70개의 언어를 공부했으며, 그중 적어도 오십
개의 언어에 대한 깊은 이해를 하고 있었다. 그러니, 그는 그저 다

중언어 사용자가 아니었다. '다중언어'라는 말은 그에게 너무 소박했다. 말하자면 그는, '하이퍼폴리글롯(hyperpolyglot)', 즉 '초인적 다중언어 구사자'인 것이었다[하이퍼폴리글롯이라는 단어는 2008년 영국의 다중언어 구사자인 리처드 허드슨(Richard Hudson)에 의해 만들어졌다]. 하이퍼폴리글롯의 영예는 주로 열한 개 이상의 언어를 구사할 때 얻을 수 있다. 물론 국제 하이퍼폴리글롯 연합(International Association of HyperPolyglots)은 여섯 개 이상의 언어에 능통하면 멤버십 자격을 부여하지만 말이다.² 하이퍼폴리글롯의 세계에서 아겔레스는 전설이었다. 다중언어 운동의 조부격인 인물이었으니까 말이다. 가는 곳마다 사람들의 주목을 끄는 게 무리가 아니었다.

나는 말할 기회를 기다렸다. 컨퍼런스에 참석한 모든 이들이 목에 명찰을 걸고 있었다. 명찰에는 국기들과 함께 이런 소개 글이 적혀 있었다. "제게 이런저런 언어로 말을 걸어주시면 감사하겠습니다……." 컨퍼런스 참석자들에게 증정하는 꾸러미에 다양한 국기 모양 스티커가 들어 있었는데, 이를 명찰에 붙여 자신이 아는 언어를 표시하도록 한 것이었다. 나는 영국과 일본의 국기 스티커를 붙였다. 그런데 아겔레스의 명찰은 앞뒤가 완전히 스티커들로 꽉꽉 차 있었다. 심지어 나는 그중 많은 국기들을 알아보지도 못했다. 한편, 아겔레스는 누군가와 유유히 한국어로 담소를 나누고 있었다.

내 주위 모든 이들이 다양한 언어로 서로 대화를 나누고 있었다. 그러다가 흩어져서는, 또 다른 언어로 대화를 시작하곤 했다. 도대체 어떻게 이런 일이 가능할까? 누군가 내게 다중언어란 마치 회전하는 룰렛과 같다고 했다. 룰렛이 다음에 가리키는 언어로 바로 전환 가능한 것이다. 그런가 하면 또 어떤 이는 눈앞에 보이지 않는 셔터가 내려진 뒤, 완전히 다른 문화라는 새로운 커튼이 쳐지는 것과 비슷하다 했다. 새로운 몸짓언어(body language)와 억양, 제스처 및 얼굴 표정, 사회적 관행을 포함해서 말이다. 아겔레스는 자기 자신도 인정하는 '고독한 학자'였다. 나는 컨퍼런스에서 다중언어 구사자에는 두 부류가 있음을 깨달았다. 첫째는 무작정 외국 사회로 뛰어들어 언어를 습득하는 부류였다. 둘째는 바로 책과 함께 고독에 싸인 채, 유창함을 터득하는 이들이었다. 그래서인지 두 번째 부류에 해당하는 아겔레스와 행사장 뒤쪽의 어두운 복도에서(전등의 스위치를 못 찾았기에 거의 깜깜한) 대화를 나눈 것은 어쩐지 어울렸다.

아겔레스가 말하는 그의 동기는 언어를 배워서 그 언어로 문학 작품을 읽게 되는 것이었다고 한다. 라틴어와 고대 노르드어(Old Norse) 같은 사어(死語, 과거에 쓰였지만 현재는 쓰이지 않는 언어)를 배운 것도 그 이유가 컸단다. 미국에서 대학과 대학원을 다니면서는 고대 프랑스어와 독일어, 라틴어, 그리스어, 산스크리트어(Sanskrit)를 배웠다. 박사 후 과정(post-doctorate)를 하기 위해 베를린으로 이주해서는 스웨덴어와 네덜란드어 같은 다른 게르만어를 배웠다. 그런데도 그는 더 큰 도전을 원했다. 그래서 한국의 한동대에서 교수직을 맡았다고 한다. 그는 이 시기를 '수도승 시기'라고 부른다고 했다. 다중언어 구사자의 꿈을 마침내 이룬 때라고도 했다. 그는 이 시기에 외딴 집에 갇혀서 매일 십여 개에서 몇십 개의 언어를 공부했다. 하루에 열여덟 시간을 매진한 적도 있었다. 그는 놀라운 성과를 이뤘다. 아랍어와 아프리칸스어(Afrikaans, 남아프리카공화국의 공용어), 스와힐리어(Swahili)와 힌디어(Hindi), 아일랜드어, 페르시아어, 러시아어, 아이슬란드어 등을 익혔다. 글쎄, 그가 배운 언어가 너무 많아 일일이 나열하지 못하겠다.

"다중언어 구사자가 될 운명이었어요." 아겔레스가 말했다. 그의 아버지는 대학 도서관의 사서였는데, 역시 여러 언어를 구사했다고 한다. 아겔레스는 매일 아침 그의 아버지가 공부하는 모습을 보았다. 하지만 아버지가 그에게 언어 공부를 격려한 건 아니었다. 게다가 그의 가족이 세계 여러 나라를 옮겨 다니며 살았음에도, 아겔레스는 영어만을 쓰며 컸다. 자신의 성장사를 털어놓는 그의 말투 어딘가에 약간의 서운함이 비쳤다. 나는 갑자기 궁금해졌다. 혹시 아버지처럼 되고 싶다는 생각 때문에 그가 다중언어 능력자가 된 걸까? 아니면, 그도 유전적 영향이 있음을 느끼고 있을까? 이는 다시 말해 닭이 먼저냐, 달걀이 먼저냐의 문제가 될 수 있었다. 그가 언어 학습에 최적화된 뇌를 가진 걸까? 아니면 그의 언어적 성공과 욕심이 아버지의 직업적 영향 때문이었을까?

"만약 유전적 영향이 있다면, 아마 외할머니로부터 온 걸 겁니다." 아겔레스가 말했다. 그의 할머니는 미국 중서부 출신의 독일 이민자 자녀로, 영어와 독일어의 이중언어를 쓰며 자라났다. 그녀는 어려서 스페인어에 푹 빠졌다고 한다. 그래서 독학으로 스페인어를 공부해, 멕시코로 장학금을 받고 유학을 갈 수준에 이르렀다. 또, 포르투칼어도 배웠다. 결국 그녀는 네 언어의 전문 번역가이자 통역가로 일했다고 한다.

물론 가족의 영향도 유전적, 환경적 양면으로 작용할 수 있다.

물론 '다중언어 유전자'라는 건 없을 거다. 하지만 어쨌든 아겔레스는 할머니로부터 굉장히 유리한 점을 물려받은 셈이다. 아겔레스의 자녀들은 어떨까? 그는 내 질문을 듣더니, 우선 아버지와의 관계에 대한 설명부터 했다. 현재는 그의 아버지와 멋진 '다중언어 관계'를 맺고 지낸다는 거였다. 나는 이를 그가 아버지와 여러 언어로 대화한다는 뜻으로 받아들였다. 어쨌든 그는 아버지가 자신에게 했던 대로 자녀들에게 하지는 않는다고 했다. "아들들하고는 늘 불어로 대화를 하지요. 또 라틴어, 독일어, 스페인어, 러시아어를 가르치고 있어요. 저와는 다른 경험을 하면서 크는 거지요." 뭐, 이 장은 언어에 대한 장이지, 아들과 아버지 간의 관계에 대한 것은 아니다. 여하튼 여기서도 양육과 유전의 영향이 동시에 미치고 있는 셈이다.

한편, 아겔레스는 언어 학습을 신체의 트레이닝에 비유한다. "다중언어를 마치 스포츠나 육상경기처럼 접근할 수 있어요. 혹은 정신운동처럼 말이죠. 실행하기 위해 따라야 할 규칙이나 준수할 점이 있는 겁니다. 경기란 재미있는 거잖아요? 안 그렇습니까? 너무나 재미있고, 보람차고, 행복을 느끼는 일이지요. 물론 세상에는 나를 행복하게 할 일들이 무수히 많아요. 하지만 저를 보시다시피 세상에서 가장 재미있는 일은 자기 주도적 학습이지요. 더 재미있는 건 없어요."

사실 하이퍼폴리글롯들이 딴 세상 사람들 같아 보이기는 한다. 물론 겉보기는 남들과 다를 바 없지만, 이들은 일종의 형태 변형(shape-shifting)의 힘을 발휘한다. 그 힘이 바로 소통이라는 슈퍼파워(superpower)인 것이다. 이들은 이를 적극적으로 활용해서 타문화에 자연스레 섞여 들어간다. 그러니, 각국의 정보국에서 언어학자들을 섭외하려는 것도 무리가 아니다.

다중언어 구사자들과 하이퍼폴리글롯들의 뇌는 하나의 언어만을 구사하는 이들의 뇌와는 다르다. 이는 여러 가지 증거들로부터 확인할 수 있다. 우선, 1867년부터 1930년까지 살았던 독일의 외교관인 에밀 크레브스(Emil Krebs)의 뇌 절단 사례를 들 수 있다. 그는 다중언어계의 전설로서 약 65개의 언어로 대화할 수 있었다고 한다. 아랍어에서부터 중국어, 터키어, 히브리어, 그리스어와 일본어에 이르기까지 말이다. 그는 터무니없이 빠른 속도로 언어를 습득하는 놀라운 능력의 소유자였다. 예를 들어, 아르메니안어(Armenian)을 전혀 모르는 단계에서 우수한 단계까지 가는 데 단 이주가 걸렸다고 한다. 크레브스가 사망하자, 그의 가족들은 카이저-빌헬름 뇌 연구소(Kaiser-Wilhelm Institute for Brain Research)에 그의 뇌를 기증해줄 것을 요청받았다. 이윽고 2002년에는 뇌과학자들이 크레브스의 뇌를 관찰했는데, 일반인들의 뇌와 비교할 때 브로카의 영역(Broca's area)에 구조적 차이가 있음을 발견하였다. 브로카의 영역은 뇌 전두엽 피질 내 언어 기능과 연관되어 있다고 알려진 부위이다. 또한, 크레브스의 양쪽 뇌의 반구도 일반인들의 것에 비해더 비대칭적이었다.[3] 역시나 그의 뇌는 특별한 데가 있었던 거다. 크레브스가 특별한 존재였으니, 당연한 건지도 모른다.

새로운 언어를 배우는 것은, 조깅이 몸을 단련시키는 것과 비슷하게 뇌를 단련시키는 일이다. 사용 중인 뇌 부위를 더욱 강화시키고, 유연하게 유지시켜 주기 때문이다. 여기서 또 닭이 먼저냐, 달

같이 먼저냐의 수수께끼가 등장한다. 다중언어 사용자는 연습을 통해 뇌를 특별하게 발달시키는 것일까? 아니면 그들의 뇌는 처음부터 특별했을까?

스웨덴의 룬드 대학교(Lund University) 심리학과에 재직 중인 요한 마테손(Johan Måttesson)은 이 문제를 몇몇 기발한 연구들을 통해 탐색해보았다. 최근까지 스웨덴에서는 의무 군복무를 실행했었는데, 외국어 능력자들은 스웨덴 군대 통역 학교(Swedish Armed Forces Interpreter Academy)에 지원할 수 있었다. 선발 기준은 매우 까다로웠다. 마테손은 약 500~3,000명 사이의 지원자들 중 삼십 퍼센트만이 입학을 허가받았다고 설명했다. 마테손과 동료들은 선발된 군복무자들의 뇌를 관찰했다. 이들은 우선 해마의 크기를 측정했다. 그리고 삼개월 간의 고강도 외국어 훈련 전과 후의 뇌 피질(cortex)의 두께도 관찰했다. 통제 집단은 스웨덴 우메아 대학(Umeå University) 의과대학생들이었다. 즉, 실험 집단과 통제 집단을 모두 열심히 공부하는 젊은이들로 구성한 것이었다. 물론 전자만이 새로운 언어를 공부한 이들이었다.

결과는 흥미로웠다. 실험 집단의 해마의 크기가 외국어 훈련 도중 증가한 것으로 드러난 것이었다. 특히, 가장 높은 수준의 외국어 능력을 달성한 참가자들의 해마 크기가 가장 많이 커졌다. 해마는 바다 동물 해마의 모양을 닮은(라틴어명 'hippocampus'는 여기서 유래된 것이다), 쌍으로 된 구조로서, 대뇌피질(cerebral cortex) 밑에 숨겨져 있는 부위다. 대뇌피질은 의식과 관련된 고도의 기능을 담당하는 뇌 부위로, 알츠하이머병에 걸렸을 때 가장 먼저 퇴화되는 부위

중 하나이다. 나는 임페리얼 칼리지 런던(Imperial College London)의 뇌과학부(Division of Brain Sciences)에서 뇌 절단 수술을 관찰하며 이를 목격한 경험이 있다. 이미 적출된 뇌는 실험을 위해 얇은 조각으로 잘라져 있었다. 그리고 마치 식료품점 판매대 위의 햄처럼 펼쳐져 있었다. 한 병리학자가 사체의 해마가 위축되고 쪼그라들어 있었노라고 지적해주었던 것이다.

물론 마테손의 연구팀은 뇌의 크기 측정을 위해 참가자가 사망할 때까지 기다리거나 하지는 않았다. fMRI 뇌 스캔을 사용했으니까. 뇌 스캔 결과에 따르면, 가장 고난도의 외국어 능력을 습득한 참가자의 오른쪽 해마가 가장 높은 유연성을 갖고 있었다. 또, '왼쪽 상측두이랑(left superior temporal gyrus)'이라는 뇌 부위도 마찬가지였다. 왼쪽 상측두이랑은 머리를 측면에서 바라볼 때, 귀 위에 위치하는 뇌 엽(lobe)을 가리킨다.[4]

마테손의 전후 연구 사례를 하나 더 살펴보자. 마테손은 10주 코스의 이탈리아어 학습 기간 동안 스웨덴인 참가자들의 뇌가 어떻게 변하는지를 관찰했다. 이번에는 연구 전에 모집한 참가자들이 외국어 능력자가 아니었다. 그저 모집 광고를 통해 동원한 평범한 스웨덴인들이었다. 하지만 연구팀은 이번에도 새 언어를 배우지 않은 통제 집단에 비해, 참가자들의 오른쪽 해마가 변한 것을 발견했다. 특히 뇌 뉴런들의 몸체격인 회색질(grey matter) 구조가 말이다.[5]

이처럼, 새로운 언어를 배우는 것은 뇌를 재정비하게 한다. 이러한 사실이 이중언어 및 다중언어를 쓰는 사람들에게서 알츠하이머의 발병이 지연된다는 연구 결과와는 어떻게 연관될까? 바로 두

터워진 해마가 알츠하이머의 악영향에 대항해 더 오래 버티도록 돕는 것일 거라는 거다. 안타깝게도 '고작' 이중언어를 쓰는 이들은 해마에 충분한 보호막을 생성한다는 증거가 부족하다고 한다.

캐나다의 토론토 대학(University of Toronto)의 모리스 프리먼(Morris Freeman)과 동료들은 이 해마의 보호 효과에 대한 연구들을 분석하였다. 그들은 몇몇 연구들에서는 두 개 이상의 외국어를 학습하는 것이 알츠하이머의 발병을 약 오 년까지 늦춘다는 결과에 도달했음을 발견했다. 하지만 또 다른 어떤 연구들에서는 동일 효과를 보기 위해서는 네 개 이상의 외국어를 배워야 한다고 주장했다.[6] 해마의 보호 효과는 인지 유지(cognitive reserve)라는 개념에서 비롯되는 것으로 알려져 있다. 인지 유지란 노화 및 병에 의한 뇌 손상을 보호해주는 뇌의 변화를 일컫는다. 마테손의 연구들에서 나타나는 해마의 보호 효과처럼 말이다. 물론, 외국어 학습만이 인지 유지의 저장량을 증가시키는 건 아니다. 대부분의 고등 교육과 활발한 사회생활, 신체 운동도 같은 효과를 내니 말이다.

"해마의 보호 효과는 외국어 실력보다는 학습에 들인 시간과 더 깊은 연관이 있어 보입니다. 열심히 공부하고도 여전히 외국어 실력은 그저 그런 우리들에게 희망적인 얘기 아니겠습니까?" 마테손이 말했다. 다시 말해, 그저 외국어를 연습하는 것만으로도 미래에 도움이 된다는 얘기다. 그렇게 잘하게 되지는 못하더라도 말이다. 게다가 한동안 쓰지 않은 외국어라도 필요하게 되면 다시 수면 위로 오르기 마련이다. 다행히도 나는 이걸 긴 공백 후에 일본에 재방문했을 때 깨닫게 됐다. 마테손은 사용하지 않는 언어는 뇌 안에 잠복해 있지만, 여전히 강력하다고 말했다. 그리고 이렇게 덧붙였다. "뇌를 활용할 때 뇌 구조에 이득이 되는 거지요. 단지 언어 학습뿐만 아니라 말이죠. 뇌는 마치 일반적인 근육과 같거든요." 이 말을 들으니 일본어를 정말 더 열심히 연습해야겠다는 생각이 들었다.

결국 외국어 학습은 실제로 뇌에 귀중한 신경학적 효과를 가져다주는 셈이다. 게다가 외국어 학습의 부작용이라면 미미하다. 한 예로, 이중언어 사용자들은 한 언어만 쓰는 이들에 비해 각각의 언어에서의 어휘량이 약간 적은 정도이다. 외국어 학습의 이점은 더 있다. 예를 들어, 이중언어 사용자들이 한 언어만 말하는 이들보다 더 많은 연봉을 벌 수 있지 않은가.

다중언어 구사자들과 만나서 대화를 나눈 뒤 내가 알게 된 사실은 또 있다. 그들 중 몇몇은 외국어가 우리가 생각하고 행동하는 방식에도 영향을 미칠 수 있다고 지적했던 것이다. 특정 외국어를 할 때마다 성격이 그에 맞게 변하는 것 같다고 말이다. 예를 들어, 브라질에서 쓰는 포르투갈어로 말하면 더 매력 있게 느껴진다는 거였다. 또 러시아어로 말하면 어쩐지 좀 우울해지는 느낌이며, 프랑스어로 말하면 사색적으로, 또 멕시코에서 쓰는 스페인어로 말하면 겸손해지는 느낌이라고 했다. 나도 확실히 영어로 말할 때보다 일본어로 말할 때 더 우회적이라는 느낌이 있다. 물론 이런 느낌들은 단순히 각 국가에 대한 고정관념을 언어에 투영시키는 건지도 모른다. 아니면, 언어가 우리에게 주는 제약일 수도 있고 말이다. 실제로 우리의 성격이 변한 건 아닐 거다.

아켈레스도 외국어를 쓸 때 성격이 변하지는 않는다고 말한다.

하지만 사고의 패턴은 바뀐다고 주장했다. 특정 언어의 문화적 특이점 때문이란다. 예를 들어, 일본어에서는 누구에게 말하느냐에 따라 동사 어미의 형태가 달라져야 한다. 따라서 나는 일본어에서는 그저 우회적인 답을 하는 것이 문화적으로 적절하다는 걸 깨달았다. 한편, 독일어는 동사가 문장의 끝에 위치하는 게 화자의 말하는 방식에 영향을 끼친다.

여하튼, 아겔레스는 외국어 때문에 성격이 변하지 않는다고 했지만, 그건 그가 워낙 내성적인 책벌레 같은 성격을 지녔기 때문인지도 모른다. 또, 규칙을 철저히 준수하는 다중언어 구사자이기도 하고 말이다. 더욱이 그는 다중언어로 말을 하는 것보다는, 책을 읽는 것에 더 익숙한지도 모르겠다. 하지만 좀 더 사교적이고 타인과 공감을 잘하는 사람이라면 어떨까?

이 다중언어 컨퍼런스의 주최자인 리처드 심코트(Richard Simcott)가 바로 그런 사람이었다. 그는 테살로니키 소재 회의장 무대에 올라 여러 언어로 농담을 해댔다. 그러고는 짐짓 장난스럽게 '렛잇고(Let it Go, 애니메이션 〈겨울왕국〉의 주제가)'를 25개의 언어로 불러보겠노라 으름장을 놓는 것이었다[나중에 여러 언어로 부른 렛잇고를 유튜브에서 찾아보았다. 내 딸에게 보여줬더니, 그애는 엘사(Elsa, 겨울왕국의 주인공)가 중국어와 핀란드어, 독일어와 카탈로니아어로 부르는 걸 보고는 화들짝 놀랐다]. 심코트는 1977년에 잉글랜드와 웨일스의 경계 지역인 체스터(Chester)에서 태어났다. 그는 종종 '영국의 가장 다중언어적인 사람'이라고 불린다. 물론 그는 이 타이틀을 불편해했다("전 국민을 다 체크해봤답니까?"라고 그는 말했다). 하지만 그가 영국 내 최상위권 다중언어 구사자임은 틀림없다.

여하튼 컨퍼런스에서 그는 25~30개의 언어로 행복하게 재잘거렸다. 그는 집에서도 하루에 다섯 개의 언어로 늘 얘기한다고 한다(마케도니아어, 영어, 불어, 스페인어, 독일어로). 또, 직장에서는 열네 개의 언어를 쓴다(그는 다중언어 SNS 매니지먼트 회사에서 일한다). 그리고 여태껏 50개의 언어를 공부해왔다. 그는 사회성 충만한 외국어 학습자의 전형처럼 보였다. 어려서 모국어만 쓰며 컸을 때는, 외국어 억양을 흉내 내는 걸 즐겼다고 한다. "가족과 휴가를 가면, 외국에서 온 아이들을 만나곤 했지요. 그래서 만약 내가 외국어를 조금 알면, 내가 말하는 방식도 바뀔까 늘 궁금했어요. 시도를 해봤더니, 외국어 문화권에 쉬이 섞여 들어갈 정도로 아주 자연스레 하게 되더군요. 또 남들과 우정을 쌓는 소통 도구 역할도 됐고요. 그러니 제게 외국어란 늘 매우 사회적인 개념입니다."

심코트는 대학에서 여러 언어들을 익혔다. 또, 파티에 참석하면 이 무리 저 무리를 옮겨 다니며, 여러 외국어를 썼다. 그가 외국어 공부로부터 얻는 건 아겔레스가 얻는 것과는 약간 다른 셈이다. 아겔레스는 문학에 대한 지적인 호기심이 외국어 학습의 동기였으니까. 하지만 심코트도 여러 외국어를 쓰면서 자신의 성격이 변하는 것 같지는 않다고 했다. 쓰는 언어만 바뀔 뿐, 자기 자신은 변하지 않으니 말이다. "성격 자체가 변한다기보다는, 다른 옷을 바꿔 입는 것과 비슷해요." 심코트가 말했다. 예를 들어, 네덜란드어나 독일어로 뭔가를 질문할 때는 좀 더 직설적으로 말하는 방식으로 언어 습관이 변했다고 한다. 너무 지나치게 영어적인 표현이 되지 않기 위해서다. 심코트에게 외국어 학습의 동기란 타인과의 사회적 상호 작용을 통해 얻는 서로 간의 이해이다. 그는 이로부터 전율을 느낀다고 했다.

그는 나와의 대화 도중, 자신이 가장 말하기 좋아하는 언어는 아이슬란드어라고 했다. 나는 그에게 아이슬란드어로 뭐라도 말해 달라고 청했다. 그의 말을 들으니, 도무지 무슨 말인지는 몰라도 정말로 정통 북유럽어처럼 들렸다. 심코트의 원래 목소리처럼 들리지 않을 정도였다. "말할 때 정말 숨소리가 많이 섞인, 성긴 소리가 나지요. 뭔가 엘프(elf) 같은 느낌이 나요. 전 그런 섬세한 특징이 너무나 좋더군요." 그가 말했다. 한편, 글로서 가장 좋아하는 언어는 조지아어(Georgian)라고 했다. 조지아어 예문을 직접 보니, 그의 심정을 알 듯했다. 조지아어의 알파벳이 너무나 아름다웠던 거다. 마치 소설가 톨킨(Tolkien)의 엘프용 책의 한 페이지같이 느껴졌다. 엘프를 좋아하는 심코트의 일관성이 돋보였다. 하지만 그가 전반적으로 좋아하는 언어의 하나는 독일어였다. 물론 독일어는 언어 자체로만 좋지는 않다고 했다. 나나 다른 많은 이들과 마찬가지로, 그도 처음엔 독일어가 별로 매력적이지 않다고 느꼈단다. 하지만 독일어를 쓰는 멋지고 친절한 사람들 때문에 독일어가 좋아졌다는 거다. 흠, 그렇다면 이 사실을 기억해뒀다가, 제2차 세계대전의 영국 참전용사들께 독일어 학습을 좋아하게 됐는지 여쭤봐야겠다.

컨퍼런스에 참가한 몇몇 다중언어 구사자들이 반농담조로 내게 말했다. 자신들은 강박장애적인 성향을 갖고 있노라고 말이다. 그중 한 명이 뉴요커인 엘런 조빈(Ellen Jovin)이었다. 그녀는 상대적으로 늦은 나이인 마흔에 스무 개의 외국어를 배우기 시작했다. 그런 담대한 도전을 수행하려면 당연히 상당한 동기가 필요하다. 러시아 동사를 들여다보느라 밤을 새는 건 예삿일이었다고 한다. 게다가 그녀는 스스로도 인정하는 문법 마니아이다.

그러면 심코트도 외국어 학습자에는 다양한 유형이 있다고 생각할까? "컨퍼런스에 모인 이들 중 사회적 장면에서 어려움을 겪는 사람들이 많아요. 모두 외국어를 잘하고, 같은 마음으로 외국어를 사랑하는 이들이지요. 이들은 자신을 내향적 혹은 외향적이라고 표현해요. 하지만 아무래도 자폐 스펙트럼의 특징에 들어맞는 이들이 많지요. 이는 사실 다중언어 구사자 커뮤니티의 일면이기도 해요."

심코트는 또 다중언어 구사자들 중 자신을 사회적으로 어설프다고 느끼거나, 대중 앞에서 불편함을 느낀다고 말하는 이들이 많을 거라고 했다. 또, 언제 어떤 말을 해야 할지 모르는 이들도 말이다. 심지어 남들과 같은 감정적 반응을 보이지 않는 이들도 있다고 했다. 물론 다중언어 구사자가 되기 위해 자폐 스펙트럼에 포함되야 한다거나, 강박장애적인 성격을 지녀야 한다는 건 아니다. 하지만 그런 특징들이 보이는 경우가 상당수 있는 것이다.

나는 외국어로 생각하고 작업을 하는 것을 같은 운영 체계에서 소프트웨어만 바꾸는 것에 비유할 수 있다는 사실을 알게 됐다. 즉, 내면의 개인적 성격은 변하지 않는 것이다. 물론 외국어의 새로운 규칙들은 따라야 하지만 말이다. 한편, 외국어를 구사하는 데에는 좀 더 심오하고 놀라운 효과가 있다. 바로 외국어가 우리의 도덕적인 개념을 바꿔준다는 것이다. 외국어를 쓰면 사고를 할 때 좀 더 실용주의자가 되기 때문이다. 만약 사람들에게 위험한 작업을 요청하면서, 외국어만 쓰도록 종용한다면 어떨까? 바로 모국어를 쓰며 같은 작업을 할 때보다 더 합리적으로 변한다는 것이다.

이와 관련된 여러 연구들이 시카고 대학(University of Chicago)의 보아즈 케이자(Boaz Keysar)에 의해 수행된 바 있다. 예를 들어, 심리학의 고전적 실험인 '트롤리 딜레마(Trolley Dilemma, 트롤리란 기차를 뜻함)'에 대한 연구가 있다. 트롤리 딜레마에서 실험 참가자들은 달리는 트롤리 기차가 다섯 명을 치려고 하는 상황을 목격했을 때, 어떻게 할지에 대한 질문을 받게 된다. 우선, 아무것도 하지 않고 사람들이 죽도록 놔둘 수 있다. 또, 스위치로 트롤리의 방향을 바꿔 기차를 단 한 사람만 있는 다른 트랙으로 옮길 수도 있다. 그러자 대부분의 참가자들이 스위치를 당기는 것을 택했다. 다섯 명 대신 한 사람만을 희생하는 게 도덕적으로 정당하다고 봤기 때문이었다. 하지만 두 번째 시나리오에서는 도덕적인 딜레마가 좀 더 복잡해진다. 여기서는 참가자들이 육교 위에서 한 뚱뚱한 남자 옆에 서 있다고 가정하였다. 역시 달리는 트롤리가 다섯 명을 치려고 한다. 이번에는 다섯 명을 구하려면, 옆의 뚱뚱한 사내를 직접 밀어 육교 밑으로 떨어뜨려야 한다. 트롤리가 가는 길을 막기 위해서다. 그럼 트롤리가 멈춰 서서 다섯 명을 죽이는 걸 예방할 수 있다. 대부분의 참가자들은 이 두 번째 시나리오의 도덕적 딜레마가 훨씬 심하다고 보았다. 너무나 직설적인 데다 공포의 감정을 불러일으키기 때문이었다.

물론 이 실험의 질문들이 모국어로 혹은 아는 외국어로 던져지는지 여부에 따라 개인의 도덕성이 변하지는 않을 거라고 독자 여러분은 생각할 거다. 하지만 놀랍게도, 케이자는 도덕성이 변한다는 결과를 얻었다.[7] 그는 한국어, 영어, 스페인어를 각각 모국어로 구사하는 이들을 모집했다. 그리고 실험의 질문을 각각 영어, 스페인어, 히브리어 혹은 프랑스어로 해보았다. 참가자들 개개인의 외국어 실력을 고려해서 말이다. 그러자, 두 번째 시나리오에서 모국어로 답할 때는 참가자들의 18퍼센트만이 뚱뚱한 사내를 밀어 떨어뜨리겠다고 답했다. 반면, 외국어로 답할 때는 44퍼센트의 참가자들이 같은 행동을 하겠다고 했다. 한편, 첫 번째 시나리오에서는 한 사람을 희생시키겠다고 하는 이들의 비율이 모국어로 답할 때나 외국어로 답할 때나 비슷했다(모국어로 답할 때는 80퍼센트였고, 외국어로 답할 때는 81퍼센트였다).

케이자는 이런 결과에 대해 외국어의 구사가 당면한 문제들로부터 '심리적 거리감'을 두게 한다고 주장했다. 때로는 문제를 나는 새처럼 멀리서 바라보는 게 도움이 되는 법 아니겠는가. 또한, 모국어 사용이 수반하는 감정적 반응도 줄여준다고 했다. 그러니, 이탈리아어로 말할 때 좀 더 열정적이 된다고 느끼는 것은 어쩌면 그냥 생각뿐일지도 모른다. 내가 만약 이탈리아어에 능하다고 해도, 이탈리아어로 내리는 내 의사결정은 좀 더 무미건조하고 거리감이 있다는 얘기다. 이는 우리가 말하는 가슴이 아닌 뇌로부터의 작용이기 때문이다.

또한, 케이자는 외국어 사용이 개인의 손실 회피(loss aversion)

성향도 감소시킴을 밝혀냈다. 다시 말해, 모국어를 쓸 때보다 외국어를 쓸 때 더 위험한 내기를 수용할 가능성이 높아진다는 얘기다.[8] 케이자와 동료들은 한 리뷰 논문(review paper)에서, 개인의 의사결정은 관련 정보가 모국어 혹은 외국어로 주어지는가에 달렸다는 증거를 내세웠다. 이들은 이 증거가 언어와 사고 간의 관계를 내포한다고 주장했다.[9]

이처럼 언어는 우리가 사고하고 의사결정을 내리는 데 큰 역할을 한다. 케이자는 이렇게 언급했다. "우리의 연구가 보여주는 건, 모국어의 사용이 개인의 의사결정에 중대한 역할을 한다는 것이지요. 모국어를 쓰면 좀 더 강한 감정적 유대가 형성되고, 그게 선택에 영향을 미치는 겁니다." 따라서 케이자의 연구는 단순히 외국어구사의 효과를 밝히는 것 이상의 의미를 지닌다. 모국어를 사용할 때 대개 우리의 의사결정이 영향을 받는다는 사실을 드러냈기 때문이다. "우리 연구팀이나 일반인들이나 우리가 쓰는 모국어의 특정 부분이 어떤 결정에 선입견으로 작용한다고 보통 생각지는 않지요." 케이자가 말했다.

결국, 다중언어 구사자들의 성격이 실제로 변하는 건 아니더라도, 그들의 도덕적 사고 패턴은 변화하는 것처럼 보인다. 나아가 외국어 사용은 우리의 의사결정에 영향을 미친다. 네덜란드의 언어학자이자 작가인 개스턴 도렌(Gaston Dorren)은 이 현상을 '합리성 효과(rationality effect)'라 칭한다. "외국어를 쓰면 자신이 말하는 방식을 더 크게 의식하게 되지요. 나아가 자신이 무엇을 말하는지, 심지어 자신이 어떻게 행동하는지까지도 말입니다. 그건 상당히 놀라운 축복이라고 생각해요."

이 사실에 대해 사람들이 알 필요가 있지 않을까? 생명과학이나 비행기 여행에 수반되는 위험성이 외국어로 말할 때는 덜 첨예하게 느껴진다는 말이 되니까.

컨퍼런스에서 만난 인물 중 또 한 명은 마이클 리바이 해리스(Michael Levi Harris)였다. 나는 그가 직접 각본을 쓰고 출연한 단편 영화 〈하이퍼글롯 Hyperglot〉에서 그를 이미 본 상태였다. 그는 컨퍼런스에서 자신이 연기 학교에서 배운 기술들이 외국어 학습에 어떻게 도움이 됐는지에 대해 연설을 하기로 돼 있었다. 나는 이에 큰 관심이 갔다. 외국어를 효과적으로 학습하는 중요 요인이 바로 해당 국가의 정서를 내면화하는 것이라 생각했기 때문이다. 실제로도, 해당 외국어의 리듬과 특징을 제대로 파악하려면, 그렇게 해야 하지 않을까? 물론 한 언어를 배운다는 건 단순한 흉내보다는 훨씬 심오한 차원이지만 말이다. 여하튼 외국어 공부가 관찰과 흉내, 동감을 필요로 하는 건 사실이다. 그러니, 연기와 외국어 학습은 꽤나 공통점이 많아 보였다. 물론 '이탈리아인들은 열정적이고, 독일인들은 효율적이다'라는 식은 주관적인 고정관념일 것이다. 하지만 해리스에게는 그게 바로 각각 외국어의 패턴을 머릿속에 그려서 구상하는 방식이었다. 그래서 실제로 말할 때, 그 방식에 맞는 말이 나오게끔 말이다. 특정 외국어로 말할 때 자신이 특정 역할을 연기한다고 여기는 게 도움이 된다는 거였다. 항상 연기 학교에서 어떻게 가르치는지 궁금했던 나로서는 정말 흥미로운 발상이 아닐 수 없었다. 최근에 런던 소재 길드홀 음악 연극 학교(Guildhall School of

Music and Drama)를 졸업한 미국인인 해리스가 그 궁금증을 해소해 준 셈이다.

해리스는 연설 중에 프랑스인 배우이자 연기 강사인 자크 르코크(Jacques Lecoq)에 대해 언급했다. 1999년에 타계한 르코크는 생전에 '일곱 단계의 긴장법'이라는 테크닉으로 유명했다고 한다. 각각의 단계는 배우가 연기에 쏟아붓는 긴장 에너지의 정도에 부합한다. 사람들은 각 단계마다 다양한 명칭을 붙여왔지만, 해리스는 다음과 같은 명칭을 사용했다. 또, 나는 각 명칭 옆에 해리스가 각 단계와 연관 지은 외국어를 표기해놓았다.

> 피로(Exhausted) 단계(미국 영어, 스위스 프랑스어)
>
> 미국인(L'americano) 단계(브라질 포르투갈어, 호주 영어)
>
> 중립(Neutral) 단계(독일어, 핀란드어)
>
> 경계(Alert) 단계(영국 영어, 프랑스어)
>
> 극적인(Dramatic) 단계(스페인어, 그리스어)
>
> 오페라(Operatic) 단계(이탈리아어, 히브리어)
>
> 고대 그리스/비극(Grecian/tragic) 단계(중국어, 러시아어)

해리스는 이 테크닉을 사용해 영화 〈작은 신의 아이들 Children of a Lesser God〉의 대사들을 영어로, 그리고 동시에 미국식 수화(American Sign Language)로 전달했다. 물론 그는 배우니까, 연기에 능한 게 당연했다. 하지만 다양한 단계를 내면화하고, 나아가 여러 언어로 자신을 표현하는 그의 방식을 보고 있자니, 해당 이론에 마음이 열리는 기분이었다. 즉, 언어들의 개별적인 특징이 존재하며, 특정 언어를 말할 때 그 언어의 특징도 함께 표현한다는 이론 말이다.

어쩌면 앞서 소개한 아겔레스는 다양한 언어 속에서도 변하지 않는 성격을 지닌 건지도 모른다. 하지만 좀 더 유연한 사람들의 경우는 어떨까? 이들은 자신들이 만나는 사람들에 따라 성격이 변하기도 한다. 심지어 동일 언어를 사용할 때도 말이다. 배우들은 당연히 가장 감정이입을 잘하는 사람들일 거다. 그렇담, 배우들도 어떤 의미에서 다중언어 구사자들일지도 모른다. 따라서 해리스가 그런 배우의 특징을 발휘하는 것도 놀랄 일이 아니다.

필자는 사실 '감정이입(empathy)'이 이 책에서 온전한 한 장으로 다뤄야 할 주제라고 생각했다. 하지만 문제는 감정이입은 측정이 어렵다는 거였다. 물론 누군가가 감정이입이 뛰어나다고 할 때, 이를 나름 측정해볼 검사가 있기는 하다. 바로, 소위 EQ 테스트라고 하는 감성지능 테스트이다. 하지만 아무리 우리가 감정이입을 잘하는 이들에 호감을 느낀다 해도, 누군가를 찾아내 '이 사람이 세계 제일 가는 감정이입왕이에요'라고 말할 수 있을까? 게다가 극도의 감정이입은 항상 좋은 것만은 아닐 수 있다. 여하튼 넘치는 감정이입, 즉 타인의 처지에 공감하는 능력은 이 책에서 우리가 만나볼 능력들의 수준에 영향을 미치는 요소이기도 하다. "우리는 감정이입을 하도록 돼 있어요. 자신을 끊임없이 타인의 처지에 놓아보는 것이죠. 그것이 우리를 사회적으로 만드는 겁니다. 그래서 남이 아플 때, 나도 아픔을 느끼는 거고요"라고 이탈리아 몬테로톤도(Montero tondo) 소재의 유럽 분자생물학 연구실(European Molecular Biology)의 코넬리우스 그로스(Cornelius Gross)는 말한 바 있다.

그러니, 만약 당신이 감정이입을 잘한다면, 사회적인 언어 학습자가 될 확률이 높을 것이다. 아니라면 외로운 독학자가 되겠지만 말이다. 물론 언급했듯이, 감정이입이란 마치 거품 같은 불분명한 개념이기는 하다. 좀 더 명확한 개념을 대상으로 연구하는 게 나을 듯싶다. 우리가 언어의 유전학에 주목해야 하는 이유다.

내가 사는 곳에서 다리 하나만 건너면, 런던 서부의 교외인 브렌트포드(Brentford)가 나온다. 뭐, 크게 별다른 곳은 아니다. 대부분의 사람들에게 이곳은 그저 런던에서 히스로(Heathrow) 공항으로 운전해가는 길에 불과하니까. 브렌트포드는 브렌트(Brent) 강과 템스(Thames) 강의 교차 지점에 위치한 곳으로, 우리 가족 내에서는 '벌들(Bees)'이라는 별칭의 축구 클럽으로 유명하다. 또, 축구 팬들, 특히 영국 축구 팬들은 브렌트포드 구석구석마다 퍼브가 있다는 사실을 알 거다. 하지만 1980년대 말에 이곳에서 인간 언어 진화의 위대한 발견을 향한 첫걸음이 이뤄졌다는 사실을 아는 이들은 아마 많지 않을 것이다.

당시 브렌트포드 초등학교의 특수교육반 담당 선생님이던 엘리자베스 어거(Elizabeth Augur)는 한 가족의 구성원 일곱 명을 돌보고 있었다. 이 가족은 현재 유전학계에서 'KE 가족'이라 불리고 있다. 어거는 이 가족에서 삼대째 학습 및 언어 장애가 발생하고 있다는 사실을 깨달았다. 그러고는 어떤 유전학적인 문제가 있을 거라 의심했다. 이때는 인간 게놈 프로젝트(human genome project)

가 인간 유전자들의 배열 순서를 밝히기 훨씬 전이었다. 그러니 특정 유전적 문제를 콕 집어내기란 무척이나 고된 작업이었다. 결국, 1998년[10]에 한 옥스퍼드 대학 연구팀과 런던의 아동 건강 협회(Institute of Child Health)는 문제의 언어 장애가 7번 염색체(chromosome 7)의 약 70개의 유전자들이 모여 있는 한 부분에서 연유함을 추적해 냈다. 그리고 2001년, 그들은 마침내 손상된 핵심 유전자를 발견했다.[11] 이 유전자는 FOXP2(fork-head box protein P2)라 불리게 됐다. 언론에서는 즉각 이 유전자를 '언어 유전자(the language gene)'라 칭했다.

하지만 FOXP2는 언어만 담당하는 유전자는 아니었다. 훨씬 더 광범위한 영향을 미쳤기 때문이다. 우리 몸의 모든 세포 속 약 22,000여 개의 유전자 모두가 발현되는 건 아니다. 또, 그중 성장 단계의 특정 시기에만 작동하는 유전자도 있다. 하지만 FOXP2는 태아 및 성인의 뇌에서 작동하면서, 동시에 폐와 목, 소화기 및 심장에서도 발현되는 유전자이다. 또한 다른 많은 핵심 유전자들의 작동을 지휘하는 역할도 맡는다. 따라서 만약 FOXP2가 제대로 작동하지 않으면, 그 결과는 오케스트라의 지휘자가 실수를 하는 것과 비슷하다. 즉, 불협화음이 탄생하는 거다. 실제로 FOXP2의 돌연변이 유전자를 지닌 KE 가족 구성원들은 자음을 제대로 발음하지 못했다. 예를 들어, 'blue'를 'bu'라고 발음한다거나, 'table'을 'able'로 발음했다.[12] 이들은 '언어 실행증(speech apraxia, 본래 말하려는 단어가 아닌 비슷한 신조어를 만드는 장애)'을 앓고 있었던 것이다. 물론 이들은 개별 소리는 발음할 수 있었다. 하지만 이 소리들을 한데 모아 배열

하는 데서 문제가 발생했다. 이는 단어 및 문장들을 생성하는 데 필수적인 과정이다.

언어에 관여하는 유전자들은 약 수백 가지에 이른다고 알려져 있다.[13] 언어란 수많은 요소들로 이뤄진 복잡한 특성이니 당연한지도 모른다. 예를 들면, 입과 혀의 모양을 만들기 위해 또 소리를 발음하기 위해 근육과 신경이 필요하다. 또, 숨쉬기 컨트롤 그리고 문법적 규칙 및 어휘를 외우기 위한 지능도 필요하다. 하지만 FOXP2 야말로 언어와 분명한 연관성이 있다고 알려진 유일한 유전자이다. 따라서 FOXP2에 대한 집중적인 연구가 진행되어왔다.

FOXP2는 유전학자들이 소위 보전적(conserved)이라고 부르는 유전자다. 즉, 진화의 역사를 통틀어 거의 변화가 없었던 유전자라는 뜻이다. 수백만 년의 진화의 시간 동안 서로에게서 분리된 모든 척추동물들에서 FOXP2는 놀랍도록 비슷한 모양으로 나타난다.

인간의 FOXP2를 침팬지 버전의 FOXP2와 비교하면 어떨까? 독일 라이프치히(Leipzig) 소재 막스 플랑크 진화인류학 연구소(Max Planck Institute of Evolutionary Anthropology) 소속 학자인 울프강 에나드(Wolfgang Enard)는 FOXP2 내 715개의 아미노산 분자들 중에서 단 두 개만이 차이가 나는 것을 발견했다.[14] 또, 쥐의 FOXP2와는 세 개, 새의 FOXP2와는 여덟 개에서 차이를 보였다. 보전적인 유전자들이 항상 일정한 것은 이들이 중대하고 심오한 역할을 담당하기 때문이다. 승리의 공식은 항상 이기는 법 아니겠는가.

KE 가족 내 유전자 돌연변이가 이들의 FOXP2를 침팬지 수준으로 돌려놓은 것이라는 말도 가끔 나오곤 했다. 하지만 이건 사실이 아니다. 대신, 이들의 변이는 FOXP2의 다른 유전자들을 컨트롤하는 능력에 영향을 미쳤다. 인간의 정상적인 FOXP2는 새로운 운동 기능(motor skill)을 배우는 능력과 깊이 연관된다. 쥐에서도 FOXP2에 손상을 입으면, 기울어진 쳇바퀴를 구르는 법을 배우는 데 어려움을 겪음이 드러났다.[15] 그런데 유전자 공학을 통해 쥐가 인간 버전의 FOXP2를 지니도록 설계하면, 쥐의 새로운 기술을 익히는 능력이 향상되었다고 한다.[16]

혹시 다중언어 구사자들도 학습 능력을 월등히 향상시킬 수 있는 버전의 FOXP2를 지닌 것은 아닐까? 바라스 찬드라세카란(Bharath Chandrasekaran)은 바로 이 문제에 흥미를 느꼈다. 그는 텍사스 대학교 오스틴 캠퍼스(University of Texas at Austin)의 이름도 근사한 무디 커뮤니케이션 대학(Moody Communication College) 소속 학자이다.

찬드라세카란은 여러 종 내에서 FOXP2가 매우 보전적이기는 하지만, 사람들의 FOXP2 간에 미묘한 다양성이 존재함도 파악했다. 물론 KE 가족에서 보듯, 언어 능력에 희귀하고도 상당한 장애를 일으키는 심각한 돌연변이는 아니더라도 말이다. 많은 이들이 지니는 DNA 서열에 좀 더 공통적인 변화가 발생하기 때문이었다. 즉, 게놈(genome, 유전체)의 각각의 유전자 내 특정 위치에서 사람들은 하나의 DNA 염기(nucleotide)를 다른 염기로 대체하는 공통된 변이를 갖는 것이다. 예를 들어, 하나의 아데닌(adenine, A로 표기함)을 하나의 구아닌으로(guanine, G로 표기함) 바꾸는 식이다.

이러한 식의 변화를 '단일 염기 변이(single nucleotide polymorphis

ms, SNPs라 표기하며, '스닙스'라 읽음)'라고 일컫는다. SNPs는 우리의 표현형(phenotype)에는 영향을 미치지 않는 경우가 많다. 표현형이란 우리의 유전자에 의해 형성된 신체 및 행동적 특성을 뜻한다(만약 표현형에 심각한 영향을 미쳤다면, 자연선택에 의해 제거되었을 것이다). 찬드라세카란은 FOXP2의 한 변이에 주목했다. 이 변이는 A와 G의 두 가지 버전으로 나타나는 SNP였다.

우리는 부모님으로부터 각각 FOXP2의 유전자 사본 한 개씩을 물려받는다. 따라서 찬드라세카란이 주목한 SNP에 관한 한 모두 AA를 갖거나, 모두 GG를 갖거나, A와 G를 동시에 가질 수 있는 것이다. 종전의 연구에서는 AA 타입의 다형성을 갖는 이들이, GG타입인 이들에 비해 언어를 처리할 때 전두엽 피질에서 약간 더 높은 활동성을 보임이 밝혀졌다. 우리는 기술을 익힐 때, 의식적으로 연습을 하는 것부터 시작한다. 이것을 '서술적 학습(declarative learing)'이라고 한다. 그리고 기술을 점점 연마하면 이는 의식을 하지 않고도 하는 행동으로 굳어진다. 그제야 그 기술은 '절차적 학습(procedural learning)' 체계에 의해 컨트롤되는 것이다.

찬드라세카란은 AA타입인 이들의 더 활발한 전두엽 피질 활동이 그들의 학습 능력을 둔화시킬 것인가 대한 의문을 가졌다. 더 활발한 활동이 자동적인 절차적 학습 체계로의 전환을 늦출 수 있기 때문이었다. 그는 이를 중국어나 성조언어(tonal language, 발음하는 어조 차에 따라 단어의 의미가 달라지는 언어)에 대한 아무런 사전 지식이 없는 지원자들을 상대로 시험해보았다. 이들에게 중국어 단어의 서로 다른 어조들을 구별하게 한 것이었다. 그랬더니, GG타입인 참가

자들이 확실히 그 차이를 익히는 데 더 능함이 밝혀졌다.[17]

우리 모두는 외국어를 배울 때 같은 방법으로 시작한다. 우선 규칙부터 익히는 거다.[18] 그래서 학습법도 스스로 설명할 수가 있다. 예를 들어, 특정 동사의 어미를 얻기 위해서 동사활용법(conjugation rule)을 따라야 한다는 식으로 말이다. 찬드라세카란의 연구에 따르면, 더 성공적인 외국어 학습자들은 내재된 외국어 학습법으로 빠르게 전환하는 경향이 있다. 예를 들어, 동사활용법에의 접근이 자동적으로 이뤄지는 것이다. 이런 방법은 분석적이며 사고적인 뇌의 부위로 하여금 언어 학습에 필요한 다른 활동들도 가능케 한다. 이를테면 어휘 암기 같은 활동이다.

"외국어 학습은 마치 자전거를 타면서 저글링을 하는 것과 같습니다"라고 찬드라세카란은 말한다. 만약 뇌의 절차적 학습을 담당하는 부위에서 어떤 활동을 지양하면, 대신에 다른 활동을 돕게 된다는 것이다. "즉, 만약 자전거 타기라는 행동을 자동적으로 실행하게 되면, 자전거 타기에 대한 생각 자체를 안 해도 된다는 것이죠. 그 대신 온전히 저글링에 집중할 수 있게 되고요. 하지만 자전거 타기에 대한 세세한 생각들을 해야만 자전거를 탈 수 있다면, 저글링은 아마 불가능하게 될 겁니다."

물론 이러한 예는 하나의 작은 다형성(polymorphism)이 미묘한 방식으로 외국어 학습이라는 한 행동에 영향을 미치는 것에 불과하다. 외국어 학습에 영향을 미치는 요소들은 셀 수 없이 많을 테니까 말이다. 따라서 만약 태아가 GG 다형성을 지니도록 유전자를 설계하고 싶다 해도, 그 자체만으로는 성인이 돼서 출중한 언어 학습 능력을 확보하지는 못할 가능성이 많다는 것이다. 하지만 찬드라세카란에게는 언어 능력 향상을 위한 더 좋은 아이디어가 있었다. 바로 언어 학습에 어려움을 겪는 이들에게 행동 개입(behavioral intervention) 처방을 내리는 것이다. 마치 개인 맞춤형 약 처방처럼 말이다. 우선, 대상자들은 정기적인 유전자 검사를 통해 그들의 FOXP2를 평가받는다. 그리고 그에 따라 개인에 맞게 고안된 학습 스케줄을 따르는 것이다. "중요한 과제는 개인이 언어의 규칙을 익히도록 돕는 언어 학습 패러다임을 짜는 것이지요. 그러다가 점점 덜 규칙 중심적이고, 좀 더 내재적인 언어 학습으로 옮겨가는 겁니다." 찬드라세카란이 말했다. "성인들의 학습 조건은 다르니, 다른 학습 전략을 세워야 하지요. 현재 대부분의 학습 훈련은 성인의 학습 전략에 최적화된 접근법이 아닙니다."

물론 그의 방법도 언어 실력 향상을 위한 지름길은 아니다. 하지만 과연 지름길이라는 게 있을까? SNPs와 언어 능력 간의 복잡한 관계를 감안해도, 이 방법의 효용은 개인의 유전적 기호에 따른 맞춤형 학습을 제공한다는 것 정도일 테니 말이다. 게다가 많은 이들이 이 방법에 회의적인 입장이다.

사이먼 피셔(Simon Fisher)는 FOXP2를 발견한 옥스퍼드 팀의 일원이었다. 그는 현재 네덜란드 네이메헌(Nijmegen)에 위치한 라드바우드 대학교(Radboud University)의 교수이자, 역시 네이메헌 소재의 막스플랑크 심리언어학연구소(Max Planck Institute for Psycholinguistics)의 소장을 맡고 있다. 피셔는 언어 관련 장애에서의 유전자의 기능을 파악하고 연구해왔다. 현재 그는 뛰어난 언어 능력의 생물학적 배경에 대한 프로젝트를 진행 중이다. 그런데 그는 찬드라세카란의 GG 다형성에 대한 주장에 전혀 동조하지 않았다. 중요한 세부적 기술 문제 때문이었다. 앞서 우리는 어떻게 부모로부터 각각 FOXP2 유전자를 물려받는지 살펴봤다. 이때 가능한 유전형(genotype, 생물이 지닌 유전자의 조합)은 각각 AA, AG 그리고 GG이다. 그렇다면, 무작위의 표본에서 각각의 유전형을 지닌 사람들의 수는 유전학의 기초 공식인 하디-와인버그 원칙(Hardy-Weinberg equilibrium)을 따라야 할 것이었다. 만약 그렇지 않다면, 뭔가 이상한 일이 벌어지고 있을 터였다. 예컨대 유전형에 실수가 있던지, 자연선택에서 기이한 현상이 발생했던지 말이다. 물론 찬드라세카란의 연구팀도 그들의 연구가 하디-와인버그의 비율에 어긋남을 인정했다. 하지만 피셔에게는 그런 부조화와 개별적인 SNPs가 인간 행동에 미세한 영향을 미친다는 사실이 찬드라세칸의 실험 해석에 의심을 품게 한 것이었다.

한편, 피셔의 연구팀도 현재 FOXP2 다형성에 대한 실험을 진행 중이다. FOXP2 SNPs가 전두엽 피질에서의 언어 관련 활동에 미치는 영향에 대한 연구가 그 한 예이다. 이전 연구보다 훨씬 더 많은 참가자들의 뇌 사진을 통해 활동을 측정한다고 한다. 피셔에 따르면, 한 종류의 다형성이 뇌의 언어 능력에 미치는 명확한 긍정적 효과를 찾을 전망은 아직까지 불투명하다. 언어같이 복잡한 특성에서, 그렇게 작은 유전적 차이에 따른 투명한 효과가 존재할까? 한번 지켜볼 일이다.

또 한편으론, FOXP2가 그렇게도 근육 컨트롤에 깊이 관여하기에, 피셔는 그러한 컨트롤 능력을 극단적으로 보유한 이들이 특정 변이 혹은 특정 변이들의 조합을 가진 게 아닌지 궁금해했다. 예를 들어 랩이나 비트박스를 하는 사람들 말이다. "그러한 분야의 능력이 유전적 영향에 의한 것인지, 아니면 누구나 훈련에 의해 그런 경지에 오를 수 있는지는 풀지 않은 수수께끼지요." 피셔가 말했다.

여하튼 직관적으로는, 언어 학습 능력은 부분적으로 유전의 영향이 있다고 느껴진다. 하지만 대부분의 사람들은 열심히 노력해야 하는 분야이기도 하다. 외국어가 그만한 가치가 있는 한 말이다. 또한 외국어 학습에 중요한 한 가지가 바로 집중력이다. 이에 대해서는 다음 장에서 살펴보기로 하자.

4장

집중력

FOCUS

순간의 생각에 진실하고, 잡생각을 피하라. 자신의 정
진에 계속 노력하는 것 이외에, 아무것도 하지 말라.
하나씩 사고하며 사는 경지에 도달할 때까지.

– 야마모토 쓰네토모(山本常朝, 1710년경의 일본 무사)

나는 이십 대에 일본의 한 검도장의 회원이었다. '검도'란 '검의 방식'을 뜻하는 말로, 일본의 긴 봉건 시대 동안 사무라이들에 의해 발전된 훈련 원칙이다. 나는 검도를 무척 좋아했다. 검도장에서는 나만 유일한 외국인이었다. 일본에 체류한 모든 시간 동안, 내가 외국인이기를 허락받지 못한 유일한 장소가 그곳이었다. 예를 들어, 그곳에서만 나는 '후퍼상' 대신에 '후퍼군'으로 불렸다. '군'은 친밀감을 주는 접미사로 젊은 남성이나 소년들을 부를 때 쓰는 말이다. 한편, 검도는 '선(zen, 일본식 불교)철학'을 바탕으로 했다. 나는 매우 일본적인 문화적 요소에 심취했고, 그 때문에 기분이 좋았다. 또, 유럽의 기사들과 사무라이들이 검을 보는 방식의 차이도 깨달았다. 전자는 검을 그저 무기로만 보았던 데 비해, 일본에서 검은 경외의 대상이었다. 사무라이들만 이를 지니고 다닐 수 있었던 것이다. 검은 사무라이의 가장 소중한 자산이자 유산이었다.

한번은 훈련 시간에, 내가 '시나이(shinai)'라 불리는 죽도에 비스듬히 기대어 있던 적이 있었다. 그랬더니 검도 사범이 자신의 죽도로 내 다리를 세게 내려치는 게 아니겠는가. 그러고는 꾸중까지 했다. "네 검이 네 마음이거늘" 하고 그가 말했다. 즉, 검을 경외심을 갖고 대해야 한다는 거였다. 나는 내 죽도가 사무라이 검의 대체라고 생각해본 적이 없었는데 말이다. 어쨌든, 나는 다시는 죽도에 기대지 않았다. 검도는 전투를 위한 신체적 훈련일 뿐 아니라, 하나의 마음 자세였던 것이다. 이 사실을 전통적이고 헌신적인 사범으로부터 배울 수 있었던 건 특권인 셈이었다.

어느 날, 다른 검도장의 무척 존경받는 사범이 우리를 방문했다. 그는 노인이었는데, 우리는 그와 대전하는 영광을 누렸다. 그는 자신의 죽도를 매우 무심하게 잡고 있었다. 거의 떨어뜨려서 바닥에 끌릴 정도로. 드디어 내가 대전할 차례가 됐다. 그는 사색에 잠긴 채 먼 곳을 바라보는 듯했다. 나는 죽도를 올리고 각을 잡은, 평소와 같은 자세로 그에 맞섰다. 그런데 내가 공격하려 다가선 순간, 그는 내가 이후에 도저히 설명하지 못할 동작을 했다. 검을 들어 그의 머리를 가격하는 데는 정말 찰나만 필요했는데도 말이다. 정말이지 미친 듯한 속도로, 하지만 분명히 무심하게, 그는 죽도를 올리더니 내 머리를 내리쳤다. 내가 미처 공격을 끝내기도 전에 말이다. 하지만 그 즉시, 그는 예의 무신경한 노인의 모습으로 되돌아갔다. 나를 공격한 찰나의 순간에만 그는 자신의 본모습을 드러낸 것이었다.

글쎄. 이 일화는 그의 요다(Yoda, 영화 〈스타워즈〉의 등장인물) 같은 능력보다는 내 형편없는 실력에 대한 설명인지도 모르겠다. 여하튼 그가 돌아간 뒤, 우리 도장의 사범은 "그는 놀라운 집중력을 지닌, 상대를 대하는 법을 아는 분이시지. 수십 년간의 연습을 통해 갈고 닦은 실력이야"라고 했다. 또, 그는 현재의 순간에 사는 분이라고도 했다. 이 노년의 사범이 바로 우리가 이 장에서 탐색해볼 능력을 단적으로 보여주고 있다. 바로 집중력, 그리고 대상에 대한 대응(reaction)이다. 물론 이 능력들은 실체를 파악하기는 힘들다. 또한 유동적이고, 보는 각도에 따라 달라지기 때문에 늘 관심을 기울여야 한다. 우리가 사는 '바로 이 순간'이 그 본질이기 때문이다. 마치 선 불교의 참선법처럼 들리지 않는가? 어쨌든 현재의 순간을 다스릴 줄 아는 자야말로 더 높은 수준의 능력을 발휘하는 법이다. 마음을 온전히 집중하는 이들은 위대한 성취를 해낼 수 있으니까. 사실 '집중'에는 스펙트럼이 존재한다. 마치 나를 대했던 검도 사범처럼 짧고 강렬한 순간에 나타날 수도 있다. 혹은 긴 시간 동안 꾸준한 형태로 발휘될 수도 있다. 이 두 종류의 집중력을 다 살펴보기로 하자. 우선 다음 예부터 시작하겠다.

엘런 맥아더(Ellen MacArthur)는 2004년에서 2005년 동안 홀로 전 세계 27,000해리(nautical miles)를 항해했다. 자그마치 71일 하고도 14시간 18분 33초가 걸린 업적이었다. 이 항해로 그녀는 1인 세계 일주 항해의 세계 신기록을 달성했다. 당시 그녀 나이 29세였다. 많은 이들이 맥아더가 세계 신기록을 깰 거라고는 생각지 못했다. 하지만 그녀는 이전 세계 기록을 이십 일이나 앞당겼다. 게다가 그녀의 기록은 약 십 년간은 너끈히 유지될 거라는 평이 있었다. 맥아더의 항해 시도 전, 그녀가 여성이라는 것 때문에 상당한 회의의 목소리가 있었던 게 사실이다. 하지만 그녀는 그야말로 눈부신 승리를 거뒀다. 프랑스에서는 그녀를 잔다르크에 비교할 정도였다. 영국에서는 그녀를 '영국이 낳은 최고의 항해사' 혹은 '21세기의 진정한 첫 히로인'으로 불렀다. 나는 그녀가 어떻게 그런 업적을 이룰 수 있었는지, 직접 만나 물어보기로 했다. 나는 그녀의 집요한 집중력의 비결이 뭔지, 그리고 두 달 반 동안 일주일에 칠 일, 하루에 24시간을 어떻게 집중력을 유지했는지 묻고 싶었다. 그것도 혈혈단신으로 아주 적은 휴식만 취해가며 말이다. 정말 슈퍼휴먼만이 해낼 일이 아닌가.

맥아더는 키가 157센티미터로 작은 편이다. 그녀가 세계 신기록을 세운 항해에 탔던 75피트 길이의 배는 그녀의 작은 체구에 맞게 특별 제작된 것이라 한다. 항해는 상상을 초월할 만큼 고달팠다. 맥아더의 배는 삼동선체(trimaran) 구조였는데, 선체가 세 개인 배는 더 빠른 속력을 낼 수 있었다. 하지만 그만큼 배는 더 불안정했다. 앞서 맥아더는 2001년의 세계 항해 경주에서 방데 글로브(Vendée Globe)에 이어 이등으로 들어왔었다. 이 경주에서는 선체가 하나이고 용골(keel)이 달린 배가 쓰였다. 이런 배는 만약 뒤집혀도 다시 솟아오를 것이었다. "하지만 삼동선체는 뒤집히면 끝이지요. 그랬다간 아마 죽게 될 거예요." 맥아더가 말했다. "세계 항해를 하다 보면 배가 어느 때고 전복될 일이 생겨요. 예외도 있겠지만요. 그래서 잘 때도 배의 밧줄을 손에 감고 자야 합니다."

나는 그녀에게 스트레스에는 어떻게 적응하느냐고 물었다. "일단 배 위에 올라서 세계를 항해하기 시작하면 다른 방도가 없어요. 적응의 문제가 아니라 생존의 문제거든요. 말 그대로. 배는 마치 좌충우돌하는 지하철 열차와도 같아요. 무척 난폭하지요."

게다가 당연히 하루의 반은 밤에 항해를 한다. 말 그대로든, 비유적으로든, 단 한순간도 항해를 손에서 놓을 수가 없는 거다. "정신적으로는 그야말로 무척 잔인한 일이죠. 이제 더 이상 잃을 게 없다고 생각되는 때가 오는데, 그래도 뭔가 문제가 생겨요. 하지만 아무런 선택권이 없는 거예요. 아무도 와서 도와주지 않으니까요." 내가 무척 두려운 상황 같다고 말했다. 그런데 그녀는 이렇게 답하는 것이었다. "그렇지는 않아요. 배 위가 제 집이고 제 인생이에요. 결국은 익숙해지게 돼 있죠."

나는 그녀에게 그런 추진력은 어디서 오는지를 또 물었다. 그리고 그런 놀라운 집중력과 당면 과제에 집중하는 데 필요한 회복력에 대해서도 물었다. "모두 다 목표를 갖는 데서 나오는 거지요. 저는 4살 때부터 세계 항해를 하는 게 꿈이었거든요." 맥아더가 말했다.

어린 시절 그녀는 이모와 함께 배를 탄 적이 있었는데, 무척 즐거웠다는 것이다. "그때 정말 더없이 놀랍도록 자유로운 기분을 만끽했어요. 배는 어디든 데려갈 수 있잖아요. 그 사실에 정말 흥분됐었죠. '정말 믿기지 않을 정도로 멋진걸.' 그 배에는 작은 집이 달려 있어서 배를 타고 어디든 여행할 수 있게 돼 있었지요."

나는 그녀의 얘기가 놀랄 만큼 교훈적이라고 느꼈다. 어린아이에게도 그렇게나 분명하고 불꽃 같은 열정이 있다는 게 아닌가. 어린이들을 대할 때 잊지 말아야 할 중요점이 아닐 수 없다.

여하튼 맥아더에 의하면, 그녀는 그렇게나 이른 나이부터 머릿속에 항상 '언젠가 어떻게든 꼭 세계를 항해해야지'라는 생각을 품었다고 한다. 시간이 흐르면서 차차 잊힐 꿈도 아니었다. 그녀는 그 꿈에 다가서기 위해 조금씩 인생 설계를 해나갔다. "그런 목표가 인생의 선택들을 결정하는 지표가 되더군요. 사실 네 살배기 때는 삶이 남에 의해 결정되잖아요? 그러니 선택권이 별로 없죠. 하지만 자라면서 선택권을 갖는 순간이 생기기 마련이에요."

그녀가 처음으로 이루고자 했던 일은 배를 구하는 것이었다. 가족 중에 항해사가 있는 것도 아니었기에, 이를 이룰 유일한 방법은 저축뿐이었다. 하지만 어린 맥아더는 주기적으로 용돈을 받는 아이가 아니었다. 결국, 그녀는 크리스마스와 생일에 받은 용돈을 모으기 시작했다. 심지어 학교 점심 값까지 아꼈다. 매일 그녀는 학교에서 으깬 감자와 콩만 먹었다. 가장 싼 음식이었기 때문이었다. 그리고 나머지는 몽땅 저축했다. "아주 초집중을 했지요. 점심을 제대로 먹을 수도 있었지만 그러지 않았어요. 세계 일주를 할 배를 사야 했으니까요. 그리고 저축하느라 다른 데는 돈을 전혀 안 썼죠. 심지어는 퍼브에 가도 밤새 아무것도 사 마시지 않았어요. 돈을 모으려고 일을 너무 열심히 했거든요." 그녀가 말했다.

하지만 그녀는 자신은 평범하다고 힘주어 주장했다. "물론 내 키는 대로 특이한 일들도 벌였죠. 그래도 나 자신이 정말 평범하다 생각해요. 남들과 전혀 다르다고 느끼지 않거든요. 그저 항해가 내가 진정 원하는 일이라 마음먹은 것뿐이에요." 맥아더는 자신이 특별하다는 발상이 불편하다고 했다. 하지만 나는 대부분의 네 살 아이들은 그녀처럼 목표를 세워 실행하지는 않을 거라 설득했다. 그녀는 "글쎄요, 추진해갈 목표가 있다면 어려움도 극복해내기 마련이죠"라고 답하는 선에서 그쳤다.

여기서 또 하나의 중요 포인트는 우선 불타는 열정을 지니는 게 중요하다는 것이다. 맥아더의 경우처럼, 어린 나이에 번개같이 그런 열정이 내리꽂히는 경우도 있을 거다. 하지만 대부분의 사람들은 목표를 세우고 이를 향해 노력하는 것처럼 열정도 노력으로 성취한다. 어쩌다 운이 좋으면 우리가 정말 좋아하고 잘하는 것을 재빨리 마주할 수도 있다. 하지만 역시 대부분은 이것저것을 둘러보며 열정을 찾아내야 할 것이다.

어쨌든 나는 우리의 부담감을 덜어주려는 맥아더의 말이 마음에 들었다. "뭔가를 정말 하고 싶다면, 할 수 없다고 생각해서는 안 돼요. 하지만 대부분의 사람들이 하고 싶은 게 없을 수도 있죠. 그것도 좋아요. 멋진 일입니다. 삶은 뭔가 엄청난 걸 성취해야만 의미 있는 건 아니거든요. 저는 그저 항해가 하고 싶었고, 세계를 누비고 싶었고, 나가서 그대로 실행한 것뿐이에요." 그녀가 말했다.

목표를 찾아내 이를 단단히 움켜쥐는 것은 성공에 필수 불가결한 일이다. 그리고 우리의 잠재 능력을 십분 발휘하는 데에도 마찬가지이다. 이 책을 통틀어 다양한 특성 및 능력에 걸쳐 그 예를 볼 수 있을 것이다. 앞서 힐러리 맨틀의 장기 목표에서도 우리는 이를 목격하지 않았는가. 그런데 '현재의 순간'에서 고도의 능력을 발휘하는 이들의 뇌에서는 어떤 일이 일어날까?

수만 명의 관중이 내는 소음, 우렁찬 엔진 소리, 짜릿한 속도감, 포장도로의 열기와 가솔린 및 오일, 고무, 뜨겁게 달궈진 금속, 아드레날린이 한데 뒤엉킨 냄새, 기대감, 엄청난 액수의 상금……. 이 모든 게 어우러진 스포츠인 포뮬러1(Formula 1, 축약해서 F1)은 정말로 특별한 경기가 아닐 수 없다. 각 팀마다 일하는 구성원들이 수백 명이고, 한 경주를 준비하는 데만 수천 시간이 걸린다. 그리고 경주 날에는, 단 한 사람의 드라이버(아직까지는 거의 대부분 선수들이 남성이다)에만 온 관심이 집중된다.

2017년 6월 25일에는 18세의 벨기에 출신 캐나다인인 랜스 스트롤(Lance Storll)이 바로 그 주인공이었다. 그는 아제르바이잔 그랑프리(Azerbaijan Grand Prix) 경주에서 윌리엄스 FW40(Willams FW40)이라는 차종의 운전대를 잡았다. 이것은 시속 200마일 이상(200mph)으로 속도를 낼 수 있는 차였다. 그는 현재 F1에서 최연소 선수이자, 억만장자의 아들이기도 하다. 경기가 있기 일주일 전, 캐나다의 전설적인 카레이서 자크 빌르너브(Jacques Villeneuve)에 의해 'F1 역사상 최악의 루키(rookie)'라는 혹평을 받았다.[1] 물론 스트롤은 이전 여섯 경기에서 점수를 전혀 따지 못했었다. 하지만 캐나디안 그랑프리(Canadian Grand Prix) 경주에서 고향의 팬들을 앞에 두고 그는 9위로 결승선에 들어왔다. 그리고 2점을 따냈다. 그 뒤, 아제르바이잔 경주에서 그는 노련함과 능숙한 기술을 선보이며 3위로 경주를 마쳤다.

"시상대에 오른 역사상 최연소의 루키가 된 건 랜스에게 엄청난 결과였어요. 정말 끝내주는 주말을 보낸 거죠"라고 윌리엄스 사의 기술 담당 최고 책임자인 패디 로우(Paddy Lowe)는 말했다. "그는 매 세션마다 전혀 실수가 없었습니다. 문제를 일으키지도 않았고요. 그런 자세가 경주에 고스란히 드러난 거죠. 매우 깔끔한 경기를 했고, 속도감도 좋았어요. 차와 타이어도 깔끔하게 관리했고요."[2]

나는 이 장을 위해 리서치를 하기 전에는 F1의 드라이버에게 필요한 일련의 기술이 얼마나 폭넓은지 알지 못했다. F1의 드라이버들은 약 두 시간 동안 경주에 임한다. 하나의 F1 서킷(circuit)은 4.3~6킬로미터에 달한다. 그리고 총 70바퀴를 돌아야 하는데, 한 바퀴를 도는 데는 약 1분 30초가 걸린다. 경주 내내, 선수들은 고도의 집중력을 유지해야 한다. 우리 같은 일반인들은 대개 겁에 질리거나, 어질어질해서 푹 고꾸라질 상황에서 말이다. 당연히 선수들은 적응력이 뛰어나야 한다. 차가 엄청나게 빠른 속도로 달리기 때문이다. 공간에 대한 날카로운 지각 능력, 시야에 들어오는 모든 것들을 빠르게 처리하는 능력도 필수다. 전문적인 드라이버들도 F1의 경주차를 처음 몰아보면, 생각할 시간이 극히 부족하다는 데 놀라곤 한다. F1의 선수들은 한마디로 차를 '느껴야' 하는 것이다. 마치 신체의 일부가 차로 연장된 듯이 말이다. 온몸을 엄습하는 압력을 견뎌내려면, 체력적으로도 강인한 선수가 돼야 한다. 특히 경주에서 코너를 돌 때 엄청난 횡가속도(g forces)가 발생하기에, 특히 머리 쪽에 많은 압력이 가해진다. 이런 식으로 많은 바퀴가 반복되기 때문에 인내심도 중요하다. 한마디로 많은 경주 요령이 필요한 것이다. 언제 다른 차를 추월할지, 다른 차들을 어떻게 자신에게 유리하게 이용할지, 또 시간을 어떻게 벌지 등을 말이다. 여기에 엄청나게 빠른 속도로 차를 모는 동안의 인내심도 필요하다. 게다가 F1 경주차들은 기술적으로 운전하기 힘든 차들이다. 세계에서 가장 복잡한 기계 중 하나라 해도 과언이 아닐 정도로 말이다.

우리 중 F1 경주에 참여할 이들은 아마 거의 없을 거다. 하지만 우리 모두가 삶에서 짧은 또는 긴 시간 동안 고도의 집중을 해야 할 때가 있다. 집중력을 발휘할 순간이 있는 것이다. 심리학자들은 이에 대해 '지속적 주의(sustained attention)'라는 표현을 쓴다. 만약 지속적 주의를 제대로 실현한다면, 삶의 구석구석을 개선하고 일의 능률을 높이는 데 큰 도움이 될 거다. 주의를 지속적으로 기울이는 능력은 학업 및 직장에서의 더 나은 결과와 직결되니 말이다. 반대로 주의력 결핍은 여러 실수들을 낳을 뿐이다.

나는 집중력이라는 분야에서 최고의 잠재력을 발휘하는 이들을 찾고 싶었다. 그래서 옥스퍼드셔에 위치한 윌리엄스 사의 F1 경주팀을 찾았다. 스트롤과 루카 발디세리(Luca Baldisserri)와 대화를 나누기 위해서였다. 발디세리는 이전에 페라리 사에서 스포츠 책임자를 맡았으며, 현재는 윌리엄스 사에서 스트롤의 멘토 역할을 하고 있다.

사실 자동차 경주 선수들은 중도 탈락률이 매우 높다. 굉장히 비용이 많이 드는 스포츠라는 것도 하나의 이유다. 하지만 각 단계마다 선수들을 자연선택적으로 치열하게 추려내기 때문이기도 하다. 선수들은 카트(karting) 단계에서 F4, F3를 거쳐 F1으로 올라가게 되는 것이다. 한편, F1은 모든 스포츠 중 가장 '엘리트적인' 스포츠라 여겨진다. 스트롤 본인도 엘리트인데, 두 가지 이유에서다. 첫째로, 그의 아버지가 8천만 달러를 윌리엄스 사에 기부했기 때문이다. 이 때문에 스트롤이 그의 위치를 돈으로 산 게 아니냐는 의혹도 있었다. 하지만 윌리엄스 사의 F1팀과 책임자 로우는 아제르바이잔에서 스트롤이 보인 좋은 경기가 이런 주장을 잠재우길 바라고 있다. 둘째로, F1의 드라이버가 되려면, 국제자동차연맹(International

Automobile Federation)의 슈퍼 라이선스(Super Licence)를 취득해야 하는데, 스트롤은 이를 따냈기 때문이다. 게다가 그는 2016년 F3의 챔피언에 오르기까지 했다. 그러니 윌리엄스 사에서는 8천만 달러의 영향도 있었겠지만, 스트롤이 자신의 능력으로 그 위치에 오른 것이라 말한다.

이제, 나는 매우 독점적인 세계로 들어가고 있었다. 보안을 통과해, 내 고물차를 몰아가니 드넓은 주차장이 펼쳐졌다. 다행히 고성능 경주차들만 있는 건 아니었다. 그러고는 투어 담당자를 만났다. 올해 경주 예정인 윌리엄스 사의 2017년형 경주차들을 보는 건 허락되지 않았다. 하지만 2016년도 모델에는 가까이 다가갈 수 있었다. 사실 나는 자동차 경주의 엄청난 팬은 아니었다. 그럼에도 이 차가 무척이나 아름다운 엔지니어링의 산물이라는 건 단박에 알았다. 운전대의 모양은 꽤나 희한했다. 마치 비행기 조종실 안의 모든 컨트롤 장치가 축소돼 있는 모양이랄까. 나는 주행 시뮬레이터(driving simulator)를 시험해보고 싶었지만, 보는 것조차 허락이 안 됐다. 2017년 경주차와 주행 시뮬레이터는 소유권이 있는, 첨단 기술의 기계였다. 엔지니어들은 이 기계들이 망가져 새는 걸 원치 않을 터였다. 게다가 주행 시뮬레이터는 몇백만 달러나 하는 값비싼 것으로, 열정적인 엔지니어링 팀에 의해 제작된 기계였다. 엔지니어들은 가상 주행 동안 타이어 접촉과 다운 포스(downforce, 차체를 노면 쪽으로 압박하는 힘), 엔진 성능 등과 같은 변수들을 점검해야 한다. 시뮬레이터에서 드라이버는 실제 주행 때와 같은 조종석에 앉으며, 헬멧도 착용한다. 즉, 경주에서 F1 경주차를 실제로 모는 것과 가장 근접한 경험인 것이다. 대부분의 십 대 소년들이 플레이스테이션 게임기를 갖고 놀 때, 랜스 스트롤은 정식 F1 시뮬레이터를 갖고 있었다. 그것도 제네바에 있는 자신의 아파트에서 말이다.

스트롤은 내가 드라이버로서 최적이라 생각하는 키보다 더 컸다. 또, 검은 티셔츠와 청바지를 입고 있었다. 여유로운 모습이었다. 그는 자신이 '현재의 순간'에 살고 있다고 말했다. 억만장자의 18세 아들이라면, 응당 그래야 하지 않을까. 하지만 그는 소탈했다. 경주 선수로서 플레이보이 같은 기질은 전혀 보이지 않았다. 또 그는 내가 그의 나이 때보다 더 민첩하고 성숙해 보였다. 그럴 만도 했다. 미디어 대응법을 배웠을 테니까. 그가 현재의 순간에 살고 있다고 한 건 자신이 경주를 할 때를 일컫는 말이었다. 그 모든 소음과 진동, 트랙 위의 아수라장에 그는 전혀 동요되지 않는단다. 오히려 즐긴다고 했다. 조종석에 앉을 때, 자신의 능력을 가장 잘 펼칠 수 있다고 말이다. "운전대를 잡고 헬멧을 쓰면 잡생각이 들지 않아요. 나를 귀찮게 하는 것도 간섭하는 것도 없지요. 그게 진짜 내 모습이에요." 스트롤이 말했다. "저는 굉장히 경쟁심이 세거든요. 공격과 스피드를 즐기지요. 자동차 경주를 늘 무척 좋아했어요."

나는 제임스 휴이트(James Hewitt)에게 F1에서 경주한다는 게 어떤 의미인지 물어보았다. 휴이트는 힌스타 퍼포먼스(Hinsta Performance) 사의 과학개발 팀장을 맡고 있다. 힌스타 퍼포먼스는 전문 운동선수들을 대상으로, 그들의 능력 최적화를 돕는 일을 한다. 이전 고객들 중에는 F1 세계 챔피언인 세바스찬 베텔(Sebastian Vettel), 미카 하키넨(Mika Häkkinen), 니코 로스베르크(Nico Rosberg) 등이 있다. 휴이트는 드라이버들에게는 항상 내재적 외재적 동기가 공존한다고 했다.

우선, F1에서의 승리에 대한 포상은 어마어마하다. 또, 특히 젊은 선수들은 후견인이 자신에게 쏟은 막대한 투자를 정당화해야 하는 압박을 항상 느낀다. 한편, 초고속으로 차를 모는 데서 오는 쾌감도 이루 말할 수 없다. 우리 대부분은 그렇게나 빠른 속도로 운전을 하면, 스트레스에 짓눌릴 텐데 말이다. "하지만 이 뛰어난 드라이버들은 스트레스를 쾌감이라고 인식하는 거지요"라고 휴이트는 말했다. 평범한 사람의 최고 실력은 적절한 흥분 속에서 발휘된다. 하지만 드라이버들은 더 높은 레벨의 흥분에서 최적의 실력을 낸다고 한다. "세상이 시속 300킬로미터로 내게 다가오는데, 무척 시끄럽고 진동이 엄청나지요. 그러면 신체는 크게 자극됩니다. 함께 일했던 드라이버들 중 가장 성공한 이들에게 어떤 느낌이냐고 물어보면, 그 느낌이 이루 말할 수 없이 좋다고 하더군요." 휴이트가 설명했다.

스트롤에게 경주에서 무엇을 얻는지를 묻자, 그도 바로 그러한 느낌에 대한 애정을 드러냈다. "트랙에서는 오롯이 나 자신이 될 수 있거든요. 차 안에 있으면, 다른 누구를 위해서 일하는 게 아니니까요. 오직 나 자신과 차, 트랙만 존재하죠. 그게 제 열정입니다. 살아 있음을 느끼거든요. 그게 제겐 마약과도 같아요." 스트롤이 말했다.

사람들의 집중력에 이러한 동기가 어떤 영향을 미치는지를 살펴보는 다양한 연구가 있어왔다. 마이클 이스터만(Michael Esterman)은 보스턴 집중과 학습 연구소(Boston Attention and Learning Lab)의 공동 창립자이자, 보스턴 대학(Boston University)의 심리학자이다. "과학적으로 보면 사람들은 동기가 있을 때 일정한 뇌 활동을 유지하기에 유리합니다. 또, 예상치 못한 일에 대한 대비도 더 잘 하고요. 그 동기가 좋아해서이든 즉 내재적이든 아니면 상을 받아서든 즉 외재적이든 간에 말이지요." 이스터먼이 말했다. 즉, 동기란 그러한 항상성이 시간이 지나도 퇴색되지 않는 걸 의미한다.

이스터만의 연구팀은 이에 대해서 여러 실험을 거쳤다. 한 실험의 참가자들은 fMRI 기계 안에서 여러 도시 및 산의 풍경 사진들을 무작위 순서로, 매 800밀리초(millsecond, 1,000분의 1초 단위)마다 한 장씩 보았다. 도시 풍경을 보면 버튼을 누르고, 산 풍경을 보면 누르지 말아야 했다(전체 사진들 중 90퍼센트가 전자, 10퍼센트가 후자였다). 참가자들은 어떤 세션에서는 상을 받기도 했다. 도시 풍경에 제대로 반응하면 각 1센트, 산 풍경에는 10센트씩을 받았다. 반대로 잘못 반응하면 벌점이 주어졌다. 반면, 전혀 상이나 벌이 없는 세션도 있었다. 결과는 어땠을까? 참가자들의 뇌 활동에 따르면, 상이라는 동기가 없을 때 참가자들은 '인식적 구두쇠(cognitive misers)'처럼 굴었다. 즉, 뇌의 '주의 자원(attentional resources, 주의를 총량이 있는 자원으로 봄)'을 제대로 쓰려고 노력하지 않은 것이다. 실적이 형편없어져, 과제에 아예 관심이 떨어지기 전까지는 말이다. 하지만 상이 동기가 되면 참가자들은 '인식적 투자자'가 되었다. 과제에 집중하기위해 뇌를 적극 활용한 것이다.[3]

이스터만은 이렇게 설명했다. "동기는 최적의 주의와 집중을 유지하는 데 무척 큰 역할을 합니다. 사람들은 '무아지경(in the zone)'

에 빠지면, 뇌의 주의 담당 부위를 더 효과적으로 사용하지요. 뇌의 연결성 그리고 정보와 소통의 교류가 향상되는 겁니다. 또, 감각 및 시각적 정보를 더 높은 정확도로 처리하게 되고요."

바로 이런 현상이 스트롤이 운전을 하는 동안 일어나는 것이다. 마치 그의 머릿속 모든 게 더 빨리 움직이는 것과 같다. 그러니, 스트롤에게 시속 200마일로 달리는 것은 내가 시속 100마일로 달리는 것과 같은 셈이다. 물론, F1 경주는 사진들을 보고 이에 대한 반응으로 버튼을 누르는 것과는 다른 성질이다. 여하튼, 이스트먼의 실험은 포상이 집중에 대한 동기를 만든다는 점을 뒷받침한다. "연구원들은 예전에는 주의가 유한한 자원이라고 생각했지요. 고갈되면 다시 재충전돼야 하는. 하지만, 실은 그보다 더 복잡해요. 주의는 우리의 동기와 밀접한 관련이 있거든요"라고 휴이트가 말했다. F1에 입성할 정도로 이미 능력이 세계권인 드라이버들에게 포상과 동기가 더해진다면 가히 놀랄 만한 성과를 낳는 것이다. "치열한 선발을 거친 데다, 엄청난 포상까지 걸려 있으니, 주의력 유지가 대단한 거지요." 휴이트가 이어서 말했다. 사실 F1 선수들의 주의력은 무척 뛰어나다. 자신의 환경에 일어나는 일을 고화질로 기억하는, 불가사의한 능력을 지녔다. 휴이트는 이를 '슈퍼파워'라고 불렀다. 그리고 주행 시뮬레이터에 탄 드라이버의 예를 들었다. "시뮬레이터를 중단하면 드라이버는 자신이 보고 있던 신호를 그대로 기억해내지요" 휴이트가 말했다. 예를 들어, 드라이버는 화면에 보이는 건물을 제동을 거는 신호로 이용한다. 동시에 트랙에서 어떤 일이 벌어지고 있었는지도 생생히 말할 수 있는 것이다. 이를테면, 경쟁자들의 위치라던가 차의 주행 데이터 등이다. 휴이트에 의하면, F1 선수들은 훈련받지 않은 일반인 드라이버들에 비해 작업 기억에 더 많은 개별적 정보를 담을 수 있다. 요즘 F1에서는 너무 궂은 날씨에는 경주를 허락하지 않는다. 하지만 상당히 최근까지 선수들은 때로 억수 같은 빗속에서도 경주를 하곤 했다. 완전히 시야가 가려진 상황에서 말이다. "한 드라이버가 그러더군요. 빗속에서 시속 300킬로미터로 달리려면 어디가 브레이킹 포인트(braking point, 제동을 시작하는 지점)인지를 결정해야만 하는 때가 온다고요. 그러려면 직관과 경험에 그리고 기억에 의존해야 한다고 말이죠." 휴이트가 설명했다. 이 드라이버는 자신은 직접적으로 수를 센다고 말했다고 한다. 예를 들어, 처음 1,000을, 그 다음 1,000을, 그리고 마지막 1,000까지 세고 나면 제동을 걸고, 코너를 돈다는 것이다.

스트롤은 왜 그렇게 F1을 사랑하게 됐을까? 그리고 왜 경주를 할 때 자신의 본모습을 느낄까? 그건 아마 그가 몰입(flow) 상태에 도달했기 때문일 거다. 몰입이란 헝가리의 심리학자인 마하이 칙센트미하이(Mihaly Csikszentmihalyi)가 도입한 개념으로, '도달하고자 하는 차원'을 뜻하기도 한다. 몰입은 이스터만이 말하는 '무아지경'과도 일맥상통하며 도전적 과제에 몰두할 때 완전히 집중하게 되는 상태이다. 이때, 과제는 지나치게 어려워서 겁을 먹거나 수행이 불가능해서는 안 된다. 하지만 또 자신의 실력에 비해 너무 쉬워서 흥미를 잃어서도 안 된다. 바로 이 상태로 F1 선수들이 두 시간의 경주 동안 들어서는 것이다. 그게 어떤 상태일지는 나도 약간 짐작이 갔다. 스노우보드를 탈 때 카빙 턴(carving turn)의 리듬에 빠져들 때가 있기 때문이다. 무척 명상적인 다른 세상에 와 있는 듯한 기분이었다. 또, 심지어 런던의 교통 체증을 뚫고 자전거로 일터에 가는 것도 즐거울 때가 있다. 일상의 걱정을 훌훌 털어버리는 느낌이니까.

스트롤은 경주에서 정신적으로 가장 힘든 점을 설명했다. "가장 어려운 점은 예선전 때, 자신의 안전지대(comfort zone)를 벗어나는 기분이라는 거죠. 그 마지막 0.2초를 먼저 들어와야 하니까. 물론 들어올 수 있다는 건 알아요. 하지만 완전히 어긋나버릴 위험성도 있으니까요."

나는 그에게 두려움이 있느냐고 물었다. 하지만 이미 그가 두려움 따위 없다고 말할 걸 알았다. 휴이트에 따르면 젊은 드라이버들은 두려움에 대해 생각조차 않는단다. 혹 생각하더라도 이내 제쳐둔다고 말이다.

"두려운 게 아니라, 위험한 거지요"라고 스트롤이 말했다. 하지만 그가 말하는 위험이란, 신체적 부상의 가능성에 대한 건 아니었다. 펼치려던 기술에 실패하고 시간을 잃는 위험이었다. "예선전에서는 '이번에야말로 할 수 있어'라고 생각하기 쉽지요. 하지만 예선전을 통과하려면, 자기 자신을 채찍질해야 해요. 테니스에서도 마찬가지예요. 코트 너머로 근사한 공격을 내리꽂고 싶죠. 위험하지만 할 수는 있어요. 그런 점이 묘미이기도 하고요."

만약 기술이 성공하면 근사하게 예선전을 통과할 수 있다. 그리고 그게 보상인 것이다. "몸이 저절로 움직이는 것 같고, 완전히 자유롭죠. 압도당하는 느낌이에요. 근사한 기분이죠." 스트롤이 말했다.

스트롤의 드라이빙 코치를 맡은 이는 루카 발디세리다. 말했듯이, 그는 수년간 페라리 사에서 경주 엔지니어로 일했다. 그는 그곳에서 미하엘 슈마허(Michael Schumacher)와 키미 라이쾨넨(Kimi Räikkönen) 등의 유명 선수들과 일했다. 그리고 '유소년 드라이버 프로그램'을 창설했다. 이를 통해 운전에 능숙한 아이들을 많이 보았노라고 발디세리는 말했다. 하지만 이른 나이의 아이들에게서 그가 찾는 것, 그가 가장 유망주의 자질로 꼽는 것은 운전 실력이 아니었다. 바로 '목표를 세웠는가'의 여부였다. 앞서 우리가 앨런 맥아더의 사례에서 본 것처럼 말이다. 발디세리는 이렇게 언급했다. "어린 아이들은 굉장히 주의력이 흐트러지기 쉽지요. 집중력을 잃어버리는 거지요. 그래서 소년이던 소녀이던 간에, 13세의 아이들에게서 찾아야 할 자질은 이들이 목표를 잡고 있느냐의 여부입니다."

발디세리는 스트롤이 열두 살일 때 처음 그를 만났다. 그리고 이내 특별한 느낌을 받았단다. 당시 스트롤은 북미의 카트 경주를 휩쓸고 있었다. 하지만 발디세리는 스트롤이 F1 드라이버가 되는 것을 목표로 삼았는지가 궁금했다.

그리고 물론 스트롤은 어린 시절에도 F1을 꿈꿨다. 모든 경주 드라이버들처럼, 그도 그때나 지금이나 무척 경쟁심이 강했던 것이다. 나는 스트롤에게 그의 목표가 뭔지를 물었다. "물론 현재의 순간을 살아야겠죠. 하지만 제 목표는 F1 세계 챔피언이 되는 겁니다. 이를 위해 노력하고 있고요. 가능한 최고의 드라이버가 되고 싶어요. 이를 매일 실천하고 있지요. 그리고 매일을 승리로 만들려 노력해요. 매일을 승리하는 것. 그게 집중력이 지향해야 하는 바이겠지요."

'매일을 승리로'는 마치 내가 전에 들었을 법한 '수행 심리(psych ology of performance)' 지침서의 한 줄처럼 들렸다. 어쨌든 이는 진취적인 마음가짐의 발달에 도움이 된다. 그리고 그런 발달을 돕는 게 바로 발디세리의 과제였다. "우선, 중간 목표들을 정해놓지요. 그리고 조금씩 목표를 상향해 나가는 겁니다. 한 단계씩 나아가는 거지요." 발디세리가 말했다.

발디세리는 드라이버를 위한 훈련 프로그램을 크게 세 파트로 나눈다고 했다. 바로 신체적, 기술적, 정신적 훈련이다. 그는 드라이버를 운동선수로 여긴다. 따라서 선수는 신체적으로 훈련을 받는 동안, 운전을 위한 기술도 익혀야 한다. "또 날씨와 기온에도 익숙해져야 하죠. 타이어가 어떻게 반응하는지도 이해해야 하고요." 그가 말했다.

물론 집중력과 정신력도 필수이다. "축구와 같은 팀 스포츠와는 달라요. 드라이버는 운전을 할 때 혼자이니까. 선수의 가족들, 스폰서들, 팬들이 모두 지켜보는 가운데 말이죠. 게다가 수많은 악플도 견뎌야 해요. 핸드폰을 보는 순간 한눈에 확 들어오니까." 발디세리가 말했다. 스트롤도 많은 악플에 시달려왔다고 한다.

"드라이버들은 목표에 늘 집중해야 합니다. 저 같은 사람은 그들을 위해 목표를 잡아주고 스트레스에 적응하도록 돕는 거죠." 발디세리가 설명했다.

마치 가수들이 노래 실력을 타고나듯이, 경주 드라이버들도 능력을 타고나는 경우가 있다. 루이스 해밀턴(Lewis Hamilton) 같은 선수야말로 선천적인 능력을 타고난 경우다. 발디세리는 진정한 운전 실력은 치열한 경주 중에 전투를 감지하는 능력에서 볼 수 있다고 했다. 즉, 언제 상대방을 추월할지, 언제 남에게 추월당하는 걸 방어할지 등을 평가하는 능력이다. 발디세리도 경주에 대한 철학이 있다. "차를 정말 완벽히 손바닥 위에서 다룰 줄 알아야 해요. 그게 정말 뛰어난 드라이버와 평범한 드라이버의 차이죠. 운전 기술은 배우면 되지만요."

발디세리는 '손바닥 위에서 다루는 것'에 대해 이런 예를 들었다. 경주차 내에는 센서가 달려서 차의 움직임을 상세히 기록한다. 따라서 차가 움직이기 시작할 때와 드라이버가 차의 방향 바꿀 때 사이의 지체 시간도 기록된다. "만약 지체 시간이 짧으면, 드라이버가 감정을 더 많이 느낀다는 뜻이지요. 이런 기록을 바탕으로 드라이버가 더 빠른 차도 잘 다룰 수 있겠는지를 판단하는 겁니다."

엘런 맥아더의 사례에서 우리는 장기 목표가 지니는 힘에 대해 살펴보았다. 또 F1 선수들이 놀라운 집중력을 유지하는 데 상과 동기가 어떻게 도움이 되는지도 말이다. 그런데 뇌에서는 그동안 어떤 일이 벌어질까? 이를 알아보기 위해서는 '현재의 순간을 살기'의 전문가들을 만나볼 필요가 있다. 이들을 찾아서, fMRI 기계로 측정을 하는 것이다. 다행히 그런 전문가들은 무수히 많고, 이들에 대한 연구도 활발히 진행돼왔다.

탕이완(Yi-Yuan Tang)이 여섯 살 때, 그는 중국 다롄 지역의 학생이었다. 다롄은 중국 북동쪽의 랴오닝성 내 한적한 해변 도시이다. 탕이완은 이곳에서 사색 훈련(contemplative practice)을 시작했다. 사색은 명상의 사촌 격으로, 사색을 하는 동안은 자신의 행동을 성찰하게 된다. 그리고 고요하고 평온한 묵상의 상태로 들어가도록 훈련하는 것이다.

탕이완은 어려서부터 달리기를 잘했는데, 특히 3,000, 5,000, 10,000킬로미터 같은 장거리 달리기에 능했다. "중학교 고등학교 시절 이런 부문을 모두 휩쓸었지요." 그는 말했다.

중국에서는 아이들이 어려서부터 명상 훈련을 받는다. 탕이완은 좁은 초점(narrow-focus)의 명상이 달리기에 도움이 됨을 깨달았다. 좁은 초점 명상이란, 내면에 초점을 둔, 보통은 숨쉬기를 통한 명상이다. 그러다 그는 열린 초점(open-focus) 명상을 시도했다. 이는 특정 대상에 대한 집중력을 최적화하려는 목표를 가진 명상이었다. 아제르바이잔 경주에서 운전하는 랜스 스트롤이 되었다고 상상해 보라. 운전 자체에 크게 집중하고 싶진 않을 것이다. 자칫 과도한 생각으로 이어질 수 있기 때문이다. 엘리트 선수의 경지에서는 과도한 생각이 수행에 해가 될 게 뻔하다. 하지만 동시에 운전이라는 과제에 완전히 집중해야 하는 것도 사실이다. 바로 이 상태가 마인드풀니스(mindfulness, 마음수행을 뜻함) 및 명상의 전문가들이 '균형적 주의 상태(balanced attention state)'라 부르는 것이다. 물론 몰입 상태라고 가장 널리 알려져 있지만 말이다. 이 상태에서는 결정이 빨리 정확하게 이뤄진다. 심지어 의식적 사고 없이도 말이다.

탕이완은 명상 훈련과 달리기에 공통점이 많다는 걸 알게 됐다. 나아가 이 두 가지는 서로 상호작용까지 했다. 명상에 더 능하게 될수록, 달리기 실력이 향상됐던 거다. "명상 덕에 달리기 실력이 크게 개선됐지요. 왜냐면 힘을 들이지 않은 주의 및 행동은 스트레스를 줄여줬거든요. 뿐만 아니라 달리기를 하는 동안의 몰입 상태를 원활히 해주었고요." 탕이완이 말했다.

탕이완은 그 후 줄곧 신체와 정신의 훈련 그리고 신체와 정신의 상호작용에 관심을 가져왔다. 그러고는 중국의 전통 명상 훈련을 따라 일종의 마인드풀니스 명상법인 '통합적 신체-정신 훈련법(integrative body-mind training, IBMT)을 개발했다. IBMT는 우선 내부와 외부의 방해 요소를 인정할 것을 강조한다. 예를 들어, 허리 통증이나 주위 사람들의 시끄러운 말소리를 인식하는 것이다. 이런 방해물들을 마음의 평온을 갖고 수용하는 게 무척 중요하다고 탕이완은 말한다. 이 개념에 대해서는 이 책의 끝에서 다시 한 번 다루기로 하겠다. 한편, 탕이완은 과학자로 일하고 있기도 하다. 현재 그는 텍사스 러벅(Lubbok) 소재 텍사스 테크 대학교(Texas Tech University) 뇌과학부의 석좌교수를 맡고 있다. 또한 같은 대학교의 심리 과학과의 교수이자, 역시 같은 대학의 건강 과학 센터의 내과 교수도 역임하고 있다.

탕이완의 연구는 명상 훈련이 뇌에 미치는 영향을 과학적으로 설명해왔다. 2015년에는 미국 오리건 대학교(University of Oregon)의 마이클 포스너(Michael Posner)와 독일의 뮌헨공과대학교(Technical University of Munich)의 브리타 홀젤(Britta Hölzel)과 함께 권위 있는 저널인 『네이처 리뷰스 뉴로사이언스 *Nature Reviews Neuroscience*』에 이 주제를 뒷받침하는 증거에 대한 리뷰 논문을 실었다. 이들의 결론에 따르면, 20년 이상의 명상에 대한 연구가 명상이 신체적 정신적 건강 및 인지적 수행을 향상시킨다는 사실을 뒷받침한다는 것이다.[4] 간단히 말해, 브레인 파워(brain power)를 향상시킨다는 것이다.

한 예로, 캐나다의 몬트리올 대학(University of Montreal)의 조슈아 그랜트(Joshua Grant)는 천 시간 이상을 명상에 쏟아부은 선불교 수행자들의 뇌를 스캔해보았다. 그러자 이 노련한 수행자들의 뇌 몇몇 부위에서 일반인들에 비해 활동이 더 적음이 밝혀졌다. 바로 전두엽 피질과 편도체(amygdala) 그리고 해마에서 말이다.[5] 이 부위들은 특히 각각 통증에 대한 자각, 두려움과 같은 감정의 처리, 그리고 기억의 저장에 관여한다. 한편, 수행자들의 뇌에서 통증을 처리하는 몇몇 부위는 일반인들의 것보다 더 두꺼웠다.[6] 즉, 반박의 여지없이 수행자들은 통증을 처리하기는 하나 통증에 덜 시달린다는 뜻이다.

또 다른 연구에서는 이 수행자들이 무의식과의 연결성에서 일반인들보다 뛰어날지도 모른다는 점을 시사했다. 이 연구는 1983년에 실행된, '인간은 자유의지가 없다'라는 골자의 유명한 실험의 후속이었다. 당시 캘리포니아 대학교 샌프란시스코 캠퍼스(University of California, San Francisco)의 생리학자이던 고(故) 벤저민 리벳(Benjamin Libet)은 실험 참가자들이 버튼을 누르기로 결정하고, 그 후 실제로 누르는 과정에서 이들의 뇌 활동을 측정했다. 그 결과는 놀라웠다. 손가락의 움직임을 컨트롤하는 뇌 부위가 참가자들이 손가락을 움직이기로 처음 마음먹기 이전에 활성화되었던 것이다. 물론 이 결과는 사람들이 결정을 내릴 능력이 없다거나 자유의지가 없음을 의미하지는 않을 것이었다. 다만, 결정을 내리려는 참가자들의 의식적 자각이 약간 뒤늦게 작용한 것이었다. 한편, 2016년에 서섹스 대학교(University of Sussex)의 피터 러시(Peter Lush)는 이 실험을 재현해보았다. 다만 이번에는 참가자들이 정기적으로 명상을 하는 이들이었다. 그러자 참가자들이 버튼을 누르기로 결정하고, 실제로 손가락을 움직여 버튼을 누르기까지의 간격이 일반인들에 비해 더 길어졌다. 러시에 따르면, 이는 명상으로 인해 자신의 뇌 활동에 대한 자각이 커졌음을 시사한다.[7] 즉, 나 자신에 대해 더 잘 알게 된다는 것이다.

한번은 내가 호기심에 일본 가마쿠라(Kamakura) 지역의 엔카쿠지(Enkakuji) 절에 머물며 선불교에 대한 나흘 코스 강의를 들은 적이 있다. 이 절은 1282년에 지어진 것인데, 나를 비롯해 강의를 들은 학생들은 땅 위에 세워진 목조 건물에서 지냈다. 목조 건물도 절 자체만큼이나 오래된 것이었다. 매일 새벽 네 시에 우리는 아침 명상을 하라고 지시하는 승려들에 의해 깨곤 했다. 때는 삼월로, 아직 쌀쌀했다. 나는 열린 창문을 마주보고 앉았다. 완전히 문외한이었던 나는 도대체 뭐를 해야 할지 어리둥절했다. 그래서 그냥 양반다리를 한 채 앉아 있었다. 그 와중, 마음속 망상은 이리저리 떠다녔다. 가끔 어떤 승려가 방귀를 뀌어서, 나는 킥킥대지 않으려 애써야 했다. 그런데 갑자기 마음속을 둥둥 떠다니던 생각들이 마치 강을 떠다니는 물고기처럼 한눈에 보이는 게 아닌가. 그건 마치 혼몽(hypnagogia)과 같은 상태였다. 즉, 수면과 각성의 중간인 희한한 상태였던 것이다(혼몽에 대해서는 10장에서 다시 살펴보기로 하자). 그날 아침의 또 다른 생생한 기억이 있다. 명상과는 관련이 없지만, 매우 일본적인 장면이었다. 그렇게 몇 시간이고 앉아 있으니, 점차 날이 어슴푸레 밝아왔다. 그러자 절의 정원에 있는 자두나무의 가지들이 눈에 띄기 시작했다. 그런데 놀랍게도, 불현듯 자두나무의 꽃이 확 피어나는 게 아니겠는가. 방귀를 뀐 승려들만 아니었다면, 마치 유키오 미시마(Yukio Mishima)의 소설 속 한 장면 같았을 거다. 어쨌든, 나는 이 기억을 소중히 간직하고 있다.

탕이완의 한 연구는 비단 천 시간의 명상 수행을 한 승려가 아니라도 명상의 혜택을 볼 수 있음을 보여준다. 탕이완과 동료들은 86명의 중국 대학생들을 모집해, 이들을 무작위로 두 조로 나눴다. 첫 번째 조는 오 일간 탕이완의 IBMT 훈련을 받았는데, 하루에 총 20분을 훈련에 소요했다. 두 번째 조 역시 20분을 이완 훈련에 썼다. 자발적으로 꾸준히 근육을 이완하는 법을 배운 것이다. 모든 참가자들은 오 일을 전후해서 주의 네트워크 테스트(Attention Network Test)를 통한 평가를 받았다. 이 테스트는 기민함 및 갈등 해결 능력을 측정하는 컴퓨터 기반의 검사였다. 또한 참가자들은 감정 상태에 대한 자가 보고 검사인 '감정 상태 프로파일 테스트(Profile of Mood States test)'도 거쳤다. 그 결과, IBMT 명상 훈련을 받은 학생들은 주의 네트워크 테스트의 점수가 큰 폭으로 향상되었다. 또한, 이들은 감정 프로파일 테스트에서 불안과 우울, 분노와 피로 상태에서는 낮은 점수를 받았다. 반면, 활력 부문에서는 높은 점수를 기록했다.[8] 물론 IBMT 훈련 수업은 노련한 코치에 의해 진행되기는 했다. 하지만 명상의 효과를 보기 위해 수년간의 훈련이 필요하다는 가정을 정면으로 반박하는 실험이었던 것이다.[9]

한편, 명상 훈련은 뇌 구조 자체를 바꾸기도 한다.[10] 뇌에서 주의 집중력의 핵심이라고 알려진 두 부위는 전대상 피질(anterior cingulate cortex, ACC)과 대뇌피질의 깊은 주름인 뇌섬엽(insula)이다. 그런데 명상 훈련자들에게서는 바로 이 두 부위가 자란다고 밝혀진 것이다. 이 두 부위와 전두엽 피질 중앙선 부분의 전방 띠이랑(anterior cingulate gyrus)은 인지 과제를 수행하는 동안 활성화된다. 예를 들어, 전대상 피질은 뇌의 다른 체계가 갑자기 박차고 들어와 주의를 요구하는 일을 방지해준다. 그래서 하던 일에 주의를 유지하게 돕는 것이다. 만약 수없이 반복해온 과제를 수행한다면 어떨까? 예컨대, 삼동선을 타고 항해를 하거나 경주차의 기어를 바꾸는 일 말이다. 이때는 자율 신경계가 큰 역할을 수행하게 된다. 자동적으로 작동하는 신경계인 자율 신경계는 심장 박동이나 소화 기능을 조절한다. 우리가 힘을 들이지 않는 몰입 상태에서 자율 신경계는 의식적 자각 없이 작동하는 것이다. 그리고 전대상 피질과 뇌섬엽이 이 자율 신경계가 목적을 이루는 걸 돕는다.[11]

"우리는 마인드풀니스와 명상 훈련을 탐구했습니다. 이 훈련들은 주의를 현재에 단단히 고정시켜주고, 고도의 집중력을 요하는 과제를 마련해주기 때문이죠." 마이클 포스너가 '좁은 초점 명상'류의 훈련에 대해 언급하며 말했다. "우리의 연구에 따르면, 이러한 훈련이 전복측(ventral) 전대상 피질과의 활성을 증가시키고, 전대상 피질을 둘러싸고 있는 백색 물질 경로(white matter pathways)를 변화시킵니다."

그러면 이런 사실이 엘리트 선수들 및 최고의 성과를 내는 이들에게는 어떻게 연관되어 나타날까? 이들은 의사결정을 빠르게, 그것도 큰 압박 속에서 내려야 하는 이들이 아닌가. 어쩌면 이들의 뇌는 일반인들과 다르게 작동하는지도 모를 일이다. "우리가 꾸준히 주장해온 가정 하나는 의도가 무의식적일 수 있으니 의사결정도 무의식적일 수 있다는 거지요." 피터 러시가 설명했다. "하지만 일단 의도를 의식하게 되면, 이 사실이 다른 과정들에도 영향을 미치는 겁니다." 자신의 의도가 의식되면, 수행의 최고조에서 방해를 받을 수 있다는 것이다.

즉, 몰입에 대한 러시의 직관적 이해는 이랬다. 몰입은 의도를 철저히 의식해서 진행되는 게 아니라는 거다. 그저 수행자 스스로가 의도를 비판 없이 관찰해야 한다. F1이나 세계 항해의 경우, 현재의 순간에 계속적인 집중을 해야 한다. 이는 마인드풀니스의 면모와 비슷하며, 탕이완의 좁은 초점과도 일맥상통한다. 동시에 이 과제들은 열린 초점도 필요로 한다. 좀 더 포괄적인 시야로 전환하고, 역동적인 몰입 상태로 되돌아오는 능력이 필요하기 때문이다.

어쩌면 랜스 스트롤과 엘런 맥아더의 뇌는 효율성을 타고난 건 아닐까? 그래서 고도의 집중에 다리 역할을 하도록 말이다. "그런 가정이 옳을 수도 있겠죠. 아직은 뒷받침할 확실한 근거가 부족하지만요." 탕이완이 말했다. 또, 스트롤과 맥아더의 투철한 목표의식, 수년간의 반복적인 훈련 및 자기 분야에 대한 전문성이 명상과 비슷한 효과를 내서, 그들의 뇌 구조를 변화시켰는지도 모를 일이다. 물론, 이들이 마인드풀니스나 명상의 직접적인 뚜렷한 영향을 받은 건 아닐지라도 말이다. 내가 그렇게 말하자 탕이완도 이에 동의했다. "운동선수의 훈련 같은 활동도 뇌 가소성으로 이어질 수 있으니까요." 탕이완은 현재 '정적인 몰입(static flow)' 상태로 명상이 가능한 경지라고 한다. 이 상태에서 그의 마음은 아름답게 집중된다. 그리고 달리기를 하는 동안은 이를 '역동적 몰입 단계'로 전환하는 것이다. "역동적 몰입 상황에서는 제 신체와 마음이 완벽한 협동을 이루고, 제 수행도 최적화되지요." 이 모든 사실에서 다행인 것은 누구나 이런 혜택을 누릴 수 있다는 거다. 또 집에서도 쉽게 훈련 가능하고 말이다.

그 옛날 검도 사범이 나를 어떻게 그렇게 간단히 이겼는지 생각해보면, 지금은 훨씬 더 쉽게 이해가 가는 기분이다. 이제 와서 내 검도 실력이 좋았다고 우쭐대려는 건 아니다. 그저 그가 어쩌면 그렇게 탁월한 실력이었는지 이해가 간다는 것이다. 검도 훈련은 선불교 명상 훈련에 큰 영향을 받으니 말이다. 앞서 선불교 수행자들의 뇌가 훈련으로 인해 어떻게 바뀌는지 살펴봤지 않은가. 거기에 더해, 탕이완으로부터 신체 훈련과 자율 신경계에 대해 배웠으니까. 또, 노련한 명상 수행자들과 스포츠 선수들이 정적 그리고 역동적인 몰입 상태를 자유로이 넘나든다는 사실도 말이다. 그 사범은 수십 년간 검도를 연습한 분이었다. 그러니 가만히 서 있어도 마음을 완벽한 현재의 순간에 잡아두고 있었던 듯싶다. 정적인 자세를 갖췄지만 몰입된, 완벽히 준비된 상태로.

2부

행동

DOING

5장

용기

BRAVERY

영웅이 일반인보다 더 용감한 건 아니다. 다만
일반인보다 용기를 오 분 더 낼 뿐이다.

- 랄프 왈도 에머슨(Ralph Waldo Emerson)

데이브 헨슨(Dave Henson)은 무척 강한 남자다. 그는 주걱턱에 우람한 상체를 지닌 전직 대위였다. 그래서 '거대한 데이브 헨슨(Big Dave Henson)'으로 알려져 있었다. 누구라도 자기 팀에 그가 일원이 돼줬으면 했을 거다. 그는 영국 육군 왕립 공병(British Army Royal Engineers) 소속의 폭탄 제거반 장교였다. 탈레반이 심어놓은 '급조 폭발물(improvised explosive devices, IEDs)'을 찾아내는 게 그의 임무였다.

위키리크스에 의해 공개된 미국 군사 정보에 의하면, 2001년 미국의 아프가니스탄 침공의 여파 속에서 급조 폭발물은 탈레반의 사용이 가장 잦은 무기가 되어갔다. 2004년에서 2009년 사이에 탈레반 전사들은 집에서 만든 16,000개 이상의 폭발물을 아프가니스탄 전역에 심어 놓았다. 심지어 그 숫자는 전투가 계속되면서 해마다 증가했다. 급조 폭발물에는 원거리에서 폭발시키거나 폭탄에 타이머를 다는 방법이 사용된다. 또, 인계철선(trip wire, 적이 건드리면 폭발하게 하는 철선)이나 압력판을 통해 폭발되기도 했다. 이런 식으로 급조 폭발물은 수백 명의 민간인들의 목숨을 앗아갔을 뿐 아니라, 미국 연합군을 겨냥한 가장 큰 살상 무기가 되었다. 기습 폭발에 수백 명의 전사자가 생겼고, 수천만 명이 사지를 잃었다. 당시 사람들은 최소한 장애인 올림픽에는 선수들이 많아지겠다며 씁쓸한 농담을 던지기도 했다.

물론 지옥이 아닌 전쟁터는 없을 거다. 하지만 위험천만한 급조 폭발물의 위협 그리고 그로 인해 군인 및 민간인들 앞에 깔린 공포의 먹구름이 국가 분위기를 한층 살벌하게 만들었다. 2014년이 되자 미국 군대 내에서만 7만 건의 외상 후 스트레스 장애가 발생했다. 아프가니스탄 전을 개시한 정치적 결정에 대한 개개인의 의견은 다를 수 있다. 하지만 급조 폭발물을 찾는 의무에 특별한 용기가 필요함은 틀림없다.

필자는 '용기란 무엇인가'를 탐구하기 위해 데이브 헨슨의 예를 골랐다. 사실 데이브 헨슨의 예는 인내심과 회복력 심지어 행복이라는 주제에도 걸맞을 것이다. 또, 한편으로 그의 이야기는 우리가 삶에서 택하는 운명적인, 특이한 길에 대한 좋은 예이기도 하다.

헨슨은 잉글랜드의 서부 해안가 지역인 사우샘프턴(Southampton)에서 자라났다. 그는 하트퍼드셔 대학(University of Hertfordshire)에서 기계 공학을 전공했다. 학위를 따기 위해서는 일 년 동안의 현장 실습이 필요했다. 영국 군대에서는 현장 실습을 제공했기에, 헨슨은 일 년간 왕립 공병들과 함께 일했다. 이윽고 그가 졸업 논문의 주제를 정할 때의 일이었다. 수비대의 한 공병이 부상병들에 대한 논문을 써보라고 권했다. "때는 2006년이었어요. 아프가니스탄 전이 한참 불붙을 때였죠. 많은 사람들이 다리가 절단된 채 영국으로 돌아오고 있었어요." 헨슨이 말했다. 헨슨의 논문 프로젝트는 장애를 입은 사람들이 다시 스포츠를 즐기도록 돕는 일이었다. 특히 다리를 절단한 병사들이 고카트(go-Kart, 작은 경주용 차)를 타도록 말이다. "학교 기숙사 방에 휠체어가 있었어요. 그걸 타고 돌아다녔죠. 휠체어에서 고카트에 옮겨 타는 게 어떤 느낌인지, 시도해보지 않으면 모를 것 같았어요. 그래서 휠체어를 타고 돌아다녀봤더니, 매우 고달프더군요. 하지만 그 결과, 휠체어를 제법 잘 타게 되었지요."

휠체어 타기를 익힌 건, 헨슨에게 꽤 유용한 일이 되었다. 여하튼 그는 졸업 후에 군대에 남았다. 그리고 샌드허스크(Sandhurst)에 위치한 왕립 군사 학교(Royal Military Academy)에 진학했다. 군사 장교가 되기 위한 훈련을 받는 학교였다. 군사 학교를 마치고 그는 드디어 22 공병 연대에 배치되었다. 그리고 폭발물 처리 부대(Explosive Ordnance Disposal, EOD)의 탐색 고문이라는 직위가 주어졌다. "처음에 이 일이 주어졌을 때, 위험 요소가 있다는 걸 알았어요. 하지만 본질적으로 흥미 있는 일이라 생각했죠." 헨슨이 말했다. 후에 그가 내게 말하길, 그 위험 요소란 6분의 1의 확률로 팀의 누군가가 탐색 중에 다치거나 사망할 수 있다는 거였다. 마치 다음 주 비 올 확률을 예상하는 것처럼 그는 덤덤했다. 6분의 1확률이라니. 그 정도의 높은 확률을 수용할 사람이 얼마나 있을까?

헨슨과 팀 동료들은 여러 '사상자 시나리오(군대 용어로)'에 따라 강도 높은 훈련을 했다. 그러던 중, 그는 폭발 부상이 사람에게 어떤 영향을 미치는지를 직접 목격하게 됐다. 그 순간, 연습한 시나리오는 온데간데없었다. 피와 고름이 난무하는 현실만 있었을 뿐이다. "급조 폭발물을 심던 아프가니스탄 사람 한 명이 자신의 폭발물을 건드리고 만 거예요. 그리고 우리 기지로 수송된 거죠." 헨슨이 회상했다. "그리고 그의……남은 몸을 봤는데, 아직 살아는 있었지만 끝내 생존하지는 못했어요. 정말 끔찍했지요."

2011년 2월에 헨슨은 아프가니스탄의 헬만드(Helmand) 주에 머물고 있었다. 그의 임무는 탈레반에 의해 쫓겨났었던 아프가니스탄인 가족들이 안전히 집으로 돌아가도록 일대를 안정화하는 거였다. 땅속에 폭탄이 있는지를 꼼꼼히 체크하고 제거하는 과정은 길고도 지루한 작업이었다. 그러던 2월 13일은 의미심장한 날이었다. 당시 헨슨의 폭발물 처리팀은 나드 알리(Nad-e Ali) 지역의 서쪽에 머물고 있었다. 나드 알리는 칸다하르(Kandahar)에서 서쪽으로 약 100킬로미터쯤 떨어진 농업 지대였다. 몇 주 동안 비가 내렸기에, 이 날은 오랜만에 맞는 건조한 날이었다. 처리팀은 첫 번째 구역의 점검을 마치고, 두 번째 구역으로 옮겨 갔다. 주위엔 온통 긴장감이 맴돌았다. 나흘 전, 지역 북쪽의 총격전에서 낙하산 부대 소속 군인 두 명이 사망하는 일이 발생했기 때문이었다.

"저는 우리를 보호하던 보병들에 눈인사를 건네려 바깥 구역으로 건너갔죠. 그리고 다시 걸어 돌아오는데, 바로 그렇게 돼 버린 거예요." 헨슨이 회상했다. "딸각거리는 소리 같은 것도 전혀 없었죠. 그저 땅바닥에 넘어졌던 기억이 나요. 그리고 다시 일어났고요. 누군가 나를 삽으로 친 것 같은 느낌이었어요. 머리는 온통 울려대고, 터널 시야(Tunnel Vision, 터널을 바라보는 듯한 시야 협착 증세) 상태가 되더군요. 그러고는 내 다리를 내려다봤죠. 다리가 붙어 있긴 했는데 살점에 겨우 매달려 있었어요. 뼈는 튀어나온 상태고." 그나마 신발은 신은 상태라 다행이었노라고 그는 말했다. "비명을 질렀던 기억이 나요. 뒤쪽 벽으로 황급히 물러났고요. 그때, 한 병사가 눈에 들어왔는데. 정신을 차리라며 저를 마구 흔들어대더군요. 그러니까 갑자기 현실로 돌아오게 되더라고요."

앞서 얼마나 헨슨이 얼마나 건장한지 언급했지만 하나 말하지 않은 게 있다. 바로 그의 다리가 무릎 위에서 잘려 있다는 사실이다. 그의 트위터 계정은 '@leglessBDH(legless는 다리가 없다는 뜻)'이다. 내가 그를 직접 만났을 때는 추운 겨울날이었다. 그는 강철로 된 의족을 낀 상태였는데, 그 끝에는 분홍색 라텍스로 만든 고무 발이 달려 있었다. 고무 발이 단단히 지지해주기 때문에 실내에서도 신발을 신을 필요가 없었다. 그런데도 하마터면 이렇게 추운 날 맨발로 있는 게 춥지 않느냐고 물어볼 뻔했다. 정말 어이없는 질문이 아닌가.

헨슨이 당한 것 같은 사고는 대부분 사망으로 이어지기 쉽다. 그런데 이 경우에는 달랐다. 그가 폭발 사고를 당한 지 이십 분 만에 헬리콥터가 도착했기 때문이다. 그는 헬리콥터가 오기 전까지 모르핀 주사를 맞고, 팀 동료들과 담배를 피우며 시간을 보냈다. 마치 평범한 하루를 보내듯이 말이다. 하지만 실제로는 심한 고통 속에 있었다. "마치 누군가 내 다리 위에 차를 주차해놓은 느낌이었어요. 부동의 압박 통증 같은 게 느껴졌죠. 정말 사라지지 않더군요." 그렇게 그는 헬리콥터가 오기 전까지 가까스로 고통으로부터 정신을 딴 데로 돌렸다. 곧, 그는 바스티옹 막사(Camp Bastion)의 수술대에 올랐다. 정확히 사고 후 37분 후의 일이었다. 이 응급 처치가 헨슨의 목숨을 살린 건 의심의 여지가 없었다. 그 다음 날, 그는 영국에 돌아가 오른쪽 다리를 무릎 위쪽까지 절단했다. 왼쪽 다리는 무릎을 관통하는 절단 수술을 받았다.

"위험한 직책인 건 알았지요." 헨슨이 자신이 선택한 직업에 대해 말했다. "이미 여러 위험 가능성, 심지어 이런 부상을 입을 확률까지 따져봤었으니까요. 그러니까 이런 일이 실제로 일어난 건, 어쩌면 크게 놀랄 일은 아니지요. 그래서 심한 충격은 아니었어요."

소방관이나 경찰들과 대화를 나눠도, 이런 비슷한 말을 듣곤 한다. 위험과 싸우는 일이 직업의 일부이니 말이다. 헨슨의 설명에 따르면, 어떤 일이 생길지도 모른다는 두려움이 자신을 집어삼키도록 허락하면 안 되었다. 그러지 않으면 아무 일도 할 수 없으니까. 재난의 가능성은 항상 있으니, 이를 받아들이는 법을 배워야 한다는 것이다.

헨슨과 같은 이들에게서 내가 특히 놀라는 점은, 나쁜 일이 생길 확률이 높다는 걸 알면서도 특정 직업을 택한다는 것이다. 위험성은 알지만, 어쨌든 뛰어드는 것이다.

용기에는 여러 형태가 있을 거다. 하지만 폭탄 처리야말로 특별한 용기를 요하는 게 아닐까. 이 분야에서 일하는 이들은 군대 내 다른 이들보다도 더 특출하게 용감하다. 자신들을 끊임없이 엄습하는 위험에 노출시키는 직업을 택하니까. 눈에 보이지는 않지만, 치명적인 위험에 맞서는 것이다. 영국 군대가 폭발물 처리 부대 군사들의 제복에 달 새 배지를 선보였을 때, 왕립 공병의 한 부대장은 이렇게 말했다고 한다. "폭탄 처리 작업을 육 개월 동안 매일 하려면, 특별한 패기가 필요합니다. 바로 끈질긴 용기이지요."[1]

헨슨은 겸손한 영국 군인의 전형과도 같다. 영국 군인들은 자신을 낮추어 말하기에 서로 경쟁이라도 하듯 한다. 엄청난 위험을 두고 '위험의 요소'라고 일컫는다거나 하는 그런 겸손 말이다. 한번은 헨슨이 다리 두 쪽을 모두 절단한 것을 '자상(칼 등에 살이 찔린 상해)'이라 낮춰 부르기까지 했다. 하지만 그는 용기의 정의에 대해서는 무척 진지한 생각을 지녔다. 그가 말하길, 자신의 행동이 용감했다면, 그건 아마 '집합적인 용기(collective bravery)'였을 거라는 것이다. "저 혼자 폭탄을 찾으러 외롭게 쏘다닌 건 아니니까요. 늘 팀 동료들과 함께였죠. 그게 정말 큰 차이를 만들었고요." 다른 고위험 군사 직업들도 비슷하다고 그는 말했다. 작업을 혼자 수행하는 일은 거의 없기 때문이다. 따라서 자신에게 어떤 해가 당장 닥칠 거라는 걱정은 크게 하지 않아도 된다. 팀 동료들과 신뢰와 화합을 쌓은 데다 어려움을 함께 극복할 거라는 믿음이 있기 때문이란다.

헨슨은 군대의 슬로건을 읊어 보였다. 바로 '팀과 함께 하면 승리한다'였다. "이는 직접적 위험이나 그 위험의 정도가 축소되는 걸 의미하죠. 위험이 초래할 아픔과 잠정적 결과에 너무 몰두하면, 문밖에 나가기조차 꺼려져요. 하지만 동료들과 함께라면, 뭐든 이겨낼 수 있지요."

팀 내부에서 어떻게 용기가 집합적으로 강화되는지에 대해 조금씩 이해할 것 같았다. 하지만 사람들이 용기를 내도록 이끄는 원동력은 뭘까? 용기 있는 행동을 하는 배짱은 어디서 나오는 걸까? 나라면 엄두도 못 낼 그런 행동을 말이다. 이런 점에서는 베르디 오페라의 주인공 팔스타프(Falstaff)의 의견에 동의하는 바이다. 팔스타프는 명예를 부정하는 게, 용기를 부정하는 것과 같다고 했으니까.

명예가 부러진 다리를 다시 붙일 수 있는가? 아니.

아니면 팔은? 아니.

그러면 상처의 아픔을 덜어줄 수 있는가? 아니다.

그렇담 명예는 수술에는 영 소질이 없는가? 그렇다.

명예란 무엇인가? 말(word)이다.

명예라는 말은 무엇을 내포하는가? 이 명예란 과연 무엇인가?

공기이다.

얼마나 명료한 사고인가!

다행히도 군대에는 이런 식의 사고를 하지 않는 이들이 많다. 줄리 카펜터(Julie Carpenter)는 23명의 미군 폭탄물 처리 사병들(한 명을 제외하고는 전부 남성들인)을 인터뷰했다. 그녀의 2013년 시애틀 소재 워싱턴 대학교(University of Washington, Seattle)의 박사 학위 논문을 위해서였다. 그녀는 이렇게 설명했다. "지원자들에게 폭탄물 처리 부대가 매력적인 큰 이유 중 하나는 그들의 직업이 '남을 돕는 다는' 점 때문이었습니다. '남을 해치는 것'의 반대 개념으로요. 불발탄을 안전하게 만드는 일이니까요." 이는 헨슨이 내게 말한 자신의 동기와도 비슷한 점이 있다.

카펜터는 팀워크가 완전히 핵심이라고 밝혔다. "폭발물 처리 부대의 정신은 약간은 반항적인 데에 있죠. 이들은 자신감 넘치고, 똑똑하며, 끈끈한 전우애가 있기로 유명해요. 군대의 다른 부대에 비해서도요." 필자와 마찬가지로 독자 여러분도 내내 영화 〈허트 로커 The Hurt Locker〉를 떠올렸을지도 모르겠다. 그랬다면, 현실은 다르다고 한다. 카펜터는 이 영화가 부정확한 헐리우드 버전의 폭발물 처리를 다뤘다고 지적했다. 또, 주인공이 팀플레이어가 아닌 온전한 반항아라는 점도 말이다. 실제의 폭발물 처리는 카펜터와 헨슨이 강조하듯, 밀접한 소통과 팀워크에 의존하기 때문이다. "폭발물 처리 부대는 놀랄 만큼 강한 팀워크를 지녔죠. 이를 매일 표출하고요. 한편으로 군대 내 반항아의 명성도 즐기지만요. 폭발물 처리 부대에서는 팀으로 잘 활동하겠다는 의지가 필요해요. 또 강한 소통 능력도 필요하죠. 임무 수행 동안 동료들과 거의 끊임없는 소통을 하는 게 필수거든요."

헨슨에 따르면, 폭발물 처리 부대에의 자원 동기는 다양하다. 하지만 그 근본은 항상 '변화를 만드는 것'이다. 그는 소속팀이 치열한 전투가 벌어졌던 지역에서 작업을 했었다고 설명했다. 농부들에게 전쟁터를 되돌려주어 귀환하도록 하는 게 이들의 임무였다. 평화와 안정을 추구하려는 정치적 목표의 일환인 셈이었다.

헨슨은 자신이 왕립 공병의 폭발물 처리 병사였다고 말하는 걸 자랑으로 여겼다. "폭탄을 찾는 게 우리의 임무였지요. 폭탄은 부대원들을 살상하는 무기 아닙니까. 그러니, 직업에 따른 지위도 자존감도 높은 게 당연하지요."

또 하나의 자원 동기가 '흥미'임은 불가피한 일일 것이다. 헨슨도 자신이 위험을 느껴보고 싶어 군대에 입대했다고 인정했다. "아드레날린의 영향인지도 몰라요. 성장의 통과의례 같은 건지도요. 제 자신을 증명해 보이고 싶기도 했고요. 사람들이 군대에 자원하는 이유는 수없이 많지요." 군대의 직위가 주어졌을 때 일 자체도 흥미롭다고 생각했지만, 그 위험 요소에도 끌렸다고 헨슨은 말했다. "즐거움이라는 요소에 위험이 더해진 거지요. 그런 위험 때문에 아드레날린이 솟구치고, 나아가 활기의 원인이 되기도 해요." 젊은 시절의 호기로움이 용기의 한 이유가 되기도 한다는 말이다. 물론 헨슨은 요즘은 예전 같지는 않다고 했다.

진화 생물학자로서의 나는 어떤 인간 행동을 마주하면, 그게 어떻게 진화해왔을지를 자주 궁금해하곤 한다. 용기의 경우에는 그 원인에 다양한 형태의 가능성이 있을 수 있다. 예를 들어, 용기를 내면 가족과 친구들을 보호할 수 있고, 사랑하는 이를 구할 수도 있다. 또 고대에는 용기로 인해 식량을 구할 수도 있었을 거다. 그런가 하면, 용감한 행동은 리더십의 자질을 증명해 보이기도 한다. 또, 동업자로서의 자격도 충족시킬 수 있다. 이 모든 걸 감안하면, 용기란 매우 대단하고도 매력적인 특성이다.

하지만 앞서 언급한 팔스타프는 이런 이득을 하나도 누리지 못할 것이다. 물론 위대한 문학적 위트로 여겨지는 팔스타프 이야기를 조목조목 따지려는 건 아니지만 말이다. 여하튼 팔스타프가 성적 매력이 없는 사내였다는 말만 하겠다. 그에게 있어 용기란 말에 지나지 않으며, 수술에도 재능이 없는 특성일 뿐이다. 하지만 용기를 내비치는 이들이 어쨌든 이성에게 더 매력적으로 다가오는 게 사실이지 않은가. 예를 들어 소방대원의 명성도 그런 점을 누리곤 한다. 하지만 헨슨은 이 의견에 찬성하지 않았다.

"글쎄요, 폭발물 처리 부대의 청년들이라고 이성에게 더 어필하지는 않을 것 같네요. 물론 저녁 식사 파티에 초대받기는 수월하겠지만."

군대에서는 돈독한 인간관계를 맺기에, 군인들은 서로를 돕는 일이라면 무엇이든 한다. 이 사실을 진화론적인 관점에서 어떻게 해석할 수 있을까? 스위스의 로잔 대학교(University of Lausanne)의 생태학과 진화론 학부 소속 로랑 레만(Laurent Lehmann)은 필자와 마찬가지로 진화 생물학자이다. 레만은 동료들과 함께 용기와 이타주의, 리더십과 독재 같은 인간 행동이 어떻게 진화해왔는지에 대한 수학적 모델을 제시했다.

진화론적인 관점에서 용기에 대한 간단명료한 설명은 뭘까? 바로 우리는 가족들이 위험에 처했을 때, 위험을 감수하는 성향이 있다는 것이다. 레만은 이를 좀 더 기술적으로 설명했다. 만약 용기의 대가가 너무 커서 한 개인의 생애에서 이를 보상받지 못할 경우, 용기가 진화할 유일한 방법은 친족 선택(kin selection)일 뿐이라는 것이다. 다시 말해, 용기를 통해 내가 직접 이득을 보지 못할 경우, 나의 가족이 그 혜택을 입는 거다. 동물에서는 새들이 형제 새들의 새끼들을 먹이는 데 시간과 에너지를 쏟는 것이 그 한 예다.

"군 소대는 마치 가족과도 같죠. 가족 같은 물리적 근접성이 있는 데다 심지어 동일한 감각적 자극을 받기도 하거든요. 〈밴드 오브 브라더스 band of brothers〉(2차 세계대전 중의 미 육군 중대를 다룬 미니 시리즈)가 탄생하는 것과 같지요. 따라서 군대에 의해 만들어진 환경이 마치 친족을 돕는 듯이 서로를 위한 행동을 하게 이끄는 겁니다." 레만이 말했다.

수천 년 동안, 군 지도자들은 끈끈한 유대 관계를 가진 소대를 마련하는 것의 높은 심리적 가치를 인정해왔다. 그들도 혹시 진화론적 행동을 깊게 탐구해봤던 건 아닐까. 여하튼 친족 선택의 과정을 통해 일단 용기가 부각되고 나면, 이는 군대의 이곳저곳에서 채택된다. 마치 용기가 진화되어온 환경 조건을 흉내 내듯이 말이다. 우리 대부분은 그런 집요한 용기를 내지 못할 거라 느낄 거다. 하지만 진화론적 주장과 팀 유대감의 역동성에 의해 그런 용기는 어느 정도 설명되는 셈이다. 이는 또한 용기가 어느 정도 학습될 수 있음도 시사한다. 군대의 경우에는 주입된다고 할 수 있겠다. 이러한 경우도 극단적인 용기의 사례들로 이어질 수 있다.

팀의 규율 그리고 동료들과 함께 받은 집중 훈련 덕에 헨슨은 헬리콥터를 기다리며 비교적 평정을 유지할 수 있었다. 팀과 동료애가 가능케 한 노력이었다. "정말이지, 이런 상황에서는 옆에 있는 사람들에게 절박한 애정을 느끼게 되죠. 상황이 정말 이상한 행동을 하게 만들어요. 타인에게 이런 반응을 보이는 본능이 내재되어 있는 듯이 말입니다." 헨슨이 말했다.

실제로 사람들은 절박한 상황에서 희한하고도 놀라운 행동을 하곤 한다. 워싱턴 DC에 기반을 둔 뉴 아메리카 싱크 탱크(New America think tank) 소속의 피터 싱어(Peter Singer)는 전쟁 전문가로서 이라크에서의 한 미국 병사의 예를 들었다. 이 병사는 마침 폭탄물 처리팀 소속이기도 했는데, 그는 총알이 빗발치는 가운데 50미터나 뛰어갔다고 한다. 한 팀 동료를 구하기 위해서였다. 그 자체로도 너무나 용감한 행동이 아닐 수 없다. 그런데 더 놀라운 건, 그 동료가 다름 아닌 만신창이의 로봇이었다는 거다. 고작 로봇을 위해서 왜 그런 위험을 감수했을까? 이 로봇이 '밴드 오브 브라더스'의 일원이 되기라도 한 걸까?

줄리 카펜터는 이 비슷한 보고들을 자신이 '로봇 수용 딜레마 (Robot Accommodation Dilemma)'라 명명한 현상에 비추어 설명한다. 이 딜레마는 폭탄물 처리 사병들이 특히 겪기 쉬운 현상이라고 한다. 이들은 다른 군대 동료들 및 민간인들뿐만 아니라 로봇과도 관계를 맺기 쉽기 때문이다. 딜레마의 핵심인 로봇은 도구이자 소모품일지라도, 팀과 함께 세계를 누비며 인간 생명을 구하는 작업을 하는 존재라는 데 있다. 따라서 로봇의 의인화는 불가피한 일이다. 로봇도 병사들처럼 '산전수전'을 다 겪는 존재인 거다. 한 병사는 카펜터에게 팀의 한 어린 동료가 함께 일하는 로봇에 대니엘(Danielle) 이라 이름 붙였노라 말해주었다. 그 동료는 군용 지프차 안에서 대니엘 옆에 꼭 붙어 잠을 잘 정도였다. 카펜터의 연구에 따르면, 병사들은 로봇들과 금세 친밀감을 형성한다. 로봇의 기계적 특성과 '성격'을 파악하며, 로봇을 자신의 신체 일부분이 확장된 것으로 보기 시작한다. 카펜터가 인터뷰한 사병들은 로봇이 자신들의 '아바타(avatar)'와 같다고 말했다고 한다. 자신들이 로봇의 몸에 들어간 것처럼, 로봇에 신체적인 이입을 하는 것이다. 그러다 로봇이 작동을 다 하면 감정적으로 반응한다. 카펜터는 제드(Jed)라는 이름의 폭탄물 처리 사병과의 인터뷰를 인용했다. 그는 팀 동료로 여긴 로봇이 폭파됐을 때의 감정을 묘사했다. "글쎄요, 이 로봇은 나를 구하려고 목숨을 바쳤잖아요? 그러니 적잖이 우울할 수밖에요." 그러니, 어딘가에 갇힌 로봇의 구출을 시도하는 게 무리가 아닐지 모른다. 로봇과 가까워졌기 때문이다. 레만에 따르면 이런 사례는 새로운 진화론적 상황에서 용기가 채택되는 한 과정인 셈이다.

이처럼 군대에서의 강렬한 전우애와 팀 내 유대감은 용기를 촉진한다. 하지만 군대 자원자는 이미 위험을 감수하는 경향이 있는 게 사실이다. 그렇다면 일생에 단 한 번 내는 개별적 용기는 어떻게 설명할 수 있을까?

2012년 여름, 예기치 못한 강한 열기가 잉글랜드 남부 일대를 뜨겁게 달궜다.

그해 5월 26일의 토요일, 플라멘 페트코브(Plamen Petkov)라는 한 불가리아 태생의 영국인 전기 기사가 해변가로 향하고 있었다. 그는 런던 서부의 교외인 서턴(Sutton)에 거주 중이었는데, 여자 친구와 함께 무더운 날씨를 제대로 즐기고자 한 것이었다. 이들은 웨스트 위터링 해변(West Wittering beach)에 놀러가기로 마음먹었다. 잉글랜드의 치체스터(Chichester) 근방에 자리 잡은 이 해변은, 끝없이 펼쳐진 고운 모래사장과 투명한 바닷물이 아름다운 것으로 유명했다. 또, 서핑하기에도 안성맞춤이었다. 섭씨 28도에 달하는 기온 때문인지, 수백만의 사람들이 비슷한 생각으로 해변에 몰려들었다. 그중 한 명이 런던 북서쪽에 사는 샌 타이더 마인트(San Thidar Myint)라는 사내였다. 그는 다섯 살 배기 딸인 달린(Darlen)과 함께였다.

이날 동시에 벌어진 일은, 재난에 대한 인간의 두 반응을 극단적으로 보여준다. 달린은 튜브를 긴 채 바다에 있었는데, 별안간 역파도가 들이닥쳤다. 이내 달린은 해변가로부터 멀어져 떠내려가기 시작했다. 아이는 소리를 질러댔고, 아이의 엄마는 공포에 질려서 해변의 사람들에게 도움을 구했다. 파도는 갑작스럽게 위협적인 급물살을 타고 있었다. 이럴 때, 독자 여러분이라면 어떻게 하겠는가? 결국, 자신의 위험을 고려해야 할 텐데 말이다. 아마 다른 누군가가 도울 거라고, 상황은 나 없이도 저절로 좋아질 거라고 자기 자신을 설득할지 모른다. 모래사장 위의 사람들이 불편한 듯이 서성이는 모습이 상상되지 않는가. 당시, 아무도 아이 엄마의 울부짖음에 선뜻 답하지 못했다.

수영을 할 줄 몰랐던 샌 타이더는 더욱이 절망에 빠졌다. 이때, 마침 플라멘이 그 근처를 지나고 있었다. 플라멘은 32세로, 최근 여자 친구와 동거를 시작하며 행복감에 빠져 있었다. 당시 목격자에 따르면, 플라멘은 일말의 주저도 없이 그대로 바다에 뛰어들었다고 한다. 달린이 '수영이나 입수를 삼가시오'라는 팻말이 붙은 위험 구역에 있었는데도 말이다.

이윽고 플라멘은 달린에게 다다랐다. 곧 아이는 튜브를 떨쳐버리고 그의 어깨에 올라탔다. 플라멘은 곧 해변가 쪽으로 수영을 시작했다. 아이의 머리가 파도 위에 있도록 신경 쓰면서. 그런데 바람과 물살, 아이의 무게 때문에 정작 자신의 머리는 계속 가라앉는 상황이 되었다. 플라멘은 가까스로 해변가 근처에 달린을 끌고 갔다. 그러고는 아이를 한 여성에게 넘겼고, 여성은 아이를 안전하게 엄마에게 건넸다. 하지만 플라멘은 그대로 다시 파도에 휩쓸려 나가고 말았다. 바야흐로 그가 다시 해변가로 들려왔을 때, 그는 이미 의식을 잃은 상태였다. 해변가에 있던 사람들은 플라멘에게 심폐소생술을 시도했지만, 끝내 성공하지 못했다. 결국, 플라멘은 사망 판정을 받고 말았다. 사망 원인은 심장 마비였다.

당시 이 사건을 맡았던 검시관은 플라멘의 행동이 자신이 여태 껏 본 가장 이타적인 행동이었노라고 말했다.[2] 플라멘은 사후에 국가로부터 '여왕의 용감장(Queen's Gallantry Medal for Bravery)'을 수여받았다. 그의 이타적인 행동이 소녀의 생명을 구한 것에 주목하며, 용감장의 마지막 문장은 이렇게 밝혔다. "그는 일단 아이에게 닿자, 자신의 생명을 구하려 아이를 떨쳐버리지 않았다. 극한 어려움에 속에서도."

이런 사례는 우리로 하여금 인간 용기의 가능성에 경탄하게 만든다. 여러분도 이런 사례를 들으면 이렇게 생각하지 않는가? '나라면 그 상황에서 어땠을까?'라고. 물론 '그는 정말 놀라운 사람이었잖아. 백만 명에 한 명 있을까 말까 한'이라고 생각하는 것으로 족할지 모른다. 하지만 여하튼 나는 그 가능성의 최고점에 있는 사람들을 이해해보고 싶었다. 어째서 플라멘은 그렇게 큰 위험을 감수한 걸까? 결국 완벽한 타인을 위해 자신의 목숨을 내어주는 결과를 초래하고도. 그는 어떤 점이 남달랐던 걸까?

다행히 요즘에는 사람들이 용기를 낼 때, 뇌에서 어떤 일이 발생하는지를 알 수 있다. 또, 이들의 호르몬에 어떤 작용이 일어나는지도 말이다. 이를 생물학적으로 설명하는 것부터 시작해보자. 한편, 과학자들은 어떻게 하면 사람들에게 용기를 불러일으킬 수 있을지도 연구 중에 있다. 관련 지식을 바탕으로 외상 후 스트레스 장애(PTSD) 및 기타 스트레스와 불안 장애를 치료하는 방법에 대해서도 함께 말이다.

우선, 재난이나 갑작스런 절망적 상황에 부딪히면, 뇌에서는 코르티코트로핀 방출 호르몬(corticotropin releasing hormone, CRH)을 생성한다. 이는 곧 신체의 행동을 대비하는 일련의 연쇄 작용을 개시한다. 먼저 아드레날린은 심장이 더 빨리 뛰게 만들며, 혈당 수치는 행동에 대비해 증가한다. CRH는 또한 편도체(amygdala)와도 상호작용한다. 편도체는 뇌 속 아몬드 모양의 쌍 구조를 이루는 기관으로, 두려움과 불안 같은 감정의 생성을 담당한다.

어떤 이들은 두려움 때문에 행동을 취하지 못한다. 그런가 하면, 여태껏 살펴봤듯이 두려움을 무시해버리는 이들도 있다. 헨슨과 폭발물 처리팀 사병들처럼 은근히 지속되는 두려움을 수용하고 살아가는 이들도 있고, 플라멘처럼 즉각적으로 두려움을 떨쳐버리는 이들도 존재한다.

플라멘의 사후에 그의 친구들은 플라멘의 행동이 이타적인 그의 평소 성격에 너무나 걸맞다고 입을 모았다. 용기를 성격으로 설명하는 데 부합하는 예인 것이다. 스페인 마드리드 소재 레이나 소피아 치매 연구 센터(Reina Sofia Center for Alzheimer's Research)에서 임상 뇌과학 연구실을 운영 중인 브라이언 스트레인지(Bryan Strange)의 의견을 살펴보자. 그는 과학자들이 왜 어떤 이들은 완벽한 남을 위해 더 용기를 내는지를 이해하는 주요 두 지표 중 하나가 바로 성격이라고 말한다. 스트레인지 연구소(The Strange Lab)에서는 정신적 외상의 기억이 어떻게 뇌에 저장되는지, 또 어떻게 하면 이를 지울 수 있는지를 연구하고 있다.

또 다른 하나의 지표는 '유전적 다형현상(genetic polymorphism)'

이다. "현재 연구 중에 있는 유전자들이 있지요. 예를 들면, 아드레날린 체계에 속하는 ADRA2b 같은 유전자입니다." 스트레인지가 말했다. "하지만 정신 질환의 발병과 비슷하게, 공포에 대한 반응 뒤에는 여러 유전적 다형현상이 복합적으로 작용할 가능성이 높아요." 이 말을 들으니, 유전학자들이 내게 지능에 대해 했던 말이 떠올랐다. 지능 같은 복잡한 행동적 특성에 영향을 주는 유전자 변이들은 다양하다는 말이었다.

글렙 쉬미아스키(Gleb Shumyatsky)는 뉴저지 럿거스 대학교(Rutgers University in New Jersey)에 연구실을 둔 유전학자이다. 공포와 기억에 대한 세포 및 분자적 분석이 그의 연구 분야다. '뉴저지의 공포와 증오 연구'라는 부제를 붙여도 좋을 법한 연구이다. 다시 말해, 쉬미아스키는 '공포의 유전학'을 연구하는 것이다. 그의 연구팀은 스타스민(stathmin)이라는 단백질을 주목했다. 스타스민은 편도체 내에서 중요한 역을 담당하는데, 바로 공포 반응에 영향을 미치는 부위를 연결시키는 일이다. 스타스민은 STMN1 유전자에 의해 생성된다. STMN1이 결여된 채 자라난 쥐는 새로운 환경을 더 잘 탐색하는 경향을 보였다고 한다. 또, 열린 공간에 들어가는 데 있어 더 '담대함'을 보였다. 연구원들은 이를 '선천적 공포의 결여'라 부른다. 그 외에도 이 실험에서 문제의 쥐는 두려운 사건에 대한 기억을 하는 데 어려움을 겪기도 했다. 한편, 스타스민 유전자가 결여된 암컷 쥐는 특이한 모성 행동을 보이기도 한다. 즉, 위험 상황에서 새끼들을 구해내지 않는 것이다. 실험에서도 스타스민이 결여된 어미 쥐는 위협 앞에서 새끼들을 안전한 곳으로 대피시키지 않았다.

이처럼, 공포란 적응의 문제이다. 우리는 공포를 필요로 한다. 물론 야생에서는 두려움이 없는 쥐는 오래 생존하기 힘들 거다. 하지만 실험실에서는 스타스민 유전자가 결여된 쥐를 만들어냄으로써 공포가 어떻게 형성되고 처리되는지를 살필 수 있었다. 이 실험의 목표는 병적인 공포로 고통받거나 외상 후 스트레스 장애를 겪는 이들의 치료법을 모색하는 것이었다.

그렇다면 이런 실험들을 통해 앞으로 공포 반응을 감소시키는 게 가능할까? "위험한 상황에 대한 반응으로 간단한 행동을 훈련시킬 수 있지요." 쉬미아스키가 말했다. 그에 따르면, 앞서 살펴봤듯, 쥐는 스타스민 유전자의 활동을 변화시킬 수 있다. 또한, 스타스민 유전자가 없는 쥐들은 더 용감하며, 스타스민 유전자의 부피를 증가 혹은 감소시킴으로써 공포의 정도도 조절이 가능하다. 쉬미아스키는 공포에 과장된 반응을 보이는 이들은 스타스민 유전자의 부피를 조절하는 유전자 변이를 갖기도 한다고 지적했다. 그렇다면 플라멘처럼 특히 용감한 사람은 어떨까? 일반인에 비해 선천적으로 더 용감하게 만드는 스타스민 변이를 지녔던 걸까? 쉬미아스키에 따르면 이를 확인하는 데는 문제가 있다. 과학자들이 주로 무척 용감한 이들보다는 과도하게 공포를 느끼는 이들을 대상으로 연구하기 때문이다. "용감한 사람들에게서 스타스민 유전자 변이가 발견됐다는 말은 듣지 못했어요. 물론 가능한 일이긴 하지만요." 쉬미아스키가 설명했다.

어떤 이들은 뚜렷한 두려움 없이 행동한다. 앞서 살펴봤듯, 폭발물 처리 사병들도 공포 없이 사는 법을 배운 좋은 예다. 그들은 자신들의 슬로건대로 공포를 느낄지언정 무작정 행동해버리는 것이다. 또, 플라멘 페트코브 같은 사람들은 뛰어나게 용감한 행동을 보인다. 이는 그들이 공포를 느끼지 못해서가 아니라, 공포를 내던져버리기로 했기 때문이다. 하지만 전 세계적으로 극소수의 사람들은 아예 선천적으로 공포를 느끼지 못하기도 한다. 이들은 공포를 못 느낄 뿐 아니라 용감하기까지 할까?

미국 오클라호마 소재 털사 대학교(University of Tulsa)의 로리에트 뇌 연구소(Laureate Institute for Brain Research) 소속인 저스틴 파인스타인(Justin Feinstien)은 임상 뇌 심리학자(neuropsychologist)이다. 그는 현재 뇌 심리학계에서 유명한 세 명의 환자들을 대상으로 연구 중이다. 이들은 각각 SM, AM, 그리고 BG라는 이니셜로만 알려져 있는 여성 환자들로, 우르바흐-비테 증후군(Urbach-Wiethe disease)을 앓고 있다. 이 증후군은 희귀한 유전병으로, 신체에 여러 증상들을 일으킨다. 예를 들어, 성대가 비대해지거나 뇌에 칼슘 침전물이 쌓이게 하는 것 등이다. SM의 경우, 이 증후군은 세포외 기질 단백질 1번(extracellular matrix protein 1)의 유전자 코딩에서 DNA 코드의 한 글자가 결여됨으로써 발생했다. 이 단백질은 신체에서 많은 역할을 담당하는데, 여기에 문제가 생길 경우 유방암이나 갑상선 암을 유발할 수 있다. 우르바흐-비테 증후군에서는 DNA 코드의 한 글자가 결핍됨으로써 편도체를 집중 파괴하는 칼슘화가 일어난다. 그 원인은 알려지지 않았지만 말이다. 하지만 편도체를 제외한 나머지 뇌 부위는 전혀 손상되지 않는다. 그렇다면, 이처럼 공포를 생성하는 구조가 파괴되면 어떤 일이 일어날까? 바로 두려움 자체를 잃는 것이다.

파인스타인은 SM을 여태껏 수년간 알고 지냈다. 증후군이 발병하기 전인 어린 시절, SM은 사나운 도베르만 개에 의해 구석에 몰려 공포에 질렸던 기억이 있다고 한다. '창자가 뒤틀리는 공포'였다고 말했다. 하지만 어른이 돼서 그녀는 도통 공포를 경험하지 못했다. 한번은 생전 처음 보는 사내가 그녀의 머리에 총을 들이대고, "빵!" 하고 외친 적이 있었다. 다행히 주변의 누군가가 이 위협적인 장면을 목격하고 경찰에 신고를 했다. 하지만 SM은 경찰이 도착해도 어리둥절해했다. 단지 누군가 자신에게 그런 짓을 했다는 게 이상하다는 말만 할 뿐이었다.

또 한번은 필로폰이나 코카인에 취해 제정신이 아닌 한 남자가 SM의 목에 칼을 들이댔다. 죽이겠다는 협박도 서슴지 않았다. 그런가 하면, 한 낯선 사내가 그녀를 꾀어서 한적한 농장으로 데려가 강간하려 들기도 했다. 그러자, 그녀는 집으로 데려다 달라고 냅다 소리를 질렀다고 한다. 이 소란을 듣고 달려온 개 때문에, 사내는 범행을 포기해야 했다. 후일 이 얘기를 들은 파인스타인은 충격과 걱정에 싸였다. 그리고는 SM에게 무섭지 않았느냐고 물었다. 그랬더니 그녀는, "아니요, 단지 화가 날 뿐이었죠"라고 답했다. 그녀는 위험에 대해 전혀 이해하지 못했던 것이다. 때문에 사내의 차로 돌아와서도 태연히 집에 데려다달라 요청할 수 있었다. 심지어 사내가 주소를 알도록, 자신의 아파트로 가기까지 했다. 사실 여러 면에서 공포 결핍으로 인해 그녀가 더 큰 정신적 해를 입지 않은 건 행운일지 모른다. "그녀는 공포에 대한 경험이 한없이 부족해서, 피해야 할 상황으로 오히려 자신을 몰아넣고 있었죠." 파인스타인이 말했다. 다행히 그녀는 지금껏 오십여 년을 생존해 있지만 말이다.

파인스타인과 동료들은 SM을 한 유원지의 유명한 유령의 집에 데려간 적이 있었다. 그녀는 신나서 일동을 어두운 통로 사이로 이끌고 다녔다. 호기심은 있지만 어떠한 동요나 두려움은 없는 모습이었다. 다른 동료들은 무서운 게 나타날 때마다 소리를 지르거나 펄쩍 뛰었다. 하지만 SM은 전혀 개의치 않았다. 소리를 지르거나 뛰기는커녕, 움찔하지조차 않았다. "유령의 집에서 그녀가 마치 나를 전쟁터로 이끈다는 뚜렷한 인상을 받았어요. 물론 그녀가 앞장서면 우리 누구도 오래 생존하지는 못했겠지만 말이죠." 파인스타인이 말했다.

위험을 모르는 용기는 과시일 수 있다. 또, 두려움이 없는 행동은 무모하다. 하지만 두려움이 없는 외상(trauma)은 아무런 배움 없이 지나갈 뿐이다. 외상을 입을 법한 사건들 후에도 SM은 딱히 그 사건들을 반추하는 티를 내지 않았다고 파인스타인은 지적했다. 그런 사건들과 비슷한 상황을 피하려 하지도 않았고, 그 사건들을 기억할 때 과장하거나 감정을 싣는 법도 없었다. 편도체의 결핍으로 인해 두려움이라는 차원이 아예 사라진 것만 같았다. 그런 사건들로부터 교훈을 얻는 일도 없었고 말이다. 파인스타인은 2008년의 한 연구를 예로 들었다. 이 연구는 베트남 전쟁에서 뇌에 부상을 입은 참전 용사에 대한 것이었는데, 그는 외상 후 스트레스 장애를 겪지 않았다고 한다.[3] 그러니, 극단적인 경우에는 편도체가 아예 없는 게 이득인지도 모르겠다. 하지만 이런 예에서 뇌 과학자 및 정신과 의사들은 새로운 가능성을 보았다. 또한 삼십 년 이상 SM에 대해 다룬 과학 논문 십여 개로부터도 마찬가지였다. 즉, 만약 편도체의 활동을 조절할 수만 있다면, 외상 후 스트레스 장애를 비롯한 정신 질환들의 더 나은 치료법을 찾을 수 있을 터였다.

외상 후 스트레스 장애는 심각한 질병이다. 미국 국립 외상 후 스트레스 장애 센터(US National Center for PTSD)에 따르면, 전체 인구 중 7~8퍼센트가 생애 중 언젠가 외상 후 스트레스 장애를 겪는다고 한다. 이 증후군의 증상은 끊임없는 공포, 외상을 입힌 사건들을 기억 및 재현하는 습관, 수면 장애, 무관심과 쉽게 놀라는 증상 등을 들 수 있다. 여성이 남성보다 더 이 증후군에 취약하며, 해마다 약 8백만 명 정도의 성인이 이 증후군에 걸린다.

여하튼 마침내 파인스타인은 SM이 두려움을 느낄 방법을 찾아냈다. 안전하지만, 의심할 나위 없이 무섭게 고안된 실험을 통해 SM에게 질식을 경험하게 함으로써 말이다. SM은 마스크를 썼고, 이를 통해 이산화탄소가 35퍼센트 포함된 공기를 들이마셨다. 이 이산화탄소의 함량은 우리가 평소 마시는 공기의 무려 875배가 높은 것이었다. 질식을 유발하는 공기를 마시자마자, SM은 숨을 헐떡이기 시작했다. 8초 만에 그녀는 미친 듯이 손을 내저었다. 그리고 14초 만에는 "도와줘요!"라고 외쳤다. 그러자 과학자들이 마스크를 벗겼다. 이 분 뒤, SM은 말하기를 멈췄고, 숨 쉬는 게 여전히 버거워 보였다. 자신의 목을 손가락으로 툭툭 치더니, 헐떡이며 "말을 못 하겠어요"라고 했다. SM은 난생 처음, 공황장애를 겪은 것이었다. 결국 실험 시작 오 분 뒤에야 SM은 정상으로 돌아왔다. 그리고는 생애 최악의, 진정한 공포를 느꼈노라고 보고했다. 파인스타인은 이렇게 언급했다. "수년간 SM이 무서워하도록 노력한 끝에, 우리는 드디어 그녀의 약점을 찾은 겁니다. 바로 이산화탄소였어요."

그 후, 파인스타인은 똑같은 실험을 독일의 일란성 쌍둥이 자매인 AM과 BG에게도 시행했다. 이 둘도 편도체가 심각하게 손상된 상태였는데, 실험의 결과는 SM과 같았다. 이 여성들에 고의적으로 공황장애를 유도한 게 어떻게 과학계의 혁신이며, 축하할 일인지를 생각하면 의아하기도 하다. 하지만 어쨌든 그때까지는, 편도체가 공포를 경험하는 데 절대적인 핵심이라고 알려져 있었기 때문이다. 이 여성들은 편도체도 없이, 어떻게 공포를 느낄 수 있었던 걸까? 아마 그 답은, 뇌 안에 편도체보다 더 원시적인 공포의 경로가 있기 때문일 거라는 거다. 비록 편도체가 공포 반응을 실행하는 데 중요하지만 절대적이지는 않다고 말이다.[4] 또한, 편도체가 없으면 우리는 공포를 느끼지 못하지만, 공포를 못 느끼는 게 용감하다는 것과 같은 의미는 아니다.

우르바흐-비테 환자들을 연구하기 전, 파인스타인은 외상 후 스트레스 장애를 겪는 미국 참전 용사들을 치료했었다. "전쟁에서 얻은 공포를 극복하게 하려고 그들에게 심리요법(psychotherapy)을 썼었죠." 여기서 파인스타인이 일컫는 전쟁이란, 이라크 전과 아프가니스탄 전이었다. 외상 후 스트레스 장애의 한 치료법은, 환자로 하여금 외상을 입힌 자극제를 어느 정도 기억하고, 재경험하도록 돕는 것이다. '지속 노출치료(prolonged exposure therapy)'라 불리는 이 치료법은, 환자의 기억에 대해 함께 논의하고, 컨트롤 가능한 안전한 방법으로 기억을 거슬러 올라가게 한다. 파인스타인은 이라크에서 타고 있던 차량이 폭발물에 의해 폭파당한 한 참전 용사의 예를 들었다. 대개 이런 경우 환자들은 운전, 심지어 차에 가까이 가는 것만으로도 불안과 공포를 느낄 수 있다. 이것만으로 삶을 망가뜨리는 비참한 장애가 아닐 수 없다. 하지만 더 심각한 문제는 차를 소유할 수 없다는 점이다. "미국에서 운전을 못한다면 그야말로 난감하거든요." 파인스타인이 말했다. "참전 용사들에게 모니터 속의 차들을 바라보게 하는 것부터 치료를 시작할 수 있지요. 이건 그런대로 괜찮아요. 하지만 주차장으로 가면 이들은 몹시 당황하기 시작해요. 혹은 차를 타는 건 괜찮아 할 수 있지만 운전하는 것에 대해서는 기겁할 수도 있어요." 이런 식으로 몇 개월간 천천히 그리고 안전하게 치료를 진척시킨다. "이건 매우 흥미로운 치료법이에요. 왜냐하면, 궁극적으로 그들에게 가르치고 싶은 건 공포를 극복하는 법이거든요. 이 치료법은 매우 체계적으로 진행됩니다. 마치 수업처럼 말이죠. 또 환자들의 한계점이 어디인지를 직감적으로 알아야 하죠. 공포 반응을 유도할 때, 안전한 상황에 있다는 걸 확인시켜줘야 하고요. 그런 식으로 공포가 아예 사라질 때까지 반응을 유도합니다."

이 치료법은 그 반대로도 작동한다. 즉, 뇌를 공포로부터 보호하도록 유도할 수 있는 것이다. 그래서 보통 훈련이 효과가 있다. 문득, 비행기 사고 때 승무원들이 승객들을 대피시키거나, 불타는 건물에서 소방관들이 사람들을 구해내는 모습이 떠올랐다. "훈련을 통해 공포를 줄일 수 있지요." 파인스타인이 말했다. 하지만 상상했던 항공 승무원 훈련 대신에, 그는 엘리트 군인들이 받는 특별한 훈련에 대해 말을 이었다. 미국 버지니아 주의 버지니아 해변(Virginia Beach)에 위치한 리틀 크리크 해군 기지(Little Creek naval base)를 한 예로 들 수 있다. 이곳에서는 네이비 실(Navy Seal, 미 해군의 특수 부대)의 후보자들에게 상상 이상의 혹독하고 위험한 훈련을 실시한다. 그중 '기초 수중 파괴(Basic Underwater Demolition)'라 불리는 부문은 자그마치 24주간이나 계속된다. 특히 악명 높은 항목은 바로 '익사 방지 부유법(downproofing)'이다. 이 항목에서 후보자들은 팔과 다리가 묶인 채 100미터를 수영해야 한다. 또 다른 항목에서는 익사를 모의 시험해보기도 한다. 후보자들의 중도 탈락률은 무려 90퍼센트로 엄청난 수치다. 이렇게나 훈련이 혹독하고 위험하다 보니, 안타깝지만 사망이 발생할 때도 있다. "이런 모든 훈련들이 바로 노출 훈련의 일종이라고 볼 수 있어요." 파인스타인이 언급했다. "반복하다 보면 공포 반응을 습관화하게 됩니다." 설사 익사 직전의 공포라도 반복하면 익숙해질 수 있다는 것이다.

집중 훈련을 받고 나면, 어떠한 행위 및 활동을 '무의식적으로' 행할 수 있게 된다. 우리 대부분도 이런 현상을 경험한 적이 있을 거다. 익숙한 길을 따라 집으로 운전해가다 보면, 그 여정이 어땠는지 전혀 기억할 수 없게 된다. 이때의 활동은 대부분의 의사 결정 및 집행 기능을 담당하는 피질(cortex)에서 일어나지 않는다. 대신에 전뇌(forebrain)의 바탕에 존재하는 기저핵(basal ganglia)에서 일어난다. 이 기저핵은 다시 말해 우리의 자동 조종 장치(autopilot)와도 같은 부위다. 그리고 이곳은 두려움에 민감한 편도체의 영향을 받지 않는다.

물론 불타는 집에서 아이들을 끌고 나오는 건, 조용한 길을 따라 집으로 운전하는 것과는 다를 거다. 훈련을 한다 해도 전자와 같은 업적은 정말 놀랍지 않은가. 어쨌든 요는 용기도 훈련을 통해 키울 수 있다는 것이다. 용기도 마치 규율처럼, 연습할 수 있는 덕목인 셈이다.

브라이언 스트레인지는 훈련이 어떻게 사람들을 확연히 용감하게 만들 수 있는지를 설명했다. 그에 따르면, 공포 반응은 의식적으로 감소시킬 수 있다. 인지 조절(cognitive recognition)이나 적극적 대처(active coping) 같은 과정을 통해서 말이다. 프랭크 허버트(Frank Herbert)의 공상과학 소설인 『듄 Dune』에서 주인공은 두렵고도 고통스러운 시험에 놓인다. 그는 이 시험을 '두려움을 위한 기도(the Fear Litany)'를 반복함으로써 이겨낸다. "나는 두려워해서는 안 된다. 두려움은 정신을 죽인다. 나는 내 두려움에 맞설 것이다. 그리고 그 두려움이 나를 통과해 넘어가도록 허락할 것이다." 어린 시절, 나는 이를 읽고 악몽에서 깰 때나 두려운 상황에 마주했을 때 몇 번 이 기도를 외운 적이 있다.

이 얘기를 데이브 헨슨에게 하고 나니, 그제야 내 회상이 객관적으로 파악되는 듯했다. 헨슨도 폭발 당시, 자동적으로 '사상자 시나리오'의 따라야 할 수칙 목록을 떠올렸다고 한다. "훈련 효과가 나타나기 시작한 거죠. 별 필요 없었는지 모르지만. 어떤 방향을 제시하면, 어느 정도 안정이 될 것 같았거든요. 막 닥친 사건을 마주하는 데 말이죠." 게다가 고통으로부터 주의를 전환하는 데도 도움이 됐다고 한다. "이런 사고는 대개 죽음으로 이르는 경우가 많아요.

사병들은 의료 훈련 때마다 이런 경우 시간이 생명이라고 주입받아왔지요." 헨슨이 말했다. 그에 따르면, 아마도 아직 자신이 컨트롤 가능하고, 명확히 사고할 수 있음을 증명해 보이려 한 것 같단다. 그래서 좀 더 침착하고 정돈된 상태에서 구조 과정이 이뤄지도록 말이다. 당장 별로 도움이 되는 수칙들은 아니었지만, 이 군대 버전의 '두려움을 위한 기도'는 효과가 있었다. "희한하게도 침착해지더군요. 처음의 충격이 가시고 나니까 말입니다." 헨슨이 말했다.

스트레인지에 따르면, 공포 상황에서 뇌가 더 접근성을 갖는 건, 바로 훈련된 습관이나 연습한 행동이라고 한다. "공포 혹은 일반적인 스트레스는 습관적인 기억을 더 선호한다는 축적된 증거들이 존재합니다. 좀 더 유연한, 해마에 의존하는 기억보다는 말이지요." 즉, 뇌는 공포 및 스트레스 상황에서 자동 조종 장치를 더 선호한다는 뜻이다.

결국, 훈련은 뇌를 바꾸는 힘이 있고 우리를 더 용감하게 할 수 있다. 이에 해당하는 또 다른 예를 살펴보기로 하자. 하지만 이 예는 오직 여성들에게만 해당된다. 게다가 신체적 변화도 겪어야만 한다. 바로 임신을 통해서다.

갑자기 복면을 한 사내가 얼굴에 총을 들이댄다면, 어떻게 반응할지 상상이 가는가?

2016년 1월, 스물한 살의 앤지 파든(Angie Pardon)은 자녀들과 함께 플로리다의 하이얼리아(Hialeah)에 자리한 톰 썸(Tom Thumb) 주유소에 들렀다. 아이들은 각각 한 살과 일곱 살이었다. 파든은 주유 펌프가 운전석 건너편에 자리하도록 주차를 했다. 그래서 주유

탱크를 채우기 위해서는 차 주위를 돌아 걸어가야 했다. 그때, 한 복면을 한 사내가 다가와서 그녀의 머리에 총을 겨누었다. 이 모습은 주유소의 감시 카메라에 그대로 찍혔다. 또 다른 복면을 쓴 남자가 운전석으로 뛰어오더니 차문을 열었다. 두 남자는 자동차 도둑이었다.

"그러자 본능이 꿈틀대더군요." 파든이 티브이 쇼인 〈굿모닝 아메리카 Good Morning America〉에 출현해 말했다.[5] "그 남자에게 소리쳤지요. '내 애들이 차 안에 있어요! 차에 들어가지 말아요'라고요." 당시 파든의 아들인 에반(Evan)은 뒷좌석에 앉아 있었다. "엄마가 그 아저씨한테 소리쳤어요. 차에서 나와요! 당장 나와요. 나오라니까! 지금 당장" 에반은 말했다.

소리를 질러도 소용이 없자, 파든은 운전석의 차 문을 열고 차를 훔치려는 사내에게 냅다 달려들었다. 그러고는 약간의 몸싸움 끝에 사내의 복면을 찢어버리고 가까스로 그를 차 밖으로 끌어내렸다. 그러자, 두 남자 모두 달아나버렸다(물론 곧 경찰에 붙잡혔지만).

파든의 이야기는 곧 미 전역의 티브이에 등장했고, 세계 곳곳의 뉴스에도 실렸다. 그 이유는 아마 당연할 거다. 한 평범한 젊은 엄마가 놀랍도록 용감한 행동을 했기 때문이다. 파든의 행동은 우리 모두 지니길 희망하는 정도의 용감함을 보여준다. 만약 우리가 그런 시험 아래 처한다면 말이다. 우리는 일상을 살면서도, 그런 용기가 우리 안에 잠재돼 있다고 믿고 싶어 하지 않는가. 내면의 숨은 슈퍼 히어로처럼. 결국 파든의 용기는 제대로 환대를 받은 셈이다. 하지만 플라멘 페트코브와 데이브 헨슨의 경우처럼, 나는 파든의 내면에 일어난 사정이 궁금했다.

독일 레겐스부르크 대학(University of Regensburg)의 신경생리학자인 올리버 보슈(Oliver Bosch)는 포유류의 모성 본능에 대해서 연구 중이다. 그는 우리가 알고 있는 모성에 영향을 받는 행동들에 대해 설명한다. 그에 따르면 우선, 생물학자들에게 잘 알려져 있듯이, 수유 중에는 불안을 덜 느끼게 된다. 이는 설치류뿐 아니라 인간에게도 해당한다(과학자들이 설치류에 대해 논할 때는, '더 용감한'보다는 '덜 불안한'이라는 표현을 선호한다. 과학자들은 쥐의 불안함을 어떻게 측정할까? 바로 열린 혹은 밝게 불이 켜진 공간을 탐험하는 경향으로 측정한다). '용감함'의 대체가 '덜 불안함'이라고 해보자. 이때, 수유의 안정 효과는 바로 옥시토신(Oxytocin) 호르몬을 통해 나온다. 아마 옥시토신이 엄마와 아기 간의 유대를 돈독히 하는 역할을 한다는 말을 들어봤을지 모른다. 옥시토신은 그 때문에 '포옹 호르몬(cuddle chemical)'이라는 별명을 얻기도 했다. 물론, 옥시토신의 역할은 그보다 훨씬 광범위하지만 말이다.

출산 전 옥시토신은 자궁의 부드러운 근육의 수축을 촉진하고 분만을 유도하는 중요한 역할을 맡는다. 또 수유 시 아기가 젖을 빠는 행위는 옥시토신의 분비를 촉진한다. 그래서 유두로부터 젖이 나오는 반사작용의 원인이 되는 것이다. "뇌 내 옥시토신이 분비되면, 모성의 돌봄과 모성적 보호 행동도 함께 촉진되는 것이지요." 보슈는 말한다.

보슈가 설치류를 대상으로 한 연구에 따르면, 어미가 위험에 처했을 때 편도체에서는 옥시토신이 분비된다. "어미가 위협을 마주하면, 옥시토신이 강하게 분비돼요. 예를 들면, 새끼들을 살해할지 모르는 위험한 침입자 쥐 앞에서 말이죠."

인간에서도 편도체 내의 옥시토신은 이들을 더 용감하게 만든다. 보슈는 수유 중인 여성들에서 바로 이 옥시토신이라는 자극제가 모성적인 용감함의 원인이라고 추측한다. 또한 옥시토신은 어머니들이 스트레스에 반응하는 방식도 변화시킨다. 그러면 앞서 파든이 "본능이 꿈틀댔다"고 말했을 때 어떤 일이 벌어진 걸까? 아이들을 위협하는 위험 요소를 만나자, 그녀의 뇌 내 편도체에서는 옥시토신이 분비된 것이다. 그러자 코르티코트로핀 방출 호르몬의 생성이 차단되기에 이른다. 이러한 호르몬의 차단 덕택에 그녀는 습격자들에 맞설 용기를 얻게 된 것이다.

한편, 설치류의 새끼들이 젖을 떼면, 어미의 행동은 정상으로 돌아가게 된다. 동시에 모성 반응도 사라지는 것이다. 하지만 인간은 이와 다르다. 쥐들은 매 8주마다 16마리의 새끼를 낳을 수 있는 반면, 현재 여성들은 평생 두 명 이하 정도의 자녀들을 낳으니 말이다. 게다가 인간의 아기들은 훨씬 더 많은 돌봄을 훨씬 더 오랫동안 받는다.

"인간에서는 어머니의 모성적 감정이 훨씬 더 오래 지속되어야 하지요. 자녀들의 적절한 성장을 보장하기 위해서 말이죠." 보슈가 말했다. 이것이 인간과 쥐의 큰 차이점이다. 게다가 자녀를 낳는 것은 뇌의 구조적 변화마저 가져올 수 있다. "일단 여성이 아기를 낳으면, 모성적인 감정이 사라지는 때가 오기는 할런지 모르겠네요."

이 장에서 용기에 대해 탐구하면서, 필자는 용기가 여러 형태로 나타남을 깨달았다. 우선, 네이비 실이나 항공승무원들에게서 찾아볼 수 있는 '학습된 용기'가 있다. 그리고 아이들을 보호하는 경우에 보이는 '모성적 및 가족적인 용기'가 있다. 또, 대중 연설을 할 때 필요한 '사회적 용기'도 있다. 그런가 하면 낯선 이를 익사로부터 구하는 '이타적인 용기'도 존재한다. 앞서 살펴봤듯, 이 각각의 용기들이 진화하는 데는 여러 다른 방식들이 있다. 물론 그렇다고 각각의 용기가 뇌의 각각 다른 부위에서 영향을 받는다는 뜻은 아니다. 모든 용기들의 바탕에는 하나의 공통분모가 존재하기 때문이다. 바로 현재 진행 중인 공포를 이겨내고 자발적으로 하는 행동이라는 것이다. 그러니 다양한 형태의 용기도 동일한 핵심 뇌 메커니즘을 공유할 가능성이 있다.

이스라엘 레호보트(Rehovot) 소재 와이즈만 연구소(Weizmann Institute of Science) 소속 유리 닐리(Uri Nili)와 동료들은, 바로 이 메커니즘을 탐구하기 위한 실험을 했다. 우선, 닐리의 실험 팀은 뱀을 무서워하는 자원자들을 모집했다. 그러고는 살아 있는 뱀을 머리에 가까이 가져갈 수 있는 선택권을 자원자들에게 주었다. 그리고 자원자들의 뇌를 스캔해보았다. 뱀은 컨베이어 벨트 위에 놓였는데, 뇌를 스캔하는 사람이 이를 조종할 수 있게 하였다. 조종에 따라 컨베이어 벨트는 뒤로 혹은 앞으로 움직였다. 그에 따라 뱀도 자원자의 머리에서 멀어지거나 가까이 다가갈 수 있었다. 선택권을 자원자에게 줌으로써, 실험 팀은 특별한 형태의 용기를 정의한 것이다. 그 용기는 바로 뱀을 가까이 당겨 오는 결정이었다. "우리가 정의한 용기란, '진행 중인 공포에 반하는 행동을 하는 것'이었습니다.

따라서 용감한 사람들은 남들보다 자신의 공포를 컨트롤하는 능력이 더 뛰어남을 시사하지요." 닐리가 말했다.

또한 그는 여러 번 뱀을 가까이 당겨오는 행동은 역경에 맞서는 끈기를 보여주는 것이라고 가정했다. 실험에서는 통제집단으로 뱀을 무서워하지 않는 이들의 뇌도 스캔했다. 물론 컨베이어 벨트 위의 뱀이라는 상황은 같다. 또한 실험 팀은 컨베이어 벨트에 곰 인형을 올려놓은 상태에서 뇌 스캔도 해보았다.

그 결과는 어땠을까? 후일 생물학 저널인 『뉴런 Neuron』[6]에 실린 실험 결과에 따르면, 공포를 극복하려는 결정은 뇌의 슬하전두대상피질(subgenual anterior cingulate cortex, sgACC) 부위의 활동과 연관이 있었다. 대상 피질은 뇌의 중간 부분의 막을 일컫는데, 여기서 논의되는 부위는 전방 전두의 부분인 것이다. 이 부위는 해마, 편도체를 비롯한 뇌의 여러 부위와 연결되며, 통증을 지각하는 역할을 한다. 또 외부 및 내부 자극에 따른 감정의 부여, 그리고 사회적 행동에 대한 지침도 맡는다. 이 부위 중, 슬하전두대상피질은 전두의 앞쪽 피질을 일컫는다. 닐리의 팀은 슬하전두대상피질이야말로 공포를 극복하기 위한 정신적 노력에서 작동되는 부위라고 밝혔다. 즉, 어떤 용감한 행동을 하려고 할 때, 우리는 편도체와 시상하부(hypothalamus)의 활동을 감소시킨다. 그리고 이는 슬하전두대상피질의 덕이다. 따라서 용감한 이들의 슬하전두대상피질은 활발한 활동을 하며, 공포의 시간 동안 편도체와 시상하부의 활동을 억제시키는 거다.

물론, 핵심 포인트를 이해하기 위해 이 모든 뇌 부위의 명칭들을 알 필요는 없다. 닐리의 연구가 시사하는 건 간단하다. 여러 형태의 용기가 있을지라도, 공포를 극복하는 데는 뇌 내 공통분모가 존재한다는 것이다. "강한 공포의 원인을 극복하는 어떠한 예라도 용감한 행동으로 봐야 합니다. 그 공포가 무엇이든지요. 그리고 아마그 용감한 행동은, 이 논문에 쓰인 뇌 내 과정에 의해 중재되는 거겠지요." 닐리가 말했다.

폭발물 처리반 시절의 커리어를 돌이켜보며, 데이브 헨슨은 이런 농담을 했다. "그곳에 가고, 그런 작업을 한 건 바보 같은 일이었죠. 요즘은 아주 겁이 많아졌거든요." 물론 나는 그를 믿지 않는다. 왜냐하면 용기란 군사적 용맹이나 한 번 도둑에 맞서는 것이 다가아니기 때문이다. 그런 경우들은 극단적인 사례들이다. 우리 모두는 매일 조금이나마 용기를 보이며 살고 있지 않은가. 앞서 생물학자들이 설치류 연구에서 불안을 용기의 대체로 쓴 건 꽤나 유익하다. 불안과 용기는 뇌 안에서 연결되어 있으니 말이다. 또한, 훈련에 의해 용기를 키울 수 있는 것도 고무적이다. 우리 모두는 전쟁 영웅과 같은 용기나 낯선 이를 구하러 바다에 뛰어드는 놀라운 이타심을 발휘하진 못할지 모른다. 그래도 살아나가면서 용기를 조금씩키울 수는 있을 거다.

헨슨의 재활 과정은 길고도 고통스러웠다. "그게 힘들었단 걸깨닫기까지는 긴 시간이 걸렸지요." 헨슨이 말했다. "병원에서는 힘들어서 눈물도 났고요." 그래도 그는 이겨냈다. 아프가니스탄에서매일 작전 준비를 할 때와 똑같이 말이다. 병원에서 그는 한 일병과 낙하산 부대의 이등병 두 명과 함께였다. 그리고 재활 과정을 같이 해냈다. 헨슨의 폭발물 처리팀은 아프가니스탄에서의 훈련과 사고 과정에서 헨슨을 도왔다. 그리고 긴급 구성된 병원 팀은 그의 재활을 도왔다. "팀원들 중 한 명이 엄청 힘든 하루를 보내면 내가 그를 돕죠. 그러다 내 하루가 버거우면 이제 그 팀원이 나를 돕는 거예요. 그런 식으로 고난을 이겨내지요. 병원에 있었던 것도, 어찌 보면 삶의 한 즐거움이었어요." 헨슨이 말했다.

헨슨은 폭파 사고 후, 대위로 진급됐다. 그리고 사무직을 맡았다. 어쨌든, 그는 처음부터 휠체어를 쓰는 법은 알았다. 스포츠를 다시 시작하는 장애인들에 대한 논문을 쓴 건 어쩌면 놀랍도록 미래를 내다본 결정인 셈이었다. 그것도 다리 절단을 한 이들이 스포츠를 하는 공학 학사 논문이었다니 놀라울 따름이다. "정말 희한한 일이죠." 헨슨도 말했다.

팀 스포츠는 헨슨에게 막대한 영향을 끼쳤다. 그리고 달리기경주용 의족을 다리에 끼울 수 있게 되자, 헨슨은 의지를 더 불태웠다. 군대에서는 일 년에 두 번 체력장을 실시하는데, 2.4킬로미터를 반드시 십 분 삼십 초 안에 뛰어야 했다. 헨슨은 만약 이 달리기 테스트를 통과할 수 있다면 군대를 떠나리라 마음먹었다. 2014년 드디어 그는 십 분 이십팔 초의 기록으로 이를 통과했다. 그리고 이 년 뒤, 헨슨은 리우 드 자네이루(Rio de Janeiro)에서 열린 장애인 올림픽의 200미터 육상에서 동메달을 따냈다. 24.74초라는 놀라운 기록이었다.

헨슨은 행운아를 자처했다. 하지만 폭파 사고로부터의 생존을 행운으로 여기는 건 아니었다. 자아를 재정립하고, 인생 목표를 재정의하게 된 것을 뜻했다. "우리 모두는 남들이 나에 대해 어떻게 생각하는지를 생각하죠. 하지만 남이 뭐라 말하든, 뭐를 신경 쓰던 상관없어요. 저의 경우는 군대의 대위라는 자긍심이 있었죠. 남들이 그 역할에 대해 이해할 것을 알았거든요. 하지만 군대를 떠나니, 상해 참전 용사가 되더군요. 더 이상 대위라는 정의는 없었죠. 그러나 인빅터스 게임(Invictus games, 상해 군인들이 모여 휠체어 농구 등의 경기를 하는 세계적인 스포츠)과 장애인 올림픽을 통해 저는 더 이상 상해 참전 용사가 아니게 됐어요. 전직 군인이자 장애인 올림픽 메달리스트가 됐으니까요." 자신이 할 일이 있다는 게 확실히 그에겐 행운이었다. 스포츠뿐 아니라 그는 임페리얼 칼리지 런던(Imperial College London)에서 생체 기계 공학(biomechanical engineering)의 박사 학위를 따기에 정진하고 있다. 그는 현재 생체공학적 무릎 관절(bionic knee joint)을 제작하기 위한 리서치를 진행 중이다. 그리고 약간 남은 자신의 왼쪽 무릎에 새로운 종류의 의족을 달게 되길 희망하고 있다. "갑자기 인생 목표의 재정의가 거의 완성된 느낌이에요." 헨슨이 말했다. "그 재정의가 이곳 임페리얼 칼리지 런던에서 이뤄질 거고요. 제가 다시 타인의 삶에 희망을 줄 수 있게 됐으니까요."

이 장에서 모든 형태의 용기를 다 다룬 걸까? 물론, 이제 나는 용기가 뭔지 어떻게 진화돼왔는지에 대해 훨씬 더 명확히 안다. 그리고 용기가 생기려면 신체에 무슨 일이 발생하는지도 안다. 생리학적이나 신경학적으로나 말이다. '용기가 무엇인가'에 대한 모호함은 줄었지만, 용기가 지니는 힘에 대한 경탄은 그대로다. 사실 '무엇이 사람들을 용감하게 만드는가'에 대해 더 깊이 생각할수록, 필자의 찬사는 더해져만 간다. 파인스타인은 돌발적인 용기를 두고 이렇게 말했다. "얼마나 사람들이 재빨리 용감한 행동을 하는지를 보면 항상 놀라곤 합니다. 의식적 생각이나 숙고가 없어 보이는데도요. 뭔가 원초적이고 본능적인 면이 있어요. 우리의 상상보다 이런 일이 더 비일비재할지 몰라요." 우리 모두가 내부에 이런 용기를 지니고 있는지 모를 일이다. 정말 고무적인 생각이 아닌가.

6장

─ **가창력** ─

SINGING

시간이란 묘한 것

삶을 살면서도 눈치채지 못하네

그러다 갑자기 시간만이 당신이 느끼는 전부가 되네

　　　　　　　　　 ─ 리하르트 슈트라우스(Richard Strauss),
　　　　 오페라 〈장미의 기사 Der Rosenkavalier〉(1910) 중에서

─　　내 우유만큼이나 달콤한

　　　그러나 내 눈물만큼이나 짜디짠

　　　─ 조지 벤저민(George Benjamin)과 마르틴 크림프(Martin Crimp),
　　　　　오페라 〈리튼 온 스킨 Written on Skin〉(2012) 중에서

나는 코벤트 가든(Covent Garden)의 왕립 오페라 극장(Royal Opera House)에서 오페라 〈장미의 기사〉를 감상하고 있다. 여러분들도 나처럼 최근까지 이 오페라에 대해 못 들어봤을지 모른다. 이는 리하르트 슈트라우스가 1910년에 쓴 희극적이지만 비애가 깃든 한 작품이다. 저녁 공연은 여섯 시 반 시작이었는데, 현재 시각은 아홉 시 반이다. 이제 삼 막에 들어선 참이다. 갑자기 눈앞이 흐릿해지는 느낌이다. 그렇다고 오해는 마시라. 공연은 훌륭한 데다, 1층 특석의 좋은 자리에 앉기까지 했으니까. 게다가 세계 일류의 음악가들로 구성된 오케스트라의 연주는 기대만큼 감동적이었다. 다만 오페라가 너무 길어서, 피곤했던 탓이다. 그러다 나 자신을 꾸짖기 시작했다. '피곤하다고? 그럼 무대에서 노래를 부르는 사람들은 어떻겠어?'

몇 시간 전, 나는 무대 뒤편으로 가서 베이스 오페라 가수 매튜 로즈(Matthew Rose)에게 인사를 건넸다. 그는 극 중 옥스 남작(Baron Ochs) 역을 맡은 이였다. 얼굴에는 분장을 하고 고무로 만든 대머리 소품을 머리에 낀 채였다. 이 소품은 그의 피부색에 맞게 칠해져 있었다. 그 위에는 가발을 쓰고, 또 그 위에는 모자가 얹혀 있었다. 머리 쪽이 많이 더워 보였다. 무대에 올라가면 아마 더 할 거다. 극중 옥스 남작은 비엔나 상류 사회의 일원으로, 우쭐대고 냉소적이며 거친 사내다. 옥스 남작은 이 오페라의 핵심 인물이기에 삼 막에 걸쳐 모두 노래를 부른다. 로즈는 내게 이 역이 마치 괴물 같다고 말한 바 있다. 물론, 옥스 남작의 성격을 두고 하는 말은 아니었다. "바그너 오페라에도 이처럼 힘든 역이 몇 개 있기는 하죠. 하지만, 앞으로도 이런 힘든 역할은 못 해볼 듯싶어요. 오페라계의 에베레스트 산맥 같다고나 할까. 역대급이라니까요."

물론 나는 오페라 전문가와는 거리가 멀었다. 하지만 이 오페라가 무척 맘에 들었다. 그 이유도 알았다. 이렇게 근사한 이야기 전개에 푹 싸여 있다는 직접적인 즐거움도 있을 거다. 하지만 인간 능력의 한계치에서 공연을 펼치는 이들을 보는 특권과 스릴이 더 컸다. 이를 깨닫기까지는 꽤 오랜 시간이 걸렸지만 말이다. 여하튼 이것이 오페라나 발레를 실제로 봤을 때 그토록 감동을 느끼는 이유일 것이다. 그 성과를 매우 가까이서 마치 무대 위의 사람들과 함께 나누듯 경험할 수 있으니 말이다. 무대 위의 가수들은 자신의 몸을 마치 악기처럼 다루는 법을 배운 사람들이 아닌가. 생물학자이자 노래 솜씨가 형편없는 나로서는 무척이나 인상 깊었다. 하지만 로즈를 직접 만나기 전에는 오페라에서 노래를 부르는 게 정확히 얼마나 힘든 일인지 모르고 있었다. 오페라 가수는 소리의 생산을 완벽히 컨트롤할 줄 알아야 했다. 즉, 호흡뿐만 아니라, 후두(larynx, 목 앞의 발성 기관)의 모양이 비브라토(vibrato)와 단어 및 모음들의 소리에 영향을 미치는 법을 컨트롤해야 하는 것이다. 또한, 흉성이 두성과 만나 합쳐지고 상호작용하는 법도 마찬가지이다. 하지만 그게 다가 아니었다.

"여러 언어로 노래를 부를 수 있어야 하죠. 즉, 외국어로 된 복잡한 노래를 배우고, 이를 충분히 음악적으로 소화해야 하는 겁니다. 또 지휘자도 바라봐야 하고 무대 위에서 다른 가수들과 어울려야 하죠." 로즈가 말했다. 생각만 해도 피곤해지는 기분이었다. "이여러 가지를 한꺼번에 놀라울 만큼 높은 수준으로 해낸다는 건 대단하죠. 지휘자 사이먼 래틀(Simon Rattle)이 오페라 가수가 세상에서 제일 힘든 직업이라고 말했을 정도니까. 가수들이 고생하는 게당연해요. 어떤 직업보다 힘든 종합적인 기술을 가져야 하니까요."

오페라 가수들의 일은 음악가의 음악을 충실히 재현해내는 것이다. 그 음악가는 베르디가 될 수도, 바그너가 될 수도 있다. 하지만 어떤 한 음악가가 오페라를 쓸 때 표현하고 싶은 게 있다고 해보자. 그렇다면 오페라 가수들은 이를 해석해서는 안 된다. 단지 전달해야 한다. 대중가요에서 가수들은 자신의 감정이 노래에 실리도록 한다. 심지어 순간 노래에 대한 컨트롤을 잃더라도 괜찮다. 오히려 그렇게 감정이 목소리에 묻어나올 때가 사람들이 감동하는 순간이기도 하니까. 하지만 오페라는 다르다. 오페라의 감정은 오직 작곡가로부터만 나온다. 따라서 컨트롤이 절대적이어야 한다. 게다가 오페라 가수들은 마이크를 쓸 수도 없다. 물론 나는 대중 가수들을 무척 좋아하지만, 아마 그들도 이 오페라 무대에서는 목소리를 내기 힘들 것이다. 오케스트라의 음악 속에서 마이크도 없이 노래해야 하니까. 오페라는 그야말로 뭐든지 극대화된 무대다. 기술적으로도 일반 연기보다 힘들다. 노래하는 게 말하는 것보다 힘드니까. 일반 극장의 무대라면, 배우가 시간을 컨트롤할 수 있으며, 즉

홍 연기도 가능하다. 또 큐 사인도 조절할 수 있다. "오페라에는 그 정도의 시간적 탄력성이 존재하지 않아요. 이미 지휘자와 다 리허설을 마친 상태니까요. 오페라의 즉흥성이라는 건 거짓인 셈이죠." 덴마크 왕립극장(Danish Royal Theatre)의 오페라 감독인 존 풀제임스(John Fulljames)가 말했다.

아마 평생 나는 오페라 무대에 서볼 일이 없을 것이다. 그래서인지 무대 위의 가수들에게서 왠지 모를 아우라가 느껴졌다. 마치 마법 같은 재능이잖은가. 물론 누구라도 매우 특별한 목소리를 가진 사람에게라면 그렇게 느낄 법하다. "그녀는 정말 멋진 능력을 타고났어", "그는 하늘이 내린 재주를 타고났지"라고 우리는 말하곤 한다. 과학적으로 볼 때, 우리는 완벽한 가창력에는 강한 유전적 요소가 있을 거라고 가정하곤 한다. 필자 옆의 그래미상 수상에 빛나는 매튜 로즈에게 이에 대해 물어보기로 하자.

"저는 진심으로 제 능력의 90퍼센트는 훈련 덕이라 믿어요. 언어 능력이나 음악적 능력, 이런 건 유전이 아니라 생각하거든요." 로즈가 말했다.

글쎄, 그런 것도 같았다. 당연히 로즈와 같은 전문 음악인들은 그 위치에 오르기까지 엄청나게 열심히 노력했을 테니까 말이다. 재능 있는 이들에 '천부적인 재능을 가졌다'라고 가볍게 넘기곤 하지만, 이들의 전문성을 연습 때문이라 여기는 관점도 유력하다. 꽤나 악명 높은 '만 시간의 법칙(아래 내용 참고)'에서처럼 말이다. 이 두 설명이 모두 옳을 수 있을까? 이제부터 필자의 목표는 '어떻게 사람들이 가창력의 정점에 도달하는가'에 대해 알려진 바를 탐구하는 것이다. 코벤트 가든에서 공연을 펼칠 정도의 수준인 오페라 가수가 되려면, 뭐가 필요할까? 필자는 이 장에서 가수들과 강사들뿐 아니라 유전학자들과도 대화를 나눠볼 것이다. 로즈와 대화했을 때, 유전보다는 훈련이 중요하다는 그의 주장이, 그저 자신의 노력의 양을 인정해달라는 욕구로 느껴졌기 때문이다. 특히나 그가 현재 맡은 힘든 역을 고려하면 말이다. 게다가 그 말은 그만의 겸손한 표현법인지도 모르잖은가. 그는 사실상 '누구나 할 수 있다'고 말한 거나 다름없었으니까. 물론, 나는 절대로 그렇게 못할 테지만.

로즈는 자신이 특별히 음악적인 집안에서 태어난 것은 아니라고 했다. "어머니가 노래 부르실 때 목소리가 곱긴 하셨죠. 지금 뒤돌아 생각하면 음악도 좋아하셨고요." 그가 말했다. 하지만 그의 집에는 음악이 어렴풋이 존재했을 뿐이다. 학교는 나았지만 비슷했다. 어쨌든 그는 학교 합창단에 일곱 살 때부터 들어가 있었다. "그게 노래를 부르는 데 가장 큰 영향을 미쳤죠. 상냥한 음악 선생님도 계셨는데, 그분도 역시 큰 영향을 주셨고요. 그래서 항상 노래를 불렀지만 심각하게 여기진 않았어요. 십 대 기간 내내 말이죠."

사실 그가 심각하게 여겼던 분야는 다름 아닌 수영이었다. 그 뒤에는 골프였다. 그의 꿈은 전문 골프 선수가 되는 거였다. 그가 그 꿈을 얼마 뒤에 노래로 바꾼 게, 상당히 고무적이라고 나는 생각했다. 어린이들이 이것저것을 시도해보는 게 얼마나 중요한지에 대해서는 차차 살펴보기로 하자. 어려서 여러 가지를 시도해야 자신이 무엇을 좋아하고 잘하는지를 깨달을 수 있다. "골프를 안 하길 천만다행이지 뭐예요. 지금쯤 마스(Mars) 초콜릿 바를 팔고 있을지도 모르는 일이니까."

그러다 그가 17세경, 학교에 새로운 음악 선생님이 부임해 오셨다. 그런데 로즈에게 노래 쪽으로 일을 찾아보는 게 어떠냐고 물으셨다. 로즈는 정확히 '일'이라는 말을 썼다. '진로'도 아니고 '소명'은 더더욱 아닌. "확실히 제 타고난 목소리는 좋았어요. 그리고 음악성도 있는 편이었고. 대학교에 가니, 그 가능성에 대해 깨닫게 되더군요." 그 후, 로즈는 '운 좋게도' 미국 필라델피아 소재 커티스 음악원(Curtis Institute of Music)에 들어가게 됐다. 그리고 오늘날의 성악 가수로의 성공을 대부분 그곳에서 받은 훈련 덕으로 돌렸다. "처음 학교에 들어갔을 때는 거의 바닥에서 시작했죠. 그러다 오 년간 놀라운 훈련을 받은 거예요. 이 업계에서 필요한 기술을 배우는 데 최고의 환경이었죠." 그가 말했다.

로즈는 자신도 실은 오페라에 대해 잘 몰랐다고 했다. "학교에 입학했을 때, 3~4도 음을 부르는 정도였어요. 다른 건 아무것도 몰랐죠." 입학 경쟁이 치열한 데다 지원자들의 수준도 매우 높을 것이었다. 도대체 어느 정도의 '운'이 따라야 이 세계 유수의 학교에 들어갈 수 있었을지 의아했다. 현재 세계에서 가장 유명한 피아니스트 중 한 명인 랑랑(Lang Lang)도 그해 그와 같이 입학했으니까 말이다. 여하튼, 커티스에서의 훈련은 다분히 직업 중심이었다. 그래서 로즈가 자신의 직업을 단순한 '일'로 보게 됐는지도 모른다. 아니면, 내가 너무 오페라 가수들을 재능의 아우라 속에서 판단하는지 모르지만. 혹은 오페라 가수들이 예술적 정점에 오른 디바(diva)와 같을 거란 고정관념으로 대했는지도 모른다. 어쨌든, 커티스에서 성악을 공부하는 학생들은 일 년에 다섯 번 오페라에 참여한다. 따라서 수업은 항상 공연을 위한 훈련에 초점이 맞춰 있었다. "정말 완전히 직업 훈련 같았지요." 로즈가 말했다. "세계에서 유례가 없을 정도로요. 마치 축구선수가 된 것 같다고나 할까요. 나가서 바로 경기에 뛰어드는 거예요. 교실에 얌전히 앉아 배우기만 하는 건 크게 도움이 안 되니까요."

이러한 수업이 바로 의도적이고 목표가 뚜렷한 협력적 훈련이 아니고 뭐겠는가. 이는 전문성이 훈련 혹은 유전에서 비롯되는가의 논쟁에 직결되는 내용이다. 그러면 앞서 1장에서 잠깐 언급됐던 양쪽 주장의 증거들을 다시 살펴보기로 하자.

우선 훈련을 중시하는 환경론자들의 주장부터 보자. 환경론자들은 의도적인 훈련이 전문성의 발달에 가장 중요한 요소라 주장한다. 이 주장의 선두주자는 바로 안데르스 에릭슨이다. 그는 이렇게 말했다. "천부적 재능을 지닌 이들의 성취에서 유전적 자질이 어떤 역할을 하든지 상관없다. 왜냐하면, 이들의 재능의 핵심은 우리 모두가 지닌 것이기 때문이다. 바로 인간 신체와 두뇌의 적응력이다. 이들은 다만 타인보다 이 점을 더 잘 활용하는 것뿐이다."[1]

작가 말콤 글래드웰(Malcolm Gladwell)은 에릭슨과 그의 동료들이[2] 쓴 1993년의 논문으로부터 '만 시간의 법칙(10,000 hours rule)'이라는 개념을 발전시켰다. 그 요지는 어떤 분야의 전문가가 되기 위해서는 만 시간이 걸린다는 것이다. 하지만 에릭슨은 자신의 연구를 이 같은 '법칙'[3]으로 단순화한 것에 불편함을 드러냈다. 더욱이 글래드웰은 그저 아무 노력이 아닌, '의도적인 노력'이 중요하다는 것을 밝히지 않았다고 불평까지 했다.[4] 여하튼 글래드웰의 모방 문화는 그 내용이 좋았기에 큰 인기를 얻었다.

그런가 하면 그 반대편에는 타고난 재능을 중시하는 파가 존재한다. 이들은 어떤 이들은 유전적으로 재능을 타고난다고 주장한다. 그리고 증거를 바탕으로 전문성은 유전과 환경적 요소들의 결합에 의해 가장 잘 설명된다고 본다. 이들이 전문성을 설명하는 틀('만 시간의 법칙'과 같은 유행에 대적하기는 힘들겠지만)을 '다인성 유전자-환경 상호 모델(multifactorial gene-environment interaction model, MGIM)'[5]이라 부른다. 한마디로, 이 모델은 훈련만으로는 성과를 설명할 수 없으며, 유전 및 환경적 요소들이 모두 전문성의 발달에 필수라고 보는 것이다. 이 모델은 스웨덴 스톡홀름 소재 카롤린스카 연구소(Karolinska Institute)의 프레드릭 울렌(Fredrik Ullén)과 미리암 모싱(Miriam Mosing), 그리고 앞서 1장에서 소개한 자크 햄브릭에 의해 개발되었다. 햄브릭은 전문성에 대한 개인차의 원인을 밝혀내는 데 헌신하는 '전문성 연구소(Expertise Lab)'을 운영 중이다. 그의 연구팀은 이런 질문을 던진다. '왜 어떤 사람들은 어떤 일을 하는 데 남들보다 훨씬 더 뛰어난가?' "우리는 이 질문에 대개 훈련 및 경험, 그리고 재능을 살펴보지요. 이런 능력들이 사실 유전학에 의해 영향을 받는 부분입니다. 또, 사회인구학적(socio-demographic)인 요소들에 의해서도요." 햄브릭은 말한다.

"아무도 체스나 스포츠, 음악 분야의 전문가가 되기 위해 연습해야 한다는 것에 의문을 던지지 않잖습니까? 말 그대로 이 분야들의 지식을 갖고 태어나는 건 아니니까요. 하지만 사람들 간 차이의 원인은 무엇일까요? 바로 그게 우리가 주목하는 부분입니다."

햄브릭의 연구팀은 훈련만으로는 성과를 충분히 설명할 수 없다는 실질적인 증거들을 많이 축적해놓았다고 한다. 그럼 여기서 이들의 논문 몇 개를 살펴보기로 하자. 한 논문에서 햄브릭의 연구팀은 음악적 능력과 연습에 대한 여덟 개의 개별적 연구들을 모아, 이 연구들로부터 데이터를 분석해보았다. 그 결과, 연습에 들인 시간은 연주 실력 차이의 30퍼센트를 설명하는 것으로 나타났다. 이는 즉, 연주 실력의 개인차에서 70퍼센트가 연습 시간 이외의 요소로 설명된다는 뜻이기도 하다.[6] 햄브릭의 연구가 아닌, 또 다른 연구에서는 음악적 능력에 대한 좀 더 광범위한 분석을 시도했다. 그러자, 결과는 연주 실력 차의 36퍼센트 정도만이 연습으로 설명됨이 드러났다.[7] 이 비슷한 많은 분석들로 인해 '다인성 유전자-환경 상호 모델'의 옹호자들은 유전자도 훈련만큼이나 중요함을 주장하게 됐다. 그러니, 로즈가 자신의 성공의 90퍼센트가 훈련 때문이라 한들, 평균 30여 퍼센트 정도만 연습이 실력 차에 기인한다는 증거가 있는 셈이다.

로즈는 자신의 목 쪽으로 손짓을 했다. "여기야말로 인체에서 가장 중요한 근육이 있지요." 그렇게 말한 후, 그는 오페라 가수가 어떻게 그렇게 큰 볼륨을 낼 수 있는지에 대한 짧은 강의를 했다. 아기들이 믿기 힘들 정도로 큰 울음소리를 내는 이유가 뭘까? 바로 아기들은 소리를 내기 위해 온몸을 효율적으로 사용하기 때문이다. "성악가들은 바로 아기들의 효율성을 재현하려는 것이죠. 횡격막 및 적절한 근육들을 사용해서 소리를 알맞은 위치로 밀어 넣는 겁니다." 로즈가 말했다.

노래할 때 적절한 모음을 발음하는 건 상당한 이점이 있다. 오페라 홀을 가득 메울 울림을 내기 쉽기 때문이다. "이탈리아 가수와 웨일스(Welsh) 가수가 그렇게 노래를 잘하는 이유가 있는 셈이죠." 로즈가 말했다. "왜냐면 모국어를 하는 게, 오페라 가수가 그런 울림을 얻으려 노력하는 과정과 이미 비슷하거든요." 반대로 프랑스어를 하는 건 그다지 도움이 되지 않는단다. 프랑스어가 목 뒷부분에서 나오는, 후두음으로 가득하기 때문이다. 로즈의 고향인 잉글랜드 남부의 악센트도 별로 도움이 안 됐다. 잉글랜드 북부의 더 짧은 모음 소리가 훨씬 발음하기 좋다고 했다[바로 이 때문에, 잉글랜드 소재 샐퍼드 대학교(Salford University) 소속 작곡가인 앨런 윌리엄스(Alan Williams)는 북 잉글랜드 악센트로 오페라를 작곡하기도 했다].[8]

극 중 옥스 남작의 분량은 긴 데다가, 로즈의 발성 범위로는 저음으로 노래해야 했다. 그래서 공연 전에 로즈는 목을 충분히 쉬어주어야만 한다. 그는 공연 전날에는 하루종일 말조차 안 한단다. "늦게 일어나서, 오후에는 낮잠을 자고 공연장에 들어오죠. 왜냐면 매우 피곤한 일이니까요. 체력적으로나 정신적으로나 무척 혹독하지요. 오페라 공연은 마치 마라톤과 비슷해요. 그래서 무척 조심해야 돼요. 제가 하는 제일 까다로운 일이니까."

공연은 마치 인내심 테스트와도 같다. 무사히 밤까지 마치려면 보수적이 될 필요가 있다고 로즈는 말했다. 어렸을 때는 아드레날린 덕인지 어떻게든 버텼다. 하지만 나이가 들수록 공연에서 최고의 모습을 보이기 위해 최선을 다해야 한다고 느낀다고 했다.

이렇게 들으면 지루해 보이지만, 사실 로즈는 공연을 무척 좋아한다. 다만 흥분하는 데 에너지를 낭비할 새가 없다는 것뿐이다. 2016년에서 2017년 동안 그는 뉴욕에서 레포렐로(Leporello) 역으로 오페라 〈돈 지오반니 Don Giovanni〉에 참여했다.

"돈 지오반니는 꽤나 식은 죽 먹기라서, 흥분이 되더군요. 덜 복잡한 데다가, 굉장히 잘 아는 오페라였거든요. 하지만 현재의 〈장미의 기사〉는 매초마다 지휘자를 쳐다봐야 하지요. 가사는 독일어인데, 약간 오스트리아 악센트를 섞어야 해요. 그러니 더없이 어려운 역이지요." 로즈가 말했다.

로즈는 자신에게는 이 모든 게 하나의 과정이라고 거듭 강조했다. 어떻게 신체를 효율적으로 활용하는지, 어떻게 호흡하는지, 또 어떻게 지휘자를 제대로 쳐다보는지는 경험과 함께 개선되는 부분이라고 했다. 하지만 그럼에도, '타고난 가수'들이 있다고 그는 말했다. 그러면서 웨일스의 베이스 바리톤(bass-baritone) 가수인 브라이언 터펠(Bryan Terfel)이나 프랑스의 테너인 로베르토 알라냐(Roberto Alagna)를 예로 들었다. 사실 터펠은 네 살 때 웨일스어로 노래하는 아이스테드바드(Eisteddfod) 경연 대회에 참가하며 노래를 시작했다. 따라서 진즉부터 엄청난 양의 훈련을 한 셈이다. 그러니, 그를 타고났다고 하기 어렵다는 생각이 들었다. 훈련 대 타고난 재능의 문제라는 원점으로 돌아가기 때문이다. 반면, 알라냐는 사람들의 눈에 띄기 전부터 거리에서 버스킹을 하며 노래를 시작했다. 오페라 가수로 엄청난 성공을 거뒀지만, 대부분 독학을 했다. "알라냐는 가창 수업을 받은 적이 전혀 없지요." 로즈가 언급했다 "하지만 대부분의 가수들은 수년간의 수업을 받아요. 아마도 역사상 최고의 오페라 가수인 파바로티도 공부하고 또 공부했지요. 공부와 연습을 통해 그런 목소리를 다룰 수 있게 된 거예요."

미카엘 엘리아센(Mikael Eliasen)은 로즈의 옛 가창 스승이다. 그는 현재 커티스 음악원의 발성학부 학장을 맡고 있다. 그는 세계 제일가는 오페라 가수들과 함께 일해왔다. 예를 들어, 미국의 작고한 유명 바리톤 가수인 로버트 메릴(Robert Merill), 이스라엘의 콘트랄토(contralto) 마이라 자카이(Mira Zakai), 스위스의 소프라노인 이디스 마티스(Edith Mathis) 등이다. 그는 샌프란시스코 오페라 센터(San Francisco Opera Center)의 음악 감독과 유러피안 오페라와 보컬 아트 센터(European Center for Opera and Vocal Art)의 예술 감독을 맡은 바 있다. 또, 커티스 음악원, 로열 대니시 오페라(Royal Danish Opera)와 암스테르담 오페라 스튜디오(Opera Studio of Amsterdam)에서 '젊은 음악인 양성 프로그램'을 운영하기도 했다. 엘리아센은 '타고난 재능'의 문제에 강한 의견을 피력했다.

"어떤 이들은 남들이 듣고 싶어 하는 목소리를 그저 타고나지요. 여기엔 선택의 여지가 없어요. 그런 목소리를 가졌는지 아닌지의 문제니까." 세계적인 성악가인 르네 플레밍(Renée Fleming)의 예를 살펴보자. 우리가 플레밍이 '타고난 재능'을 가졌다 말하는 건, 그녀가 아름다운 목소리를 타고났음을 뜻한다. 물론 그녀는 성공하기 위해 무척 노력했지만, 모든 건 그녀가 타고난 목소리로부터 시작했노라고 엘리아센은 지적했다 "누군가가 타고난 가수라고 말하는 건 바로 그런 의미죠." 엘리아센이 말했다. 이런 타고난 재능이 없으면, 노래를 좋아하는 누군가는 그저 취미로 노래를 부르고, 그로부터 큰 만족을 얻을 거라고 말이다. "만약 타고나는 게 없다면, 전문적인 커리어로 전환될 일도 드물겠지요."

오페라를 듣는 관객들은 여러 감정들에 푹 빠질 거다. 하지만, 다시 말하건대, 로즈는 공연을 하면서 그런 감정을 느끼지는 않는다. 관객들은 정말이지 감동을 받고 다른 세상에 온 것 같은 느낌을 받지 않는가. 또, 그런 대단한 예술을 통해 인간의 우월한 가능성을 순간적으로 엿보기도 하고 말이다. 하지만 성악가들은 별로 높은 차원에서 노래하고 있다는 느낌은 받지 않는다고 했다. 그저 자신의 일을 하는 것뿐이니까.

"노래할 때 감정적이 되진 않아요." 로즈가 말했다. 혹은 아주 가끔만 그럴 뿐이라고 했다. 특히 슈베르트에 크게 감동했었다고 말했다. "하지만 제가 오페라를 할 때면, 노래에 별로 감정이 실리진 않아요. 글쎄, 플라시도 도밍고(Placido Domingo) 정도의 성악가면, 항상 온몸에 감정이 전율하지 않을까요? 정말로 감정적인 차원에서 노래하기도 하고요. 저는 관객들을 감동하게 하는 법은 아는지 모르지만, 스스로 감정을 느끼지는 못해요. 관객들로부터 알맞은 반응을 이끌어내기 위해 어떻게 해야 하는지는 알아도요."

이 말에, 그의 일이 약간 노동같이 느껴졌다.

"노래가 제 일이에요. 제 일을 잘하는 게 너무 좋죠. 이 공연은 제 커리어에서 궁극의 도전 같은 겁니다. 제 고향의 오페라 하우스인 이곳에서 말이죠. 이곳은 영국의 오페라 성지와도 같아요. 여기에 왔으니, 최대한 실력 발휘를 하고 싶지요." 로즈가 말했다.

아마도 로즈의 성공 비결은 그가 항상 지녀왔던 추진력과 집념 때문은 아닐까? 그가 타고난 재능을 원인으로 내세우길 그토록 꺼려한다면. "전 성공을 위해 노력하죠. 제가 하는 모든 일을 잘하려고 노력하고요. 성공하는 이들에게 깊이 새겨진 태도가 이런 게 아닐까요. 바로 집념이죠. 학생 때부터 성공은 제게 집착과도 같았어요. 지금은 그런 게 덜하지만." 그가 말했다.

성악가로 성공하려면 적절한 태도를 지녀야 한다고 로즈는 말을 이었다. "마치 수녀나 승려가 되는 것 같은 헌신을 해야 하지요. 제대로 하려면 희생이 따르는 법이거든요. 그만큼 힘든 일이에요."

자신의 말 속에, 음악적 성공이 유전적 요인에 기인한다는 가장 강력한 증거의 하나가 담겨 있음을 로즈는 알았을까?

미리엄 모싱은 카롤린스카 연구소의 뇌 과학부 교수이다. 그녀는 1959년부터 1985년 사이에 태어난 쌍둥이들에 대한 방대한 데이터베이스를 살폈다. 그런 뒤, 음악적 능력에서 훈련과 유전자가 차지하는 상대적 중요성에 대한 자료를 추려냈다. 일반적인 관점은, 아이들에게 예를 들어 가창이나 피아노 훈련을 조금 시키면, 처음에는 그 실력 차가 타고난 것이라는 거다. 에릭슨이라면 이에 대해 훈련이 몇 달 혹은 몇 년 계속되면 유전적 차이는 새 기술을 익히는 아이들에 의해 따라잡힐 거라 주장할 것이다. 결국, 훈련이 실력 차의 가장 중요 원인이 될 거라고 말이다. 하지만 모싱은 이런 견해는 너무 급진적인 환경론적 관점이라고 지적했다. 그러면서, 훈련만으로는 전문성을 충분히 키울 수 없음을 뒷받침하는 수많은 증거들이 있다고 언급했다.

모싱의 연구팀은 쌍둥이들에 대한 데이터베이스 속의 인물들에 연락해서 혹시 악기를 다루거나 정기적으로 노래를 한 적이 있는지를 물었다. 만약 그랬다면, 나이별로 얼마나 오래 연습을 했는지도 물었다. 연구팀은 결국 1,211쌍의 일란성 쌍둥이들과 1,358쌍의 이란성 쌍둥이들에게서 답변을 받았다. 또한, 이 참가자들에게는 음감 그리고 멜로디 및 리듬 식별 같은 음악적 적성에 대한 점수도 매겨졌다. 쌍둥이들은 유전자 전체, 혹은 그 반 정도를 공유하는 데다, 자라난 환경까지 거의 같다. 따라서 음악적 능력 같은 특성을 살펴보고, 얼마나 유전 또는 훈련에 의해 영향을 받았는지를 판단할 수 있는 것이다.

연구 결과, 모싱은 음악적 훈련의 40퍼센트에서 70퍼센트 정도가 유전에 의한 것임을 밝혔다. 음악적인 '훈련'임을 알아두길 바란다. 즉, 연습을 하려는 '성향'도 유전적으로 설명 가능하다는 것이다. '연습이 완벽을 만든다'라는 상식에 반하는 더 놀라운 사실이 또 있다. 바로 일란성 쌍둥이에서는 연습양이 달라도 음악적 능력차로 이어지지 않는다는 것이다. 이는 마치 앞서 지능에 대한 장에서 살펴본 것과 비슷한 상황이다. 만약 일란성 쌍둥이를 태어나면서부터 다른 환경에서 양육하면, 이들의 학업 성취는 각자의 학교 및 가정환경보다, 서로 간에 더 높은 상호 연관성을 나타냈었다. 여하튼 모싱은 자신의 연구 결과를 『심리과학 학술지 *Psychological Science*』에 '연습은 완벽을 낳지 않는다: 연습과 음악적 능력 간의 상관관계는 없음'이라는 제목의 논문으로 실었다.[9]

모싱의 연구는 햄브릭의 전문성 연구소에서 실시한, 850쌍의 쌍둥이들을 대상으로 한 또 다른 연구의 후속 연구였다. 햄브릭은 1960년대에 이들이 얼마나 음악 연습을 했는지, 어느 정도의 성과를 거뒀는지에 대한 설문 조사를 했다. 만 시간의 법칙을 뒷받침하기 위해 자주 언급되는 예가 비틀스가 함부르크(Hamburg)에서 강도 높은 합주를 하던 시기에 보낸 시간임을 상기할 필요가 있다.[10]

햄브릭은 텍사스 대학교 오스틴 캠퍼스의 엘리엇 터커-드롭(Eliot Tucker-Drop)과 함께 1962년의 내셔널 메릿 장학 프로그램(National Merit Scholarship) 시험을 위해 수집된 자료들을 살펴보았다. 설문에 응한 쌍둥이들은 평균 나이 17세로, 음악 연습에 쏟은 시간과 이룬 성과에 대한 답을 했다. 답안의 범위는 '학교, 시도, 국가 대회에서 우수 혹은 최우수의 평가를 받음'부터 '전문적인 오케스트라와 협연함'까지로 다양했다. 일란성과 이란성 쌍둥이들의 답변을 바탕으로, 햄브릭과 터커-드롭은 음악적 훈련과 성과에 있어 유전자와 환경의 영향에 대한 자료를 추려냈다.

그 결과, 이들은 사람들이 연습에 쏟는 시간의 약 4분의 1 정도 차이가 유전적 요소로 설명이 가능함을 발견했다. 즉, 일어나 연습을 하고자 하는 원동력의 4분의 1이 유전적인 영향을 받는다는 말이다. 나아가, 이들은 연습이 타고난 재능의 작용을 극대화시킴도 밝혔다. 한마디로, 유전자가 얼마나 연습할 것인지 그리고 얼마나 음악으로 성공할 것인지에 영향을 미친다는 것이다.[11]

필자는 한 번도 가창 수업을 받아본 적이 없다. 게다가 고작 차 안에서 혼자 노래를 부르는 게 전부다. 내 아내는 나처럼 노래 듣기를 좋아하는 사람이 음악에 어떠한 적성도 없다는 걸 희한하게 여긴다. 물론, 나도 일본에 있었을 땐 노래방에 자주 갔었다. 연구소에서의 식사나 과학 컨퍼런스 후에 동료들과 함께 말이다. 일본 동료들은 내게 〈Yesterday〉를 불러달라 청하곤 했다. 영국 출신이 부르는 걸 듣고 싶다는 거였다. 일본에서는 아직 이 곡이 엄청난 인기였다. 내가 망치는 노래를 들어야 하다니, 어쩐지 동료들이 불쌍했다. 하지만 그렇게 몇 개월 지나니 신기한 일이 생겼다. 내 목소리가 점점 트이기 시작한 거다. 물론 내가 부를 수 있는 음역대의 노래를 골라 부르는 법을 터득해서이기도 했다. 내 18번은 '스타맨[Starman, 데이빗 보위(David Bowie)의 노래]'이나 '라잇 마이 파이어[Light My Fire, 도어즈(doors)의 노래]'였다. 하지만 한편으론, 내 실력이 그저 좋아진 것도 있었다. 나조차도 연습을 하니 나아진 거다. 물론 그래봤자 아주 조금이겠지만 말이다. 노래방에서도 내가 내는 소음과 노래를 정말 잘 하는 사람이 내는 감정적인 사운드의 대조는 엄청났으니 말이다. 여하튼 햄브릭과 터커-드롭의 논문 마지막 부분은 나를 의문에 싸이게 했다. 만약 가상현실이라면, 나조차도 팝스타가 될 수 있다는 걸까? 이러한 결과들은 음악적인 훈련 및 연습을 거치지 않은 아이들에게 숨겨진 재능 혹은 최소한 재능에 대한 가능성이 있을지도 모름을 시사한다. 발견 및 실현되지 않은 재능이 말이다.

한편, 모싱은 왜 로즈와 같은 전문 성악가를 비롯한 많은 이들이 아직도 연습의 힘을 믿는가에 대한 수수께끼를 풀었다. "사실 그들이 옳아요. 연습이 없었다면, 그 자리에 오르지도 못했을 테니까. 정말로 열심히 연습해야 하거든요." 모싱이 말했다.

물론 아무도 연습의 엄청난 중요성에 의문을 던지지 않는다.

다만, 연습만으로는 정상에 오르는 걸 보장할 수 없다는 거다. "연습만 충분히 한다면, 누구나 뭐든지 이룰 수 있다는 건 그럴싸한 생각이죠." 모싱이 말했다. "연습이 어떠한 한계도 극복하게 하는, 우리가 이용 가능한 환경적 요소라는 건 정말 유명한 주장이에요."

모싱은 이 책을 통해 필자가 만난 많은 이들이 선천적인 놀라운 재능을 지녔고, 그 재능을 어려서부터 잘 키워온 거라 추측하고 있었다. 혹은 이들의 부모님이 재능을 발달시켰다고 말이다. "사람들은 정말로 주체성(agency)이라는 느낌을 좋아해요. 만약 성공을 거두면 그에 대한 주체성을 주장하는 거예요. 마치 소유권을 획득하듯이. 하지만 많은 경우 그건 사실이 아니에요. 오히려 성공의 주된 예측 변수는 부모님의 사회경제적 상황이지요."

캐나다 태생의 소프라노인 바바라 해니건(Babara Hannigan)은 가장 유명세를 타는 현대의 성악가들 중 한 명이다. "제 음악성과 가창 능력은 매우 자연스럽게 발견됐어요. 저와 형제들이 어렸을 때, 어머니가 같이 노래를 부르시곤 했거든요. 저는 전혀 신동이 아녔어요. 그런데 어머니가 저희들이 노래 부르는 걸 녹음하셨죠. 그래서인지 말보다는 멜로디를 기억을 잘 했어요. 말문이 트이기 전에 노래부터 시작했거든요. 오늘날, 저와 제 오빠, 언니는 모두 음악인이죠. 제 부모님은 아니셨지만." 성악가이자 지휘자이기도 한 그녀는 세계 유수의 오케스트라 및 지휘자들과 일해왔다. 또, 여러 세계 최대의 무대에서 노래를 불렀다.

해니건은 열 살 때, 음악가가 되리라고 마음먹었다고 한다. 매튜 로즈가 수영이나 골프에 관심을 뒀던 것과는 달리, 그녀는 자신이 진정 좋아하고 잘하는 것을 찾느라 이것저것 시도하지 않은 셈이다.

나중에 나는 해니건이 작곡가 조지 벤저민(George Benjamin)이 쓴 현대 오페라인 〈리튼 온 스킨〉에서 아그네스(Agnès) 역을 맡아 노래하는 걸 볼 예정이다. 아그네스는 정말이지 특별한 역이었다. 오로지 해니건을 위한 역이자, 그녀만이 창조할 역이었다. 아그네스는 문맹이자 탄압받는 부인으로, 연하의 남자와 만남으로써 자유를 얻는 여인이다. 그리고 그 만남을 연인의 심장을 먹어치움으로써 끝맺는다. 『르 몽드 Le Mond』에서는 〈리튼 온 스킨〉을 "우리 시대의 오페라 명작"[12]이자 "최근 이십 년간 쓰인 최고의 오페라"[13]라 극찬했다. 또 『오페라 뉴스 Opera News』에서는 해니건을 "오늘날 가장 놀라운 음악 예술인의 한 명"이라 치하했다. 그런가 하면 네덜란드의 신문인 『드 텔레그라프 De Telegraaf』에서는 해니건이 "온몸으로 음악을 뿜어낸다"고 평하기도 했다.

나는 해니건과 아침나절에 만났다. 그녀는 그날 저녁에 노래할 예정이었다. 목에는 얇은 스카프를 두르고 있었는데, 문득 가수 아레사 프랭클린(Aretha Frankiln)이 공연 전 목에 뭔가를 두른 걸 본 기억이 났다. 앞서 로즈도 성대의 중요성에 대해 언급하지 않았는가. 이런 식으로 조금씩 공연을 위한 준비를 하는 듯했다.

"저는 아주 천천히 워밍업을 하는 편이에요. 느긋하게 스트레칭을 하고, 호흡 및 발성을 연습하죠. 그러고는 끊임없이 허밍을 해요."

그러더니 그녀는 한 음계를 허밍해 보였다. 갑자기 목 뒤의 털

이 쭈뼛 서는 기분이었다(등골이 오싹하는 이 좋은 기분, 누군가 귀에 귓속말을 할 때도 느낄 수 있는 이 느낌은 '자율 감각 쾌락 반응(autonomous sensory meridian response)'이라 부른다. 이 느낌을 느끼려고 적극 노력하는 이들도 있을 정도다).[14] 그저 그녀의 허밍만으로도 매혹되는 바람에, 그녀가 그 뒤에 한 몇 마디는 잊어버렸다. 대화를 녹음하고 있던 게 천만다행이었다. "워밍업이라는 건 내 악기 전체를 깨우는 것이죠. 단지 흉곽(rib cage)이나 성대, 호흡 어느 하나에만 집중하는 게 아니라 전체에 관한 것이에요. 나의 온 감정적, 감각적, 지적 그리고 신체적 존재 말이죠. 이렇게 모든 것을 깨워요. 단 한 번에 모든 걸 자극시키는 거죠." 해니건이 말했다.

그녀가 노래하는 걸 들으니, 매튜 로즈가 했던, 아기들이 큰 소리를 내기 위해 몸 전체를 쓴다는 말이 떠올랐다. 물론 그녀의 노래 소리가 아기 울음 같았단 뜻은 아니다. 그녀의 몸이 작고 가녀린 데 비해, 체구에 어울리지 않는 큰 소리를 냈기 때문이다. 해니건은 정말이지, 자신의 목소리에 대한 컨트롤이 탁월했다. 그녀는 이 능력을 '악기(the instrument)'라 표현했다. 내게는 마치 그녀가 신시사이저를 연주하거나, 믹싱 데스크(mixing desk, 음을 믹싱하는 장비) 앞에 앉아 있는 것처럼 보였다. 그 정도로 그녀는 완벽한 컨트롤을 하고 있었다.

하지만 이러한 비유가 미처 담아내지 못하는 게 있다. 바로 '공연의 마법'이라는 측면이다. 이는 과학적 용어는 아니지만 내 뜻을 충분히 표현하는 말이다. 해니건은 매혹적인 카리스마와 당당함을 지녔기 때문이다. 그것은 사람들의 마음을 완전히 사로잡는 것이었

다. 나는 그런 그녀의 자질이 어디서 오는지 알고 싶었다. 물론 객관
성을 잃지 않은 채 말이다. 그래서 나는 그녀에게 어떻게 평범한 가
수에서 전문적인 솔로이스트가 되었는지를 물었다.

"저는 항상 음악에 대한 열정이 있었죠. 음악은 제게 음식과
도 같아요. 사실 저는 싫어하는 음식은 절대 안 먹거든요. 굶지 않
는 이상. 노래도 제가 좋아하는 노래만 불러요. 그러니 열정을 다해
부를 수밖에요. 그 열정이 에너지와 가능성을 가져다주죠. 마치 공
중제비라도 할 수 있을 듯한 넘치는 에너지를요. 그런 흥분 상태에
서는 별의별 일을 다 할 수 있잖아요? 하지만 세금을 계산한다던가
하는 지루한 일을 할 땐, 별 특별한 일을 못 하죠. 결국, 무언가에
열정이 있으면 그만큼 에너지가 더 샘솟는 거예요."

그녀의 부모님은 항상 그녀가 '이루 말할 수 없는 기쁨'을 지녔
다고 말해오셨다. 그래서 더 큰 기쁨을 세상에 가져다준다고 말이
다. '기쁨'이 해니건의 부모가 그녀와 연상 짓는 단어였다. 그런 성격
덕에 그녀가 일반적인 훈련받은 훌륭한 타 가수들 위에 우뚝 서게
되었는지 모른다.

"그런 것 같네요. 왜냐면 일하러 갈 때마다, '이럴 수가, 이 얼마
나 멋진 곳이야. 이렇게 멋진 음악가들과 일하러 들어가다니'라고
생각하거든요. 그리고 제 최선을 다하는 거죠." 해니건이 말했다.

해니건이 생각하는, 자신의 타고난 장점은 뭘까?

"물론 음악가들과 함께 열심히 일하죠. 저는 피아노도 배웠고,
성가대에서 노래도 불렀었고요. 하지만 진정 제가 타고났다고 생각
하는 능력은, 제가 하는 일을 채찍질할 수 있는 에너지와 욕구예요.

그리고 호기심이지요." 그녀가 말했다.

로즈와 마찬가지로, 그녀도 얼마나 열심히 연습하는지를 강조했다. "가끔 지휘자가 절 보고 '당신은 정말 천재야!'라고 하지요. 하지만 제 생각은 달라요. 저는 정말로 열심히 연습하거든요. 그리고 열심히 연습하려는 욕구는 일에 대한 애정으로부터 오고요."

나는 미리엄 모싱에게, 그녀의 연구를 바탕으로 볼 때 음악적인 성공에 영향을 미치는 요소는 뭔지를 물었다. "물론 그 하나는 유전적 자질이지요. 그리고 유전적 자질에는 뭔가를 무척 열심히 하려는 욕구와 관련된 능력도 포함돼요." 모싱이 말했다.

모싱과 해니건 모두 앤절라 더크워스(Angela Duckworth)가 주장한 '그릿(grit)'[15]이라는 개념에 부합하는 의견을 낸 셈이다. 더크워스는 현재 필라델피아 소재 펜실베이니아 대학교(University of Pennsylvania)의 심리학과 교수이다. 그릿이란, 무언가를 성취하고자 하는 투지와 인내심 그리고 자신의 일을 사랑하는 열정을 의미한다.[16]

모싱은 유전 대 양육 및 환경의 논쟁에서 쉽게 무시되지만, 말하는 순간 명백해지는 사실을 지적했다. "저는 양육의 논점에서 중요한 게 **빠졌다고** 생각해요. 바로 양육 환경은 유전자와 밀접한 상호 연관이 있다는 점이죠. 우리는 부모님으로부터 유전자를 물려받지요. 그리고 부모님은 그분들의 유전자에 의해 영향을 받은 양육 환경을 마련해주고요. 어떻게 보면, 우리는 유전과 상호 연관을 지니는 환경에 태어나는 것과 같아요. 만약 내가 음악적 능력이 뛰어나다면, 부모님도 음악에 뛰어난 것처럼요."

그렇다면, 해니건이 스스로 타고났다 여기는 성공 욕구가 그녀의 어린 시절 환경과 밀접하게 연관된 예를 살펴보기로 하자. 그녀의 어머니는 단 14개월 안에 세 명의 아이를 낳으셨단다("상상이 가세요? 기저귀 찬 아기가 세 명이라니" 해니건은 말했다). 그래서 엄청나게 체계적으로 생활하셨다. "냉장고와 오븐에 우리 각자의 이름이 쓰인 스케줄 표를 붙여놓으셨죠. 모든 게 분 단위로 진행됐어요. 기상, 바바라 이 닦기, 라이언 피아노 연습하기 등. 모든 게 째깍째깍 돌아갔죠. 우리 일상의 매순간이 계획되어 있었어요. 놀이 시간이나 취침 시간까지. 그렇게 안하셨으면, 학교 가기 전에 15분간을 피아노 연습할 아이가 있을까요?"

이런 철저한 스케줄 짜기 습관은 그녀의 일상이 됐다. 해니건의 매일 일과는 정확히 계획된다고 한다. 몇 주 전부터 말이다. "제일의 스케줄도 그런 식으로 잡죠. 연습 세션부터 제가 해야 될 모든 일들을요. 아주 어린 나이부터 그런 훈련을 받았으니, 쭉 그렇게 하고 싶었던 거예요. 실제로 그렇게 하고 있고요." 해니건이 말했다.

여태껏 살펴봤듯, 누구도 연습의 중요성과 그릿의 필요성을 부인할 수는 없을 거다. 하지만 환경론의 극렬 신봉자들이 간과하는 점은, 보다시피 연습과 그릿마저도 유전의 영향을 받는다는 것이다. 모싱의 연구들이 이를 아주 극적으로 증명하지 않았는가. 그렇다면, 이제 논쟁의 핵심은 유전자들 자체를 어떻게 확인할 수 있는지일 것이다. 그리고 이 논쟁이야말로 현재 전 세계를 휩쓰는 중이다.

몽골은 남쪽으로는 중국, 북쪽으로는 러시아 사이에 낀 나라로, 세상에서 가장 인구밀도가 낮은 나라이다. 몽골은 대개 외부 인종이 섞이지 않은 단일 민족으로 구성되어 있다. 또, 대가족을 이루는 경우가 많으며, 식단이나 건강 관리 및 아이들의 교육 방식 등의 환경적 영향이 모두에게 거의 동일하다고 볼 수 있다. 그러니, 몽골은 유전자를 연구하려는 이들에게 이상적인 지역이 아닐 수 없다.

그중 몽골의 도느로드(Donrod) 지방 내 다시발바르(Dashbalbar) 구역은 1평방킬로미터당 0.37명의 인구가 거주하는 지역이다(대조적으로, 영국은 1평방킬로미터당 256명이 산다. 한편, 미국의 땅은 영국보다 훨씬 더 드넓음에도 1평방킬로미터당 35명이 거주한다). 이 지역의 인구가 이처럼 희박함에도, 한국의 서울대학교 유전체의학연구소 소장인 서정선은 일흔세 가족으로부터 천 여덟 명을 모집하는 데 성공했다. 그리고 이들에게 음악적 능력에 대한 유전적 영향을 탐구하기 위해 고안된 여러 테스트를 받게 했다. 서정선은 GENDISCAN(GENe DI Scovery for Complex traits in large isolated families of Asians of the Northeast, 고립된 북동아시아인 대가족 내 복잡한 유전적 특성 탐구) 연구팀의 일원이기도 하다.

연구의 참가 대상자들은 모두 게놈 분석을 받은 뒤, 음악적 능력에 대한 시험을 치르고 점수를 받았다. 우선, 음감 생성 정확도 테스트(pitch-production accuracy test)에서는 참가자들이 헤드폰을 통해 음을 듣고 이를 따라 소리를 내보았다. 서정선 연구팀은 실험 결과 데이터에 전체유전체 상관분석연구(Genome-wide association study)를 실행했다. 이 연구는 특정 유전자 변이와 특정 특성과의 연결고리를 찾는 것으로, 특정 질병에 대한 유전적 영향을 밝혀내기 위해 자주 이용되고는 한다. 물론 이 연구에서는 음악적 재능에 대한 연결고리를 찾기 위한 정보가 추려졌다. 예를 들어, 연구팀은 뇌 발달에 관여하는 UGT8이라는 유전자와 음악적 능력 간의 연결성에 대한 증거를 찾았다.[17] UGT8은 4번 염색체 상에 위치하는데, 이는 이제 소개할 유전학과 음악적 재능 간의 관계에 대한 한 핀란드의 연구에서 부각시킨 부위와 동일하다.[18]

이르마 자벨라(Irma Jävelä)는 핀란드의 헬싱키 대학교(University of Helsinki)에서 음악적 특성의 유전학을 연구하고 있다. 우리 모두가 알듯이, 음악성은 개개인마다 차이가 있다. 자벨라의 연구팀은 거의 아흔여덟 개의 가계도 내 거의 천 명에 이르는 데이터베이스를 작성했다. 음악성 차이의 저변에 존재하는 유전학을 탐구하기 위해서였다. 자벨라는 참가자들에게 음악성을 평가하는 세 가지 테스트를 받게 하고, 상세한 설문지를 작성하게 했다. 또한, DNA 분석을 위해 이들의 혈액 샘플도 채취했다. 자벨라는 이 연구의 결론을 그녀의 웹사이트에 기재한 바 있다. "우리 연구팀은 핀란드의 다세대 가정들에서 음악 테스트 점수 유전의 약 50퍼센트가 유전적 요인에 의해 설명됨을 발견했습니다."

자벨라는 또한 음악 및 감각의 유전에 대한 백 가지 이상의 연구들에서 유전적 데이터를 추려냈다. 사람뿐만 아니라 새와 같은 여러 동물에 대한 연구들을 포함하는 것이었다. 그러고는 음악적 능력에 가장 영향을 끼칠 법한 유전자들에 주목했다. 이 유전자들에는 인지, 학습 및 기억에 관여하는 것들이 포함됐다. 그중 여러 개는 뉴런의 기능 및 활동에 관여하는 것들도 있었다.[19]

하지만 자벨라의 연구와 같은 연구는 아직 매우 초기 단계이다. 그리고 그 영향력도 아직 제한적이다. 즉, 유전자와 특성 간의 연결 고리가 여전히 임의적이라는 뜻이다. 또한 한 연구가 다른 연구와 의견이 일치하지 않기도 한다. 예를 들어 자벨라의 최신 연구는 4번 염색체 상의 여러 유전자들을 꼽았지만, 앞서 몽골 연구에서 발견한 UGT8은 이에 포함되지 않았다.

미리암 모싱은 이런 류의 연구에 아직은 너무 큰 의미를 부여하지 말라고 경고했다. 표본이 너무 작기 때문이다. 어떤 복잡한 특성에 연결성을 갖는 유전자들의 강력한 예를 찾는 것은 어려운 일이다(이를 앞서 '지능' 장에서도 확인했지만, 앞으로 '행복' 장에서도 보게 될 거다). 그렇기 때문에 한 연구에서 주목하는 유전자에 대한 예측이, 타 연구에서 동일하게 나타나지 않는 것이다. 모싱에 따르면, 몇 년 전만 해도 유전학자들은 어떤 특성에 큰 영향을 미치는 유전 변이를 찾을 수 있을 거라 믿었다. 예를 들어, 음악 능력에 영향을 주는 유전변이가 하나 있다는 식으로 말이다. "하지만 지난 몇 년 동안, 대부분의 복잡한 특성들에 대해 과학자들이 찾아낸 변이들은 각 특성의 최대 약 1퍼센트 정도만을 설명할 뿐이에요." 모싱이 말했다.

지능의 경우와 마찬가지로, 음악적 능력과 연관된 유전자 변이들도 수백 개는 족히 될 거다. 물론 그런 변이들이 엄연히 존재하기에, 사람들은 계속 탐색을 시도할 것이고 말이다. "그렇다고 미래에 어떤 사람에게 유전자 테스트를 한 후에, '이 사람은 이런 특정 유전자를 지녔으니 음악가로 진로를 정해야 할 거요'라고 말하기는 힘들지 않을까요?" 모싱이 말했다. 대신, 한 사람의 게놈 전체를 보고, 음악적 능력에 도움이 될 말한 변이들이 충분히 존재하는지를 볼지 모른다. 다만 그 결과를 예측하지는 못할 거라는 것이다.

게리 맥퍼슨(Gary McPherson)은 프랜시스 오몬드(Francis Ormond) 기부금의 수혜를 받는 음대 교수로, 멜버른 음악원(Melbourne Conservatorium of Music)에 재직 중이다. 또, 그는 멜버른 음악원의 이사직을 맡고 있기도 하다. 멜버른 음악원은 호주에서 가장 오래되고 권위 있는 음악 기관이다. 여하튼, 바바라 해니건과 매튜 로즈는 앞서 자신들의 능력보다는 고된 훈련이 더 중요하다고 말한 바 있다. 하지만 커리어 내내 수천 명의 학생들과 전문 음악인들을 가르치고 목격해온 맥퍼슨은 이렇게 말한다. "물론 모든 직종의 전문가들이 그 위치에 오르기까지 고된 훈련을 거치지요. 하지만 제가 보기엔, 발달 단계에 영향을 미치는 타고난 능력이 있는 듯해요. 또, 능력 형성에 작용하는 유전적 영향도 있어 보이고요. 한편, 저는 동기(motivation)에 많은 관심이 있습니다. 무엇이 한 사람을 만 시간이나 연습에 매진해서 경지에 이르도록 하는지에 대해서 말입니다. 고도의 가창 및 음악적 능력은 단순히 일정 시간을 연습하는가의 여부로 설명 가능한 게 아니니까요."

그러면서 맥퍼슨은 내게 지난 삼십 년간 프랑소이 가니에(Françoys Gagné)에 의해 개발된 한 능력 모델(model of ability)에 대해 언급했다. 가니에는 현재는 은퇴했지만, 오랜 시간 몬트리올 대학(University of Montreal)에서 심리학자로 재직한 바 있었다. 이 모델은 '재능과 영재성 구별 모델(differentiating model of talent and giftedness, DMTG)'로 불리며, 능력의 바탕에는 생물학적 원인이 있음을 인정한다. 즉, 음악적 능력에는 강력한 유전적 바탕이 존재한다는 것이다. 그럼, 이에 뒷받침하는 한 예를 살펴보기로 하자. LL이라 불리는 한 맹인 소년의 이야기다. LL은 비록 IQ가 58에 불과했지만, 여덟 살 때부터 피아노를 치기 시작했다.

> 어느 날 저녁, 열네 살이던 LL은 생애 처음 차이콥스키의 피아노 협주곡 1번을 들었다. 티브이에서 나오는 영화의 테마곡이었던 것이다. 그 후, 저녁 늦게 LL의 양부모님들은 깜짝 놀라지 않을 수 없었다. LL이 협주곡을 처음부터 끝까지 완벽하게 피아노로 치고 있었기 때문이다. 단지 한 번 들었을 뿐인데도 말이다. 그때부터 LL의 레퍼토리는 수천 곡으로 늘어갔다. 전부 기억에만 의존한 것이었다. LL의 피아노 연주를 목격한 전문 음악인들은 LL이 '음악의 규칙'을 본능적으로 천성적으로 아는 것 같다고 진단했다.[20]

이팅탄(Yi Ting Tan)은 맥퍼슨의 멜버른 음악원 동료이다. 그녀는 음악적 능력의 유전적 요소에 대한 학술 문헌 검토를 실시했다. 그러고는 가창, 음악적 지각, 절대 음감, 음악적 기억력 및 청음, 심지어 합창단 활동에조차 여러 유전자들이 관여함을 알아냈다. 이 유전자들은 8번, 12번 그리고 17번 염색체 상에 흩어져 있었다. 그리고 4번 염색체에는 군집을 이루며 존재했다.[21]

"우리의 성도(vocal tract)의 모양과 성대주름(vocal folds)의 길이는 유전적인 영향을 받지요. 또한 음색(vocal timbre)에도 유전적 바탕이 존재하고요." 이팅탄이 가족 간에 목소리가 비슷한 일이 흔하다고 지적하며 말했다. "어떤 이들은 그저 더 나은 목소리 특징을 타고난다고 인정할 필요가 있어요. 이런 사람들이 더 훈련을 받으면 음악적으로 성장하는 거고요."

또한, 그녀는 강한 동기와 성실성 같은 성격적 특성들도 유전적 영향을 받을 확률이 크다고 언급했다.[22] 그러니, 전문적인 가수로 성공하려면 알맞은 유전자를 타고나야 하는 게 아닐까.

사실, 필자는 앞서 '다인성 유전자-환경 상호 모델'이 '특정 분야에서 전문가 되는 법'에 대한 가장 인상 깊은 과학적 설명 방법은 아니라고 언급했었다. 독일 카이저스라우테른 대학교(University of Kaiserslautern) 스포츠 과학부 소속 아르네 귈리히(Arne Güllich)의 놀라운 연구를 접했을 때도 그렇게 생각하지 않을 수 없었다.

귈리히는 세계 정상급 운동선수들의 실적에 대한 분석을 했다. 올림픽 및 국제 대회에서 메달을 획득한 83명의 선수들을(표본에는 올림픽 금메달 및 세계 챔피언 획득 선수들이 포함됐다.) 기량은 뛰어나지만 메달을 따지 못한 선수들 80여 명과 비교해본 것이다. 귈리히는 선수들을 나이, 성별, 종목별로 매칭시킨 뒤 설문지 조사를 실시했다. 그리고 각각의 선수들이 연습 및 훈련에 쓰는 시간도 기록했다. 결과는 어땠을까? 놀랍게도 전자의 선수들이 후자의 선수들보다 자신의 주 종목을 더 늦게 택했음이 드러났다.

뿐만 아니라 어린이 및 청소년 시절 주 종목에 대한 훈련도 더 적게 받았다고 한다. 메달리스트들은 자신의 주 종목 이외의 종목에 더 많은 연습 및 훈련을 한 것이었다. 즉, 타 종목을 꾸준히 연습하기는 했지만, 주 종목으로의 전환은 후에 이뤄졌기 때문이다. 귈리히는 이 연구를 2016년 『스포츠 과학 저널 *Journal of Sports Sciences*』에 실었다.[23]

왜 갑자기 음악 얘기를 하다 스포츠 과학으로 빠졌는지 의아해할지 모른다. 그 이유는 퀼리히가 스포츠에서 나타나는 패턴이 다른 분야에도 동일하게 나타난다고 했기 때문이다. "'다중 표본과 기능적 매칭(multiple sampling and functional matching)'의 원리는 엘리트 스포츠에만 국한된 것이 아니다. 음악, 예술, 과학 분야에도 나타난다"라고 퀼리히는 말했다. 물론 이러한 주장이 그가 스포츠 분야에서 직접 모은 데이터보다는, 각 분야 동료들의 연구들을 바탕으로 한 것이긴 했지만 말이다.

퀼리히의 주장을 뒷받침하는 증거 중 일부는 캘리포니아 대학교 데이비스 캠퍼스(University of California, Davis)의 심리학 교수인 딘 키이스 시먼턴(Dean Keith Simonton)으로부터 온 것이었다. 시먼턴은 베토벤에서 모차르트, 베르디와 바그너에 이르는 고전 작곡가 49명의 오페라 총 911편을 감상했다. 그런 후, 이들 중 가장 성공적인 작곡가들은 여러 장르를 혼합한 이들이라는 결론을 내렸다. 시먼턴은 이 주제에 대한 논문을 『발달 심리학 리뷰 *Developmental Review*』[24]에 기재했다. "아마도 지적인 교차 훈련(cross-training)이 과도한 훈련의 부작용을 완화시키는 순기능을 하는 걸로 보인다."

퀼리히는 이러한 효과를 일으키는 메커니즘이 뭔지는 명확하지 않다고 했다. 하지만 여러 가지를 시도하는 게, '계란을 모두 한 바구니에 담지 않는 것'과 사실상 동일하다고 주장했다. "그렇게 함으로써 선수는 특별히 '더 잘 맞는' 주 종목을 정할 확률이 높아지지요. 물론 잘 맞는다는 게 더 나은 실적일 수 있어요. 하지만 더 잘 맞는 코치라던가 동료 선수들일 수도 있지요. 나아가 과도한 움직임으로 인한 부상의 위험도 감소하고요. 한 선수가 여러 종목을 넘나들며 훈련을 하면, 다양한 배움으로부터의 경험을 활용할 수 있지요. 그래서 자신에게 최고로 잘 맞는 훈련법을 개발하는 겁니다."

궐리히는 또한 안데르스 에릭슨의 전문성에 대한 견해에도 흥미로운 주장을 펼쳤다. 에릭슨의 1993년의 최초 논문에 한계가 있다는 것이었다. 예를 들어, 에릭슨과 동료들은 정상급 솔로이스트들이 아닌, 초보 음악인들을 대상으로 연구했다. 또한, 에릭슨이 의미하는 '의도적인 훈련'은 음악인들의 어린 시절 활동을 일컬었다. 하지만 그런 항목은 회상에 의존하기에 기록하기 어려운 부분이다. "오늘날에는 에릭슨의 '의도적인 훈련 이론'의 정당성에 문제를 제기하는 여러 연구들이 있어요. 적어도 엘리트 스포츠 학계에서는 말이지요."

한편, 에릭슨도 궐리히 그리고 햄브릭의 연구에 문제를 제기했다.[25] 그에 따르면, 주된 문제는 이 두 저자들이 '의도적인 훈련'과 그저 아무 종류의 훈련 및 연습을 구별하지 않은 데 있다. 전자는 스승이 이끄는 지도 훈련 및 개인별 맞춤 연습을 일컫는다.[26] 이런 논쟁은 아마도 앞으로 쭉 이어지리라고 본다. '아메리칸 드림' 정신, 즉, 개인이 원하는 대로 무엇이든 이룰 수 있다는 정신이 달린 문제니까. 나아가 누구나 어떤 분야라도 전문가가 될 가능성이 있다는 주의인 것이다. 하지만 필자가 이 장을 통해서 깨달은 바로는, 사실 이는 힘든 일이다. 나는 절대로 오페라 가수가 될 수 없었을 거다. 또, F1 드라이버나 체스 그랜드 마스터도 마찬가지다. 물론 나는 내 전문 분야를 찾긴 했다. 하지만 모든 선택권들이 내게 열려 있던 건 아니니까. 내게 주어진 선택권들은 내 유전자들에 의해 이끌린 분야들이었다. 물론 이건 두려워해야 할 상황은 아니다. 오히려, 유전학에 대해 이해하고 자신의 장점을 적절한 분야에 쏟는 것은 개인에 힘을 싣는 일이다.

미국 매사추세츠(Massachusetts) 주 멜포드(Melford) 소재 터프스 대학(Tufts University)의 음악인지 전문 심리학자인 아니루드 파텔(Aniruddh Patel)은 가창 능력에 관여하는 몇몇 변이들은 유전적 요소를 지닌다고 말한다. "훈련만으론 뛰어난 재능을 설명하기 힘들다는 생각으로 시계추가 되돌아오는 셈이지요. 왜냐면, 사람들마다 연습 시간은 거의 비슷해도 능력차가 크게 나기 마련이니까요."

앞서 궐리히의 연구를 염두에 둘 때, 햄브릭은 자녀들의 능력을 발전시키고, 인생의 성공 확률을 높이고자 하는 부모들에게 어떤 충고를 줄 수 있을까? "이것저것을 시도해보십시오. 유전자와 환경 간의 상호작용이라는 원점으로 되돌아가는 얘기지만. 우리가 참여하는 활동에 유전자들이 영향을 미치지요. 또, 우리가 마련해놓은 환경도 마찬가지고요. 그러니, 여러 가지를 해보다 보면, 가장 잘 맞는 분야를 찾게 되기 마련입니다. 그 분야가 바로 유전자와 환경 간의 상호작용을 작동시키게 될 거고요." 햄브릭이 말했다.

다시 말해, 우리 모두 동화 속 주인공 소녀인 골디락(Goldilock)이 될 필요가 있는 거다. 다양한 사이즈의 의자와, 다양한 온도의 죽, 다양한 단단함의 침대를 시도해보면, 어떤 게 자신에게 가장 잘 맞는지를 발견하게 될 테니까.

7장

달리기
RUNNING

개인의 한계 속에서 최대한으로 자신을 연소시
키는 것. 그것이 달리기의 본질이며, 삶에 대한
메타포이다.

– 무라카미 하루키(村上春樹)

〰〰〰〰〰〰〰〰〰 　　　　　　　　"겨우 여섯 살 때부터 유치원에서 집까지 달리기를 하곤 했지요." 딘 카르나제스(Dean Karnazes)가 말했다. "달리기란 제게 자유와도 같았어요. 해방이자 세상을 경험하는 한 방식이었지요."

처음에 미국 LA의 잉글우드(Inglewood) 출신 여섯 살짜리 꼬마가 왜 달리기를 하게 되었는지에 대한 이런 설명을 들었을 때 뭔가 수상쩍을 만큼 성숙하다고 느꼈다. 왜 그런 어린 꼬마가 해방이 필요했을까? 내 생각엔, 아마도 카르나제스가 어른의 시선에서 달리기에 대한 이해를 한 것을 자신의 달리기에 대한 동기에 투영한 게 아닌가 싶었다. 결국 그는 자라서 뛰어난 육상 선수가 되었으니 말이다. 하지만 잠시 후에 그가 자신이 어려서 내성적인 난독증 아이였다고 말하는 게 아닌가. 그제야 내가 어린 카르나제스를 너무 간과하고 있었다는 생각이 들기 시작했다. 난독증 때문에 그가 어린 시절을 얼마나 많은 스트레스 속에서 힘들게 보냈겠는가. 그러니 달리기가 그에게 자유를 줬다는 게 이해가 갔다. 나는 카르나제스에게 어려서 반 친구들과 다르다는 느낌을 받았는지 물어봤다. "딱히 다른 아이들과 제가 다르다는 생각은 안 했어요. 그저 제 열정이 다른 곳에 있었을 뿐이지요." 그가 말했다.

글쎄, 그때는 다르다는 느낌을 못 받았는지 모르지만, 지금의 카르나제스는 남들과 확연히 다르다. 그의 달리기에 대한 열정은 둘째가라면 서러우니까 말이다. 그럼 그의 성과를 종합적으로 한번 살펴보자. 2005년 10월 12일, 그는 북부 캘리포니아 지역에서 마라톤을 시작했다. 그러고는 350마일을 뛰고 난 삼 일 뒤 10월 15일에야 달리기를 멈췄다. 심지어 달리기를 하는 동안 『러너스 월드 *Runner's World*』의 한 저널리스트와 인터뷰도 했다.[1] 이 인터뷰를 글로 옮긴 기록을 읽어보니, 몇 군데가 눈에 띈다. 우선 목요일 새벽 3시 29분에, 카르나제스는 스컹크들을 많이 목격했다는 보고를 했다. 또, 사슴, 붉은스라소니(bobcat), 코요테와 주머니쥐 등을 봤다는 말도 있다. 토요일 새벽 2시 21분에는 자신이 자면서 달리고 있다는 걸 깨닫는다. "갑자기 깼는데, 그만 아직도 달리고 있는 걸 깨달았지 뭡니까. 정말 희한한 건, 적어도 짧은 토막잠을 잔 듯한 기분이 들었다는 거예요." 그리고 저녁 9시 7분, 카르나제스는 총 350마일에 도달하고 있었다. "이 마라톤의 완주는 마치 유체이탈 같은 경험이었어요. 평생 해본 적 없는. 이전에도 몸에 통증이 퍼지면 퍼뜩 정신이 차려지곤 했죠. 하지만 이 마라톤의 마지막 10마일을 뛰는 동안은 완전히 몸에서 정신이 분리되는 것 같았어요." 그가 말했다.

그 뒤, 2006년 9월 17일에 그는 미국 미주리(Missouri) 주 세인트루이스(St. Louis)에서 마라톤을 시작했다. 여기까지는 평소와 다르지 않다. 그런데 문제는 그 후 장장 49일간을 매일 같이 뛰었다는 거다. 그것도 매일 다른 주를. 맨 마지막은 뉴욕 주였다. 그리고 나서 그는 (이 부분이 터무니없다) 머리를 식히고 싶다며 샌프란시스코로 간 뒤, 또 달리기 시작했다. 결국 그는 미주리 주에서 대미를 장식했다. 뉴욕 주 이후 1,300마일을 28일에 걸쳐 추가로 달린 것이다.

그런가 하면 카르나제스는 '배드워터 울트라마라톤(Badwater Ultramarathon) 대회'에서도 우승했다. 이 대회는 '세상에서 가장 험한 육상 경기'를 자처한다. 캘리포니아의 데스밸리(Death Valley)를 넘나드는, 경악할 만큼 힘든 경주이기 때문이다. 데스밸리는 지구상에서 가장 뜨거운 기온을 가진 장소라는 기록을 보유한 곳이다. 이 대회의 경주 코스는 총 135마일로, 그 시작은 해저 85미터에서 시작하여, 해상 2,548미터에 위치한 휘트니 산(Mount Whitney)의 오솔길에서 끝이 난다. 카르나제스가 경기를 치른 날의 온도는 무려 49℃에 달했다. 대조적으로, 카르나제스는 북극에서 펼쳐지는 마라톤에도 참가한 적이 있다. 평범한 러닝화를 신고서 말이다. 기온은 무려 영하 25℃였다. 그러니, 카르나제스의 이름 앞에 늘 '슈퍼휴먼 운동선수'라는 수식어가 따라다니는 게 무리가 아니다.

"저는 진심으로 누구라도 제가 한 일을 해낼 수 있다고 믿어요. 동일한 열정, 동기, 헌신과 결단력만 있다면요." 카르나제스가 말했다. "제가 사랑하는 일을 잘 하는 것뿐이니까요. 다른 분야에서 수많은 이들이 하는 방식과 다르지 않지요."

사랑이 우리를 높이 들어 올리고, 우리를 빙글빙글 돌게 하며, 사랑이 우리를 먼 길로 데려다준다. 물론 이해는 하겠다. 하지만 카르나제스 같은 울트라러너(ultrarunner)에게는 사랑보다 더 중요한 게 있다. 바로 엄청난 고난에 맞서 앞으로 돌진하게 하는, 적절한 신체를 갖는 것이다. 또, 철저한 훈련과 고통을 감당할 정신도 필요하다. 만약에 사랑이 필요하다면, 집착을 향해가는 사랑이라고 해야 맞지 않을까. 마치 중독과도 같은 것이다. 물론 나는 버스 정류장까지 밖에 뛰어본 적이 없는 사람이지만, 오해는 말기 바란다. 나는 장거리 육상 선수들에 무한한 존경을 갖고 있다. 그저 내가 도저히 할 수 없는 일이기에, 어떻게 그들이 해내는지에 대해 이해하기를 바라는 것뿐이다.

대부분의 사람들처럼, 나도 '마라톤'이라는 단어의 어원을 알고 있다. 그리스의 아테네에서 마라톤 지역에 이르기까지의 거리가 대강 42.2킬로미터(혹은 26.2마일)라는 것, 그리고 어떤 이가 그 거리를 뛰어서 그리스의 승전보를 알렸다는 것 말이다. 이제는 그 어떤 이가 페이디피데스(Pheidippides)라는 인물로 추정된다는 걸 안다. 몇몇 울트라러너들이 내게 알려줬기 때문이다. 페이디피데스는 아테네에서 스파르타까지 약 240킬로미터에 달하는 거리를 달렸다. 메시지 전달을 위해 보내진 것이다. 그런 뒤, 그는 마라톤 지역의 전쟁터에서부터 다시 아테네로 내달렸다. 그리스가 페르시아에 승리를 거뒀다는 소식을 전하기 위해서였다. 그렇게 축적된 긴 거리를 달렸으니, 그가 바로 쓰러져서 숨을 거뒀다는 게 이해가 간다. 여하튼 이때는 기원전 490년, 무려 2,500년도 더 전이다.

하지만 사실은 위의 설에는 아무런 증거가 없다고 한다. 페이디피데스의 이야기는 아마도 소문들을 여기저기 짜깁기한 것이 수 세기가 지나는 동안 살이 붙여진 게 아닐까. 뭐, 하지만 상관없다. 너무나 좋은 이야기라 사실이 틀림없을 테니까 말이다. 다른 위대한 전설들이 대개 그렇듯 말이다. 여하튼 페이디피데스의 이야기는 그 후 수많은 이들에게 영감을 주어왔다. 만약 사실이 아니었다고 해도 즉, 이야기 속 업적이 역사적인 확실성이 없다 해도 괜찮다. 지금은 사실이라 믿으니 말이다.

오늘날에는 전 세계에서 매해 수백 가지의 마라톤이 열린다. 수백만의 사람들에게, 달리기란 하나의 열정이다. 물론 일부에게는 마라톤 경기가 단발적인 행사일 수도 있다. 평생에 한 번 이루고 싶은 성취 말이다. 하지만 어떤 이들에게는 마라톤이 마치 습관과도 같다. 단순한 취미를 넘어서는 것이다. 그런가 하면 또 어떤 이들은 일반 마라톤으론 충분하지 않다고 느낀다. 이들은 마치 온전히 페이디피데스가 된 기분을 만끽하고 싶은 것이다. 이들을 위한 마라톤이 바로 앞서 언급한 '울트라마라톤'으로, 전 세계에서 십여 개가 열린다. 그중 하나가 '스파르타틀론(Spartathlon)'인데, 이는 페이디피데스가 달렸다고 하는 아테네에서 스파르타까지의 거리를 재현해놓은 경기이다. 정확히 총 246킬로미터의 거리라고 한다. 또 한 명의 뛰어난 울트라러너인 43세의 스콧 주렉(Scott Jurek)은 '배드워터 울트라마라톤 대회'와 '웨스턴 스테이츠 100마일 지구력 달리기(Western States 100-Mile Endurance Run)' 그리고 '스파르타틀론'에서 모두 우승한 경력이 있다. '배드워터 울트라마라톤 대회'의 경우 7회 연속으로 우승했을 정도다. '스파르타틀론'의 세계 신기록은 20시간 25분으로, 울트라러너의 전설인 야니스 쿠로스(Yiannis Kouros)가 보유하고 있긴 하지만 말이다. 쿠로스는 스파르타틀론의 신기록을 네 번이나 세웠다. 그래서인지 때로 '페이디피데스의 재림'이라 불린다고 한다(또 다른 별명은 '달리기의 신'이다).

극단적인 지구력 달리기에는 두 종류가 있다. 거리 혹은 시간에 따라 세분화되는 것이다. 예를 들어 전자의 경우, 100마일 로드 레이스(road race, 트랙이 아닌 도로에서 하는 경주)와 1,000킬로미터 트랙 레이스(track race), 1,000마일 로드 레이스 등이 있다. 후자의 경우에는 12시간 로드 레이스와 48시간 트랙 레이스 등이 있다. 남자 선수의 경우 수많은 기록을 쿠로스가 보유하고 있다. 그의 가장 놀라운 성과는 24시간 트랙 레이스에서 이뤄졌다고 한다.

이러한 경주들은 생각만 해도 아찔한 수준이다. 한 트랙을 끊임없이 돌고 돌아, 장장 24시간이나 달려야 하니까. 목표는 주어진 시간 안에 최대한 많이 달리는 것이다. 1997년 호주의 애들레이드(Adelaide)에서, 쿠로스는 24시간에 무려 303킬로미터(188마일)을 달렸다. 1마일당 평균 7분 39초의 속도였다는 말이다. 이는 쉬지 않고 일곱 개의 마라톤을 연달아 뛴 것과 다름없다. 한 마라톤당 세 시간을 넘지 않는 속도로 달린 셈이다. 아무도 이런 놀라운 기록에 근접한 적은 없었다. 쿠로스 자신도 이 기록이 수 세기 동안 유지될 거라 장담했다고 한다. 이쯤 되면 누군가 쿠로스의 게놈 분석을 해봐야 하지 않을까.

니콜 핀토(Nicole Pinto)는 캘리포니아 대학교 샌프란시스코 캠퍼스(University of California, San Francisco)의 '인간 수행 센터(Human Performance Center)' 소속 운동생리학자(exercise physiologist)이다. 그녀는 딘 카르나제스에게 일련의 테스트를 거치게 했는데, 혈중 젖산(blood lactate) 및 산소 소비량 테스트도 포함돼 있었다. 핀토의 생각은, 카르네자스가 일반적인 성취를 훨씬 넘어서는 수준에 도달한 만큼, 생리학적으로 그의 몸에서 흥미로운 현상이 일어날 거라는 거였다. 우선, 그녀는 운동을 할 때 일반적으로 신체에 어떤 일이 일어나는지 설명했다.

체내의 글루코스(Glucose)가 분해되면, 아데노신 3인산(adenosine triphosphate, ATP)이라는 화합물이 생성된다. 이 ATP는 근육을 수축하는 데 필요한 힘을 내기 위한 에너지의 단위이다. 이 일련의 과정에서 생성되는 부산물이 바로 젖산(lactic acid)이다. 젖산은 다시 분해되어 수소이온[hydrogen ions, 수소이온은 수소 원자(hydrogen atoms)가 전자를 잃은 뒤 만들어지는 양이온]과 젖산을 만들어낸다. 만약 이때 산소가 있다면, 젖산은 다시 글루코스로 전환되어 에너지로 쓰일 수 있다. 하지만 내 생각대로, 또 상식처럼 여겨지는 대로 젖산의 축적 자체가 근육에 문제를 일으키는 것은 아니다. 바로 수소이온의 축적이 문제이다. 혹시 마라톤 선수들이 완전히 에너지를 소모한 뒤, 몸을 비틀거리는 걸 본 적이 있지 않은가? 이렇게 다리가 후들거리는 이유는 수소이온이 조직을 산화하고 근육 수축에 관여하기 때문이다. 역도 선수나 단거리 주자와 같이 순간적인 힘이나 속도에 의존하는 선수들은 젖산이 아무리 많이 분비돼도 상관없다. 오랫동안 전력을 다해 운동하는 게 아니기 때문이다. 하지만 지구력 종목의 선수들은 다르다. 이들에게 관건은 젖산의 배출과 생성 간의 균형을 찾는 것이다. 기량이 더 뛰어난 선수들은 더 오래, 더 열심히 운동할 수 있다. 근육에 쌓이는 젖산을 재활용하는 능력이 탁월하기 때문이다. 다시 말해, 수소가 다리를 산화시키는 것을 방지하는 능력인 셈이다.

"사실 우리 연구팀이 카르네자스를 살펴봤을 때, 다른 지구력 종목 선수들에게서 발견하지 못한 점이 눈에 띄지는 않았어요. 하지만 카르나제스가 자신의 신체적 장점을 매우 효율적으로 사용한다는 걸 깨달았죠." 핀토가 말했다. 다시 말해, 젖산을 다시 글루코스로 전환하는 능력이 타 장거리 육상 선수들에 비해 월등하다는 것이다. "체내 젖산의 균형을 맞추는 카르나제스의 능력은 평균을 훨씬 웃도는 것이지요." 핀토가 말을 이었다. 따라서 카르나제스는 일반인에 비해 운동을 힘들게 여기지 않는다는 것이다.

카르나제스의 운동 스타일은 매우 효율적이며 경제적이다. 뿐만 아니라 그는 꾸준하고 안정적인 속도를 유지한다. 이 안정성이 바로 카르나제스의 성공의 핵심일지 모른다. "그는 스스로 자신의 운동 스타일에 대해 이렇게 주장해요. '저는 빨리 뛰지 않습니다. 다만 아주 멀리 달릴 뿐이죠.' 즉, 그는 장거리 달리기를 매우 효과적으로 하는 거예요. 그러니 몇 시간이나 달리고도 에너지를 재충전하기만 하면, 아마 평생 달릴 수 있을지 몰라요." 핀토가 말했다.

다시금, 나는 하나의 특성이 얼마나 선천적일 수 있는지 알아내고 싶어졌다. 또, 그중 얼마만큼이 살면서 익혀 나간 것인지도 궁금했다. 물론 카르나제스는 앞서 열정과 동기만 있다면 누구라도 그의 업적을 재현할 수 있을 거라 말했다. 하지만 그런 건 개인이 결정할 수 있는 바가 아니잖은가. 심지어 동기 및 노력도 유전의 영향을 받으니 말이다. 앞의 6장에서, 사람들이 연습에 쏟아붓는 노력의 상당 부분이 유전적으로 설명된다는 점을 상기해보길 바란다. 신체적 훈련에 쓰는 노력에도 비슷한 유전적 요소들이 영향을 미칠 게 자명하다. 하지만 미디어에서 카르나제스의 능력이 유전적이라고 여러 번 설명했음에도,[2] 그의 DNA를 분석해서 유전자 구성을 살펴본 이는 아직 아무도 없었다.

조너선 폴란드(Jonathan Folland)는 영국의 러프버러 대학(Loughborough University)의 인간수행 및 신경근 생리학(neuromuscular physiology) 분야 학자이다. "유전적 특성이 얼마나 중요할까요? 환경적 요인과 대조했을 때 말이죠. 우리가 아는 쌍둥이 연구들을 살펴보면, 유전적 특성이 사람들 간 신체적 능력의 차이에서 적어도 50퍼센트를 설명함을 알 수 있지요." 폴란드가 말했다.

이러한 수치를 달리기에 적용해보면, '얼마나 잘 달릴 수 있는가'의 문제에서 약 반 정도는 유전자에 달렸다는 말이다. 이십 년 전, 바로 이 사실이 초기 연구원들을 꽤나 흥분케 했었다. '달리기 유전자'를 찾을 수 있으리라는 희망 때문이었다. 그러면, 개인 능력의 상당 부분이 설명 가능해지는 게 아니겠는가. 하지만 지능과 같은 다른 복잡한 특성과 마찬가지로, '달리기 유전자' 또한 발견되지 않았다. 사실, 사람들 간 차이의 5퍼센트 혹은 10퍼센트 정도라도 설명하는 유전자 변이는 단 하나도 발견되지 않은 거다.

"신체적 수행에 있어서 중요한 특정 유전 변이들을 밝혀내려는 연구들이 상당히 있었지요. 하지만 지금까지는 그런 연구가 별다른 흥미를 이끌어내지는 못했어요." 폴란드가 말했다.

사실 올림픽에서 규정한 지구력 종목의 선수들에게서 좀 더 자주 발견되는 듯 보이는 몇 개의 유전자들이 있기는 하다. 하지만 이러한 유전자들의 중요성은 제한적이다. 사람들 간 차이의 약 0.5퍼센트 혹은 1퍼센트, 최대한으로는 2퍼센트 정도를 설명할 뿐이다. "각각 몇 분의 1퍼센트 정도를 설명하는 유전자들이 100~500개 정도 있을 수는 있지요." 폴란드가 말했다.

내가 '울트라러닝(ultrarunning)'과 유전과의 관계에 대해 묻자, 카르나제스는 앞서 소개한 그리스 마라톤 신화 얘기를 꺼냈다. "저는 완벽히 그리스인이에요. 게다가 저희 아버지는 우리가 페이디피에스가 살던 그리스 언덕 마을 출신이라고 주장하시지 뭡니까." 하지만 이 주장엔 문제가 있다. 아마 그도 알고 있을 터였다. 만약 카르나제스가 거의 신화적 존재인 페이디피에스와 연관이 있다 해도, 시간이 흐르면서 페이디피에스의 유전자들은 거의 희석되었을 거라는 거다. 카르나제스에 이를 때 즈음엔 거의 사라질 정도로 말이다.

물론 카르나제스는 누구나 자신의 업적을 성취할 수 있다고 말한다. 하지만 그는 동시에 유전이 큰 역할을 담당할 수도 있음을 인정했다. "장거리 육상 선수가 할 수 있는 최선은 적절한 부모를 택하는 거라는 농담이 있을 정도니까요." 그가 말했다. 폴란드의 말과 확실히 맞아 떨어지는 셈이다.

게다가 카르나제스의 아버지는 페이디피에스가 살던 고대 마을 출신인 가능성도 있잖은가. 뿐만 아니라 그의 어머니는 그리스의 이카리아(Ikaria) 섬 출신이라고 한다. 이카리아 섬은 지구상의 '블루 존(Blue Zone, 세계 장수 마을을 일컬음)'의 한 곳으로 선정된 곳이기도 하다. 장수 마을은 백 세 이상의 인구 비율이 상대적으로 높으며, 타 지역보다 장수하는 이들이 많이 모여 사는 곳을 뜻한다(이에 대해서는 앞으로 8장에서 더 자세히 살펴보기로 하자).

국제적 수준에서 선수들을 코치해본 경험이 있기도 한 폴란드는, 지구력을 결정하는 데는 세 가지 생리학적 요소가 있다고 말한다. 바로 최대 산소 섭취량(VO₂)과 분별 활용(fractional utilization, 즉, 한 사람이 장기간 유지할 수 있는 최대 산소 섭취량을 일컬음), 달리기 효율성(running economy, 달리기를 할 때 소비하는 산소의 양을 결정하는 생화학적 및 생체 역학적 요소)이다.

"이 세 요소가 함께 결합하여, 사람들 간 지구력 수행의 차이의 큰 부분을 설명하지요." 폴란드가 말했다. "그 지구력 수행이 5천 미터 혹은 만 미터, 십 마일 달리기 그 어느 것이라고 해도요. 이 세 요소가 아마 사람들 간 차이의 80~90퍼센트 정도를 설명할 수 있을 겁니다."

최대 산소 섭취량은 대개 1분당 체중 1kg이 섭취하는 산소의 밀리미터 양으로 측정한다. 건강한 일반 성인 남성의 최대 산소 섭취량은 약 35~40ml/kg/분이며, 성인 여성은 약 27~31ml/kg/분이다. 이러한 남녀 간의 차이는 평균적으로 남성의 폐 크기가 더 크다는 데서 연유한다. 또, 남성의 혈액에 헤모글로빈 수치가 더 높은 것도 하나의 이유다. 기본적으로, 산소 최대 섭취량이 클수록 신체의 미토콘드리아로 전달하는 산소량이 크므로(미토콘드리아는 체내 세포 속 에너지 생성 단위를 뜻함) 더 빨리 달릴 수 있는 것이다. 훈련을 하면 산소 섭취량은 확실히 개선될 수 있다. 엘리트 육상 선수들은 남성의 경우 85ml/kg/분, 여성의 경우 77ml/kg/분까지 도달 가능하다고 한다.

달리기 실력의 반 정도나 유전으로 설명 가능하다고 할 때, 유전에 기여하는 유전자 변이들은 수십 혹은 수백 개에 이를 것이다. 그러니 이러한 변이들을 높은 비율로 가진 이들이 존재할 가능성이 상당히 높은 거다. 심지어 그러한 유전적 특성들을 공유하는 여러 집단들도 존재할 수 있다. 이 집단들에 속한 이들은 타고난 육상 선수는 아닐지라도, 확실히 달리기에 재능이 있을 것이다.

'시에라 마드레 옥시덴탈(Sierra Madre Occidental)'은 미국 애리조나(Arizona)와 멕시코의 서쪽 해안에 이르는 깊은 협곡들로 이뤄진 산맥이다. 매우 건조했을 법한 이 일대지만, 지질학적 요건과 해발고도가 교차되어 비가 내린다. 또한 이 일대는 높은 생물다양성(biodiversity)으로도 유명하다. 광산업과 농업으로 인한, 인류세(anthropocene, 지구 온난화로 인해 생태계가 파괴되는 현재의 지질학적 시대)인 현 시대의 압박에도 불구하고 말이다. 재규어와 오실롯(ocelot, 고양이과의 포유류), 두 종류의 아름다운 검정색 야생 고양이 등도 여전히 간간이 눈에 띈다고 한다. 산맥의 남쪽 부분에만 한정되지만, 멕시코 늑대도 서식한다. 이 산맥은 토착민인 타라우마라족(Tarahumara)의 고향이기도 하다. 이들은 스스로를 라라무리(Rarámuri)라 부르는데, 이는 말하자면 '발로 달리는 자' 혹은 '잘 걷는 사람'을 의미한다.

이 모든 게 매우 로맨틱하게 들리지 않는가? 위와 같이 표현하면 그럴 만도 하다. 게다가 타라우마라족의 육상 문화가 발달했다는 점, 그들 중 몇몇은 뛰어나게 달리기를 잘한다는 점을 더하면 거창한 신화의 배경이 될 법도 하다. 1993년에 종전에 알려진 바가 없는 타라우마라족 선수인 빅토리아노 추로(Victoriano Churro)가 '리드

빌 트레일 100(Leadville Trail 100)'이라는 북미에서 가장 험난한 울트라마라톤 대회 중 하나에서 우승한 적이 있다. 그는 당시에 52세였는데, 타라우마라족이 멕시코 밖에서 경주를 한 것도 그가 최초였다고 한다. 여기서 잠깐, 리드빌 트레일 100이 왜 일반 울트라마라톤보다 험난한지를 짚고 넘어가자. 이는 콜로라도에 위치한 록키 마운틴(Rocky Mountains)을 통과하는데, 선수들은 총 100마일이 넘는 코스에서 약 4,800미터 고도를 오르내리느라 고군분투해야 하기 때문이다. 중도 탈락률은 매우 높다. 경기를 시작한 참가자들의 반이 30시간의 시간 제한 내에 경기를 마치는 데 실패한다. 이듬해인 1994년에도 또 다른 타라우마라족 선수가 경기에서 우승했다. 이둘에 대해서는 그 후 알려진 바가 없다.[3] 하지만 그들은 전설로 남았다.

그 후, 저널리스트 크리스 맥두걸(Chris McDougall)은 『본투런 *Born to Run*』이라는 책을 펴내 타라우마라족에 세상의 이목을 집중시켰다. 그러자 타라우마라족에 대한 이야기들이 세간에 눈덩이처럼 불어나기 시작했다. 특히 타라우마라 공동체의 달리기 습관에 대해서 말이다. 타라우마라족들은 우라치스(huraches)라 부르는 아주 간단한 샌들을 신고 달리곤 한다. 이는 말하자면 납작한 밑창을 신는 이의 발에 끈으로 묶은 것이다. 이로 인해 타라우마라족은 소위 '자연적 달리기(natural running) 운동'에 영감을 일으켰다. 즉, 맨발 혹은 우라치스를 신고 달리는 것이다. 혹은, 쿠션을 덧댄 운동화보다는 '비브람 화이브 핑거스(Vibrams Fivefingers)' 같은 간소화된 운동화를 신는 것이다. 타라우마라족들은 가죽 및 차의 타이어 조각을 밑창으로 사용한다. 맥두걸의 주장에 따르면, 쿠션을 덧댄 운동화는 땅을 디딜 때 생기는 부상의 원인이 될 수 있다. 따라서 타라우마라족들의 신발을 신거나 혹은 아예 신을 신지 않는 게 훨씬 더 건강한 달리기에 일조한다는 것이다.

하버드 대학의 진화 생물학자인 대니얼 리버먼(Daniel Lieberman)도 맥두걸의 주장에 동의했다. 리버먼은 지구력 달리기의 생체역학을 연구하는 학자인데, 특히 '맨발로 달리기'에 주안점을 둔다. 여러 육상 공동체에서는 그의 연구에 큰 관심을 보였다. 그래서 리버먼은 맨발로, 또 쿠션 운동화를 신고 달리기의 각각의 장단점에 대해 그의 웹사이트에 실어놓았다.[4] 리버먼에 의하면 신발 신기는 개인의 달리기 습관을 완전히 바꿔놓는 힘이 있다. "맨발로 달리는 이는 발바닥의 앞부분 및 가운데 부분을 땅에 딛게 되지요. 그래서 충돌 영향을 거의 겪지 않습니다. 대부분의 신발을 신고 달리는 이들이 발꿈치를 딛는 것에 비해 말이지요. 오늘날 거의 모든 이가 맨발로 뛰면 위험하고 다칠 수 있다고 생각해요. 하지만 지구상의 가장 딱딱한 바닥도 아무런 불편이나 고통 없이 맨발로 달릴 수 있어요. 신발을 신고 달릴 때보다 부상도 덜 겪을 수 있고 말이죠."

타라우마라족에 대한 한 집중적 연구는 타라우마라족들이 신는 신발이 이들이 땅을 내딛는 방법을 바꿨다고 주장한다. 우라치스를 신고 달리면 발 앞쪽과 가운데 쪽이 땅을 처음 내딛게 되는 경우가 70퍼센트 정도다. 그리고 발뒤꿈치를 먼저 내딛는 경우가 나머지 30퍼센트를 차지한다. 하지만 쿠션을 덧댄 운동화를 신으면, 발뒤꿈치를 먼저 내딛을 때가 75퍼센트나 된다.[5] 만약 달리기를 즐기지 않는다면, 이 사실들이 헷갈릴지도 모른다. 하지만 발뒤꿈치를 내딛는 것은 꽤나 중대한 사안이다. 이 동작에 여러 반복적인 스트레스 및 기타 부상들이 연관되기 때문이다. 바로 이런 발의 부상으로부터 타라우마라족에 대한 맥두걸의 탐구도 시작된 것이다.

이 모든 사실들은 매우 신중하고 합리적인 연구 결과다. 하지만 안타깝게도 이런 시선은 토착 문화를 과도하게 낭만적으로 포장하는 경향도 없지 않다. 예를 들어 한 연구는 "타라우마라족은 죽음과 병을 넘어서서 달리게 하는 식단 및 운동 습관을 지녔다"[6]라고 설명했다. 또 한 논문에 따르면, 타라우마라족은 암이나 당뇨, 고혈압을 겪지 않는다고 주장했다.[7] 그런가 하면 어떤 보고에서는 타라우마라족들이 일단 한번 발을 내딛으면 장거리를 달릴 수 있다고 밝혔다. 그래서 서로 멀리 떨어진 마을들을 다니면서 메시지를 전달할 수 있다고 말이다. 심지어 달리다가 사슴과 충돌하는 경우도 있다고 했다.

물론 오해는 마시라. 일부 타라우마라족들은 확실히 매우 잘 달리니까 말이다. 2015년에 브라질에서 최초로 열린 '세계 토착 운동 대회(World Indigenous Games)'에서는 타라우마라족 선수들이 만 미터 달리기에서 2등과 3등으로 들어왔다.[8] 또, 2016년에는 전설의 육상 선수인 미카 트루(Micha True)가 설립한 80킬로미터 경주인 '코퍼 캐년 울트라마라톤(Copper Canyon Ultramarathon)'에서 타라우마라족 선수들이 1위부터 3위까지를 모두 휩쓸었다. 이쯤 되면, 타라우마라족이 뛰어난 능력을 지닌 게 확실해 보인다. 문제는 '타라우마라족이 선천적으로 뛰어난 달리기 선수들인가?'이다. 이게 핵심 의문사항인 것이다. 그들처럼 잘 달리는 이들은 과연 어느 정도가 유전의 영향을 받고, 어느 정도가 훈련에 의한 영향을 받는 것일까?

코펜하겐 대학교(University of Copenhagen) 글로벌 건강학부의 생리학자인 더크 룬드 크리스텐센(Dirk Lund Christensen)은 타라우마라족의 건강과 운동에 대한 직접적인 연구를 해왔다. 25년 전 멕시코에서 타라우마라족들을 우연히 만나게 되면서부터였다. 그는 금세 타라우마라족의 달리기 문화에 매료되었다. 2011년에 크리스텐센과 동료들은 타라우마라족들의 달리기 능력을 과학적으로 시험하기 위해 78킬로미터의 경주를 실시했다. 크리스텐센의 연구팀은 멕시코 치와와(Chihuahua) 주의 초기타(Choguita) 마을에서 열 명의 남성들을 모집한 뒤, 이들에게 경주에 대해 간략히 설명했다. 참가자들은 26킬로미터의 순환 코스를 세 차례 돌도록 되어 있었다. 출발점은 2,400미터 고도의 과초치(Guachochi)라는 마을에 위치한 '센트로 아반자도 데 아텐시온 프리마리아 아 라 살루드(Centro Avanza do de Atencion Primaria a la Salud)'라는 한 병원이었다. 어느 11월 새벽 5시 55분, 참가자들은 경주를 시작했다. 수제 우라치스를 신고 허리에는 샅바를 두른 채로 말이다. 자, 만약 '타라우마라족은 타고난 달리기 선수이다'라는 소문을 믿는다면, 이들은 아마 유유히 항해하듯 경주를 했을 법했다. 아니, 아마 둥둥 떠다녔을지도 모른다. 78킬로미터란 이들에게 식은 죽 먹기나 다름없을 테니까 말이다.

"실상은 이들 중 반이 경주를 마치는 데 어려움을 겪었지요. 게다가 꽤나 긴 거리를 뛰는 게 아니라, 걸어야만 했어요." 크리스텐센이 말했다. 연구팀은 경주 시작 전과 경주 직후에 참가자들의 혈액을 채취했다. 또, 경기 후 몇 시간, 며칠이 경과한 뒤에도 채취했다. 그러고는 최대 산소 섭취량과 혈압 같은 수치들을 측정했다. 앞서 최대 산소 섭취량에 대해서 언급했으니 알겠지만, 아마 참가자들이 평균이 48ml/kg/분이었다는 걸 들으면 놀랄지도 모른다. 크리스텐센도 말하듯 이는 78킬로미터라는 울트라마라톤을 완주할 수 있는 이들의 수치치고는 높은 편은 아니다.[9] 서구의 엘리트 마라톤 선수들이 85m/kg/분이라는 수치까지 도달할 수 있으니 말이다. 만약 타라우마라족이 타고난 능력의 선수들이라면, 아마 더 높은 수치를 기대해야 하지 않을까. 그러니, 앞서 여러 경주에서 우승한 타라우마라족들은 훈련받은 선수들이 틀림없었다.

또 다른 연구에서 크리스텐센과 동료들은 64명의 성인 타라우마라족들을 대상으로 심장 호흡 건강을 측정했다. 그 결과, 고혈압과 당뇨병이 타라우마라족들에서도 존재함이 드러났다.[10] 무척 건강한 부족이 존재한다는 신화에 반하는 안타까운 결과였다. 아쉽지만 전 세계를 휩쓰는 비만 열풍이 타라우마라족에게도 그 마수를 뻗친 모양이었다. "15년 이상을 거슬러 올라가는 연구들에 따르면, 비만이 타라우마라족 여성들에서 상당한 문제임을 알 수 있지요. 역학적 과도기가 이미 진척된 지 꽤 됐어요." 크리스텐센이 말했다. 여기서 과도기란, 달리기를 기반으로 하는 생활 습관에서 좌식 생활 습관으로의 전환을 뜻한다.

"여하튼, 연구 결과에 따르면 타라우마라족이라는 것만으로는 슈퍼휴먼의 달리기 실력이 보장되지 않는다는 게 자명하지요." 크리스텐센이 이어서 언급했다. 그는 여러 육상 공동체와 몇몇 학자들이 타라우마라족들이 심장 및 대사 질병으로부터 자유롭다는 인상을 받는 데 우려를 비쳤다. "타라우마라족들이 사는 지역의 병원 기록이나 각종 과학 연구들을 들여다보면, 이게 사실이 아님을 알 수 있습니다." 그가 말했다.

타라우마라족의 웰빙을 위협하는 건 비만뿐만이 아니다. 2015년에는 멕시코의 타라우마라 지역에서 열릴 예정이던 코퍼 캐년 울트라마라톤이 취소된 적이 있다. 마약 남용의 위험이 만연했기 때문이다.[11] 타라우마라 지역은 인근에 소위 '골든 트라이앵글(Golden Triangle)' 지대를 접하고 있는데, 이는 헤로인과 아편, 대마초의 재배가 집중적으로 이뤄지는 곳이다. 마약 카르텔들은 젊은 타라우마라 남성들을 타깃 삼아 밀매자로 활발히 끌어들여왔다고 한다.[12]

"아마도 우리 서구 세계 사람들은 수 세대 전 우리가 살던 방식처럼 아직도 사는 이들을 찬양하고픈 욕구가 있는지도 몰라요. 고질적인 질병으로부터 자유로운 '순수한 삶'에 대해서 말이죠. 또, 엔진 기반 교통수단의 부족으로 인해 뛰어난 신체적 스태미나를 유지하는 삶 말이지요." 크리스텐센이 말했다.

그리고 앞서 소개한 리버먼의 연구가 바로 이런 욕구를 우연히 자극한 건지도 모른다. 진화 생물학자로서의 그의 관점은 인류가 역사의 대부분을 통틀어 쿠션 운동화를 신지 않았기 때문에 발 뒤쪽의 부상도 그만큼 적었을 거라는 거였다. 물론, 우라치스를 신는 타라우마라족이 그런 부상을 실제로 덜 겪을 수는 있다. 하지만 앞서 살펴봤듯 타라우마라족이라고 해서 여타 현대병으로부터 자유로울 수는 없는 것이다.

물론 무척 뛰어난 타라우마라족 운동선수들의 존재는 자명한 일이다. 하지만 타라우마라족들을 달리기에 더 뛰어나게 만드는 유전적 특성이 있을지는 의문이다. 훈련이 동반되지 않았을 때 말이다. 크리스텐센은 이 점을 시험해보지는 않았지만 할 예정이라고 했다. "타라우마라족의 달리기 능력 분포가 정상에 가깝다고 가정해보죠. 그러면 달리기에 뛰어난 타라우마라족들은 매우 활동적이어서 울트라마라톤에 적합한 능력이 최적화된 거라고 볼 수 있어요." 크리스텐센이 말했다.

타라우마라족에 대한 관련 글을 처음 읽기 시작할 무렵, 필자도 다른 이들과 마찬가지로 타라우마라족에 대한 로맨틱한 신화에 마음을 뺏겼다. 그러다 좀 더 깊숙이 살펴보기로 마음먹었다. 뛰어난 능력을 지닌 이들의 비법을 이해하고 싶었기 때문이다. 하지만 타라우마라족이 전설처럼 '둥둥 떠다니는' 식의 달리기를 하는 것 같진 않았다. 그저 타라우마라족은 달리기에 익숙한 사람들인 것이었다. 타라우마라 문화 속에서 성장하는 것의 심리적 영향 때문에, 울트라러닝을 평범하게 받아들이는 듯했다. 말하자면, 전문가들이 말하는 '사회적 촉진(social facilitation, 타인들과 있을 때 잘하는 과제를 더 잘하는 현상)'의 발현인 셈이다. 안타까운 점은 타라우마라족들의 달리기 문화가 점점 쇠퇴한다는 거다. 현대화의 병폐로 좌식 생활이 달리기를 대체하기 때문이다. 그에 따라 고혈압 및 당뇨병, 비만도 증가하고 말이다.

자, 우리가 여태껏 달리기의 유전학에 대해 배운 바를 정리해보자. 바로 개인 및 운동선수들이 훈련 후 얼마나 좋은 성과를 내는지를 결정하는 데 유전이 상당한 역할을 한다는 것이다. 여기에는 이의를 제기할 수 없다. 하지만 같은 방식으로 한 집단 전체의 사람들을 평가하는 것은 좀 더 애매한 문제일 수밖에 없다.

한 예로, 1990년대에 동아프리카 선수들이 장거리 육상 종목을 석권하기 시작하자, 이들의 성과를 유전학으로 설명하려는 몇몇 움직임이 있었다. 말하자면, 동아프리카인들은 하나의 집단으로서 타 인종들보다 유전적으로 더 나은 신체 조건을 가졌다는 주장이었다. 하지만 이들의 개선된 실적을 설명할, 집단 전체를 아우르는 유전자들이 존재하지 않는 게 문제였다.

케냐의 수도인 나이로비(Nairobi)와 에티오피아의 수도인 아디스 아바바(Addis Ababa)는 해발고도 2,300미터 상에 위치한다. 따라서 이런 지대에 사는 선수들의 적혈구 수는 증가하게 된다. 이것이 선수들이 낮은 지대에서 경주할 때 보이는 폭발적인 힘의 원인이 되는 것이다. 또한 많은 동아프리카인들이 가볍고 슬림한 몸매를 지니는 경향도 효과적인 지구력 달리기를 하는 데 큰 도움이 된다. "지금까지의 생리학적 증거에 따르면, 동아프리카인들이 더 효율적인 '달리기 경제'를 구축했어요. 즉, 그들이 달리는 방식이 더 효율적이라는 뜻이지요." 폴란드가 말했다. "그 원인의 일부를 바로 해부학적인 데서 찾을 수 있어요. 동아프리카인들은 몸매가 슬림한데, 이건 매우 중요한 사안이죠. 왜냐면 사지 무력증을 감소시켜 주니까요." 사지 무력증은 달릴 때 팔을 앞뒤로 흔들어 에너지가 소모되어 나타나는 현상이다. 또, 폴란드는 최고 수준의 동아프리카 선수들은 기타 신체 구조적인 이점도 있을 거라고 말했다. 예를 들어 아킬레스건이 더 길다는 점이다. 긴 아킬레스건을 지닌 선수들은 종아리 근육이 좀 더 무릎 가까이로 올려 붙는 경향이 있다. 이로써 다리의 무력증이 감소되고, 결과적으로는 경제적인 달리기가 가능하게 되는 거다. "더 긴 아킬레스건은 에너지를 축적하는 데도 유리할 가능성이 있어요." 폴란드가 말했다. 게다가 앞서 타라우마라족과 마찬가지로 사회적 촉진의 측면도 크다. "이 지역의 많은 시골 아이들이 매일 등하교를 달려서 하곤 하지요. 그러니, 육상 경기에 진출하기도 전에 이미 매우 활동적인 아이들의 집단이 형성되는 셈이에요." 또, 역시 타라우마라족처럼 사회적 동기라는 자원도 큰 역할을 차지한다. 경주의 우승 상금은 빈국의 가난한 마을을 돕는 데 큰 도움이 되니 말이다. 이는 앞서 4장의 동기 부분에서 살펴본 바와 비슷하다.

"타라우마라족의 강한 스태미나는 확실히 그들의 특성이에요. 하지만 그건 신체적 강인함뿐 아니라 강한 정신력에서 비롯되는 것이기도 하죠"라고 크리스텐센은 말한다. 다시 심리의 역할이라는 주제로 돌아온 듯하다. 달리기에서 심리는 어떤 영향을 차지할까?

* * * *

필자는 런던의 한 육상용품점에서 페트라 카스페로바(Petra Kasperova)와 대화를 나누기 위해 기다리는 중이다. 언뜻 보기에는 이 상점은 그저 평범한 육상용품점이다. 운동화와 운동복, 에너지

드링크 등이 멋진 선반 위에 잘 정돈되어 있는 곳 말이다. 그런데, 한쪽 벽에 인도의 영적 지도자인 친모이 쿠마 고세(Chinmoy Kumar Ghose)의 액자 사진이 여러 개 걸려 있었다. 대부분 스포츠계의 전설인 선수들과 함께 포즈를 취한 사진들이었다. 육상선수 칼 루이스(Carl Lewis)와 폴라 래드클리프(Paula Radcliff), 권투 선수인 무하마드 알리(Muhammad Ali)와 함께한 사진들도 있었다. 물론, 덜 유명한 사람 이를 테면 이 상점을 설립한 토니 스미스(Tony Smith)와 찍은 사진도 있었다. 스미스는 1980년대에 '런 앤 비컴(Run and Become)'이라는 이 상점을 열었다. 스리 친모이(Sri Chinmoy, 그는 지난 2007년에 사망하였으며, 대개 그를 언급할 때는 경칭인 '스리'를 붙이곤 함)는 인도의 동벵갈(East Bengal, 현재의 방글라데시)에서 태어났으며, 1960년대에 뉴욕으로 이주했다. 그러고는 명상 훈련과 스포츠를 결합한 명상 센터를 열었다. 그는 정신이 깃든 겉껍데기를 무시하고 내면의 삶에만 집중하는 것은 의미가 없다고 가르쳤다. '겉껍데기'이라는 단어가 나는 맘에 들었다. 딱딱한 고치 속에 사는 날도래(caddis fly)류의 애벌레를 떠올리게 했으니까 말이다. 고치는 애벌레의 유전자에 의해 고안된 것으로, 주변에서 얻어지는 재료로 짜는 것이다. 작가 리처드 도킨스(Richard Dawkins)가 인간을 인간 자신의 유전자에 의해 컨트롤당하는 육중한 로봇으로 묘사한 게 생각나는 대목이다.

스리 친모이의 가르침에 따르면, 달리기란 '자신의 한계를 시험해볼 기회'이다. 즉, 인간 잠재 능력의 한계를 확장시킬 수단인 것이다. 친모이는 곧 마라톤 팀과 육상 클럽도 결성했고, 이를 통해 그의 정신은 확산되어 나갔다. 현재 세계에는 수백 개의 스리 친모이

의 관련 이벤트가 열린다. 바로 그 때문에 필자가 이곳에 온 것이기
도 하다. 이 상점은 친모이의 제자 중 한 명이 시작한 것이기 때문
이다. 사람들을 대상으로 친모이의 가르침을 본격적으로 전달하기
위해서라 한다.

27세인 카스페로바는 이 상점의 다른 스태프들과 마찬가지
로 육상복을 입고 있었다. 별로 튀어 보이는 것 같진 않았다. 겉
보기에는 보통의 평범한 젊은 여성 같았다. 하지만 오늘의 만남
몇 주 전, 그녀는 세계에서 가장 험난한 스포츠 경기 중 하나인
6일 울트라마라톤을 마쳤다고 한다. 뉴욕 시 퀸스(Queens)의 플러싱
메도우(Flushing Meadow) 지역에서 해마다 6일 경주와 10일 경주가
각각 열리는 것이다. 플러싱 메도우는 전미 오픈 테니스 선수권 대
회(US Open tennis tournament)와 뉴욕 메츠(New York Mets) 야구팀의
고향이기도 하다. 그러니 플러싱 메도우는 이미 스포츠의 영예와
감동이 최고조에 다른 유명 지역인 것이다.

이곳의 공원에는 1마일에 달하는 루프(loop) 트랙도 있다. 트랙
은 평평하며 주변 경관도 아름답다. 경주 자체도 단순하다. 하지만
실은 무척이나 힘든 경기다. 10일 코스 경기는 월요일 정오에 시작
하며, 6일 코스는 그 나흘 뒤 같은 시간에 시작한다. 그래서 두 경
기 모두 그 다음 주 목요일 정오에 종료하게 되는 것이다. 우승자는
가장 멀리 달린 자가 된다.

2017년 4월 카스페로바는 6일 코스 경기에 참여함으로써, 생
애 처음으로 여러 날에 걸친 경기를 경험했다. 첫날에는 64마일을,
그 후 날마다 차례로 62, 52, 48, 45마일을 달렸다. 그리고 마지막

날에는 48마일로 마쳤다.

마지막 3일은 부상으로 인해 트랙의 일부를 걸어야 했다고 그녀는 말했다. 하지만 총 319마일을 달려서 그녀는 여성 선수들 중 4위를 기록했다. 말하자면, 그녀는 단 6일만에 12개의 마라톤을 합친 것보다 더 달린 셈이다.

문득, 내가 그동안 울트라마라톤을 '마초 같은' 경기로 간주하고 있었음을 깨달았다. 그도 그럴 것이, 야니스 코우로스(Yannis Kouros) 선수의 육상 기록에 입을 쩍 벌리거나, 딘 카르나제스 같이 무척 건장한 선수와 인터뷰를 했으니 말이다. 근육질의 얼굴을 찡그린 남성이, 웃옷을 벗은 채 산을 타는 모습 혹은 사막이나 얼음장 위를 건너는 모습 등을 사진으로 보아온 영향인지도 모른다. 한마디로 울트라러닝에 대한 내 관념이 테스토스테론이 넘치는 아이언맨의 이미지로 굳어버린 거다. 하지만 사실 마라톤 선수들은 근육이 울퉁불퉁하다기보다는 날씬한 편이다.

체코 공화국에서의 어린 시절부터 카스페로바는 항상 활발한 아이였다. 밖에 나가는 걸 좋아했는데, 아직도 그렇단다. 그녀는 자연과 연결되는 느낌, 파란 하늘 아래서 신선한 공기를 마시는 느낌을 사랑했다. 하지만 좀 더 나이를 먹자, 주변 친구들은 조금씩 활동성이 떨어져갔다. "십 대 동안, 항상 우울한 사람들에 둘러싸여 살았어요. 저도 조금 움츠러들 수밖에 없었죠." 카스페로바가 말했다. 그렇게 한 발짝 물러선 그녀는 자신의 천성을 숨긴 채 살았다. 자기 자신에 대한 확신도 떨어져갔다. 그러다 19세가 되자, 그녀의 부모님은 이혼을 하셨다. 그리고 그녀는 대학에서의 마지막 시험을

쳤다. "당시엔 완벽한 상실감이 몰려왔죠. 잠도 잘 못 잤어요. 두통도 심했고. 기말고사를 못 치겠다는 생각이 들더군요. 끝없는 의문이 가슴에 몰려왔어요. 갑자기 이런 생각이 들었죠. '마음을 조용히 가라앉혀야만 해'라고요."

곧 그녀는 인터넷에서 프라하 내 명상 수업을 검색하기 시작했다. 그러고는 스리 친모이 명상 수업을 찾아냈다. "이 수업을 찾았고, 그게 제 인생을 바꿨죠. 뭔가 마음에 콕 박히는 느낌이었죠. 그러고는 제 심장을 울려댔어요. '그래, 더 이상 우리 과 친구들처럼 살 필요는 없어'라는 생각이 들었어요." 그녀가 말했다.

스리 친모이의 가르침을 배우면서 그녀는 달리기를 시작했다. 이게 육칠 년 전인 2010년의 일이었다. 그녀는 달리기를 점진적으로 해나갔다. 단거리 달리기부터 5킬로미터, 10킬로미터 그리고 인생 첫 하프 마라톤(half marathon)에 이르기까지 말이다.

곧, 그녀는 정진하여 마라톤에 진출했고, 드디어 울트라마라톤에까지 참여했다. 내가 보기엔, 이것만으로도 이미 대단한 업적이었다. 하지만 그녀는 런던 남쪽의 투팅(Tooting)에서 열린, 24시간에 걸친 '자기 초월 경주(Self-Transcendence race)'에도 도전했다. 이 경주는 45명의 초청받은 선수들끼리의 경쟁이다. 이들은 '투팅 벡(Bec) 스포츠 트랙'이라는 트랙을 가능한 한 많은 바퀴로 뛰어야 한다. 이 경기는 바로 상점 주인인 토니 스미스의 딸인 샨카라(Shankara)가 설립한 것이라고 한다. "트랙에서의 경주야말로 가장 순도 높은 울트라마라톤이라고 주장하는 이들도 있지요." 이는 순환 트랙 위를 끊임없이 돌며 달리는 장거리 경주를 일컫는다고 카스페로바가 말했다. 적어도 끝이 없다고 느낄 법했다. 게다가, 이런 종류의 경기에서는 선수들이 도대체 숨을 구석이 없다. "온전히 자신과 마주하는 거예요. 숙적을 만나는 기분이죠. 그리고 내 한계가 도대체 어디까지인가를 생각하게 돼요. 만약에 험난한 지형을 대적하는 거라면, 산이던 뭐든 싸우면 되지요. 하지만 이런 트랙 위에서는 상대가 자신밖에 없으니까요." 그녀가 말했다.

이 경주 후에, 카스페로바는 6일 코스의 플러싱 메도우 경주에 도전했다. 경주 기간에는 즉석에서 여기저기 세워진 텐트들로 '달리기 마을'이 형성된다. 물리치료를 위한 텐트, 식사용 텐트, 수면용 텐트 등이 나타난다. 커다란 공용 수면 텐트도 있지만, 카스페로바는 자신만의 텐트를 세웠다. 어딘가 혼자만의 공간이 필요했던 거다. 18시간 내내 달린 후, 기어들어가 펑펑 울 수 있는 그런 장소가 말이다. 매일 그녀가 달리기를 마치는 시간은 자정 혹은 새벽 한두 시였다. 그러면 그녀는 새벽 5시 45분에 알람을 맞춰놓는다. 그러고는 자고 일어나 또다시 달리는 거였다.

"항상 자신의 한계를 시험해보고 싶지 않겠어요? 인간이 어디까지 해낼 수 있는지 말이죠. 우리 모두는 내면에 많은 것을 담아두고 있으니까요. 그러면서 자신에 대해 많은 걸 배우게 돼요. 일단 이 모든 과정이 어떻게 나의 인생을 바꾸는지를 목격하게 되면, 좀더 많은 걸 원하게 되죠. 더 많이 알고 싶어지고요." 그녀가 말했다.

이렇게 카스페로바와 얘기를 나누니, 나 자신도 뭔가 초월한 느낌마저 들었다. 젊은 나이인데도 그녀는 마치 도사와 같은 침착함과 고요함을 지니고 있었다. 물론 나는 달리기를 잘하진 못했지만, 그래도 왠지 달리기를 시작하고 싶은 마음이 밀려왔다. 그녀는 경주 후에 좀 더 가벼운 기분이 든다고 말했다. 마치 자신이 다른 사람이 된 것 같다고도 했다. 자신의 본성이 더 긍정적으로 변화한 기분이라고 말이다. 또, 아주 아름다운 형태의 행복을 경험하기도 했단다. 글쎄, 달리기를 즐기지 않는 이들이 이런 말을 들으면, 의아해할 만하다. 나도 그랬으니까. 하지만 직접 얘기를 듣다 보니, 평소의 냉소가 사라지는 기분이었다. 오히려 이런 경험을 하는 이들에 비해 내 자신이 초라하게 느껴지기까지 했다(물론 아주 조금만이다. 아마 동경이라는 표현이 더 맞는지 모른다. 초라함을 느끼지 않고 단순히 남을 동경할 수도 있잖은가). 또, 카스페로바는 달리지 못하는 이들을 위해 경주한다고도 했다. 예를 들어, 최근에 암으로 죽은 친구를 위해서 말이다. "그 친구는 정말 이 경주에 참가하기를 원했을 거예요. 6일 코스 내내 매우 고통스러웠지만 그 친구처럼 달릴 수 없는 이들을 위해 꼭 해내고 싶었지요. 절대 포기 없이 계속 나아가고 싶었어요." 그녀가 말했다.

이렇게 극단적인 경기에 참여하는 동안, 뭔가 신기한 일이 생겼노라고 그녀는 말했다. "마법 같았죠. 현실에 없는 이런 완벽한 행복과 고요를 느끼기 위해 더 달리고 싶어진 거예요. 마음속을 꽉 채우는 그 느낌을요. 매일의 일상에서는 얻기 힘든 기분이니까요."

후에, 나는 선수들의 6일과 10일 코스 경기 동영상을 보았다. 물론 동영상은 선수들이 흘린 눈물과 겪은 고통은 담고 있지 않았다. 하지만 뛰어다니는 선수들의 미소와 행복감이 돋보였다. 카스페로바는 자신의 몸에 에너지가 순환하는 느낌이라고 했다. "두 시간

자고 나서 하루에 60마일을 뛰는데도요. 제 자신이 아닌 기분이지요. 분명히 뭔가 더 높은 경지의 느낌이에요."

678번 고속도로와 라구아디아(LaGuardia) 공항 사이에 긴 이 플러싱 메도우의 트랙이 그렇게 초월적인 행복의 배경이 될 줄 누가 알았을까? 온갖 교통 혼잡과 비행기의 소음이 난무한 이곳이 말이다. 또, 이 트랙 위를 도는 선수들의 심리전이 이렇게나 강렬하고 의미심장한지 누가 알았겠는가? 주위의 테니스 코트와 야구장의 화려한 플레이에서의 심리전 못지않다.

아무튼 카스페로바는 이제는 6일 코스로도 만족하지 못하겠단다. 더 배울게 있을 거라 여겨서였다. 앞으로 10일 코스에 참여하고 싶다고 했다. "그리고 나서 얼티밋(ultimate) 코스에 도전하겠어요." 그녀가 밝혔다.

'얼티밋 코스'는 스리 친모이가 마지막으로 고안한 경주였다. 그가 사악한 천재가 아니었을까 하는 결론 없이, 이 경기를 설명 가능할까. 어쨌든 이 매우 긴 경주를 고안할 당시, 그도 무릎 부상으로 인해 더 이상 경주를 뛰지 못했으니 말이다. 그럼에도 그는 자신의 추종자들을 위해 더 긴 경주를 고안해 나갔다. 부상 후 친모이는 역도를 시작했는데, 실력도 뛰어났다고 한다. 아무튼 동시에 그는 더욱더 고통스러운 경주를 고안한 거다. 샨카라 스미스에 의하면, 친모이는 불가능하다 생각되는 것에 도전하는 데 혈안이었다고 한다. 사람들이 도달할 수 없다고 여기는 잠재력을 열어내는 데에 말이다. 물론 아무도 이 어이없을 정도로 힘든 경주에 참가를 강요하진 않는다. 얼티밋 코스란, 바로 '자기 초월 3,100마일 코스 경주'

를 뜻한다. 이 경기 역시 퀸스 내의 트랙에서 열린다. 하지만 플러싱 메도우 트랙은 아니다. 바로 도시의 한 구획을 자그마치 5,649번 도는 것이다. 샨카라 스미스는 달리기에 대해 이렇게 말한다. "달리기란 자기 자신을 대적하는 거예요. 자기 회의감의 문제를 해결하는 거죠. 경주가 더 길수록, 자신의 피상적 한계점에 대한 더 강한 도전이 되지요. 단순히 신체 건강을 위한 경주일 뿐이 아니지요."

참여하는 선수들은 총 52일 내에 경주를 마친다. 즉, 하루에 59마일 이상을 달리는 것이다. 현재의 신기록 보유자는 핀란드인인 아시프리하날 알토(Ashprihanal Aalto)이다. 그는 2015년에 3,100마일의 거리를 40일 9시간 6분 하고도 21초 만에 달렸다. 엄청나지 않은가. 하지만 필자가 들은 바에 의하면 얼티밋 경기보다 더 혹독한 불교 기반의 경주도 있다. 이는 바로 일본의 카이호교라는 고대 의식에서 정한 교토의 히에이산 근처의 루트를 달리는 것이다. 무려 1,000일 동안 1,000개의 마라톤을 뛰는 것과 같은 강도라고 한다. 물론 이 업적을 달성한 이는 거의 없지만 말이다.

필자는 앞서 '겉껍데기' 즉 '우리의 몸'을 잘 관리해야 한다는 스리 친모이의 충고를 소개한 바 있다. 물론 친모이도 그게 단순한 몸의 관리 차원이라는 뜻은 아녔다. 신체를 극한으로 내몰면, 마음에 양식이 새로이 채워짐으로써, 마음가짐에 변화가 온다는 의미였다. 그래서 이를 '초월적 경험'이라 하는 것이다. 하지만 이 '초월'이 실제로 물리적인 선을 넘는 거라고 믿는 이는 아마 없을 거다. 오히려 초월은 지속적인 현상이다. 그렇기 때문에 항상 더 멀리 달리고 싶고, 자신을 더 채찍질하는 것이다. 일본의 겐신 푸지나미는 '카이

효고 1,000'을 완주한 몇 안 되는 승려인데, 그도 그런 말을 한 바 있다. 원대한 목표는 계속된다고 말이다. "1,000일간의 도전은 완주로써 끝이 나는 게 아닙니다. 도전은 계속되지요. 삶을 즐기고, 새로운 것을 배워나가는 동안에 말입니다."13

앞서 카스페로바가 겉보기엔 평범한 젊은 여성 같아 보인다 말했었다. 글쎄, 그녀도 자신이 평범한 젊은이라 여길 듯싶었다. 그게 그녀가 전하는 핵심이었으니까 말이다. 바로 누구라도 자신처럼 될 수 있다는 거였다. "대부분의 사람들이 이 24시간 경주를 해낼 수 있다고 생각해요." 그녀가 말했다. 그러고는 큰 조건부를 붙였다. "의지력만 있다면 말이죠."

딘 카르나제스는 앞서 어린 시절 집으로 달리곤 했던 얘기를 했었다. 여섯 살 때 그의 열정이 느껴지는 것만 같은 말이었다. 필자는 그의 좀 더 최근 업적을 나열하면서 이 장을 시작했다. 하지만 마치 달리기의 상징과도 같은 그도 이십 대 때는 전혀 달리지 않았다고 한다. 지금은 달리기가 그의 삶의 중심이지만 말이다. 이십 대 때의 그는 평범한 직업을 갖고, 주로 술을 마시는 사회생활을 연속하며 살았다. 뭐, 그건 별로 이상한 일은 아니다. 하지만 카르나제스는 서른 살 생일에 친구들과 함께 데킬라를 마시는 순간, 어떤 깨달음을 얻었다고 한다.

"여태껏 사회가 정해준 행복만 좇았다는 생각이 드는 거예요. 양질의 교육을 받고, 좋은 직업을 얻고, 편안하고 안전한 노후를 갖는 삶을 말이죠. 그런데 뭔가 빠졌다는 느낌이 들더군요." 그가 말했다. "행복한 대신, 공허한 기분이었죠. 내 자신을 속이는 것만 같은. 그런 생각이 갑자기 제 서른 살 생일에 퍼뜩 들었어요. 잔뜩 취해서 바를 걸어 나오는 길에서요. 그러고는 갑자기, 지구상에 내가 존재한 지 삼십 년을 축하하기 위해 30마일을 달리기로 결심했지요."

그때까지 카르나제스는 십 년 이상을 달리지 않은 상태였다.

"그랬는데 그만, 밤새 쉬지 않고 달리고 만 거예요. 그 여파가 썩 좋지는 않았지만 상관없었어요. 내가 목표로 한 걸 이뤘으니까. 물집도, 까짐도, 근육통도 전혀 개의치 않았어요. 내 운명이 이제 확실해졌으니까. 그날 밤이 내 인생 방향을 완전히 바꿔놓았죠." 그가 말했다.

마치 슈퍼 히어로의 탄생 얘기 같지 않은가. 실제로 카르나제스는 마블(Marvel)의 창시자인 스탠 리(Stan Lee)가 진행하는 티브이 쇼인 〈슈퍼휴먼스 Superhumans〉에 출연한 적도 있다. 그 때문에 니콜 핀토의 연구실에서 테스트를 받은 것이기도 하고 말이다. 이제 다시 달리기 시작했으니, 아마 그가 무척 행복할 거라 믿는다. 적어도 바에서 데킬라를 마시던 때보다는 더 말이다. 내 친구 한 명도 13개의 마라톤을 완주했었다. 그녀는 달리기로 인해 자신이 훨씬 더 긍정적으로 변했다고 말한다. 생동감이 느껴지고 훨씬 더 건강해졌다고.[14] "활발히 뛰고 있으면, 특히 주변 경관이 아름다운 데서 뛰면 말이죠. 강렬한 기쁨을 느껴요. 온갖 감정들이 고조된 것 같지요." 그녀는 말했었다. 확실히 달리기는 도전할 가치가 있는 일이 아닌가.

3부

존재

BEING

8장

── 장수 ──

LONGEVITY

나이란 다름 아닌 기회
젊음과 다를 바 없지만, 다른 옷을 입은
그리고 저녁의 황혼이 시들면
하늘은 빛나는 별들로 가득하네
낮에는 보이지 않는

　　　　　── 헨리 워즈워스 롱펠로(Henry Wadsworth Longfellow)

70이면 아직 어린아이지. 80이면 젊은 남성이나 여성
이고. 90세에 천국에서 누군가 초대하려 들면, 그이
에게 말해줘. "그냥 가시오, 그리고 내가 백 세가 되
면 다시 와요"라고.

　　　　　── 일본 오키나와의 기지오카 마을 근처 바다에 있는
　　　　　　　　　　　　　　　　　바위에 누군가 새긴 구절

이 글을 쓰는 지금, 나는 태어난 지 16,931일이 되었다. 나의 예상 수명일은 총 30,736일이다. 그러니, 잘 가늠해보면 나는 앞으로 살 날이 13,805일 남은 셈이다.

좀 더 일상적인 표기법으로 말하자면, 나는 현재 46세이다. 그리고 84세까지 살 거라 예상되며, 38년 정도의 수명이 남은 거다. 하지만 이를 날짜로 세는 게 왠지 더 촉박한 느낌이다. 한번 시도해보라. 여태껏 산 날짜를 계산해보는 거다. 나와 비슷하게 느꼈다면, 아마 손가락 사이로 모래가 스르르 흩어지는 기분일 것이다. '맙소사, 남은 날들을 좀 더 소중히 살아야겠는걸' 하고 생각하게 될 거다. 하지만 걱정 마시라. 이 기분은 곧 지나가니까. 그리고 아무렇지 않게 살던 대로 살아가게 될 것이다. 사실, '카르페 디엠(carpe diem)'의 정신으로 숨 가쁘게 사는 이들은 그리 많지 않다. 끊임없이 매일을 잡는다는 게 얼마나 힘든 노력이겠는가. 사실 인류가 수천 년 동안 원했던 건 끝없는 나날에 대한 약속일 것이다. 그래서 원하는 대로 시간을 낭비하고, 또 쓸 수 있도록 말이다. 나는 사실 아주 긴 시간은 필요 없다. 영생을 원하지도 않는다. 단지 내게 예정된 30,736일보다 살짝만 길었으면 한다. 그리고 건강한 나날들이길 바랄 뿐이다.[1]

엘리자베스 러브(Elizabeth Love)는 이미 37,164일을 살아오신 분이다. 즉, 현재 101세로, 내가 만나본 사람들 중 가장 나이가 많다. 하지만 사실 백 세까지 장수하는 이들은 점점 흔해지는 추세다. 2000년도 기준으로, 전 세계에는 약 18만 명의 백 세 장수인들이 있었다. 그리고 UN에 따르면, 2050년까지 세계에는 약 320만 명의 백 세 장수인들이 존재할 예정이다.[2] 예상 수명도 수십 년째 점점 늘어나고 있다. 따라서 내 딸은 나보다 더 예상 수명이 길 예정이다. 약 95세 정도가 될 거다. 이 글을 쓰는 시점에서 그 애는 오직 1,546일밖에 살지 않았다. 그리고 앞으로 33,180일을 더 살 예정이다. 일본에서는 심지어 예상 수명이 더 길다. 오늘날에 태어나는 일본 아이는 50퍼센트의 확률로 107세까지 살 가능성이 있다고 한다.

뭐, 일본인들에게는 무척 잘 된 일이다. 하지만 우리 모두 자국에서 현재 이런 장수가 가능하길 바라지 않겠는가. 우리 모두는 젊음과 활력을 현재에도 그리고 앞으로 노년까지 원하니 말이다. 많은 과학자들과 연구소들이 바로 그런 목표하에 일하고 있다. 그중한 연구소가 바로 미국 버지니아의 스프링필드(Springfield)에 위치한 '므두셀라 파운데이션(Methuselah Foundation)'이다. 이 연구소의 공공연한 목표는 인체 시계의 속도를 늦추는 것이다. 연구소에 따르면, 2030년까지 우리는 신체 나이가 90세일 때, 마치 50세처럼 보이고 느낄 것이라고 한다. 기술의 발전에 의해서다. 점점 더 많은 과학자들이 노화를 마치 질병 취급하고 있다. 우리 모두가 걸릴 유전에 의한 병으로 말이다. 사실 노화는 죽음의 제1의 원인이 아닌가. 죽음의 원인이 되는 온갖 질병 즉, 암, 심장병, 치매, 당뇨병 등이 모두 노화라는 한 가지 원인에 기인한 것이니까. 어쩌면 노화는 치료 가능한 병인 건지도 모른다.

독자 여러분 중에는 앞서 다룬 용기나 가창력에는 관심 없는 이들도 있을 거다. 심지어 지능에도 그다지 말이다. 하지만 모두들 '내가 얼마나 오래 살까'에는 관심이 있지 않은가. 이 장에서 우리는 어떻게 평균수명이 계속 늘어났는지, 그리고 그 저변의 원인들은 무엇인지를 살펴볼 것이다. 또, 매우 장수한 몇몇 분들도 만나서 우리가 배울 점이 뭔지도 살펴보기로 하자. 물론 이런 탐구를 하는 이들은 절대로 나 혼자가 아니다. 세계 곳곳의 백 세 장수인로부터 비법을 얻고자 하는 연구들이 현재 활발히 진행 중이다. 우리 같은 일반인들도 장수를 누려볼까 하고 말이다. 하지만 장수를 누리는 이들을 만나 보니, 나는 주의할 점이 있다고 느꼈다. 백 세까지 사는 법이나 이를 위한 식단을 밝히는 수백 가지의 책 및 기사들도 밝히지 않는 게 있다는 점이었다. 바로 백 세 장수인들은, 장수를 위한 특별한 노력을 하지 않았다는 사실이다. 그분들은 그저 장수를 한 것뿐이다. 약을 마구 털어 넣거나, 칼로리 제한 식단을 지키는 등의 노력은 없었다. 그저 인생을 되는 대로 살아간 것뿐이다. 그들이 어떻게 삶을 살아왔는지 이제부터 살펴보기로 하자.

엘리자베스 러브는 1915년생으로, 두 번의 세계대전을 모두 겪었다. 하지만 그녀는 101년 하고도 269일을 살았다고 하기엔, 놀랍도록 관리가 잘 된 모습이었다. 〈반지의 제왕〉 속 간달프(Gandalf)도 빌보(Bilbo)에 대해 그 비슷한 표현을 한 적이 있잖은가.

러브는 즉시, 자신이 오래 장수한 것은 "좋은 유전자를 물려받았기 때문"이라고 했다. 집안에 장수를 하신 분들이 많다는 거였다.

그녀의 할머니도 93세에 돌아가셨다고 했다. "우리 어머니는 세 자매 중 막내셨죠. 84세에 돌아가셨어요. 작은 이모는 93세까지, 큰 이모는 101세까지 사셨고요. 작은 이모의 아들인 제 사촌은 바로 얼마 전에 세상을 떴는데, 96세였어요. 같은 유전자를 나눴을 테니, 뭔가 있지 않겠어요?" 그녀가 말했다.

분명히 뭔가 있는 듯했다. 우리도 집안 내력을 알고 나서, '장수가 어느 정도 유전됐다'라고 느낄 때가 있지 않은가? 하지만 그 느낌을 합리적으로 이해하기란 꽤 까다로운 일이다.

수명의 유전 가능성에 대한 대중의 이해는 상당 부분 덴마크 쌍둥이 연구에서 비롯된다. 이 연구는 그만큼 오랫동안 큰 영향력을 발휘해왔다. 앞의 여러 장에서 살펴봤듯, 쌍둥이 연구는 생물학자들이 무엇이 유전에 의한 것이고, 무엇이 아닌지를 가늠하는 데 더없이 소중한 자료다. 일란성 쌍둥이는 모든 유전자를, 이란성 쌍둥이는 유전자의 반을 공유한다. 게다가 이들 쌍둥이들은 거의 같은 환경도 공유하기에, 수명과 같은 특성을 탐구할 수 있는 것이다. 나아가 유전과 기타 원인의 영향력이 각각 어느 정도인지도 가늠해볼 수 있다. 규모가 큰 쌍둥이에 대한 최초의 연구 논문은 1996년에 발간됐다. 이 논문에서는 1870~1900년 사이에 태어난 쌍둥이 2,872쌍에 대해 1990년대 중반까지 추적 연구를 실시했다. 그때쯤에는 거의 모든 쌍둥이들이 사망한 상태였다. 논문의 분석에 따르면, 수명의 변이를 설명하는 데 유전이 차지하는 비중은 남성에게서 26퍼센트, 여성에게서 23퍼센트였다. 즉, 그다지 큰 수치가 아니었던 것이다.[3]

이러한 결과 때문에, 수명 관련 유전자에 대한 탐색은 한동안 막혀 있었다. 수명과 유전은 큰 상관이 없어 보였다. 오히려 생활 습관과 환경이 훨씬 더 중요한 듯했다. 이러한 분위기가 내가 대화를 나눠본 노인학(gerontology) 학자들 사이에 여전히 만연한 것 같았다. 물론 아무도 유전 외 요소들의 중요성을 부인할 순 없지만 말이다. 그러다 1990년대 중반의 덴마크 쌍둥이 연구 이후, 덴마크 남부 대학교(University of Southern Denmark)의 공중 보건 협회 소속 학자인 카레 크리스텐센(Kaare Christensen)은 흥미로운 발견을 했다. 그는 매우 장수한 이들에게 일어나는 현상을 살펴보던 중이었다.

당시, 덴마크 쌍둥이 연구의 데이터는 약간 확장되어 있었다. 1910년생 노인들까지 포함했기 때문이다. 이로써 연구원들은 20,502명의 쌍둥이들을 관찰할 수 있게 되었다. 이제, 크리스텐센의 연구팀은 90세 넘어서까지 살 수 있는지를 결정하는데, 이전의 관념보다 유전이 훨씬 더 중요하다는 증거를 찾았다. 연구팀은 『인간 유전학 Human Genetics』이라는 저널에 다음과 같이 밝혔다. "우리의 발견은 인간의 수명에 영향을 미치는 유전자들에 대한 탐색을 지지한다. 특히 노년층에서 말이다."[4]

그리하여 다시 한 번 탐색이 시작되었다. 이 움직임을 '골드러시(gold rush)'에 빗대는 건 너무 과장일지 모른다. 하지만 그에 버금가는 수준이었다. 수천 년 동안 사람들은 더 긴 수명을 열망해왔으니, 무리가 아니다. 힌두교 신화에서는 불멸의 생명수를 '암리타(amrita)'라 불렀다. 또, 중국에서는 불로장생의 영약(elixir)에는 수은이 함유되었다 믿었다(이를 마신 황제들에게는 끔찍한 일이지만). 중세 유럽에서는 '철학자의 돌(philosopher's stone)'이라는 물질이 영생을 준다고 여겼다. 현재, 사람들이 연구하는 매혹의 물질은 앞으로 살펴보겠지만, ApoE, 라파마이신(rapamycin), FOXO3a 등의 이름을 지녔다. 이처럼 수명과 관련된 요소들을 찾는 것은 과거의 신화 속 불로장생약을 찾는 것에 비견될 만하지 않은가.

내가 러브 부인의 집에 도착한 것은 오후 두 시였다. 그녀의 집은 널찍하고 따뜻한 아파트로, 런던에서 북서쪽으로 25마일쯤 떨어진 비콘스필드(Beaconsfield)에 위치하고 있었다. 그녀의 딸은 내게 어머니가 올해 초에 넘어져서 고관절을 다쳤노라고 말했었다. 그래서 나는 매우 그녀가 매우 연약한 상태일 줄 알았다. 그런데 러브 부인은 놀랍게도 선 채로 내게 인사를 해왔다. 게다가 실제 나이에 비해 약 이십 년은 젊어 보이는 모습이었다.

그녀는 내게 점심 식사 후에 올 것을 당부했었다. 지금 그녀는 매일 마시는 셰리주를 마신 상태였다. "나는 매일 점심 식사 전에 셰리주 한 잔을 마신다오. 그리고 저녁 식사 전에는 항상 진과 마티니를 마시지. 수십 년간 그래왔어요." 그녀가 말했다. 왠지 모를 반항의 기운이 느껴졌다(나도 그녀의 말을 듣지 말고 점심 식사 전에 올 것을). 그런데 그녀의 반항적 행동은 더 있었다.

"한 평생 담배도 피웠지. 골초는 아니지만, 어쨌든 피웠어요. 그런데 십 년 전에 그만뒀지 뭐요." 그녀가 말했다. 의사의 소견 때문은 아니었다. 그저 담배를 포기하기로 한 거였다.

"하루에 열 가치 정도 피웠지. 그러니까 골초는 아니었어. 어쨌든 담배를 폈었고, 아직도 술은 마신다오."

근 70여 년 동안 매일 담배를 열 가치씩 피운다니. 내게는 많게만 느껴졌다. 게다가 웬만한 의사라면, 대부분의 사람들에게 이런 식으로 담배를 피우면 노년까지 살기 힘들지 모른다고 말할 것이다. 물론 그런 경고를 무시해도 멀쩡한 사람들이 있다. 러브 부인도 그런 부류인 듯싶었다. 잔 칼망(Jeanne Calment)도 마찬가지였다. 칼망은 노년 연구에서 가장 유명한 사람으로 세계에서 가장 장수한 이였다. 그녀는 장장 96년 동안이나 담배를 피웠다.[5] 물론 하루에 한두 가치 정도만을 피웠으며, 담배 내음을 제대로 들이마셨는지의 여부는 확실하지 않다. 그러나 여전히 아주 적은 양의 담배도 해로운 게 사실이다.[6] 그러니, 칼망은 어딘가 보호 장치를 지녔던 게 아닐까. 담배를 피워도 멀쩡하도록 말이다.

칼망은 평생을 남프랑스의 아를(Arles) 지역에서 살았다. 1997년 사망 당시 그녀는 무려 122세였다고 한다. 그녀는 올리브 오일과 초콜릿이 풍부한 식단을 즐겼다. 그녀가 일주일에 1kg에 해당하는 초콜릿을 먹었다는 소문도 있었다. 사실, 우리는 이런 '카더라' 소문을 무척 반긴다. 우리의 잘못된 식습관을 합리화하려는 노력에서 말이다. 내가 아내에게 대수롭지 않게 러브 부인이 셰리주를 마셨다고 말하자, 아내는 대뜸 "러브 부인을 술 마실 핑계로 삼지 말아요"라고 말했다.

러브 부인과 2차 세계대전에 대한 대화를 나누지 않을 수 없었다. 그녀는 당시 켄싱턴 처치 거리(Kensington Church Street)에 자리한 아파트에서 살았다. 독일에 의한 대공습 때 아파트가 폭파되기 전까지는 말이다. "폭발 때문에 창문이 날아갔죠. 그래서 아파트로 다시 돌아갈 수가 없었어요. 억울하게도." 그녀가 말했다. 그녀의 남편은 남아프리카인이었는데, 해군에 입대한 뒤 해군 본부에서 일했다. 그녀보다 세 살 더 어렸던 남편은 2004년에 작고했다.

"우리는 1941년에 그이가 휴가를 나왔을 때 결혼했어요." 러브가 말했다. 사실 그들의 계획은 9월에 결혼하는 거였다. 하지만 당시 약혼자였던 남편이 7월에 해외 파견을 나가게 됐다고 말해온 것이다. 그래서 바로 다음 토요일에 서둘러 예식을 치르는 수밖에 없었다. 결혼식 바로 다음 날, 남편은 해군을 따라 18개월 동안 해외에 주둔하게 됐다. "남편과의 소통은 우편을 통해서 했죠. 3주마다 편지 한 통이라도 받으면 운 좋은 거였어요. 그런 식이 18개월 동안의 소통의 전부였고요." 그녀가 말했다.

러브도 여성 자원 봉사단에 합류했다. 다행히 전쟁 전에 운전하는 법을 배워서, 공습 이후 집을 잃은 이들에게 구호물자를 배달하는 일이 주어졌다. "군용 트럭을 몰았는데, 코번트리(Coventry) 지역이 아주 초토화됐을 때 거길 갔었지. 그리고 대공습 때는 리버풀에 갔고. 식수를 운반하고 사람들에게 식량을 나눠줬지요." 그녀가 말했다.

전쟁이 끝나자, 드디어 그녀는 남편과 함께 다시 런던으로 가서 살게 됐다. "유럽 전승 기념일(VE day)에는 버킹엄 궁전(Buckingham Palace) 앞에서 사람들과 함께 있었지요. 영국 왕실 가족들이 나오는 것도 봤다오." 그녀가 말했다.

현재 그녀는 친구는 별로 없다고 했다. "처음 여기에 왔을 때는 아파트 주민들과 브리지 게임도 하고 그랬었지. 근데 한 명씩 관두

더라고." 그녀는 곧 말을 고쳤다. "아니지, 솔직히 다 죽었지요. 그래서 게임도 종말을 맞았고. 그래서 더 이상 브리지는 안 해요."

그때, 그녀의 딸이 참견을 했다. "엄마는 평생 어떤 운동도 안 하셨죠?" 그러자 러브 부인은 흡족한 듯 맞장구를 쳤다. 그런 일에는 신경도 안 썼다는 거였다. 이 반직관적인 사실은 앞으로 계속 마주하게 될 것이다. 즉, 백 세 이상 장수인들은 일반인들에 비해 운동을 더 혹은 덜하지 않는다는 사실이다. 이들 장수인들이 특별히 더 건강한 생활습관을 가진 것도 아니고, 장수를 목표로 삼은 적도 없다. 뉴욕 소재 알버트 아인슈타인 의대(Albert Einstein College of Medicine)의 스와프닐 라즈파탁(Swapnil Rajpathak)과 동료들은 477명의 매우 장수한 이들(평균연령이 97세인)을 대상으로 설문 조사를 했다. 그리고 그 결과를 일반 대중에서 뽑은 더 젊은 사람들의 설문 조사 결과와 비교했다. 모든 참가자들에게 그들의 생활 습관에 대한 질문이 주어졌다. 라즈파탁의 결론에 따르면, 장수인들 조는 젊은이들 조와 비슷한 결과를 보였다. 과체중 및 비만일 확률도, 알코올 섭취 및 운동의 패턴도, 저칼로리 식단을 섭취할 확률도 모두 비슷했다.[7] 환경과 생활 습관, 식단은 백 세 장수인들이 그 나이에 이르는 데 큰 영향을 주지 않은 요소들이었던 것이다.

나는 러브 부인에게 외로우시냐고 물었다. 그러자 그녀는 "아니"라 답했다. 물론 그녀의 딸이 곁에 있었으니, 신빙성 있는 답인지는 확실치 않았지만 말이다. 그녀는 "외로움에 대해 걱정하지는 않아요"라고 말했다. 매일 그녀는 『텔레그래프 *Telegraph*』의 십자말풀이를 하고, 간병인과 산책을 나가 누군가와 대화를 나눈다고 했다.

"게다가 손주들이 여덟 명이나 있고, 증손주들은 열 명이나 있어요. 또, 곧 태어날 증손자도 한 명 있는걸. 대가족이지. 손주들이 나를 젊게 해준다오. 그러니 계속 살맛도 나고, 삶에 흥미도 잃지 않아요. 대가족에서 일어나는 모든 일을 다 듣지요. 다양한 세대와 나이의 가족들 일을. 그게 확실히 활력을 줘요. 삶에 아주 큰 흥미를 갖게 해주고." 그녀가 말했다.

세상을 보는 시야도 넓혀야 했단다. "인정하지 않는 일도 받아들이게 됐지." 그녀가 말했다. 혹시 엄청나게 고리타분한 사고방식을 듣는 건 아닐까 나는 만반의 대비를 했다. "그 남자 친구랑 여자 친구랑 같이 사는 거, 결혼도 아닌 그런 걸 인정하지는 않거든." 그녀가 말했다. 글쎄, 그 정도면 충분히 고루한 사고인 듯했다. "어쨌든 대가족이 내 머리가 계속 돌아가도록 해주는 게 확실해요. 두말할 나위가 없지." 그녀가 말했다.

아무도 여태껏 잔 칼망의 장수 기록을 깬 사람은 없다. 가장 근접한 사람이 미국인인 사라 크나우스(Sarah Knauss)인데, 1999년에 119세의 나이로 타계했다. 크나우스와 칼망은 지난 이백 년간 눈부신 성장을 한 예상 수명의 정점을 찍은 셈이 됐다. 이러한 성장으로 인해, 사람들은 '인간이 얼마나 살 수 있을 것인가'에 대한 강한 긍정적 시선을 갖게 됐다.

19세기에는 인간의 예상 수명이 대략 30~40세 사이였다. 물론 사람들은 그것보다는 오래 살았다. 하지만 어린이들이 어린 나이에 죽는 일이 흔했기 때문에, 평균 예상 수명이 낮은 것이었다. 그러나 지난 2세기 동안, 부유한 나라들에서는 매해 예상 수명이 약 삼 개월씬 더해졌다. 게다가 사람들은 요즘에 아이를 적게 낳는 추세다. 세계 대부분의 곳에서 출산율이 폭락해버린 것이다. 게다가 노년 인구와 청년 인구의 비율이 뒤바뀌고 있기도 하다.

그 결과, 인간 사회의 형태 및 구성은 역사상 그 어느 때보다 빠르게 바뀌는 중이다. 이런 거대한 인구 통계적 변화는 여러 심각한 결과를 초래할 것이고, 각국의 정부는 이를 막 깨닫기 시작했다. 동시에 '수명 연장이 이대로 지속될 것인가?'의 문제가 부각되고 있다.

뉴욕 소재 알버트 아인슈타인 의대의 유전학과 소속인 얀 페이흐(Jan Vijg)은 이 문제에 대해 부정적인 입장이다. 2016년에 그는 동료들과 함께 『네이처 Nature』에 논문을 게재했다. 인류가 인간 수명의 자연적 한계에 이미 도달했다는 내용이었다.[8] 이들은 물론 인간의 예상 수명은 급증했지만, 이제는 정체기에 접어들었다고 말한다. 선충(nematode worms)이나 실험실 쥐의 수명을 연장하는 법을 사람에게 그대로 적용할 수도 없는 노릇이고 말이다. 예상 수명 그래프의 가파른 곡선이 사람들을 현혹시켰을 뿐이라는 거다. 페이흐 팀은 전 세계의 예상 수명에 대한 데이터베이스 속 출산 및 사망을 분석해보았다. 그 결과, 지난 20세기에는 세계 최고령 인물의 사망 당시 연령이 매년 증가했지만, 1990년대에 들어 정체기에 진입했음을 밝혔다. 아무도 115세 이상 살지 못하는 듯했기 때문이다. 예상 수명의 상승세가 정체된 것은, 모든 동물들이 그러하듯, 인간 수명에도 상한치가 있음을 뜻한다. '생물학적 천장(biological ceiling)'이란 게 존재한다면, 우리는 그에 이미 도달했다는 거다.

하지만 페이흐 팀의 결론에 대해, 즉각적인 반론이 나왔다. 독일 로스토크(Rostock) 소재 막스 플랑크 인구 통계학 연구소(Max Planck Institute for Demographic Research)의 소장인 제임스 보펠(James Vaupel)은 예상 수명 기록은 자주 갱신되어왔음을 지적했다. 그러면서 페이흐 팀의 분석의 질을 강하게 비판했다. 보펠은 이렇게 말했다. "페이흐 팀은 그저 자료들을 컴퓨터 속에 밀어 넣은 것에 불과해요. 마치 소에게 여물을 삽으로 떠서 밀어 넣듯이." 또 페이흐 팀의 논문에 대한 반박 논문이 2017년 『네이처』에 실리기도 했다. 앞서 1장에서 만나본 스튜어트 리치와 몇몇 과학자들이 쓴 것으로, 페이흐의 논문에 쓰인 통계적 방법을 공격함으로써 그 결론을 무시해버렸다.[9]

그러니, 잔 칼망이 인간 수명의 자연적 한계에 도달한 것인지 아닌지는 좀 더 두고 볼 필요가 있다. 한편으론, 많은 연구원들이 사실 그 여부에 그다지 신경 쓰지 않는다. 이들은 긍정주의 집단으로, 인간의 건강한 수명 연장을 위한 길을 찾으려 빠르게 전진할 뿐이다. 인간의 '자연적인 한계'에 전혀 아랑곳하지 않고 말이다. "전반적으로 노화에 관여하려는 움직임은 노화의 복잡성 때문에 좌절되고는 하지요. 하지만 그렇다고 시도조차 않을 순 없으니까요"라고 제이 올샨스키(Jay Olshansky)는 말한다. 그는 시카고 소재 일리노이대학교(University of Illinois) 보건대학 소속으로 인간 노화 관련 연구의 수석 연구원이다.

인간 수명이란 놀랍도록 복잡한 특성이다. 수명을 그 한계에 도달하도록 연장하는 것은 특별한 관여가 필요한 것이다. 물론 앞서 살펴본 엘리자베스 러브와 같은 몇몇 특별한 인물들은 그 나이까지 쇠약을 초래하는 병조차 앓지 않았다. 이들은 어떤 식으로든 보호받고 있는 셈이다. 올바른 식습관만으로 인간 수명의 한계까지 살지 못한다는 건 다 아는 사실이 아닌가. 백 세 장수인들의 공통점을 찾아낼 필요가 있는 거다. 다행히, 전 세계 인구 통계 데이터를 살펴보면, 백 세 장수인들은 특정 지역에 모여 사는 경향이 있다. 이 장수의 온상 지역들을 바로 '블루 존'이라 일컫는다.

일본 열도 최남서쪽에 위치한 오키나와 본섬의 서쪽 해변도로인 58번 고속도로를 운전해가면, 북쪽의 정글 존에 다다른다. 이 정글 존의 왼쪽에는 아열대 산호초 해역이 펼쳐진다. 이곳에는 밝은 색의 열대 어류뿐 아니라 듀공(dugong)도 몇 마리 눈에 띈다. 심지어 바다소(sea cow)라는 호기심 많은 포유류도 서식한다. 이 오키나와 섬 북부의 삼림이 무성히 우거진 정글을 얀바루(山原)라 부른다. 얀바루는 생물 다양성이 풍부한 곳이다. 땅거미가 질 무렵이면, 과일을 먹고사는 큰 박쥐(fruit bat)들을 볼 수 있다. 운이 좋으면, 날지 못하는 새인 오키나와 뜸부기라는 희귀 새도 볼 수 있을지 모른다(이곳에 머무는 동안, 나도 이 새를 목격한 줄로 착각했었다). 또, 상당한 화제가 되었던 '하부'라는 이름의 독뱀도 이곳에 서식한다. 필자가 이곳에서 곤충 생물학자로 일했을 때, 이 뱀을 확실히 목격한 적이 있다. 물론 이 뱀은 그냥 길바닥에서보다는 동네 주점의 '아와모리 사케' 병 속에 담겨진 모양으로 보기가 더 쉽다. 술에 뱀을 담그는 건, 자극적인 면모로 술맛을 고쳐시키기 위해서라고 한다.

한편, 이 지역의 기지오카(Kijioka) 마을에서는 무척이나 정정한

80대 노인들을 만나볼 수 있다. 그런데 이 노인들은 마을의 백 세 노인들에게는 '젊은이' 취급을 받는다고 한다. 이 80대 노인들을 몇몇 직접 만나봤지만, 도무지 말이 통하지 않았다. 이들은 오키나와 방언을 하는데, 나는 오직 표준 일본어밖에 몰랐기 때문이다. 하지만 여전히 80대가 아주 진지하게 '젊은이'라 불리는 마을은 놀라운 곳이 아닐 수 없다. 기지오카 마을의 한 105세 노인은 현관 앞의 하부 뱀 한 마리를 마주한 일로 유명세를 타기도 했단다. 그녀는 파리채로 뱀을 짓눌려 죽였다고 한다.

일본은 수년간 꾸준히 세계 장수 기록의 정상을 차지해왔다. 게다가 일본의 모든 마을에서 코세키(戶籍)라는, 출생과 사망 및 결혼의 등록 제도를 1870년대부터 시행해온 것도 일조했다. 이 코세키 제도의 데이터에 따르면, 일본의 장수는 최근의 현상이 아니다. 물론 일본도 다른 나라에서와 마찬가지로, 평균 수명이 증가해왔다. 하지만 그 너머에는 확실히 일본인들이 갖는 유리한 조건이 있을 법하다.

물론 모든 일본인이 다 큰 장수를 누리는 건 아니다. 개인 편차가 있을 뿐 아니라, 특히 긴 장수를 누리는 장수의 온상 지역이 따로 있기 때문이다. 일본 내에서도 가장 높은 수명을 자랑하는 곳이 바로 오키나와이다. 그리고 그 오키나와 중에서도 기지오카 마을인 것이다. 전반적으로 오키나와의 서쪽 끝 지역에 사는 이들이 세계에서 가장 장수하는 편이다.

이 때문에 이곳의 사람들은 놀라운 수명의 비밀을 캐고자 하는 이들에 의해 많이 연구되어왔다. 예를 들면, 주제는 많은 양의 두부와 신선한 야채 및 생선 등의 식단이라던가, 서로 밀접하고 동조적인 사회 구조 등이었다. 또, 전통적인 옷감 짜기인 '바쇼후(芭蕉布)' 등을 포함한 생활 방식도 있었다. 이 바쇼후를 통해 이곳의 사람들은 노년에도 일을 하며, 인지적인 건강을 유지할 수 있다고 한다. 이 모든 요소들이 연구에 반영되었다. 또 한 요소로는 80퍼센트 정도 배가 찰 때까지만 먹는 유교식 식습관인 '하라 하치부(腹八分)'를 들 수 있다.

오키나와에서는 여러 유전학 연구도 진행된 바 있다. 다른 여러 백 세 장수인들의 고향에서와 마찬가지로 말이다. 그 결과로 오키나와가 블루 존의 한 곳으로 선포된 것은 놀랍지도 않은 일이다. 필자는 운 좋게도, 다른 블루 존에도 가본 적이 있다. 이탈리아 지중해의 사르디니아(Sardinia)와 코스타리카(Costa Rica)의 니코야(Nicoya) 반도였다. 이곳들의 환경을 보니, 왜 그렇게 장수에 도움이 되는지 알 것 같았다. 온화한 기후에 편안한 환경 그리고 넘치는 건강식이 있었던 것이다. 또 다른 블루 존은 그리스의 이카리아 섬인데, 앞서 7장에서 살펴봤던 딘 카르나제스의 어머니의 고향이기도 하다. 한편, 놀랍게도 패스트푸드와 비만의 진원지라 할 수 있는 미국 대륙에도 블루 존이 존재한다. 바로 캘리포니아 주의 로마 린다(Loma Linda)라는 도시이다.

미국의 유일한 블루 존인 로마 린다는 탐험가이자 작가인 댄 부에트너(Dan Buettner)에 의해 처음 선정되었다. 부에트너는 전 세계의 장수촌을 연구하던 도중, '블루 존'이라는 개념을 처음 정립한 장본인이다. 여하튼 로마 린다의 남성 평균 예상 수명은 88세이고, 여성은 89세이다. 이는 미국인의 평균 예상 수명보다 약 8~10년 정도 많은 것이다. 그 장수 비결은 간단하다. 로마 린다는 대대적으로 재림파(Seventh Day Adventist) 교도들이 터를 잡은 곳이기 때문이다. 재림파 교도들은 술이나 담배를 하지 않으며 마을에서는 금연을 요구한다. 게다가 대부분의 교도들이 고기도 먹지 않는다. 재림파는 운동과 건강한 생활 습관을 크게 독려한다. 교도들도 정기적으로 교회의 예배 및 활동에 적극 참여한다. '뉴잉글랜드 백 세 장수인 연구회(New England Centenarian Study)'의 과학자들에 따르면, 로마 린다의 시민들은 일반인들에게 예상 수명의 기준치를 제공한다. 즉, 일반인도 잘 먹고 양질의 케어를 하면 그 정도의 수명에 도달할 수 있다는 것이다. 물론, 사회관계를 잘 유지하는 것도 또 하나의 중대한 조건이다.

놀랍게도, 런던 중심부에도 '미니 블루 존'이 존재한다. 그것도 1682년부터 말이다. 이곳에서 일하는 이들은 수명이 십 년은 더 는다고는 한다. 이곳은 바로 영국 퇴역 군인 전용 요양소인 '첼시 왕립 병원(Royal Hospital Chelsea)'이다. 이곳에는 첼시 지역의 연금 수급자들이 모여 산다.

첼시 왕립 병원 건물과 정원은 건축가 크리스토퍼 렌(Christopher Wren)에 의해 설계되었으며, 웅장하고 귀족적인 분위기로 만들어져 있다. 이곳은 왠지 옥스퍼드 대학을 연상시키는 부유한 분위기로, 내부에는 첨단 병원 장비들 옆에 해리포터에 나오는 호그와트(Hogwarts) 스타일의 공동 다이닝 홀이 자리하고 있다. 나는 도착하자마자 카페에서 커피를 마시면서, 참전 용사들과 함께 앉아 있었다. 몇몇 분은 반짝반짝 빛나는 놋쇠 단추와 메달이 달린, 유명한 주홍색 군복을 입고 있었다. 또 어떤 분은 좀 더 캐주얼한 양털 재킷 차림이었다. 하지만 여전히 첼시 왕립 병원의 문장을 달고 있었다. 1, 2등급의 근사한 건축물인 데다가, 엄청나게 비싼 런던 중에서도 가장 비싼 곳에 위치하고 있지만, 이 병원은 일반 군인들을 위해 설계된 곳이다. 이곳에 살기 위해 부자일 필요는 없다. 단지 군인이기만 하면 되는 거다. 만약 이곳에 거주 신청을 해서 허가를 받으면, 군인 연금을 병원에 위임한다는 서명만 하면 된다. 군인 연금은 국방부에 의해 보조받는 연금이다. 그걸로 절차는 끝이다. 그때부터는 모든 것에 양질의 케어를 받게 된다. 이곳의 평균 수명이 높은 것도 이곳이 주는 안정감, 나아가 공동체 의식 때문인지도 모른다. 별로 식단에서 원인을 찾을 순 없을 테니까 말이다. 오키나와의 미역이나 된장국 따위의 슈퍼 푸드(super food)는 이곳에 없으니 말이다. 2017년 내가 첼시 왕립 병원을 방문했을 때 이곳의 주 식사 메뉴는 이랬다. 블랙 푸딩(black pudding, 돼지피로 만든 소시지)과 돼지 간 튀김, 매운 양갈비를 곁들인 토스트, 크림이 들어간 밀가루 죽 등이었다. 마치 전투 식단 같은 느낌이었다.

게다가 이곳에 있으니, 마치 시간을 거슬러가는 느낌이 들었다. 98세의 존 험프리스(John Humphreys)는 마치 70년은 젊은 기세로 내 손을 꼭 잡고 악수를 했다. 그는 마치 헐리우드 액션 영화의 주인공 같은 삶을 사신 분이다. 나는 그가 소싯적의 전쟁 기억을 끄집어내기 싫어 하는 건 아닐까 했었다. 하지만 그는 전혀 개의치 않고 내게 얘기를 들려주었다. 그의 이야기에는 그의 성격이 고스란히 묻어났다. 노인학의 연구원들은 성격이 확실히 수명에 영향을 미친다고 밝힌 바 있다. 그러고 보니, 앞서 러브 부인과 대화를 나눌 때도 나는 그녀의 철두철미한 성격에 감탄했었다. 여하튼 험프리스의 방에서, 나는 그와 함께 나란히 앉았다. 창밖으로는 강가를 따라 펼쳐진 아름다운 정원이 내려다보였다. 그는 1942년에 북아프리카에서 독일 군에 의해 포로가 되었던 얘기를 꺼냈다. 그의 나이 스무 살 때였다. 부상을 당해 기절했던 그가 정신을 차리고 보니, 체구가 큰 두 적군 병이 자신을 내려다보고 있더란다.

그 길로 험프리스는 이탈리아의 포로 수용소에 갇히는 신세가 됐다. "그 빌어먹을 포로 수용소에 감금당하는 게 맘에 들지 않았지. 그래서 탈출하기로 마음먹었다오." 그가 말했다. 하지만 그의 앞에 기회가 펼쳐지기까지는 9개월이 걸렸다. 그동안 그는 이탈리아어를 익혀서, 감시원을 속일 수 있을 정도가 됐다.

마침내 험프리스는 마치 이탈리아 군복처럼 보이는 그리스 군복을 구해서 입었다. 그러고는 수용소 동료 두 명을 앞세운 뒤, 감시원에게 이탈리아어로 이들을 다른 곳의 포로 수용소로 이동시키려 한다고 말했다. 감시원은 손짓을 하며 이들을 내보내주었다. 수용소 밖으로 나오자 험프리스와 동료들은 하이킹을 해서 서쪽으로 이동해갔다. 시골 땅에서 숙식을 해결해가면서 말이다. 그러다 심장이 멎는 위기의 순간이 찾아오기도 했다.

독일군의 수송 차량들이 이탈리아 농부 차림인 험프리스 무리들을 지나치게 된 거였다. 마지막 차가 멈춰 서자, 독일 장교 한 명이 내렸다. '이제 끝장이로군'이라고 험프리스는 생각했단다. 포로 수용소 감시원을 속여 먹는 것은 가능했을지 몰라도, 무시무시한 독일 장교를 속이기는 힘들 터였다. 그런데 뜻밖에도, 독일 장교는 형편없는 이탈리아어로 가장 가까운 강이 어디냐고 물어올 뿐이었다. 결국 험프리스는 가까스로 이탈리아어로 대답을 해줬고, 독일 군들은 그대로 차를 몰고 가버렸다. 그 뒤, 마침내 험프리스와 동료들은 영국군에 의해 점령당한 한 마을에 다다랐고, 6주간의 포상 휴가를 얻기까지 했다.

1944년이 되자, 험프리스는 영국 육군 공병대의 낙하산 부대에 합류했다. 그러고는 곧바로 네덜란드의 아른헴(Arnhem) 지역에 뛰어들었다. 아른헴은 전쟁 말기의 주요 접전지 중 한 곳이었다. 하지만 그는 곧 또 포로 신세가 됐다. 이번에도 그는 도망을 주저하지 않았다. 하지만 그가 같이 도망을 권유한 몇몇 포로들은 거절했다. 너무도 사기가 저하된 탓이었다. 그럼에도 그는 탈출을 원하는 동료 셋을 가까스로 찾아냈다.

이번에도 그는 마치 고전 전쟁 영화 주인공처럼 행동했다. 창문틀 주위의 시멘트를 긁어낸 뒤, 빈 곳에 요리 오븐에서 모은 재를 채워 넣었다. 감시원이 눈치 채지 못하게 하기 위해서였다. 마침내 그는 창문틀을 제거할 수 있을 정도로 시멘트를 긁어내는 데 성공했다. 그러고는 탈출했다. 그와 세 명의 동료는 보트를 훔친 뒤, 라인 강에서 네덜란드의 네이메헌(Nijmegen) 지역까지 노를 저어갔다. 현재 험프리스의 방 벽에는 그때 훔친 배 위에서 그 동료들과 함께 찍은 사진이 아직도 걸려 있다. 그에게서는 정말이지, 온통 전쟁 영웅의 풍모가 느껴졌다. 또, 벽에는 전쟁 기간에 찍은, 지금은 작고한 그의 아내의 빛바랜 사진도 걸려 있었다.

"나는 항상 인생을 긍정적으로 내다봤지." 그가 말했다. 그의 생각에는, 어떤 이들은 그저 그런 사고방식을 갖고 태어나는 것 같단다. 하지만 그의 부모님도 동일한 태도였는지에 대한 확신은 없다고 했다.

"부모님과 그리 친한 편은 아니었거든." 그가 말했다. 이 말에, 그와 나 사이에 세대 간 장벽이 있다는 게 새삼 느껴졌다. "내 어머니는 온갖 사랑과 정성을 내 형에게 쏟아부으셨어. 나한테는 그저 잔소리만 하셨지요."

그렇다면 양육의 영향이 컸던 것 같진 않았다. 여하튼, 그는 한 평생 정신적으로 신체적으로 건강한 삶을 보낸 듯했다. "낙하산 부대에 있었으니 건강하긴 했지. 그런데 그만 내 왼쪽 슬개골이 부러졌어요." 그가 말했다.

존은 부상 후에 어떻게 그가 자전거를 한 대 얻어서, 스스로 물리치료를 시행했는지를 설명했다. 그로부터 육 개월 뒤, 그는 부대에서 열린 운동회에서 100미터와 200미터 달리기 우승을 차지했다. "어쨌든 낙하산 부대원은 한시도 조용할 날이 없으니까. 내 양쪽 쇄골과 견갑골, 양쪽 손목, 오른쪽 다리가 모두 부려졌지 뭐요. 물론 꽤나 빨리 회복하긴 했지만, 지금은 전혀 아무렇지도 않아요." 그가 말했다.

정말이지, 그는 투철한 의지의 목표 지향적 사나이가 틀림없었다. "장수를 위한 내 충고는 항상 긍정적이어야 한다는 거요. 내가 할 수 있는 일을 최선을 다해서 하는 거지. 실패가 있더라도 감내해

야지요. 가시가 아예 없는 장미 정원을 가질 수는 없으니까." 그가
말했다.

남미 후트닉(Nimmi Hutnik)은 런던의 사우스 뱅크 대학(South
Bank University) 소속 심리학자이다. 그녀의 전문 분야는 우울증과
불안, 낮은 자존감, 외상 후 스트레스 장애 등의 정신 건강 문제들
이다. 그녀가 동료들과 함께 영국에 거주하는 백 세 장수인들을 대
상으로 설문 조사를 했기에, 나는 그녀를 처음 알게 되었다. 그녀는
'정신적 회복력(mental resilience, 다음 장에서 이 주제에 대해 더 상세히 다
룰 것이다)'에 대한 연구를 하는데, 백 세 노인들에서 이 정신적 회복
력이 어떻게 발현되는지에 흥미를 갖게 되었다고 한다. 이에 그녀는
팀 동료들과 함께 전국을 누비며, 16명의 백 세 장수인들을 인터뷰
했다. 5명의 남성들과 11명의 여성들이었다. 후트닉 팀의 접근법은
간단하지만 매우 효과적이었다. 우선, 이들은 인터뷰 대상자들에게
그들의 이야기를 들려달라 청했다. 간간이 다음과 같은 질문들을
던지고, 대답을 독려하면서 말이다. "인생을 이끄는 데 큰 영향을
미친 게 있다면 뭔가요?" 또는 "백 세 이상 넘어서 산다는 게 어떤
가요?" 그리고 "긍정적으로 나이를 먹는 비결이 있다면요?" 같은 것
이었다.

참여자들은 모두 자원해서 인터뷰에 응했다. 인터뷰 모집 공고
에 응답을 해온 것이었다. 따라서 인터뷰 과정에 이미 약간의 편견
이 녹아 있을 수 있었다. 그럼에도 인터뷰의 전반적인 테마는 무척
이나 흥미로웠다. 후트닉은 이렇게 말했다. "이분들이 그렇게나 장
수할 수 있었던 건, 쉬운 삶을 사셨기 때문은 아니에요. 오히려 스

트레스 상황에서 스트레스를 효과적으로 처리했기 때문이죠. 이분들은 이런 구절들을 언급하곤 했어요. '삶이 주는 대로 받아들여라', '과거에 대해서 걱정하지 말아라', '매일을 오는 대로 받아들여라' 혹은 '상황 개선을 위해 최선을 다하되, 그 후에는 잊어버려라' 등. 즉, 자신이 바꿀 수 없는 상황은 그저 받아들였노라고 설명한 거지요."[10]

참여자 중 한 명이었던 당시 102세의 필리스(Phyllis)를 예로 들어보자. 그녀는 자신이 삶에서 꽤나 많은 일을 겪었노라고 회상했다. "여러 일들이 있었지. 예를 들어, 우리 아버지가 죽임을 당하셨다거나, 내 남편이 전쟁에 나갔었다거나 하는. 내 동생도 죽임을 당했어요. 하지만 어쨌든 나는 살아남았고, 남은 삶을 살아야 하니까. 그게 다지. 그저 맞서 싸워야 하지 않겠수? 내가 그 회복력이 좋다는 사람 중 하난가 봐요." 그녀는 말했다.

또 앨버트(Albert)의 경우도 있다. 그도 역시 인터뷰 당시 102세였다. "어떤 일을 바꾸거나 돌이킬 수 없더라도 염려치 말아요." 그는 말했다. 앨버트는 14세부터 광부로 일했었다. 석탄재로 인해 폐가 망가졌는데도 되는 대로 자주 춤추러 다녔단다. 역시 102세였던 니타(Nita)도 이렇게 말했다. "할 수만 있다면, 그리고 고통이 크지 않다면, 걱정일랑 밀어놓으려고 노력해야지요. 혼자 비참해 있으면 안 돼요."

우리 모두, 나이 드신 친척들로부터 "예전에는 그저 되는 대로 참고 살았다"라는 말을 들어본 적이 있을 거다. 그 속뜻인 즉, 현재의 세대는 너무 주저하고 응석받이인 경향이 있다는 것이다. 그러니, 아마 꾸지람에 가까운 말일 것이다. 사실, 맞는 말인지도 모른다. 하지만 어쨌든 현 세대 중 많은 이들이 아마 상당히 장수할 테니까, 앞으론 그다지 편하게만 살지는 못할 것이다. 또 어쩌면 노년의 세대들이 그저 하는 말인지도 모른다. 우리도 나이가 들면 같은 말을 할지도 모르잖은가.

필자가 처음 러브 부인과 대화를 나눴을 때, 그녀는 전쟁 중에 낳은 아이가 죽었다는 말을 했었다. 나는 처음엔 이 얘기를 캐묻지 않았다. 그런 비극적인 사건을 구구절절 묻는 게 꺼려져서였다. 비록 무려 75년 전의 일일지라도. 그러다 나중에, 나는 그녀에게 긍정적인 삶의 비결이 뭔지를 물었다. 모든 삶에는 저마다 부침이 있지만, 긴 삶은 특히 더 그럴 테니 말이다. 삶을 이끌어가는 법에 대한 그녀의 충고는 뭘까? "그저 살아나가야 해요. 그 사실을 우리 아기가 한 살에 죽었을 때 배웠지. 정말 처참했거든." 그녀가 말끝에 한숨을 내쉬며 말했다. "그래도 나는 생각했지. '그저 살아나가야 해'라고. 몸을 추스르고, 아기를 또 낳는 수밖에. 당시에는 무슨 상담 같은 건 없었어요. 그저 삶을 살아가려면 긍정적이 되는 수밖에 없었지. 어차피 남이 나를 위해 다 해주는 건 별로 좋지 않지요."

전쟁 중에는 한동안 이런 긍정적인 태도가 널리 퍼져 있었다고 한다. 하지만 누구나 다 이런 태도를 타고나는 건 아닌 것 같다고 그녀는 덧붙였다. 이 긍정적인 태도는 앞서 내가 만나본 엘런 맥아더와 페트라 카스페로바, 데이브 헨슨과 바바라 하니건을 떠올리게 했다. 아니, 사실 이 책을 쓰면서 만난 인물들 거의 모두가 생각났다. "긍정적으로 살려면 긍정적인 마음을 지녀야지." 러브 부인이 말했다. 그녀는 지금도 긍정적인 마음으로 충만하다. 이번 여름에 고관절이 부러졌어도, 물리치료사들도 놀랄 만큼 회복하려는 그녀의 의지는 대단했다고, 그녀의 딸이 내게 말했다. "나는 아직도 매일 밖에 나가요. 꼭 다친 걸 회복하고 싶었거든. 주저앉아 지내는 건 나한테 안 어울려." 러브 부인이 말했다.

러브 부인의 이런 말은 무척 겸손하고도 감동적이었다. 내가 전에 잔 칼망에 대해 읽은 내용을 떠올리게 했다. 잔 칼망의 전기를 쓴 작가에 따르면, 그녀는 스트레스에 타고난 면역을 지닌 듯했단다. 칼망은 "어떤 일에 대해 손쓸 수 없다면, 그 일에 대해 걱정도 말아요"라는 말을 즐겨 했다고 한다. 칼망은 자신의 장수가 스트레스에 대한 침착한 접근법 때문이라 여겼다. 동물학자이자 작가인 데스몬드 모리스(Desmond Morris)에게 그녀는 "내가 칼망(calment, 프랑스어로 '침착해지다'라는 뜻)이라 불리는 이유가 있지"라는 말을 남기기도 했다.[11]

칼망에 대한 책을 처음 읽었을 때, 나는 즉시 흔한 일본어 표현인 '쇼가나이(しょうがない)'가 떠올랐다. 그 뜻은 '달리 방법이 없다'는 것이다. 비슷한 표현으로 '시카타가나이(仕方がない)'도 있는데, 그 뜻도 비슷하게 '어쩔 수 없다'이다. 러브 부인을 만나고 또 후트닉 연구팀의 설문 조사 결과를 읽으니, 그 두 표현이 떠올랐던 것이다.

일본에 살 때, 일본 사람들은 일상에서 나에 비해 짜증을 덜 내는 걸 알아차렸다. 사람들이 도통 짜증을 안 내는 것에 짜증이 날 정도였다. '조금 감정적이 될 일도 있을 법한데'라고 느꼈던 거다. 일본인들의 수동성과 운명에의 수긍이 바로 '쇼가나이'에 함축되어 있었다. 그리고 그게 가끔 언짢게 느껴졌던 것이다. 하지만 결국은 그런 태도에 감탄하지 않을 수 없었다. 확실히 사회 내에서 조화롭고 쾌적하게 사는 데 도움이 되는 태도니까. 또, 그런 태도가 혈압을 낮추는 데 일조하는지도 몰랐다. 물론 '쇼가나이'가 일본 내 장수의 원인이 되는지는 또 다른 문제다. 마음만 먹는다고 장수를 하는 건 아니니까. 물론, 스트레스는 체내에서 여러 심각한 부작용을 낳는다. 그렇다고 차분하게 혹은 긍정적으로 사는 게 장수의 충분요건은 아닐 거다. '주저앉아 지내지 않겠다'는 다짐도 마찬가지다. 우리는 장수에의 객관적인 연결 고리를 찾아야 한다. 그러기 위해서는 다시 게놈을 탐구해보아야 하는 거다.

물론 존 험프리스나 엘리자베스 러브는 게놈을 분석받은 적이 없다. 하지만 이들이 지난 25년간 동안 장수에 관련해 연구돼온 특정 유전자의 변이를 지녔을 거라 보는 것도 일리가 있다. 문제의 그 유전자를 바로 'ApoE'라 부른다. ApoE는 19번 염색체 상에 존재하며, '아포지질단백질 E(apolipoprotein E)'라는 단백질을 생성한다. 단백질에 관한 데이터베이스에서 아포지질단백질의 사진을 찾아 한번 살펴보라. 그러면 299개의 아미노산으로 이뤄진, 묵직하고 꼬불꼬불하며 거대한 단백질 덩어리를 볼 수 있을 거다. ApoE의 형태는 여러 가지로 나타나는데, 그 역할은 콜레스테롤을 운반하는 것이다.

ApoE는 1994년부터 극도로 긴 장수에 처음 연관 지어졌다.[12] 그 후, 이에 관한 수백 개의 연구 논문이 쏟아졌다. 수많은 사람들이 ApoE에 대해 연구하고, 엄청난 연구 자금이 이에 쏟아부어진 것을 볼 때, 아마도 ApoE가 게놈 내 가장 흥미로운 유전자라고 생각하게 될지 모른다. 하지만 실은 그렇게 간단하지는 않다. ApoE의 한 버전인 E4는 알츠하이머와 심장병에 연관이 되어 있기 때문이다. 즉, 단명과 관련이 있다는 거다. 하지만 2,776명의 백 세 장수인들과, 더 젊은이들로 이뤄진 통제 집단을 분석한 한 결과를 살펴보자. 이에 따르면, ApoE의 또 다른 버전인 E2와 E3 중 하나를 지닌다면, 초고령까지 도달할 확률이 높아진다.[13] 또 E2를 지니면 장수에 유리하며, E4를 지니면 반대로 장수에 불리하다고 한다.[14]

앞서 소개한 카레 크리스텐센의 중요한 덴마크 연구, 즉 노화에서의 유전의 영향에 관한 연구는 각각 1895년, 1905년, 1910년, 1915년에 태어난 동일 통계 집단의 사람들을 추적했다. 그 결과, 크리스텐센은 '저질인' ApoE4 변이가 감소하는 빈도가 연령이 더 높은 집단일수록 더 잦다는 것을 밝혔다. 즉, 50세의 집단에서는 ApoE4가 20퍼센트 발견되었지만, 100세의 집단에서는 10퍼센트에 그쳤다는 것이다.[15] "백 세 장수 노인들에게서는 ApoE4가 더 적게 발견된다는 뜻이지요. 물론 ApoE4가 좋은 유전자는 아니지만, 그렇다고 이 유전자를 지니면 낙오한다는 건 아니에요." 크리스텐센은 말한다.

공중 보건의인 크리스텐센은 그의 장수 연구 결과에 대해 다음과 같은 비판을 많이 받았다고 한다. 즉, 현대 사회가 실패하는 이유는 연약한 구성원들을 억지로 장수하게 만들기 때문이라는 비난이었다. 이 현상을 '성공의 실패'라 부른다. 여기서의 성공은 '장수하는 것'이고, 실패는 '노년에 이르렀을 때 형편없는 몸 상태인 것'을 뜻한다.

이에 크리스텐센은 2017년의 연구에서 이 개념을 시험해보기로 했다.[16] "1905년생인 동일 집단이 백 세가 되었을 때 건강이 엉망이 되었는지를 추적해보았지요. 그 결과는 아니었어요." 그러고 나서 그는 1915년생 집단을 살펴보았다. 이 집단에는 구십 세와 백세까지 생존하는 이들이 더 많았다. 뿐만 아니라 1905년생 집단과 비교했을 때 동일 나이에서 신체적 정신적 건강 상태가 더 양호했다. "이 결과는 매우 고무적이지요. 앞으로 30, 40, 50년 안에, 고령이 되었을 때 더 나은 인지 능력을 가질 거라 믿을 근거가 생겼으니까요." 크리스텐센이 말했다. 지난 20세기 동안 IQ는 꾸준히 증가했다. 이 현상은 이를 발견한 제임스 플린(James Flynn)의 이름을 따서 '플린 효과(Flynn effect)'라 부른다. "이 효과가 우리가 노년에 도달했을 때도 계속 진행 중일 거라 보입니다." 크리스텐센이 말했다. 문득 러브 부인이 매일 신문의 십자말풀이를 하던 게 생각났다.

약 80세까지의 생존은 그 다양한 이유를 대개 환경적 요인에서 찾을 수 있다. 평생 섭취한 식단이라던가, 가족 및 친구들로부터 받은 도움, 의료의 질 등이다. 환경적 요인은 흡연 및 음주 여부, 운동의 종류 등과 같은 행동적 요소들도 포함한다. 하지만 초고령에 이르는 건 유전이 훨씬 더 중요한 역할을 차지한다. "그 한 이유는, 유전자들이 초고령의 개인에 그 흔적을 드러내는 데 더 많은 시간이 소요됐기 때문이죠. 그게 좋은 흔적이든, 나쁜 흔적이든 간에요." 크리스텐센이 말했다.

하지만 ApoE가 장수에 기여한다는 결과가 굳건함에도, 그 효과는 수많은 게놈들을 분석할 때만 가시적으로 볼 수 있다. 개인적인 수준에서 ApoE가 미치는 영향은 적은 것이다. "미미한 정도죠." 크리스텐센이 말했다. 즉, ApoE가 개개인의 수명에 미치는 영향은 미미한 것이다. 마치 지능에 관련된 어떤 유전자 변이도 아주 적은 영향만을 미치듯이 말이다. "각각 아주 적은 효과만 미치는 유전적 요인들이 수천 개가 있을 거라는 데 의심의 여지가 없지요." 크리스텐센이 덧붙였다.

어떤 이들은 이 말을 듣고, 유전학을 통해 노화의 수수께끼를 풀 의미가 없다고 말할는지도 모른다. 하지만 반대로 어떤 이들은 노화가 생각보다 어려운 문제일 뿐, 포기할 이유는 없다고 생각할 것이다.

보스턴 대학교 의과대학(Boston University School of Medicine) 소속의 토머스 펄스(Thomas Perls)는 '뉴잉글랜드 백 세 연구(New England Centenarian Study, NECS)'를 운영하고 있다. 이 연구는 1995년에 시작된 것으로, 보스턴 지역에 사는 백 세 장수인들을 추적하였다. 주로 치매 연구를 위해서였다.

현재까지 약 1,600명 이상의 백 세 장수인들이 이 연구의 데이터베이스에 등록되었고, 110세 이상 사는, '슈퍼 백 세 장수인(supercentenarians)'들도 150명이나 된다. 이는 백 세 장수인들의 표본 중 세계에서 가장 큰 크기이다. 이 표본에는 세계에서 두 번째로 오래 산 인물인 세라 크나우스(Sarah Knauss)도 포함돼 있다. 그녀는 무려 119세까지 살았다고 한다. 우연찮게도 그녀도 스트레스를 무척 잘 다스린 인물이었다. "어머니는 그 어떤 일도 자신을 당황하게 내버려두지 않았어요"라고 그녀의 딸은 말했다고 한다. 1998년에 크나우스는 자신이 세계 최고의 고령이라는 사실을 듣고는 단 두 마디를 던졌을 뿐이다. "그래서 어쩌라고?"

그래서 어쩌라고? 그래서 그녀가 그토록 오랜 세월을 큰 지병이나 인지의 쇠퇴 없이 살았다는 거다. 펄스는 이렇게 말한다. "슈퍼 백 세 장수인들은 자신이 아파야 할 시간을 긴 인생의 끝까지 압축해놓는 데는 최고의 능력자이죠."

'압축(compression)'이라는 단어는 장수 연구에서 자주 마주하는 단어다. '압축된 질병(compressed morbidity)'이란, 매우 고령의 사람이 종종 사망 직전까지 신체적 정신적 건강을 유지하는 것을 일컫는다. 이 장에서 앞서 만나본 두 분의 노인들처럼 말이다.[17] 이처럼 신체적 인지적 기능을 유지하는 기간을 '건강 수명(healthspan)'이라 부른다. 크리스텐센이 그의 덴마크 연구에서 통계 집단들 간에 연장되고 있다고 말한 것이 바로 건강 수명인 것이다. 앞으로 우리가 연장될 거라고 보는 건, 수명 그 자체보다는 건강 수명이라고 하는 게 맞을 것이다.

여하튼, 뉴잉글랜드 백 세 연구팀은 그들의 데이터베이스 속 노인들을 세 집단으로 분류하였다. 각각 도피자(escaper), 지연자(delayer)와 생존자(survivor) 집단이었다. 첫 번째 도피자 집단은 백 세 노인들 중 15퍼센트를 차지했다. 이들은 그 이름에서 알 수 있듯, 놀랍게도 어떠한 심각한 질병으로부터도 도피에 성공한 이들이었다. 엘리자베스 러브와 존 험프리스가 전형적인 '도피자'인 셈이었다(험프리스는 말 그대로 감옥으로부터도 도피했지만). 그리고 43퍼센트의 노인들이 지연자였다. 이들은 노화와 연관된 어떠한 심각한 질병도

적어도 80세까지는 지연시킨 이들이었다. 그리고 나머지 42퍼센트의 노인들이 생존자에 해당했다. 이들은 80세 전에 심각한 질병을 앓았지만, 이겨낸 사람들이었다.

"아마도 이분들이 그 연세까지 사실 수 있었던 비결의 75퍼센트 정도는 유전에 기인할 겁니다." 펄스가 말했다. "그러니 이분들이 우리가 장수에 연관된 유전자들과 생물학적 메커니즘을 찾는 데 핵심이 될 가능성이 높아요. 노화를 늦추고 신체를 노화 관련 질병으로부터 보호하는 유전자들과 메커니즘 말이지요."

이러한 유전적 요소들을 측정하는 몇 가지 방법들이 있다. 그중 가장 흔한 방법이 '유전 통계학(genome-wide association study, GWAS)'이다. 이는 여러 다양한 사람들의 게놈을 살펴보고, 특정 질병 및 상태와 연관이 되는 유전적 변이들을 찾아내는 방법이다. 이 경우에는 그 특정 상태가 바로 '장수'인 것이다. 유전 통계학에서는 앞서 언급한 '단일 염기 변이(single nucleotide polymorphism, SNPs)'라 불리는 게놈 내의 변이들을 살펴본다. 우리 모두는 이러한 미세한 변이들을 수천 개씩 몸에 지니고 있다. 그리고 유전 통계학은 특정한 성질과 연결되는 변이들을 찾으려는 시도인 것이다.

펄스 연구팀은 이 유전 통계학을 801명의 백 세 장수인들과 914명의 통제 집단에게 적용한 것이다. 유전통계학이 실효성 있는 수단인지에 대한 한 가지 비판은, 바로 어떤 한 특성에 관여하는 SNP가 수천 가지가 존재할 수 있다는 거다. 앞서 살펴봤듯, 지능의 경우가 확실히 그런 예이다. 발견한 결과에 대해 확신을 가지려면, 매우 큰 표본이 필요하다. 즉, 특정 SNP를 두고, "백 세 장수인이 되려면, 이 SNP가 꼭 필요해요!"라고 말할 수는 없는 것이다. 물론, 이런 연구는 좋은 출발점이다. 유전 통계학은 거대한 연못을 샅샅이 뒤지는 데 편견 없는 도구가 될 수 있을 테니까 말이다. 펄스 연구팀은 특출한 장수의 지표라 부르는 281개의 SNP들을 발견해냈다.[18] 펄스 연구팀의 유전 통계학 후속 연구에서는 1900년에 태어난 미국인들 중 가장 오래 산 1퍼센트의 사람들 2,070명에 대한 연구를 했다. 그러고는 더 많은 장수에 관련된 변이들을 발견하는 데 성공했다.[19]

펄스 연구팀은 논문에 극도로 긴 장수는 많은 수의 SNP가 결합된 효과에 의해 영향을 받는다고 썼다. 한편, 카레 크리스텐센의 2014년 연구는 그러한 많은 SNP들이 펄스 연구팀과 동일한 장수에의 효과를 지님을 증명하는 데 실패했다.[20] 하지만 펄스는 크리스텐센의 연구가 초고령 노인들이 아닌, 90대 노인들만 대상으로 했기에 그런 결과가 생긴 거라 반박했다. 물론 크리스텐센은 적절한 인구통계학 스캔을 위해서는 가능한 것 이상으로 큰 표본이 필요하다 말한 장본인이었다. 하지만 주변에 백 세 장수인들이 많지 않았던 것이다.

이 모든 결과로부터 새겨야 할 메시지가 있다. 바로 개인이 어떤 식단을 취하던(혹은 자제하던), 약을 얼마나 먹어대던 간에, 적절한 유전자를 지니지 않았다면 백 세 장수인은 되기 힘들다는 사실이다. 이에 대해 뉴욕의 알버트 아인슈타인 의과대학 내 노화 연구소(Institute for Ageing Research) 소장인 니르 바르질라이(Nir Barzilai)는 내게 이렇게 말했다. "환경이 여든 살 이상 살게 해줄 수는 있어요.

하지만 백 세 가까이 살게 하지는 못합니다."

그렇다면, 블루 존이라는 것의 의미가 시들해지는 게 아닐까. 적어도 블루 존으로 이사를 가서 그곳의 식사를 따라하고 장수를 누릴 생각은 의미가 없어지는 듯싶었다. 앞서 크리스텐센의 연구에서 봤듯이, 어차피 백 세까지 사는 데 환경은 그다지 영향을 못 미치니까. 또 바르질라이 연구팀도 환경이 블루 존인지 아닌지는 생각보다 중요한 게 아님을 증명할 기발한 방법을 고안했다. 바로 알버트 아인슈타인 의과대학에서 실행하는 '론제니티(LonGenity)' 프로젝트이다. 이는 장수에 기여하는 여러 요소들에 대한 연구로, 참가자들은 미국 북동쪽 지역에 거주하는 아슈케나지 유대인(Ashkenazi Jewish)들이다. 즉, 이들은 비슷한 유전적 배경을 지녔기에 중요한 유전적 요소가 있다면 찾아내기 한결 수월할 것이었다.

64~95세인 참가자들은 두 집단으로 나뉘었다. 첫 번째 집단은 '특출하게 장수를 한 부모들의 자손들(offsprings of parents with excepti onal longevity, OPEL)'이었다. 이들은 부모 중 적어도 한 분이 95세 이상 살았던 후손이었다. 두 번째 집단은 '평범한 생존을 한 부모들의 자손들(offsprings of parents with usual survival, OPUS)'이었다. 이들의 부모님은 두분 다 95세까지 살지 못하셨다고 한다. 그 후, 바르질라이 연구팀은 참가자들의 여러 신체적 변수를 테스트해보았다. 예를 들어 균형 감각, 악력과 이동 능력 등이었다. 그 결과, 연구팀은 OPEL 집단이 평균적으로 OPUS 집단보다 더 좋은 결과를 얻었음을 밝혀냈다. 즉, 부모님 중 어느 한분이 95세 이상 사셨다면, 자신의 신체적 노화도 더딜 게 예상 가능한 것이었다.[21]

이제, 바르질라이는 심층 연구를 하기로 했다. 참가자들의 병력 및 생활 습관의 역사를 살펴본 것이다. 생활 습관에는 물론 식단도 포함됐다. 그 결과, 두 집단 간에 섭취하는 식사의 칼로리 및 종류에는 차이가 없음이 밝혀졌다. 예를 들어, 과일과 채소 및 곡물, 육류의 비율도 비슷했다. 결국, 두 집단은 동일한 '영양적 환경'을 지니고 있었던 것이다. 그럼에도, OPEL의 개인들이 OPUS의 개인들에 비해 고혈압에 걸릴 확률은 29퍼센트가 낮았다. 또, 뇌졸중에 걸릴 확률은 65퍼센트가, 심장병에 걸릴 확률은 35퍼센트가 낮았다.[22]

"제 생각에 블루 존은 환경적인 섬이라기보다는 유전적인 섬에 가까워요. 환경적인 요인만으론 백 세 이상 살기 힘들거든요." 바르질라이가 말했다. 장수의 유전적 지표를 찾기 위한 연구는 이후에도 계속되었다. 토머스 펄스와 동료들의 또 다른 연구에서는 두 명의 슈퍼 백 세 장수인들이 완전한 게놈 분석을 받았다. 남성 한 명, 여성 한 명인 이들은 뉴잉글랜드 백 세 연구의 데이터베이스로부터 선발되었다. 둘 다 114세 이상을 살았기 때문이었다. 심각한 질병을 전혀 겪지 않은 채로 말이다. 다시 말해, 앞서 살펴봤듯, 이런 '도피자'에 해당하는 슈퍼 백 세 장수인들은, 그들의 수명 자체가 건강 수명에 근접하는 것이다. 펄스 연구팀이 이들의 완전한 게놈 분석을 살펴보니, 이들은 일반적으로 알려진 장수 유전자 변이들을 지니지 않는 것으로 나타났다. 그런데 질병 관련 유전자들은 지니는 것으로 드러났다. 백 세 장수인이 아닌, 평범한 이들의 표본에서 드러난 것과 비슷한 질병 유전자를 지니고 있었던 것이다.[23]

그렇다면, 이 사실이 무엇을 뜻할까? 우선, 여태껏 알려진 장수 관련 유전자들만이 전부가 아니라는 거다. 발견될 수많은 장수 유전자들이 남아 있다는 것이다. 이 사실은 참가자 두 명의 연구 결과로부터도 뒷받침된다. 이들은 이전 펄스의 연구에서 게놈 내 장수 관련 SNP들이 존재하는 부분 근처에 새로운 종류의 유전자 변이들을 지니고 있었던 것이다.

두 번째로 알 수 있는 건, '질병 유전자'들을 지니고도 잘 살아갈 수 있다는 거다. 펄스는 처음엔 두 참가자들의 게놈 분석에 질병 관련 유전자들이 드러나서 놀랐다고 한다. 과학자들은 백 세 장수인들이라면, 깨끗하고 잘 정돈된 게놈을 지니고 있을 거라 가정해 왔기 때문이다. 하지만 실제론 그렇지 않았다. 그러나 반복하건대, 이는 게놈 내의 다른 곳에 분명히 보호 효과를 장착하고 있기 때문일 것이었다. 이러한 보호 효과가 흡연이나 음주, 질 낮은 식단으로부터의 해악을 완화시키는 효과로 확대되어 나타나는 것이다. 잔 칼망은 96년 동안, 엘리자베스 러브는 70년 동안 흡연을 했던 걸 떠올려보라. 결론은, 장수에 관여하는 수백 가지의 유전자와 수천 가지의 유전자 변이들이 존재한다는 거다. 너무나 많지 않은가. 지능에서 살펴봤던 것과 동일한 문제에 봉착하는 셈이다. 어쩌면 이러한 장수 유전자들의 효과를 흉내 내는 약을 먹는 게 더 나은 선택인지도 모른다.

* * * *

이쯤에서, 영생을 얻으려는 노력을 잠깐 살펴보는 게 도움이 될지 모른다.

"노년 의학(geriatric medicine)은 노화와 관련된 질병을 직접적으로 없애려는 시도로 정의될 수 있어요. 하지만 여태까지는 처참한 실패였죠." 오브리 드 그레이(Aubrey de Grey)가 말했다. 그는 엄청난 턱수염을 기른, 리얼 에일(real ale, 전통적 방식으로 제조한 맥주) 애호가였다. 또한 그는 수명 연장 운동의 핵심 인물 중 한 명이다. 장수에 관한 연구원인 그는, 캘리포니아에 기반을 둔 노년학 연구소인 센스 재단(SENS Foundation)의 공동 설립자이기도 하다. 센스는 '미미한 노화 설계를 위한 전략(Strategies for Engineered Negligible Senescence)'의 줄임말이다. 드 그레이에 따르면, 노년 의학이 성공하지 못한 이유는 노화 관련 질병은 일반적인 감염과는 전혀 다르다는 데 있다. "사실은 질병이라 불려서도 안 되지요. 말의 의미만 좀 다를 뿐, 노화 자체로부터 뗄 수 없는 개념이니까요. 계속 살아 있는 것의 부작용이라고나 할까요. 그러니 치료될 수도 없고요."

이러한 드 그레이의 관점이 장수 관련 연구원들 및 보건 의학 관계자들 사이에서 주된 관점으로 자리 잡고 있다. 노화는 질병에 있어, 우리를 방해하고 사망에 이르게 하는 공통분모이다. 암 치료법이 나온다 해도, 50년 이상의 기간 동안 노인 인구를 겨우 0.8퍼센트 증가시킬 수 있을 뿐이다. 왜냐하면, 심장병이나 당뇨, 뇌졸중 등의 기타 질병들이 암을 대신할 테니까 말이다. 하지만 노화 자체를 지연시키면, 동일 기간 동안 노인 인구를 7퍼센트나 증가시킬 수 있다. 그리고 그에 따른 경제적 이득도 상당할 것이다.

LA의 서던 캘리포니아 대학(University of Southern California)에서

공공정책과 약학 경제(public policy and pharmaceutical ecomomics)과의 교수로 재직 중인 데이나 골드만(Dana Goldman)에 따르면, 노화를 지연시키면 50년 이상의 기간 동안 7조 천억 달러가 생성되는 효과를 낳는다.[24] 일리노이 대학(University of Illinois)의 제이 올샨스키(Jay Olshansky)는 이를 '장수 배당금(longevity dividend)'이라 명명했다. 우리는 의료 서비스 덕에 상대적으로 긴 수명을 누리지만, 결국 인생의 끝에서는 건강의 악화를 겪게 된다. 이는 꽤나 비참한 인생의 말로일 뿐 아니라 무척 비싼 과정이기도 하다. 하지만 노화를 하나의 질병으로 접근하게 되면, 건강 수명을 늘리고 돈을 절약하게 된다는 것이다. 또, 노인들도 더 활력이 넘치고 말이다.

물론 이런 관점에서 드 그레이가 찬성하지 않는 점도 있다. 그는 '1,000세에 이를 첫 인간은 이미 태어났다'라는 주장에는 동의할 수 없다고 했다.

사람들은 더 긴 수명을 위해서라면 어떤 일도 감수할 것이다. 약 백여 년 전에 프랑스계 미국인 생리학자인 샤를 에두아르 브라운 세카르(Charles-Édouard Brown-Séquard)의 일화를 살펴보자. 그는 기니피그와 개의 고환을 으깬 추출물을 주사하면, 젊음을 되찾고 수명을 연장할 수 있다고 주장했다. 당시 그는 72세였다. 또한 그는 직접 원숭이 고환의 추출물을 먹은 뒤에, 자신의 성 기능이 향상됐다고 밝히기도 했다.[25] 기이한 주장에 좀 더 호의적이었던 1890년 당시의 파리에서조차, 그는 동료 과학자들로부터 경멸의 눈초리를 받았다. 물론 그중 한 명은 만약 그게 사실일 때를 대비한 질투 어린 의심을 품었다고 하지만 말이다.

브라운 세카르는 물론 괴짜였다. 하지만 그가 완전히 틀린 건 아니었다. 그는 혈액 속 성분이 신체 기관에 영향을 줄 수 있다고 밝힌 최초의 인물 중 하나였으니까 말이다. 그 성분이란 바로 우리가 오늘날 호르몬이라 부르는 것이다. 물론 브라운 세카르의 불로장생약은 그에게 그다지 도움이 안 됐다. 그는 76세의 나이로 사망했으니 말이다. 하지만 그를 따르는 다양한 정신적 후계자들도 속출했다. 이들은 뭐든지 시도할 준비가 돼 있었다. 예를 들어, 심지어 어린이의 혈액을 수혈받는 것까지도.

2011년 스탠포드 대학(Stanford University)에서 솔 빌레다(Saul Villeda)의 연구팀은 늙은 쥐가 어린 쥐의 피를 수혈받으면 뇌세포가 성장했다고 밝혔다.[26] 또한, 하버드 대학교의 에이미 웨이저스(Amy Wagers) 연구팀은 한 실험에서 늙은 쥐와 어린 쥐의 몸을 수술로 연결하여 동일한 혈액 순환 시스템을 공유하게 하였다. 늙은 쥐는 23개월 된, 심장비대증을 앓는 쥐였다. 그 때문에 심장 근육이 두꺼워지고, 심실의 크기도 줄어들기 시작한 상태였다. 그 상태에서 건강한 심장을 지닌, 2개월 된 어린 쥐와 연결된 것이다. 그로부터 4주 뒤, 연구팀은 늙은 쥐의 심장 크기가 젊은 쥐의 것과 거의 동일하게 변했음을 발견했다.[27]

빌레다는 그의 목표가 건강 수명을 늘리는 것이라고 언급하는 조심성을 보였다. 공공연하게 '젊은 피를 수혈함으로써 영생을 얻는 것'이 목표라고 선언할 수는 없는 노릇이니까 말이다. 그는 질병을 '압축'하고, 치매의 발병 시기를 지연시키고자 하는 것이다. 한편, 웨이저스의 연구실을 비롯한 몇몇 곳에서는 젊은 혈액에서 회춘의 원인이 되는 성분들을 분리해내고자 했다. 그중 한 성분이 GDF11이라는 단백질로, 젊은 쥐가 늙은 쥐보다 이 성분을 더 많이 지닌다고 한다. 웨이저스는 심장비대증을 앓는 늙은 쥐에 GDF11을 주사해보았다. 그러자, 30일간의 주사 치류가 끝난 뒤, 늙은 쥐 심장 크기는 줄어들어서, 어린 쥐의 심장 크기와 거의 같아져 있었다. 또한, 빌레다는 2015년에 재직 중이던 캘리포니아 대학교 샌프란시스코 캠퍼스에서 늙은 쥐의 뇌 내 '반(反)불로장생약' 성분을 발견했다. 이 복합물은 베타2-마이크로글로불린(beta2-microglobulin)이라는 단백질이었다. 이 단백질은 면역 체계 내에서 체내 세포와 침입 세포를 구분하는 데 도움을 준다. 또한 뇌의 성장 중에도 활발한 활동을 보인다.[28]

위의 연구들에 대해 듣고, 악몽 같은 시나리오를 꿈꿀 이들이 생겨날 게 상상이 가지 않는가? 그렇지 않다면, 맨체스터 대학(University of Manchester)의 사회 노년학(social gerontology)과 교수인 데버라 프라이스(Deborah Price)의 말을 직접 들어보자. 그녀는 영국 노년학회(British Society for Gerontology)의 회장직을 맡고 있기도 하다. "극단적인 시나리오에서는 '아기 농장'이란 게 생겨날지도 몰라요. 아기들이 노인들의 몸에 연결되는 수술이 벌어지는 은밀한 클리닉 같은 거 말이죠."

한편, 유전자 치료법(gene therapy, 유전자를 주입하여 타깃 유전자를 치료하는 것)도 노화 방지를 위한 하나의 선택이 될 수 있다. 2016년에는 미국의 사업가인 엘리자베스 패리쉬(Elizabeth Parrish)가 신문의 헤드라인을 장식했다. 그 전해에 콜롬비아로 가서 두 번의 유전자 치료를 받았기 때문이었다. 생명 연장을 위해서였다. 패리쉬는 시애틀에 기반을 둔 바이오테크(biotech) 회사인 바이오비바(BioViva)의 사장이었는데, 바이오비바에서는 노화 속도를 늦추기 위한 치료법을 개발 중이었다. 치료를 받은 당시 그녀의 나이는 44세였다.[29] 그녀가 받은 치료에서의 타깃은 바로 체내 염색체들의 말단에 모자 모양으로 되어 있는 텔로미어(telomeres)라는 염기서열이었다. 이러한 모자 모양들은 유전자 글자 TTAGGG가 약 1,500번 반복되어 구성된다. 염색체가 한 번 분열할 때마다 모자 모양은 하나씩 짧아져서 더 이상 분열할 수 없을 정도에 이른다. 이 시점에서 해당 세포는 그 생명을 다한 것이다. 백 세 장수인들은 더 긴 길이의 텔로미어를 갖는데, 이는 노화나 인지 쇠퇴로부터의 보호와 관련이 있다.[30] 그러니, 만약 텔로미어의 길이를 확장시킬 수 있다면, 노화 과정을 지연시킬 수 있을 거란 기대가 있는 거다. 이는 실제로 2012년 스페인 연구팀에 의해서 쥐를 대상으로 실험된 바 있다.[31] 물론 같은 과정을 인간에게도 적용할 수 있는지는 미지수지만 말이다.

바이오비바 사는 이 연구를 사람 대상으로 옮겨가기 위한 임상 전의 안전 작업을 마치지 않았다. 따라서 미국 식품의약품청(FDA)은 패리쉬의 실험에 인가를 내리지 않았다. 그래서 그녀가 콜롬비아의 한 이름 모를 클리닉으로 원정을 떠난 거였다. 그녀는 유전자 치료가 자신의 세포 나이를 이십 년 전으로 되돌렸노라고 주장했다. 하지만 다른 과학자들은 그 주장에 회의적이었다. 또, 그게 만약 사실이라도 치료법의 효능에 대해서도 석연치 않아 했다. 마치 120년 전 파리의 브라운 세카르 사건과 비슷한 구석이 있지 않은가.

그런가 하면, 노화 방지를 위해 굶는 다이어트를 하는 사람들도 있다. 마이클 래(Michael Rae)라는 인물이 그중 한 명이다. 그는 오브리 드 그레이와 함께 센스 재단에서 일하고 있다. 통상 성인 남성에게 권장되는 칼로리 섭취는 하루에 2,500칼로리이다. 하지만 46세의 래는 15년 이상을 하루에 고작 1,900칼로리만 섭취하도록 식단을 제한했다. 래와 같은 사람들은 상당히 많다. 예를 들어 영국의 브랙넬(Bracknell) 지역의 남성인 데이브 피셔(Dave Fischer)는 25년 이상을 하루에 1,600칼로리만 섭취하는 혹독한 다이어트를 이어갔다고 한다.[32]

실제로 극단적인 다이어트는 다양한 연구실 동물들의 수명을 약 50퍼센트까지 연장시킴이 밝혀지기도 했다. 그 이유는 제한된 식단을 섭취하면, 스트레스에 저항하는 유전자들이 활성화되기 때문이다. 그리고 이런 유전자들의 활동을 통해, 노화로부터의 보호가 일어나는 것이다. 제한된 식단을 섭취한 쥐는 암이나 심장병 같은 노화 관련 질병을 잘 견디곤 했다. 하지만 장수를 위해 칼로리 섭취를 제한하려는 사람들에게 주의해야 할 점이 있다. 바로 이 방법은 영장류에서는 그다지 성공을 못 거두는 듯하다는 것이다. 미국 국립 노화협회(US National Institute of Aging)는 먹이를 정상보다 3분의 1가량 적게 준 붉은 털 원숭이들이 더 오래 살지는 않은 것을 발견했다.[33] 이렇게 제한된 칼로리를 섭취한 원숭이들의 건강 수명이 더 길긴 했지만 말이다.[34]

이런 혹독한 다이어트가 과연 가치가 있을까? 노화 방지를 위해 거의 굶고 지내는 사람들(특히나 남성들이 훨씬 많다)에게 그 답은

'확연히 그렇다'란다. 이들은 삶을 너무 사랑한 나머지, 일반적으로 인간에게 할당된 삶을 넘어서 살기를 원한다. 이들이 삶의 중간 과정을 별로 즐기지 못하는 게 아닐까 안타깝지만 말이다. 여하튼 드 그레이에 따르면 칼로리 제한 식단은 한동안 굉장히 각광을 받았다. 하지만 이제는 아니라고 한다. "물론 매우 많은 노화 전문가들이 아직도 이를 실행하고 있어요, 안타깝게도." 그가 말했다. 드 그레이가 선호하는 노화 해결책은, 노화와 관련된 분자 및 세포 손상을 치유하는 것이다. 그래서 문제를 수반하지는 않는다고 그는 주장한다.

드 그레이는 수명 연장을 위한 메커니즘으로 '종합적 손상 치유(comprehensive damage repair)'라는 개념을 내놓았다. 그러고는 '장수 탈출 속도(longevity escape velocity)'라는 신조어를 만들었다. 이는 매년 평균 수명이 일 년 이상 증가하기 시작하는 순간을 일컫는다. 이러한 상황에서는 우리가 노화되는 속도보다 회춘하는 속도가 더 빠르다. 그렇게 해서 죽음조차 제칠 수 있다는 것이다. 일부 장수 협회에서는 이런 상태가 그들이 꿈꾸던 이상향이었다. 하지만 다른 협회들에는 그저 짜증나는 공상 과학 소설에 불과하다. 대체 언제 이런 시점에 도달할지에 대한 드 그레이의 현재 생각을 들어보자. "지금부터 약 이십 년 뒤면, 그런 상태에 도달할 확률이 50퍼센트 정도 된다고 생각합니다. 현재 진행되고 있는 초기 단계 작업에 대한 자금 조달이 개선된다면 말이죠. 그렇지 않다면, 그보다 십 년은 더 걸릴 거고요."

한편, 미국 메릴랜드의 볼티모어(Baltimore)에 위치한 바이오 테크 사인 '인실리코 메디슨(InSilico Medicine)'의 CEO인 알렉스 자보론코브(Alex Zhavoronkov)는 좀 더 긍정정인 입장이다. "저는 장수 탈출 속도가 이미 진행 중이라는데 의심이 없어요. 지난 오 년간, 딥러닝(deep learning, 컴퓨터가 스스로 학습하도록 가르치는 기계 학습법)과 강화형 기계 학습(reinforcement learning, 컴퓨터가 최선의 행동을 선택하게 하는 기계 학습법), 디지털 의료(digital medicine), 면역 치료 요법(cancer immunology), 유전자 치료법 등에서의 최신 발전을 보니 확신이 들었지요." 자보론코브가 말한다.

그는 수많은 과학자들이 장수 관련 연구를 하고 있음을 지적했다. 그가 말하는 진보는 이미 진행 중이란다. 특히 한국과 중국에서 말이다. 앞서 건강 수명의 증가가 세계 경제에 상당한 이득을 초래할 거란 사실이 언급된 바 있다. 필자가 여기서 자보론코브를 특별히 언급하는 이유가 있다. 바로 여러 학술 기관의 장수 관련 연구원들이 연구 내 주의와 절제를 부르짖음에도, 자보론코브 같은 수십 명의 연구원들은 꿋꿋이 앞으로 전진하고 있음을 보여주기 위해서다. 그 이유는 성과가 너무 클 것이 자명하기 때문이다. 자브론코브는 낙천주의자이자 미래지향주의자 그리고 사업가이다. 그의 주된 두려움은 연구 성과가 더 빨리 나오지 않는 것일 뿐이다. "주요 선진국들이 장수가 수반하는 생산성을 새로운 경제 성장 동력으로 인정하기도 전에, 세계 경제 공황이 올까봐 두려울 뿐이지요." 그가 말했다.

또, 내가 자보론코브와 꼭 이야기를 나누고 싶었던 이유도 있다. 바로 그가 과거에 항노화(anti-ageing) 약들을 실험해본 적이 있기 때문이다. 특히 그는 라파마이신(rapamycin)이라는 약물을 테스트했었다. 라파마이신은 다이어트 중에 신체에서 활성화되는 유전자들의 효과를 흉내 낸 약이다. 그렇다면 고통 없이도 굶는 다이어트의 효능을 얻을 수 있음을 뜻했다.

앨런 그린(Alan Green)은 뉴욕 시의 리틀 넥(Little Neck) 지역의 95번 주간 고속도로 근처에 산다. 그곳은 앞서 페트라 카스페로바가 스리 친모이식 승리를 거둔 플러싱 메도우에서 겨우 몇 마일 떨어진 곳이다.

"내가 일흔두 살이었을 때, 허리둘레가 38인치였어요. 협심증 없이 개를 공원에 산책시키지도 못했고, 조그만 언덕이라도 넘으려면 숨이 차곤 했죠." 그린이 내게 말했다. 그는 뉴욕의 SUNY 다운스테이트 의학 센터(SUNY Downstate Medical Center)에서 훈련받은 내과 의사였다. 의학 박사 학위는 1967년에 취득했다고 한다. 협심증 때문에, 그는 자신이 늙어간다는 사실, 그리고 건강마저 악화돼간다는 사실을 처음 정면으로 마주하게 되었단다. 그는 노화에 대해 알려진 바들을 찾아 읽기 시작했다. 그러고는 미카일 블라고스클로니(Mikhail Blagosklonny)의 연구를 만났다. 블라고스클로니는 당시 뉴욕 로즈웰 파크 암협회(Rosewll Park Cancer Institute)에서 종양학 교수를 지내고 있었다.

블라고스클로니의 주된 관심사는 바로 라파마이신이었다. 라파마이신은 주로 신장 이식 수술에서 면역 체계를 억제하기 위해 쓰이는 약이다. 그런데 실험에서 쥐의 수명을 연장하는 데도 사용되는 것이다. 이 약은 mTOR이라는 대사 경로를 통해 작용하는데, mTOR은 '포유류 내 라파마이신의 타깃(Mammalian Target of Rapamycin)'을 뜻한다. mTOR은 암이나 치매 등 노화와 관련된 주요 질병들에 있어 핵심 경로로 추정된다. 블라고스클로니는 과거에 라파마이신을 직접 복용한 적이 있다고 인정한 바 있다.[35] 그린 또한 이를 복용하려는 결심을 했다. 그 양을 잘 조절하는 상식만 발휘하면 된다는 것이다.

"나는 지금 일흔넷이에요. 올해 봄에는 사이클링을 시작했지요. 5월에는 1,000킬로를 달렸고, 6월에는 1,000마일을 달렸어요. 그리고 7, 8월에도 1,000마일씩 달릴 예정이에요. 사이클링을 왜 하냐고? 몸이 가뿐해지는 데서 오는 기쁨이 엄청나거든요. 노화로 그렇게 고생을 한 뒤에 말이죠." 그린이 말했다.

그의 허리둘레는 현재 31인치다. "심장도 아주 거뜬하답니다." 그가 덧붙였다.

왠지 기대가 되지 않는가. 그린은 라파마이신의 힘을 열정적으로, 아니 거의 종교적 신실함으로 믿고 있다. 하지만 라파마이신의 항노화 효과는 사람을 대상으로 아직 전혀 증명되지 않았다. "라파마이신은 사람들이 복용하기엔 아직 안전하지 않아요"라고 바르질라이는 말한다. 그래서 그는 FDA의 임상 실험 승인을 받기 위해 노력 중이다. 또, 그는 막 한 실험에 착수했는데, 이는 메트포르민(metformin)이라는 당뇨병 약에서 항노화 요소를 발견하기 위해 고안된 실험이다(실험명은 TAME(Targeting Ageing with Metformin) 즉, '메트포르민으로 노화를 타깃화하기'이다). 이형 당뇨병(Type II diabetes) 환자들은 수년간 이 약을 섭취해왔다. 그래서 그 안정성은 널리 알려져 있다. 하지만 바르질라이는 이 실험을 통해 이 약을 암과 심장병, 인지 쇠퇴 등을 겪는 이들에게 복용시킬 예정이다. 그런 질병들의 증상을 완화시키고 수명을 연장시킬 수 있는지를 실험하기 위해서다. "그러려면 현장 실험이 필요한 거지요." 그가 말했다.

하지만, 노화 그 자체가 과연 문제일까? FDA를 비롯한 유사 협회들에서는 노화 자체를 질병으로 인정하는 데 조심스러운 입장이다. 인간 삶의 근본적인 요소를 부정하는 셈이 될지 모르니 말이다. 어떤 이들은 노화야말로 삶에 의미를 부여하는 요소라고 말하기도 한다. 물론, 이 문제에 대해 전혀 괘념치 않는 이들도 있겠지만 말이다.

여하튼 소위 '노화에 대한 치료'는 거대한 산업이며 그 결과물 또한 엄청날 것이다. 이미 실리콘 밸리의 가장 거대한 기업들 몇은 이 사업에 관여하고 있다. 예를 들어, 구글(Google)은 2013년에 캘리포니아 라이프 컴퍼니(California Life Company), 일명 칼리코(Calico)라는 회사를 세웠다. 설립 목표는 '노화 문제'를 해결하는 것이다. 또, 2014년에 생물학자인 크레이그 벤터(Craig Venter)는 롱제비티 잉크(Longevity Inc.)라는 회사를 세워서 백만 명의 게놈 분석을 기록하기로 했다. 회사의 목표는 노화 관련 질병 문제를 연구하고, 인간의 건강 수명을 연장하는 것이라고 한다.

또 앞서 언급했던 므두셀라 파운데이션에서는 2030년까지 90세 노인들이 마치 50대처럼 건강하도록 하기 위한 기술을 내놓는 것을 목표로 삼았다. 오브리 드 그레이의 센스 파운데이션도, 이 회사의 한 분파로 생각할 수 있다. 노화를 '해결'하는 게 옳은지 아닌지는 모르지만, 수백만 달러와 수많은 연구 시간이 이 문제에 쏟아부어지고 있는 거다.

필자는 개인적으로 노화라는 자연 현상을 둘러싼 윤리적 문제란, 애초에 핵심이 아니라고 생각한다. 노화 문제를 과학적으로 보는 게 비인간적인 건 아니잖은가. 우리는 이미 암이나 심장병을 비롯한 노화와 관련된 온갖 질병들을 고치려 노력하고 있으니 말이다. 그런 노력에는 딜레마란 수반되지 않는다. 이러한 질병들을 과학 기술적으로 사회 경제적으로 해결하려는 노력에서 노화 자체가 지연될지 모르고 말이다. 한 가지 문제점은 그러한 해결책이 오직 부자들에게만 주어질지 모른다는 우려일 뿐이다.

이 장을 시작할 때, 필자는 나에게 주어진 날들이 길었으면 좋겠다는 식으로 말했었다. 하지만 내가 노년이 됐을 때 내가 뭘 원할지는 아직 모르는 일이다. 우리 첫째 딸이 태어났을 때, 우리 부부는 아이의 이름을 아이의 증조할머니의 존함을 따라 몰리(Molly)라고 지었다. 증조할머니는 93세이셨다.

최근에 몰리 할머니는 움직임이 없어지셔서, 거의 집 안에서만 계신다. 할머니는 아직도 혼자 자신의 집에서 독립적으로 사신다. 그분이 자신의 죽음을 무덤덤하게 받아들이기로 했다고 말하신 게 생각난다. 자신이 더 이상 존재하지 않을 걸 준비한다는 건 무척 놀라운 일처럼 보였다. 동시에 이해가 가기도 했다.

대부분의 친구들이 세상을 떠나고, 그나마 남아 있는 가족들의 삶도 본인의 삶과 많이 다를 테니까 말이다. 게다가 많은 노인들이 건강이 안 좋다는 걸 생각하면, 왜 인간이 죽음을 마다하지 않

는지 이해가 갈 것이다. 그러니, 몰리 할머니처럼 말하는 게 터부시
되어서는 안 된다. 하지만 한편으론, 가능한 오래 죽음으로부터 도
피하고 싶은 노력 또한 터부시되어서는 안 될 것이다.

9장

회복력

RESILIENCE

"삶에서 재난이라 여기는 것들은 사실은 재난이 아
니다. 거의 모든 일들이 호전될 수 있다.
모든 도랑에서나, 길에서나, 오직 그 대상을 볼 수만
있다면."

    –힐러리 맨틀, 『튜더스, 앤불린의 몰락 *Bring Up the Bodies*』

이 책을 위해 글을 쓰고 리서치를 하는 동안 나는 내가 만난 많은 이들의 성취 앞에 겸손한 기분이 자주 들었다. 응당 그래야 할 일이기도 하다. 그분들의 능력에 감명을 받지 않는다면 '슈퍼휴먼들'에 대한 책이라 할 수 없을 테니까 말이다. 하지만 내가 만난 많은 이들 중 유달리 돋보이는 한 사람이 있었다. 바로 카먼 탈튼(Carmen Tarleton)이었다. 그녀의 이야기는 처음엔 내게 무척이나 충격적이고 심란하게 느껴졌다. 하지만 내 말을 계속 들어주길 바란다. 그녀가 겪은 극도의 난폭함 때문에 그녀가 보인 반응과 놀라운 회복력이 더욱 대단하게 느껴지는 것이었다.

2007년 6월 10일, 당시 38세이던 카먼은 어린 딸들과 함께 집에 있었다. 그녀는 미국 북동 지역인 버몬트(Vermont) 주의 뎃포드(Thetford)라는 한 작은 마을에 살았다. 하루는 별거 중이던 그녀의 남편인 허버트 로저스(Herbert Rogers)가 집에 들이닥쳤다. 그는 카먼이 만난다고 의심하던 사내를 찾아댔다. 그러나 아무도 없자, 그는 카먼을 공격하기 시작했다. "그저 이성을 잃었을 뿐이에요"라고 그는 나중에 경찰에게 말했단다. 그는 카먼을 야구방망이로 너무나 난폭하게 때린 탓에, 그녀의 팔과 안와가 부러지고 말았다. 그게 끝이 아니었다. 로저스는 카먼에게 공업용 가성소다(lye), 즉, 청소에 사용되는 수산화나트륨 용액을 뿌려버렸다. 그녀의 한쪽 귀와 양쪽 눈꺼풀, 그리고 얼굴 대부분이 타버리고 말았다. 게다가 몸의 80퍼센트에 화상을 입기까지 했다.

나는 당시 카먼의 담당 외과 의사 중 한 명인 보단 포모학 (Bodan Pomohac)을 만나보았다. 그는 보스턴 소재 '브리검과 여성 병원(Brigham and Women's Hospital)' 소속이다. "한 인간이 타인에게 입힌 부상의 관점에서 보면, 정말이지 제가 본 최악의 경우 중 하나였어요. 그 난폭함에 있어서는, 우리 의료진이 보아온 그 어느 상황보다 심각했죠." 그가 말했다.

맨 처음에 카먼은 뉴햄프셔(New Hampshire) 주의 레바논(Lebanon)에 위치한 다트머스-히치콕 의학 센터(Dartmouth-Hitchcock Medical Center)로 실려 갔다. 이곳은 카먼이 평소 정규 간호사로 일하고 있는 곳이기도 했다. 그 후, 그녀는 비행기로 브리검에 수송되었다. 그곳에서는 카먼의 생명을 살리기 위해 그녀에게 진정제를 놓아 혼수상태에 들게 했다. 카먼의 얼굴은 거의 전부 망가져 있었다. 그녀의 가족들조차 이빨만 보고 그녀인 줄 알 정도였으니 말이다.

사람들이 심한 머리 부상을 입을 경우에, 의사들은 종종 바르비튜레이트(barbiturate)계 진정제를 놓아 환자가 혼수상태에 들게 한다. 뇌 기능을 차단하기 위해서이다. 그렇게 해서 뇌가 혈액 공급이 부족한 상태에서 계속 기능하느라 더 큰 손상을 초래하지 않게 하는 것이다.

카먼은 그렇게 세 달 동안이나 혼수상태에 있었다. 그동안, 포모학의 의료팀은 카먼에 38건의 개별 수술을 하느라 여념이 없었다. 카먼은 온통 이곳저곳 피부이식을 받은 상태가 되었다. 게다가 몇 달 동안 계속 수혈을 받아서, 그녀는 인구의 98퍼센트에 대해 면역적으로 예방접종을 받은 것처럼 되었다. 시력은 잃었고, 외모는 심하게 망가진 데다가, 정상적인 얼굴 기능도 많이 상실해버렸다. 고통도 엄청났다. 하지만 그녀는 살아남았다. 더구나 무언가 새로운 싹이 그녀 안에서 꿈틀대기까지 했단다.

"혼수상태에서 깨어났을 때부터 뭔가 큰 사건이 생긴지 알아차렸어요. 그런데 그 사건이 제게 다른 의미로 다가왔다는 게 정말 이상한 일이었죠. 그때부터 많은 이들을 도울 수 있었거든요." 카먼이 말했다.

카먼은 그 후 영감을 주는 연설을 하기 시작했다. "내가 몰골이 형편없으니까, 사람들은 동정하곤 했죠. 하지만 나는 내 외모가 어떻든 상관없다는 것을 사람들에게 보여주고 싶었어요." 그녀가 말했다. 인간의 내면이 더 중요함을 보여주는 궁극적인 사건인 셈이었다. 이 시기의 카먼의 사진들은 충격적이다. 이겨내는 것은 고사하고, 살아남는 것조차 불가능해 보였다. 가장 보기 힘든 것은 카먼의 눈이었다. 피부 이식 때문에, 그녀는 제대로 된 눈꺼풀이 없는 상태였다. 그녀의 안구는 피부에 뚫은 작은 구멍 너머로 겨우 내다보게 되었다. 인공 각막을 달았기에, 눈을 깜빡이지도 못했다. 게다가 뚫은 구멍의 가에는 빨간 생살이 보였다.

"이 사건은 말이죠. 로완, 제게 인생이 진정 무엇인가에 대한 큰 그림을 보게 해줬어요. 그게 제가 나아갈 길이었죠. 이 끔찍한 사건이 제게 일어났지만 저는 그 길을 찾은 거예요. 제가 다르거나 특별한 존재라서가 아니에요. 다만 운명인 거죠. 이런 믿기 힘든 사건을 겪고도 완전히 용서하고 앞으로 계속 나아갈 수 있음을 사람들에게 보여주기 위한 운명이죠. 그리고 그게 제가 해온 일이고요."

그녀는 이제는 전남편이 된 로저스를 용서했다고 한다(그는 카먼을 불구로 만든 죄를 인정하는 대가로 30년 형에서 70년 형을 선고받았다. 이 최대 70년형은 무기징역 대신에 그가 선택한 것이다. 무기징역의 경우, 자동으로 항소 신청이 되는데 아무도 심지어 로저스조차 이를 원치 않았다고 한다). "저는 종교를 믿은 적은 없어요." 카먼이 말했다. "그저 제 인생에 책임을 지기로 했죠. 물론 이 사건에는 제 책임이 없어요. 전남편이 한 일에 대해서도요. 하지만 그 사건 날 이후부터의 삶은 오롯이 제 책임이 됐으니까요."

퇴원을 한 이후에도, 카먼은 큰 고통에 싸여 있었다. 피부에 입은 화상과 여러 번 기운 듯한 피부 이식 때문에 상태가 호전될수록 피부에 더 긴장이 느껴져 왔다. 이 때문에 목과 척주 주변의 움직임에 여러 이차적 문제가 발생했다. 카먼은 통증 없이 자유롭게 움직이지 못했다. 그 때문에 대량의 마취제를 투여받아야 했다. 그래도 그녀는 꿋꿋이 버텨나갔다.

그러던 2013년의 밸런타인데이에, 카먼의 삶은 다시 한 번 바뀌게 됐다. 그녀가 미국에서 완전한 안면 이식 수술(face transplant)을 받은 일곱 번째 인물이 된 것이다. 그 수술 또한 보단 포모학에 의해 집도되었다.

포모학은 오랫동안 카먼을 안면 이식 수술의 후보로 생각하지 않았다고 한다. 그녀의 면역 상태가 너무 안 좋았기 때문이다. 수많은 피부 이식 및 수혈 때문에, 기부받은 어떤 피부 조직도 그녀의 몸이 거부하도록 길들여졌을 법했기 때문이다. 하지만 카먼이 새 얼굴을 이식받아야 할 중대한 이유들이 몇 가지 있었다. 그 첫째가 바로 통증과 마취제 문제였다. 그리고 두 번째로, 눈앞에 뚫은 작은 구멍이 점점 커지고 있었는데, 이 때문에 인공 각막의 안존이 위협받고 있었기 때문이었다. 마지막으로 침을 흘리는 문제, 말하기와 먹기에 겪는 어려움 등도 있었다.

카먼의 수술은 기술적으로는 성공이었다. 하지만 역시나 면역 체계의 문제를 해결해야 했다. 카먼의 신체가 새로운 얼굴 이식을 크게 거부했던 것이다. 수술 후 4주까지 그녀는 다양한 면역 억압약(immunosuppresant)들을 들이켰다. 하지만 여전히 신체는 새 얼굴을 거부했다. 이제, 써볼 약이 딱 한 개 남게 됐다. 이 약의 정량을 섭취하면, 얼굴을 거부하는 문제는 사그라질 것이었다. 하지만 카먼의 면역 체계를 완전히 망가뜨릴 수도 있었다. 그러면 조그만 감염에도 그녀는 사망에 이르게 될 수 있었다. 결국, 카먼의 동의하에 의료팀은 이 약을 그녀에게 조금 주었다. 그런데 놀랍게도 결과는 호전이었다. 이 소량의 약이 그녀의 면역 체계를 길들이는 데 충분했던 것이다. 그녀의 상태는 점점 더 나아졌다. 카먼은 스스로 살아갈 결정을 내린 기분이었노라고 말했다.

포모학은 이렇게 말했다. "물론 심리적인 힘으로 사람들이 이런 역경을 이겨내는 게 가능은 해요. 하지만 대개 통계적으로는 사람들의 심리적인 힘을 조금 과장하는 경향이 있다고 저는 봅니다. 그럼에도 이렇게 놀라운 회복력으로 사람들을 놀래키는 경우도 존재하지요."

카먼은 이식받은 얼굴을 '사랑의 선물'이라고 부른다. "제 얼굴의 기부자인 셰릴(Cheryl)에 대해 거의 매일 생각해요. 그녀의 사진들도 있고요. 그녀의 스카프를 제 옷장 손잡이에 매달아놓기도 했지요." 그녀가 말했다.

대개의 안면 이식 수술의 경우, 수혜자의 얼굴 골격이 기부자와 크게 다르다. 따라서 얼굴 이식이 자리 잡으면 수혜자는 기부자의 얼굴과 닮지 않는 때가 많다. 하지만 카먼은 달랐다. 물론 완전히 기부자의 얼굴과 같지는 않지만 확연히 닮은 면이 있었기 때문이다. 다른 사람의 얼굴을 갖는 게 어떤지에 대해 말하는 카먼은 우리의 대화 중 유일하게 떨리는 모습을 보였다.

"그게, 그녀의 얼굴을 갖는 데서 오는 안정감에 감사하지요. 그게 제 인생의 큰 부분을 차지하는걸요. 제가 받은 가장 큰 선물이니까요." 카먼이 말했다.

수술을 받은 지 4주년이 되는 밸런타인데이에, 그녀는 남자 친구와 함께 밖에서 저녁 식사를 했다. 하지만 다른 밸런타인데이에는 좀 더 특별한 일을 했단다. "가끔은 밸런타인데이에 기부자의 딸을 만나요." 그녀가 말했다.

카먼은 현재의 얼굴 기부자의 딸인 마린다 라이터(Marinda Righter)와 친분을 쌓았다. 의사들에게 어머니의 얼굴을 써도 좋다고 허락을 내린 건 마린다였다. 어머니 셰릴은 심한 뇌졸중 탓에 뇌사 상태에 빠지고 말았다. 현재 보스턴에 살고 있는 마린다는 이식 수술 이후 카먼을 처음 보던 날에 대해 설명했다. 마린다는 카먼의 얼굴이 그녀의 어머니 모습과 다를 수 있다는 주의를 받았다고 했다. 하지만 마린다에게는 카먼이 어머니처럼 보였다. 둘은 포옹했고, 마린다는 카먼의 얼굴을 어루만졌다. "그 자리에서 카먼에 애정을 느꼈죠. 이렇게 어머니와 가까워진 듯한 느낌은 처음이었어요." 마린다는 말했다.

이처럼 카먼은 거의 사망에 이를 뻔한 신체적 외상의 고통을 겪었다. 이를 이겨낸 것만도 정말 놀라운 일이 아닐 수 없다. 그런데 더욱 놀라운 것은 그녀가 그저 정신적으로 이겨낸 것만이 아니라는 점이다. 그녀는 자신이 완전히 다른 더 나은 존재로 발전했다고 한다. 이게 바로 포모학이 그다지 인정하지 않았던, '심리적 힘' 때문이 아닐까? 나는 이런 힘이 바로 필자가 관심을 갖는 부분이다.

카먼은 과거로 돌아가, 사건 이전으로 복구하고 싶은 생각은 없다고 했다. 자신이 너무나 정신적으로 성숙해졌기 때문이라는 거다. 이러한 패턴은 이 장을 통해서 만난 다른 이들에게서도 볼 수 있었다. 앞으로 11장에서도 이런 패턴에 대해 자세히 살펴보기로 하자. 사람들은 엄청난 트라우마를 겪고도 그 안에서 자신의 길을 찾아 나아가는 것이다.

이들은 어떻게 그렇게 해낼 수 있을까? 외상으로 인한 신체적 트라우마라면, 일부 사람들이 이로부터 생존하는 게 미스터리는 아니다. 포모학도 말했듯이, 통계적으로도 사람들은 어떻게든 신체적 부상을 이겨내곤 한다. 그런 생존 앞에서, 우리는 너무 놀란 나머지 시선을 고정하고 이를 기적이라 부른다. 우리 모두가 이런 생존자들을 기억할 것이다. 예를 들어, 애리조나(Arizona)의 의회 의원인 개브리엘 기포드(Gabrielle Giffords)는 2011년에 머리에 총을 맞고도 생존해냈다. 이런 경우에 '그래, 머리에 총을 맞고도 살 수도 있지'라고 대수롭지 않게 어깨를 으쓱해 보일 사람은 없을 것이다. 통계를 떠나서, 높은 의료의 질과 신체의 놀라운 자연 치유 능력은 우리 생각보다도 더 대단한 걸지도 모른다.

하지만 때로는, 정신적인 회복력이 더 놀라울 때가 있다. 카먼은 사람들이 너무 부정적인 생각에 휩싸이는 경향이 있다고 말했다. 상황에 대한 컨트롤을 하고, 스스로 결정을 내려야 한다고 그녀는 말한다. "제 내부의 삶은 평범한 사람들과는 달라요. 저의 길을 가게 해주는 특별한 믿음이 있거든요."

어떤 이들은 트라우마를 깨끗이 씻어내고 더 잘 사는 경우도 있다. 하지만 어떤 이들은 끊임없는 생리적인 스트레스와 공포에 시달린다. 이런 게 바로 외상 후 스트레스 장애의 전형적인 증상이다. 필자는 브리검과 여성 병원에 갔을 때, 이에 대해 데이비드 울프(David Wolfe)라는 정신과 의사와 대화를 나눠보았다. 그는 의미심장한 이름의 '변형의학(transformative medicine) 병동'이라는 외래 환자 서비스 부서의 장을 맡고 있었다. 그는 내게 이렇게 말했다. "재밌는 건 말이죠, 트라우마를 겪었지만, 잘 이겨낸 사람들은 연구 대상이 아니라는 점입니다. 잘 견뎌내는 사람들은 오히려 집으로 보내지곤 하죠. 정신과 전문의들은 힘겨워하는 사람들만 만나볼 뿐이에요. 하지만 어쩌면 사람들은 우리가 생각하는 것만큼 고통스러워하지 않는지도 몰라요."

"정신의학도 다른 어떤 분야 못지않게 이에 대해 책임이 있지요. 그저 힘든 일을 겪은 사람들은 정신적 문제가 있을 거라 가정해버리는 겁니다."

즉, 그 반대로는 생각하지 않는다는 거다. 예를 들어, 많은 이들이 어린 시절 학대의 상황에 놓이지만, 이들 중 대부분이 별 탈 없이 성장한다. "우리는 끔찍한 상황을 겪으면, 나쁜 결과가 생길 거라고 가정해버리는 겁니다. 그런 식으로 투영하는 건 사람들의 본성이기도 하죠." 울프가 말했다. "병원에 정말 심각한 병에 걸려 있는 사람들을 보면, 그런 일이 생겨요. '정말 우울하겠군, 왜 아니겠어?'라고 생각해버리는 거죠. 실은 그렇지 않은데 말이죠."

물론 사람들이 괴로워하지 않고, 치료가 필요 없다는 뜻은 아니다. 미국 국립 외상 후 스트레스 장애 센터(United States National Center for PTSD)에 따르면, 인구 100명당 7~8명꼴로 생애 중 외상 후 스트레스 장애를 경험한다고 밝혔다(남성보다는 여성이 더 그럴 확률이 높다). 게다가 이 순간, 미국 전역에는 약 2천 4백만 정도가 관련 증상을 나타낼 수 있다고 한다. 울프가 말하는 바는, 누구에게나 외상을 입을 만한 사건이 동일하다는 가정은 옳지 않다는 것이다. 사람들이 자주 트라우마를 잘 이겨내는 걸 보면 무척이나 인상적이다. 이는 진화학적인 관점에서도 이치에 맞는다. 내면에 숨겨진 정신적 회복력을 갖는 데 유리하기 때문이다. "우리의 DNA에는 역경의 환경을 딛고 나가는 힘이 내재된 게 분명해요. 오히려 가끔 그런 힘을 발휘하지 못하는 게 진화학적 관점에서는 수수께끼일 뿐이죠." 울프가 말했다.

필자는 알렉스 루이스(Alex Lewis)와 몇 분간 대화를 나눴다. 그런데도 그의 입술이 사실은 어깨에서 동그랗게 떼어낸 살점으로 대체된 거라는 걸 전혀 눈치 채지 못했다. "호머 심슨(Homer Simpson, 만화영화 〈더 심슨스 The Simpsons〉의 주인공) 얼굴을 닮았죠." 그가 말했다. 대체된 살은 얼굴의 다른 살들보다 더 빨리 살이 찐다고 한다. 그래서 그는 현재 자신이 살이 쪘는지를 입술에 살이 붙는 걸 보고 가늠한단다. 실은 알렉스는 사지 절단을 한 상태여서, 물론 비범한 모습이기는 했다. 하지만 그의 눈을 바라보고 얘기할 때면, 하관 부분에 평범한 입술이 있다고 내 뇌는 인식하는 듯했다. 물론 일부러 그의 입술의 쳐다보면, 그의 말처럼 호머 심슨 같은 입술이 다시 눈에 띠었다. 그래도 대개는 눈치채기 어려웠다. 게다가 그는 정말로 자상하고도 평범한 사내였다. 그래서 그의 부엌에서 같이 차를 마시며 수다를 떠는 게 매우 자연스럽게 느껴졌다.

2013년에 당시 33세이던 알렉스는 여자 친구 루시 타운센드 (Lucy Townsend), 둘 사이의 아들인 샘(Sam)과 함께 햄프셔 지역에서 살며 퍼브를 운영했다. 워낙 술을 좋아하는 성격 좋은 남성인 알렉스에게 딱히 좋은 직업은 아니었다.

"퍼브 안을 깨끗이 정돈하고, 아침 열 시까지 모든 맥주를 시음하지요. 그러고 나서 뭘 하냐고요? 그때부터 사람들이 저를 보러 들르기 시작하죠. 그러면 한 잔씩 하는 거예요. 어떤 사람은 오후 두 시에 오고, 또 어떤 사람은 세 시에 오고요. 새벽 세 시에 문 닫을 때까지 쭉 매일 그랬어요. 그게 일과였지요. 그렇게 해선 안 되었는데." 알렉스가 말했다.

루시는 알렉스가 손님들과 너무 친하게 지낸다며 잔소리를 했지만 그는 크게 개의치 않았다. 지금에서야 말이지만, 그는 자신이 너무 틀에 박힌 삶을 살았단다. 즉, 술독에 절어 지냈다는 거다. "맥주 12~14파인트 잔과 와인 두 병 정도는 거뜬히 들이켰죠. 그리고 다음 날 일어나서 또 반복했고요. 별로 망가진다는 생각은 안 들었어요." 그가 말했다.

그러던 그해 11월, 알렉스는 감기 혹은 목감기 같은 것에 걸렸다. 그러다가 독감 비슷한 증세로 발전했다. 그런데 갑자기 그의 소변에 피가 비치는 것이었다. 몸에는 온통 보라색 두드러기가 났다. 게다가 손가락도 느낌이 이상했다. 셔츠의 단추를 채우기도 힘들어졌다. 11월 17일 아침, 루시가 퍼브로 돌아와 가게 문을 두드렸다고 그는 기억했다. 가게 문은 잠겨 있었고, 키는 알렉스가 가게 안에 갖고 있었다. 그런데 계단을 내려오던 도중 그는 갑자기 쓰러지고 말았다. "갑자기 몸의 모든 기능을 잃었어요. 인지 능력도 없었고요."

그렇게 알렉스는 가게 바닥에 완전히 정신을 잃은 상태로 쓰려졌다. 결국, 루시와 그녀의 아버지는 문을 비틀어 열었고, 곧장 앰뷸런스를 불렀다. 다행히 동네에 위치한 병원이어서 오 분 안에 앰뷸런스가 도착했다. 알렉스는 윈체스터 병원(Winchester Hospital)으로 긴급 이송되었다.

그날 알렉스는 정신을 잃었다가 깨기를 반복했다. 그동안 의사들은 그를 진정시키려 애를 썼다. 그의 증상은 패혈증이었다. 패혈증은 감염에 의해 신체가 체내 기관을 스스로 공격하는 면역 문제이다. 그런데 그 기저 원인은 뭐였을까? 한 의사는 아마도 알렉스가 와일병(Weil's disease)에 걸렸을 거라 판단했다. 결국, 그날 밤 열 시에 알렉스는 와일병을 공식적으로 진단받았다. 와일병을 진단한 경험이 있는 의사에 의해서 말이다.

'독감' 같았던 증상은 실은 연쇄상구균 A(streptococcus A) 박테리아에 의한 감염이었다. 사실 이런 박테리아들은 평소 우리의 피부와 신체 내에 살고 있다. 그러다 박테리아들이 갑자기 난동을 부리면, 목을 붓게 하거나 폐렴을 일으키는 것이다. 그런데 가끔은, 희박한 경우지만 그보다 더 심각한, 괴사성근막염(nectorizing fasciitis)으로 발전하기도 한다. 이는 일반인들에게 너무 의학적인 용어일 수 있으니, '살을 파먹는 병'으로 자주 불리는 질병이라고 알아두자.

알렉스는 바로 이 병에 걸린 것이었다. 진단을 받은 즈음, 그의 신장은 기능을 잃고 있었다. 그는 거의 죽음 직전에 다다랐다. 중환자실의 의료팀은 루시와 알렉스의 모친에게 이렇게 말했다. 만약 그가 다음 날 아침까지 회복하지 못하면, 작별 인사를 위해 그를 깨우겠노라고 말이다. 그리고 모든 생명유지장치(life support)를 떼겠다고 말이다. 그날 저녁 알렉스의 담당 의사는 마취과 고문의인 제프 왓슨(Geoff Watson)이었다. 그는 알렉스가 살 가망을 3퍼센트로 보았다. 하지만 밤새 그는 뭔가 비정통적인 방법을 썼고, 결국 알렉스를 살려냈다(왓슨은 알렉스에게 도대체 무슨 방법을 쓴 건지 절대 가르쳐주지 않았다. 물론 비정통적인 방법이라 그랬을 것이다).

이제 또 다른 시작이었다. 모든 상황이 재빨리 진행됐다. 알렉스는 솔즈베리 병원(Salisbury Hospital)으로 옮겨졌다. 이 병원에는 절단과 성형 전문의가 있었다. 연쇄상규균은 알렉스의 몸속 깊숙이 침투한 상태였다. 특히 그의 왼쪽 어깨에 말이다. 곧, 외과 고문의였던 알렉산드라 크릭(Alexandra Crick)이 알렉스를 보러 왔다. 알렉스는 그녀에게 인사했다. 그가 말하길, 당시 자신은 무척 공손한 태도로 안녕하시냐고 인사를 했단다. 그랬는데 그녀는 "음, 왼쪽 어깨를 자를 거고요. 아마 발도 잘라야 될지 몰라요" 하더니 휙 돌아서서 가버렸다는 거다.

"그때 나는 누워서 생각했죠. '젠장, 너무 차갑잖아'라고요." 알렉스가 말했다. 그런데 그는 곧 왜 크릭의 태도가 그토록 차가웠는지 점차 깨달았다. 대개 알렉스 같은 상태의 환자는 자주 목숨을 잃기에, 의사들은 어느 정도 환자들과 거리를 유지하려 한다는 것이다. 그들이 신경을 안 써서가 아니었다. 그래야 제대로 환자에 적절한 치료를 할 수 있기 때문이다. "더구나 포장을 할 수도 없는 노릇이니까. 환자한테 정확한 정보를 줘야 하지 않겠어요. 그래야 결과를 환자들이 마음대로 꿈꾸지 않을 테니까." 알렉스가 말했다. 그는 곧 크릭의 의술을 인정하게 되었단다. 현재는 그가 크릭보다 존경하는 사람은 없다고 했다. 그 후 삼 년에 걸쳐, 알렉스는 백 시간 동안의 긴 수술을 받았다. 크릭은 그에게 남은 평생 동안 좋은 의사와 환자 관계를 유지하겠다고 약속했다.

크릭의 냉혹한 초기 진단은 들어맞았다. 알렉스는 실제로 왼쪽 어깨를 잃었다. 또 양쪽 다리도 무릎 위에서 절단해야 했다. "수술이 정말 빨리 진행되더군요." 알렉스가 회상했다. 그는 기나긴 회복의 시간을 지내야 했다. 평소 느긋한 그의 성격이 빛을 발하는 부분이었다.

"맑은 머리와 생각으로 상황이 나아질 거라는 생각을 하며 이겨냈지요. '왜 나만'이라는 식으로 슬픔과 통탄에 휩싸여 있지 않으려고 했고요." 그가 말했다.

알렉스의 이런 관점은 앞서 카먼 탈튼의 '내 인생에 스스로 책임을 지는' 태도와 놀랍도록 비슷했다. 그리고 그에게 무척이나 큰 도움이 됐다. "저는 항상 여유로운 사람이었어요. 술을 많이 마셔도, 사람들은 항상 제가 취한 줄도 몰랐다고 말했었죠. 낮 열두 시부터 새벽 두 시까지 늘 한결같았지요. 또 저는 온순한 성격이에요. 쉽게 스트레스를 받지 않는 편이지요." 그가 말했다. 예전에 그를 술독에 빠지게 했던, 상황에 따라 움직이는 여유 있는 성격이, 이제는 그를 돕고 있었다. 내면의 처절한 고통 없이도 사지를 포기할 수 있게 한 것이다. 그뿐이 아니었다. 그는 자신의 내면에서 전에는 그 존재를 몰랐던 무한한 긍정과 힘을 발견했다.

사실, 투병 전의 알렉스에게는 그토록 높은 정신적 회복력을 지녔다는 표시가 드러나지 않았다. 어린 시절에도 그는 그렇게 강한 아이가 아니었다. 그렇다고 내면의 강인함이 있는 것도 아니었다. 그 스스로도 기억할 만한 게 없다고 했다. "구렁텅이로 떨어지기 전까지는, 내 안에 뭐가 있는지 모르는 법이니까요." 그가 말했다. 카먼도 똑같은 말을 했었다. 그녀는 전문 간호사로 일하며 아이들을 키웠었다. 그런데 사고가 나기 전까지는 삶에 대한 큰 질문들을 던져본 적이 없었다고 했다. "그대로 주저앉아 불평하며 울어댈 수는 없는 노릇이었으니까요." 그녀는 말했다.

물론 병에 걸린 때부터, 알렉스의 삶이 항상 상향 곡선을 그려온 것은 절대 아니다. 가장 큰 위기의 순간은 오른쪽 팔을 잃었을 때였다. 사실 의사들이 그의 오른쪽 팔에 재건 수술을 하긴 했었다. 알렉스는 내게 그때의 혁신적인 수술 과정 사진을 보여주었다. 우선, 팔의 손목부터 어깨까지를 수술로 절개해서 활짝 젖힌 후, 균에 감염된 살들을 파낸다. 그러고는 그의 어깨에서 떼어낸 근육을 대신 채우고 다시 봉합하는 것이다. 그런데 수술 몇 개월 후, 알렉스가 침대에서 팔 위로 구른 뒤, 그만 팔이 부러지고 말았다. "침대에 앉아 있는데, 그만 팔이 주저앉아 버리더군요."

연쇄상구균이 팔의 뼛속까지 침투했던 것이었다. 결국, 그는 팔 절단수술을 해야 했다.

놀랍고 믿기 힘든 부분은 이런 모든 고난에도 불구하고 그는 자신에게 닥친 일에 감사하고 있다는 것이다. 그는 자신의 인생이 더 나아졌다고 보고 있었다. 물론 이에 대해 의심하며 "그러지 않고 달리 방법이 있겠어?"라고 말할 사람도 있을 거다. 하지만 나는 그를 믿는다. 알렉스가 치료와 재활 과정에서 만난 다른 환자들은 알렉스 같은 반응은 보이지 못했다. 알렉스와 카먼 같은 이들은 정말이지 타인을 놀라게 하는 부류다.

루시는 처음부터 알렉스의 간병인이 되지는 않겠다고 그와 분명한 합의를 했다. 현재 그들은 알렉스의 장애에 온전히 정신을 쏟는 삶을 살지는 않는다. 루시는 현재 퍼브를 운영중이다('그레이하운드 온 더 테스트(Greyhound on the Test)'라는 스톡브리지(Stockbridge) 마을 소재의 퍼브로, 알렉스가 쓰러졌던 퍼브와는 다른 곳이다). 또, 알렉스는 인테리어 디자인 사업을 하고 있다. 알렉스와 루시는 '알렉스 루이스 기금(Alex Lewis Trust)'이라는, 알렉스의 병간호 및 의족 구입, 또 다른 절단 수술 환자들을 위한 자선 모금을 홍보하는 재단을 마련했다. 이 재단의 활동을 통해 알렉스는 월트셔(Wiltshire) 지역에서 스카이다이빙을, 그린란드(Greenland)의 노던 라이츠(Northern Lights) 지역에서 카약을 시도했다. "놀랍도록 만족스러운 삶을 살고 있어요. 그 배경이 기이한 원인으로 시작되긴 했지만." 그가 말했다.

그는 현재 자신의 태도가 아마 내면 어딘가에 숨겨져 있었을 거라 말했다. "그런 면이 있을지 몰랐지요. 병원에서 퇴원하자마자 갑자기 여러 가지 활동을 하게 됐고 상황을 받아들이게 됐어요." 그가 말했다. 현재 그의 주된 태도는 이랬다. 눈앞에 주어지는 기회를 받아들이지 않으면 그 일을 즐기게 될지 아닐지 평생 알 수 없을 거라고. 그래서 자신의 아들 샘이 미래에 시도하고픈 일인지도 모르게 될 거라고 말이다. "저는 아들과 시골과 해외 곳곳을 여행 다녔어요. 우리가 현재 이렇게 지내는 것도 태도의 변화 때문에 가능했지요. 이제 모든 것을 다른 시선에서 보게 됐으니까."

자신에게 일어난 일이 전반적으로 긍정적이라는 그의 믿음은 확고했다. "좋은 변화라고 생각해요. 사실 원래대로 술독에 빠져 있었으면 가족을 잃을 뻔했거든요. 루시도 떠나고, 싱글 대디가 되어서 샘도 제대로 못 봤을 거고요. 그 생각이 무엇보다 두려워요. 그런데 감염병이 제가 정신을 가다듬고 새 삶을 살도록 숨 쉴 공간을 마련해줬다고나 할까요?" 그가 말했다.

물론 이런 성과는, 혼자서 이룰 수는 없다. 카먼과 알렉스의 삶을 재건시켜준 놀라운 의사들에 대한 얘기를 하려는 건 아니다. 바로 주변에서 이들을 지켜준 가족들과 친구들을 말하는 거다. 트라우마를 어떻게 이겨나갈 것인가에 있어, 사회적 네트워크는 핵심적인 역할을 한다. "적응을 잘하는 환자들은 평소 일상에서 긍정적인 인간관계를 많이 맺는 분들이죠. 그게 의료팀과도 긍정적인 관계를 맺는 것으로 발전하고요." 데이비드 울프가 말했다.

알렉스가 아프다는 소문이 퍼지자, 사람들은 퍼브로 몰려와 그의 안부를 묻기 시작했다(그동안 알렉스가 그렇게 술을 마셔준 보람이 있었다). "갑자기 사람들이 500파운드씩 팁을 남기고 가기 시작하더군요. 제가 정말 큰 지지 네트워크를 가진 게 분명했어요. 퍼브들 간뿐만 아니라, 퍼브를 운영하며 만난 사람들로 구성된 네트워크요." 그가 말했다.

'알렉스 루이스 재단'은 그렇게 모인 거액의 기부금으로 뭔가 체계화된 활동을 하기 위해 탄생했다. 루시와 가족들 그리고 친구들은 알렉스 곁에 늘 함께 있었다. 알렉스의 가장 친한 친구인 크리스(Chris)는 프랑스의 쿠쉐벨(Courchevel) 지역에서 스키 강사로 일하는데, 알렉스를 돕기 위해 정기적으로 비행기를 타고 왔다. 크리스는 무척 큰 도움이 됐다. 알렉스가 퇴원해 집으로 돌아갈 시기가 되자, 그는 앞으로는 어떻게 할지 걱정이 됐다고 한다. 병원에서야 간병인들이 있었고, 어떤 때는 동시에 네 명이 그를 돕기도 했다. 예를 들어, 그가 화장실에 갈 때 휠체어에서 들어 올려주고 다시 앉혀주곤 했다. 집에서도 잘 대처할 수 있을까? 게다가 재건한 그의 입술은 1파운드 동전 크기만큼밖에 안 벌려졌다. 집에서 지내며 식사도 제대로 하고 적응을 잘 할 수 있을까? 컵이나 포크 사용 같은 간단한 일도 알렉스에게는 이제 힘겨웠다. 그런데 크리스가 퇴원

후 첫 육 개월간을 그와 같이 살겠다고 제안했다(크리스의 놀라운 우정을 기리는 시간을 잠시 갖도록 하자). "크리스가 곁에 없었다면, 그토록 빨리 진척하지 못했을 거예요." 알렉스는 말한다. "진척은 사실 항상 진행 중이에요. 진척이란, 그저 살아가며 적응하는 것을 의미하니까요."

카먼의 경우도 비슷하다. 카먼의 자매들은 보스턴으로 거처를 옮겼다. 카먼이 의식을 되찾기 전부터, 회복의 과정 동안 그녀들은 매일 카먼을 보러왔다. 카먼은 퇴원 후 그녀의 가족과 함께 살았다. 이때는 안면 이식 수술 몇 년 전의 일이었다. 카먼은 사고 후 한동안 심리 상담사와 상담을 했다. 하지만 카먼의 상황이 너무 극단적이어서 아무도 그녀에게 제대로 충고를 하기 힘들었다. "저는 언니 앞에서도, 엄마 앞에서도 울었어요. 그리고 조금 못되게도 굴었고요. 하지만 일 년 반 후에 이런 생각이 들더군요. '이래 가지곤 아무런 도움이 안 돼'라고요."

트라우마에 잘 적응하는 사람들이 공통적으로 갖는 특성 중 하나가 바로 '긍정'이라는 건 놀라운 일이 아니다. "긍정의 반대는 바로 '절망'이지요. 절망은 우울증의 한 특성입니다"라고 울프는 말한다. "헌신과 수용, 책임 지기와 회복 과정에서의 적극성은 정말 놀라운 힘을 발휘하지요."

트라우마를 이겨내는 사람들에게, 무엇이 그들의 원동력이냐고 묻는다면, 그 일 순위 대답이 바로 '가족과 자녀들'이라고 울프는 언급했다. 정신적 회복력이 충만한 이들은 미래에 집중한다. 앞서 장수에 관한 장에서도 비슷한 내용이 있었다. 또 집중력을 다룬 장에서 세계 항해를 한 엘런 맥아더의 태도도 떠오르는 부분이다. 그녀와 같이 성공하는 이들은 목표를 잡고, 이를 향해 노력한다. 카먼도 비슷하다. 그녀는 분명한 목표가 있었다. "이 모든 사건 속에서 살 길을 찾아내야 했어요. 그저 아무렇게나 살 수는 없었으니까. 아이들을 키우고 있었고 하고 싶은 일들도 있었어요. 저의 가장 큰 원동력은 딸들에게 롤 모델이 되어주고 싶었던 거였지요." 그녀가 말했다.

지금껏 놀라운 회복력을 지닌 이들의 표면적인 특성 및 성격, 태도와 미래에 대한 관점 등을 살펴보았다. 이제, 생물학적으로 회복력에 대한 유전적 원인이 있는지 더 깊이 살펴보기로 하자.

제이슨 보브(Jason Bobe)는 자신의 사무실 벽 위에 걸린 포스터를 가리켰다. 나는 지금 그와 함께 뉴욕의 마운트 시나이 병원(Mount Sinai Hospital)의 아이컨 의대(Icahn School of Medicine) 내 유전자와 유전체학(genetics and genomics science) 부서에 와 있다. 이곳은 렉싱턴 애비뉴(Lexington Avenue)에 위치한 고층 건물로, 낮은 거리 너머로 사이렌이 울리는 소리가 어렴풋이 들려왔다. "유전체학부 내의 한 가지 경향은 모든 병의 원인과 해결책을 유전학에서 찾으려는 것이지요." 보브가 말했다. 그가 가리킨 포스터는 크고 세밀한 원형 도표로, '병의 결정 요인'이라는 제목이 붙어 있었다. 그가 말하는 경향을 설명하기 위해 그는 포스터를 가리킨 것이었다. 원형 도표의 약 3분의 1에는 유전학이라고 쓰여 있다. 그런데 약 40퍼센트로 그보다 더 큰 조각에는 행동(behavior)이라고 쓰여 있다. 그 외에는 의료의 질, 환경, 사회 환경 등의 작은 조각들이 있었고, 각각의 조각은 더 작은 조각들로 나뉘어 비만, 스트레스, 영양 상태 등의 위험 요소들이 설명되어 있었다. 또 알려진 유전적 요인들이 쓰인 조각들도 있었다. 상당히 복잡하고도 세세한 도표였다. 도표가 전달하려는 메시지는 유전학 및 생물학이 건강의 주요 결정 요인이지만, 사람들이 병에 걸리는 데는 많은 기타 이유들이 있다는 것이었다.

"이 도표를 '회복력의 결정 요인'이라고 다시 제목 붙여도 되겠지요." 보브가 말했다. 그에 따르면 건강을 방해하는 요소로부터 몸을 보호하는 우리의 능력은 생물학적, 의료적, 환경적, 태도 및 사회환경적 요인들에 기인한다. "제 프로젝트의 배경이 되는 빅 픽쳐가 바로 그런 겁니다."

보브는 현재 병으로부터 일종의 유전적 보호를 받는 이들을 분별하는 목표를 지닌 프로젝트에 참여하고 있다. "우리는 일반적으로 특정 병에 걸린 이들을 살펴봄으로써, 그 병에 대한 연구를 하지요. 하지만 우리가 간과하는 커다란 집단이 있어요. 바로 특정 병에 대한 심각한 위험 요소를 지녔음에도 병에 걸리지 않거나 아주 미약한 증상만 보이는 이들이지요." 그가 말했다.

프로젝트명은 바로 '회복력 프로젝트(Resilience Project)'로, 그 목표는 바로 그런 이들을 분별해내는 것이다. 만약 이들을 찾는다면, 이들에 대해 연구하는 것이 새로운 치료법 및 예방법으로 이어질 수도 있다. 보브는 그런 이들을 '유전적인 슈퍼 히어로'라고 불렀다.

이들에 대한 몇몇 사례도 있다. 이들의 이야기는 비극은 아닐지라도 불가피하게 가슴 시린 구석이 있다. 한창 투병 중에 발견되곤 하기 때문이다. 같은 병에 걸린 다른 이들은 사망했지만 이들은 생존해낸 것이다.

스티브 크론(Steve Crohn)은 뉴요커로, 동성애자이다. 그는 1970~1980년대에 출현한 에이즈(AIDS) 전염병의 공포를 온전히 겪어냈다. 그는 에이즈 바이러스가 공식적으로 확인되기 몇 년 전부터, 주위 사람들이 죽는 것을 지켜봤다. 마침내 에이즈의 병명이 확인되자, 그는 자신도 이미 병에 걸렸다고 생각했다. 아마 수도 없이 바이러스에 노출된 게 뻔했으니까. 그는 이에 대해 털어놓을 수 있는 의사를 열심히 찾아다녔다. 그러고는 마침내 한 젊은 바이러스학자(virologist)의 연구실에 다다랐다. 그는 록펠러 대학(Rockefeller University)의 에런 다이아몬드 에이즈 연구 센터(Aaron Diamond AIDS Research Center) 소속이었다. 이때가 1994년이었다.

이 바이러스학자의 이름은 빌 팩스턴(Bill Paxton)으로, 현재는 리버풀 대학(University of Liverpool)에 재직 중이다. 팩스턴은 에이즈에 면역이 있는 동성애자들을 찾아 전화를 걸던 참이었다. 그는 곧 크론을 만났고, 그의 세포들이 에이즈의 원인인 HIV바이러스에 면역이 되었다는 사실을 발견했다. 팩스톤은 크론의 세포들을 보통 감염이 원인이 되는 것보다 삼천 배 더 많은 양의 HIV에 노출시켜 보았다. 그런데도 크론의 세포들은 이를 가뿐히 이겨냈다. HIV는 CD4라 불리는 특별한 백혈구에, 이 백혈구의 표면에 존재하는 CCR5라는 단백질 분자를 통해 침투한다. 그런데 크론의 세포는 돌연변이를 일으켜 CCR5가 부족했다. 따라서 HIV가 세포의 표면에 달라붙을 수가 없었던 것이다. 크론의 변이는 현재 '델타 32 변이(delta 32 mutation)이라 불리며, '매라바이록(maraviroc)'이라는 에이즈 치료제 개발의 원인이 되었다. 이 약은 CCR5 수용체를 차단하는 효과를 지녔다. 또, 크론의 변이를 연구함으로써, HIV를 치료하는 전략도 발전할 수 있었다. 하지만 정작 크론은 2013년에 자살로 생을 마감했다.[1] 『LA 타임스 *LA Times*』에 따르면, 그는 HIV에는 면역이 되었지만 에이즈로 인한 비극에는 취약했던 것이다.

또 한 사례는 워싱턴 주 포트 오차드(Port Orchard)에 사는 더그 휘트니(Doug Whiteney)의 경우다. 더그의 모친은 오십 세 때 한 개의 유전자 변이에 의한 알츠하이머의 조기 발생을 겪으셨다. 안타깝게도 많은 경우처럼 발병 후 얼마 안 돼 어머니는 돌아가셨다. 그런데 어머니의 형제들 중 아홉 명도 모두 같은 병으로 돌아가신 것이었다. 게다가 더그의 형마저 이 병으로 목숨을 잃었다. 자연히 더그도 조기 발병을 기정사실화했다. 하지만 그는 병에 걸리지 않았다. 68세인 현재도 그는 멀쩡하다. 68세면 그의 가족이 겪은 종류의 치매가 발병하는 일반적인 시기를 훨씬 지난 것이다.

유전병이라는 총알을 피했다고 더그는 생각했다. 그리고 몇 년 전 그는 검사를 받아보았다. 그런데 그도 역시 유전적인 알츠하이머 유전자를 지니고 있는 것이었다. 그렇다면 그의 일상 속 무언가 혹은 그의 게놈 속 무언가가 그를 피할 수 없는 유전병으로부터 보호해주는 게 틀림없었다.

보브는 크론과 더그 같은 사례들을 '부풀린 에어백(inflated airbags)'이라 칭했다. 이는 흔히 말하는 '스모킹 건(smoking gun)'의 반대 개념이다. 스모킹 건이란, 범죄를 해결할 때 방금 발사된 총을 발견하는 것 같은 결정적 증거를 일컫는다. 유전 의학에서는 스모킹 건이, 바로 주요 병을 발병시키는 유전자를 찾아내는 것이다. 하지만 회복력의 경우에는 다르다. 학자들은 특정 병으로부터 어떤 이를 지키기 위해 마련된 보호적 장치, 즉 부풀린 에어백을 찾는 것이다. 스티브 크론의 경우 바로 이 에어백이 델타 32 변이였던 셈이다.

휘트니 또한 이 에어백을 장착하고 있는 게 틀림없었다. 하지만 학자들은 그게 뭔지 아직 발견하지 못했다. 바로 여기에 과학적 도전 과제가 놓여 있는 것이다. 왜 그런지를 이해하기 위해 보브가 2016년에 세계 삼십 명의 과학자들과 공동으로 출판한 논문을 살펴보기로 하자.[2]

『네이처 바이오테크놀로지 *Nature Biotechnology*』라는 저널에 실린 이 논문은 약 50만 명의 유전적 데이터에 대한 분석이다. 공동 작업을 통해 과학자들은 열두 개의 서로 다른 연구들로부터 유전적 데이터를 공유했다. 이건 중요한 과정이었다. 그렇게 해서 589,306명의 건강한 사람들의 표본에 접근 가능했기 때문이다. 건강한 사람들은 보통 유전학 연구에 잘 나타나지 않으니 말이다.

과학자들은 이제 이 데이터를 샅샅이 뒤지기 시작했다. 그러고는 유전체 내에서 발병을 일으키는 변이가 존재하는 188곳에 주목했다. 과학자들이 주로 관심을 두었던 건 바로 멘델유전 질환 (Mendelian diseases)들이었다. 즉, 하나의 손상된 유전자에 의해 발생하는 병들이었던 것이다. 낭포성섬유증(cystic fibrosis)이 그 한 예다. 연구팀은 표본 중 15,597명이 낭포성섬유증이 변이를 지니고 있음을 발견했다. 이들이 건강한 사람들의 표본임을 명심하자. 이 연구는 마치 앞서 팩스턴이 HIV에 면역된 사람들을 찾느라 전화한 것과 비슷한 셈이다. 물론 이 연구가 유전체학의 더 거대한 분석력을 요한다는 점만 빼고 말이다.

여하튼 이제 일만 육천 명에 가까운 인원들은 유전적 데이터가 신뢰성이 있는지를 확인하기 위해 심층 검사를 받게 됐다. 즉, 이들이 정말 그러한 질병 유전자를 지니고 있는지, 그리고 정말 그 질병에 관련된 증상이 전혀 없는지에 대한 검사였다. 그랬더니 일만 육천 명이라는 숫자는 고작 열세 명으로 깎이고 말았다. 이 열세 명은 비밀의 힘을 지닌, 예상치 못한 영웅인 셈이었다. 그 비밀의 힘이란, 바로 심각한 유전적 질병으로부터의 보호였다.

이 열세 명은 모두 위험한 질병의 변이를 지니고 있었다. 예를 들어 낭포성섬유증이나 학습 장애를 일으키는 '스미스-렘리-오피츠 증후군(Smith-Lemli-Opitz syndrome)' 그리고 파이퍼 증후군(Pfeiffer syndrome)이라는 장애 등이다. 파이퍼 증후군은 아기들에게서 나타나는데, 두개골 뼈가 조기에 융합(fuse)되는 증상이다. 두개골 뼈 속에서 뇌가 자라지만, 두개골 뼈는 이에 맞춰서 자라지 못한다(이 심각한 증후군을 가진 한 남자 아기가 수술을 받는 장면을 목격한 적이 있다. 두개골 뼈 내의 압력을 방출하기 위한 수술이었다. 조기 융합이 된 두개골 뼈에 틈을 뚫는 것이 상상이 되는 부분이다. 수술을 집도한 의사는 내게 두개골 뼈 내의 압력이 너무 센 나머지, 불쌍한 아이의 안구는 돌출될 수 있다고 말했다).[3] 이런 병들은 끔찍하고도 치명적일 수 있다. 그런데 이 열세 명이 지니는 수천 개의 유전자들 중 무언가가 바로 이런 심각한 질병으로부터 보호해준다는 말이다.

우리는 유전자들을 실에 꿰인 구슬들로 시각화하곤 한다. 글쎄, 적어도 나는 그렇다. 하지만 이런 시각화는 얼마나 유전자들이 복잡하며, 또 그 실은 얼마나 길지를 간과하는 것이다. 사실 유전자들은 마치 한 선로 위를 다니는 여러 대의 기차들과 같다. 보브의 에어백 탐색 접근법으로 보호 유전자들을 찾으려면, 더 큰 데이터들이 필요하다. 그래서 보브를 비롯한 과학자들이 합동적인 방식을 채택하고 있는 것이다. 게다가 예상치 못한 영웅들을 더 찾아내려면, 보다 더 큰 표본이 필요하다. '회복력 프로젝트'는 바로 이를 실행하고 있는 것이다. 마운트 시나이 병원에서 주도하는 회복력 프로젝트는 워싱턴 주 시애틀의 세이지 바이오네트워크(Sage Bionetworks) 사와 공동으로 진행되고 있다. 이들의 목표는 백만 명의 건강한 사람들로부터 염기서열의 정보를 얻어내는 것이다. 이런 방대한 양의 데이터를 샅샅이 탐색해서, 특정 사람들을 보호해주는 아주 작은 변화가 뭔지를 찾아내는 거다.

물론 이와는 다른 방법도 있다. 다양한 인구 내 수많은 사람들에게서 희귀한 유전자들을 찾는 게 보브의 방식이라면, 유전적으로 비슷한 훨씬 규모가 작은 집단의 사람들을 살펴보는 방식도 있는 것이다.

마을 사람들이 서로를 다 알고, 내딛는 순간 과거로 여행을 하는 기분이 들게 하는 장소들을 아마 알고 있을 거다. 그런 곳을 떠올려보고 그보다도 더 먼 시공간의 장소들을 상상해보자. 예를 들어 그리스의 크레타(Crete) 섬 내 고립된 산촌이라던가, 펜실베이니아 주에 거주하는 엄격한 '올드 오더(Old Order)' 종파의 아미쉬

(Amish)인들, 캐나다의 뉴펀들랜드(Newfoundland)의 이뉴잇(Inuit)족 마을 등이다. 이런 곳들은 외부로부터 새로운 유전자들이 잘 유입되지 않는다. 이는 즉, 집단 내 유전적 다양성이 적다는 뜻이다. 따라서 희귀한 유전자들도 일반보다 더 자주 보이는 경향이 있으며 찾기도 쉽다. 앞서 6장에서 만난 음악적 유전자를 탐색하는 과학자들이 몽골까지 간 것도 같은 이유에서다.

영국 케임브리지 인근의 웰컴 트러스트 생어 연구소(Wellcome Trust Sanger Institute)의 엘레프테리아 제기니(Eleftheria Zeggini)가 바로 이런 접근법을 활용하고 있다. 그녀는 크레타 섬, 펜실베이니아 주, 그리고 뉴펀들랜드의 고립된 인구들에 대해 연구하고 있다.

"크레타 섬 마을의 사람들은 아침, 점심, 저녁에 모두 양고기를 먹어요." 제기니는 말했다. 그래서 크레타 섬 마을 사람들의 식단은 동물성 지방 함량이 무척이나 높다. 이 때문에 마을 사람들은 일반 그리스인들과 비만과 2형 당뇨병에 걸리는 확률이 비슷하다. 그런데 마을 사람들은 보통 당뇨병에 수반되는 합병증을 잘 겪지 않는다. 오히려 장수와 건강을 누리는 걸로 명성이 자자하다. 제기니는 이들을 보호해주는 유전적 요소가 작용할 거라고 예상했다. 보브가 말하는 '부풀린 에어백' 말이다. 결국 제기니는 크레타 섬으로 이주해서 마을 사람들로부터 정보를 수집하기 시작했다. 혈압, 지방 함유량을 측정하기 위한 혈액 샘플, 식단에 대한 설문 조사, 그리고 DNA 샘플 등이었다.

약 십오 년 전의 힘겹고 값비싼 첫 인간 유전체 분석으로부터 얼마나 유전체학이 빨리 발전했는지를 단적으로 보여주는 예가 바로 제기니의 연구다. 제기니의 연구팀은 크레타의 마을로 성큼 들어가서 1,500명 이상 마을 사람들의 완전한 DNA 염기서열을 분석해냈다(최초의 '휴먼 게놈 프로젝트(human genome project)'는 완성하기까지 십 년이라는 기간과 30억 달러라는 거금이 소요됐다. 하지만 현재 웰컴 트러스트 생어 연구소에서는 하나의 유전체를 완전히 분석하는 데 약 삼십 분이 걸린다).

이렇게 얻은 정보들을 모두 분석한 뒤, 제기니는 마을 사람들이 일반적인 그리스인 및 유럽인들이 지니지 않거나, 훨씬 낮은 빈도로 지니는, 희귀한 유전자 세 개를 지니고 있음을 발견했다. 이 세 변이들은 모두 심장 보호(cardioprotection)와 연관이 있었다. 이런 변이들을 지닌 이들은 일반인들보다 체내에서 지방을 더 효율적으로 처리했다. "이건 흥미로운 사실이죠. 왜냐하면 마을 사람들의 식단이 질이 낮다는 건 다 아는 사실이니까요. 그런데도 이들은 예상되는 수명 내에 사망하지 않아요." 제기니가 말했다.

재미 있는 사실은(좋은 의미로) 이 변이들 중 하나가 제기니가 연구 중인 아미쉬 인구에서도 나타났다는 점이다. 아미쉬인들도 동물성 지방이 높은 식단을 즐긴다고 한다. 여하튼 만약 제기니가 동일 연구를 현대의 영국 도시에서 진행했다면, 거대한 유전적 다양성 때문에 약 7만 명의 염기서열 분석을 해야 했을 거다. 그러한 변이들을 찾아내기 위한 통계적 힘을 갖추려면 말이다.

보브와 제기니 같은 과학자들은 인간을 질병으로부터 보호해주는 요소들을 탐색하는 데 선구적인 위치에 있다. '유전자들'이 아닌 '요소들'이라고 말한 걸 주목하기 바란다. 단지 유전자만의 문제가 아니기 때문이다. 보브가 그의 사무실에서 내게 말했듯이, 사람들이 질병에 걸리는 원인은 여러 가지이다. 만약 특정 병과 연관되는 유전자들을 찾았다고 해도, "이 유전자가 있으니 그 병에 걸릴 거예요"라고 말하는 식으로 진행되지는 않는다. 물론, 앞서 언급했던 멘델리안 질병들 즉, 특정 유전자를 지니면 거의 그 질병을 갖게 되는 경우도 있기는 하다. 예를 들어 집안 내력인 알츠하이머나 낭포성섬유증처럼 말이다. 하지만 대부분의 질병들과 나아가 대부분의 특성들은 훨씬 더 복잡한 문제이며, 많은 유전자들에 의해 영향을 받는다. 회복력도 마찬가지로 매우 복잡한 특성이다.

"어떻게 나 자신과 내 가족들이 질병에 대한 더 큰 회복력을 갖게 할 수 있냐고요? 사실 바로 그게 제가 연구하는 바입니다. 그 비법을 찾기 위한 체계적인 연구를 하고 있지요." 보브가 말했다.

한편, 정신적 회복력을 기르는 법을 배울 수도 있다. 미국 미니애폴리스(Minneapolis)의 미네소타 대학(University of Minnesota)의 신경행동발달 센터(Center for Neurobehavioral Development) 소속 심리학자인 앤 매스턴(Ann Masten)은 회복력의 힘을 '평범한 마법'이라고 부른다.[4] 누구나 사용할 수 있는 마법이라는 것이다. 앞 장에서 살펴본 전쟁 영웅 존 험프리스는 자신이 긍정적인 성격을 타고났다고 여기고 있었다. 하지만 이런 식의 사고는 일반인들을 주눅 들게 만들 수도 있다. 미래에 대해 아주 낙관적이지 않은 이들을 탓하게 될지도 모르니까. 하지만 그럴 필요는 전혀 없다. 런던의 사우스 뱅크 대학(South Bank University) 소속 학자인 님미 후트닉(Nimmi Hutnik)에 따르면, 회복력은 학습 가능한 특성이니 말이다. 비록 회복력이 유전과 심리, 환경의 복합적인 산물이긴 하지만 말이다. 앞서 살펴봤듯, 건강 수명을 연장하기 위한 의약적 중재는 계속 발전 중이다. 하지만 어느 정도 완성이 이뤄지기 전에는 정신적 회복력을 기르는 법을 배워서 건강과 웰빙을 증진시켜야 할 필요가 있을지 모른다.

슈퍼휴먼의 회복력을 기르는 능력은 우리 일반인들 내부에도 존재할 수 있다. 이를 찾기 위한 지침과 도움이 필요할 뿐이다. 심리 치료나 친구들의 도움을 통해서 말이다. 긍정적이 되려면 도움이 필요하다. 또 상황을 컨트롤하는 용기와 책임을 지려는 자신감이 필요하다. 또, 어느 정도의 자기애도 필수이다. 약간 나르시스트가 되는 것도 좋지 않겠는가. 직장이나 인간관계에서 자신의 입장을 두둔해야 한다. 또, 남을 깎아내리지 않으면서 자신감 있게 행동하는 게 좋다. 자만하지 않으면서도 긍정적인 자아 이미지를 키워야 한다. 여러분에게 이러한 성격적인 특성들이 있다면 앞으로 전진하는 데 큰 도움이 될 것이다. 만약 내면에 이런 특성들이 없다면 키워나가는 것도 가능하고 말이다.

10장

— 수면 —

SLEEPING

나는 누워서, 곧 잠이 들려 한다…….
각성과 수면의 중간 지점에서
커다란 글자 하나가 비집고 들어오려 하지만, 성공하지
못한다.

– 토마스 트란스트뢰메르(Tomas Tranströmer),
시집 『녹턴 *Nocturne*』 중에서

근심으로 엉클어진 실타래를 풀어주는 잠.
하루의 삶이 끝나는 잠, 극심한 노동을 풀어주는 목욕,
지친 마음에의 연고, 위대한 자연의 두 번째 만찬,
인생의 향연에서 최고의 양분.

– 윌리엄 셰익스피어(William Shakespeare),
『맥베스 *Macbeth*』 중에서

나는 지금 내 머리의 치수를 재는 중이다. 내 머리는 사분면으로 나뉘어, 두피에 빨간 연필로 표시가 되고 있다. 마치 정육점 주인이 표시를 하는 등심 고기가 된 기분이다. 머리에 낸 이 표시들은 밤새 내 뇌 활동을 기록할 전극(electrode)들이 놓일 부분이다. 박사 과정 학생인 데이빗 모건(David Morgan)은 복도 위쪽의 제어실에서 내 수면을 모니터링할 것이다. 그는 내 머리 표시들 위에 박리용 젤에 담갔던 이어폰을 문지르고 있다. 내 두피 위의 죽은 세포들을 닦아내고, 전극을 놓기 전에 두피를 부드럽게 하기 위해서이다. "귀 뒤쪽도 깨끗이 닦아요. 세균이 아주 많을 테니까." 모건의 지도 교수인 자케 태미넨(Jakke Tamminen)이 말했다. 그러고 나서 그는 내게 "기분 나쁘게 하려는 건 아닌데, 대개 사람들이 귀 뒤쪽을 잘 안 씻거든요"라고 덧붙였다.

이제 내 머리 위에는 그리드(grid, 두 극 사이의 격자 모양 전극) 전극이 붙여졌다. 이것이 내 뇌의 전두엽 피질, 측두엽, 두정엽(parietal lobe)으로부터 시그널을 잡아낼 것이다. 또, REM(rapid eye movement, 급속 안구 운동) 수면 동안 안구의 움직임을 측정하기 위해 양 눈 측면에도 전극이 붙여졌다. 그리고 근육 긴장도를 측정하기 위해 턱에도 전극이 붙여졌다. REM 수면 동안 우리의 몸은 불수 상태가 되는데, 이는 꿈을 따라 몸이 움직이지 않게 하기 위함이라고 한다.

이제 마지막 전극이 내 이마 한가운데 힌두교에서 찍는 이마의 점인 빈디(bindi)처럼 붙여졌다. 내가 알기론 빈디란, 차크라(chakra, 에너지의 중심)가 모이는 제3의 눈(third eye)에 붙이는 점을 일컫는다. 여하튼 각 전극들에 이어진 전선들은 한데 묶여서 내 몸 뒤로 놓였다. 마치 머리를 포니테일로 묶은 사이보그가 된 느낌이었다. 전선들의 플러그는 벽에 고정된 기계에 꽂혔다. 이 기계는 내게서 나오는 시그널, 즉 뇌파(brainwaves)를 잡아 증폭시키는 역할을 할 것이었다.

영어로는 '갑자기 떠오른 묘안'을 뇌파(brainwave)라고 표현하기도 한다. 하지만 뇌파는 엄연히 실제로 존재하는 것이다. 마치 바다의 파도처럼, 그 크기도 각각 다르다. 뇌파란, 뇌의 뉴런들에서 발생하는 전기 활동이다. 우리가 잠들었을 때, 뇌파들은 그 패턴을 식별 가능할 정도로 충분히 동기화(synchronize)된다. 나는 지금 로열 홀로웨이 런던 대학교(Royal Holloway University of London)의 심리학과 수면 연구실에 와 있다. 수면 상황에서 내 뇌파의 패턴을 알아보기 위해서다.

이 책 내에서 수면이란 약간 특이한 개념이다. 아마 필자가 탐구하는 인간 특성들 중, 가장 덜 알려진 개념이기 때문인지 모른다. 수면은 상대적으로 연구돼온 시간이 적으니 말이다. 수면이란 대체 무엇일까? 물론 우리는 잠을 잘 때 세포의 재생 및 유지가 일어난다는 걸 안다. 이건 잠의 회복 기능의 일부이다. 또, 수면은 기억 저장에도 영향을 미친다. 하지만 잠이 대체 어떻게 이런 기능을 수행하는 걸까?

이 장에서의 특이점은 또 있다. 바로 언뜻 보기에, 수면에 있어서의 슈퍼휴먼은 말할 것도 없고, '수면에 능하다'는 개념조차 불분명하다는 점이다. 하룻밤에 겨우 다섯 시간 정도만 자고도 쌩쌩한 사람이 수면의 슈퍼휴먼일까? 아니면 하룻밤에 열 시간이나 자지만 자신의 생업은 최상 수준으로 유지하는 이들이 슈퍼휴먼일까? 이 장에서는 이 두 부류에 대해서 모두 살펴볼 것이다. 또한 하루 24시간 동안 토막잠을 여러 번 잠으로써 '맞춤형 수면'을 실행하는 사람도 만나보기로 하자. 나아가 수면에 있어 가장 화제의 중심인 '꿈'을 컨트롤 가능한 사람들도 만나볼 것이다. 물론 필자가 수면을 하나의 장으로 분류하기엔 석연치 않은 구석은 있다. 하지만 수면이란 인간뿐만 아니라 모든 동물에 해당하는 보편적인 특성인 데다, 양질의 수면을 취하는 것은 궁극적으로 우리에게 매우 중요한 사안이 아니겠는가. 다행히, 다른 장의 특성들과는 달리 수면은 우리 모두가 매우 잘 해낼 수 있는 분야이기도 하다.

태미넨은 내 머리에 붙은 전극들로부터 기록이 제대로 되는지를 확인하더니 흡족해했다. 이제 연구팀은 내게 잘 자라고 인사한 뒤 제어실로 사라졌다. 밤 11시경이었다. 연구팀은 인터콤을 통해 내게 다음 날 아침 일곱 시에 깨우겠노라고 말했다. 마치 내가 딸에게 하는 방식대로 제발 잠들어달라고 간곡히 청하는 것이었다.

때로는 삶에서 겪는 사건 사고가 전혀 예기치 못한 특이한 길로 우리를 인도하는 법이다. 1892년에 독일 제국 기병대의 훈련병이던 한스 베르거(Hans Berger)는 말에서 떨어져 말이 끄는 대포가 이동하는 길에 내동댕이쳐졌다. 그 순간, 가슴이 철렁하는 기분이 상상이 가지 않는가. 점점 다가오는 죽음 앞에 시간이 천천히 흐르는 듯한 느낌 말이다. 이 경우에는 죽음이, 대포를 끄는 말발굽이 쿵쿵대는 소리로 위장해 다가오고 있었다. 하지만 죽음은 결국 오지 않았다. 다행히 대포는 멈췄고, 베르거는 목숨을 건진 것이다. 그런데 이때 신기한 일이 일어났다. 수 마일 떨어진 곳에서 베르거의 여동생이, 오빠가 위험해 빠졌다는 강렬한 느낌을 받은 것이다. 그녀는 아버지에게 베르거의 안존을 묻는 전보를 보내자고 졸랐다. 결국 베르거는 이 전보를 받았고, 깜짝 놀라지 않을 수 없었다. 대체 어떻게 여동생이 그의 위험을 감지했을까? 그는 자신의 뇌가 여동생에게 어떤 시그널을 보냈음을 증명하겠다는 생각에 사로잡혔다.

베르거는 이윽고 정신과 의사가 되었다. 뇌에서 발생하는 에너지를 이해하려는 욕구는 그의 커리어 내내 원동력이 되었다. 결국 1924년, 베르거는 최초로 인간의 뇌파도(electroencephalogram, EEG)를 기록하는 데 성공했다. EEG는 MRI 스캐너에 의해 그 존재감이 약간 가려져온 경향이 있다. MRI는 높은 해상도로 뇌 깊은 곳의 상황을 보여준다는 장점이 있다. 하지만 EEG의 장점은 뇌 활동의 변화를 매 밀리초(millisecond)마다 연구원들이 볼 수 있다는 것이다. 이는 현재의 MRI 기술로는 불가능한 것이다. 물론 비용이 MRI에 비해 훨씬 저렴하기도 하지만 말이다. 또한, EEG 측정을 하며 하룻밤을 자는 게 훨씬 더 편할 거다. 웅웅대는 소리가 나고 몸을 옴짝달싹하기 힘든 마치 관 같은 MRI 기계 안에서보다는 말이다.

실제로 그날 밤 수면 연구실에서 나는 상당히 잘 잤다. 내 두피와 얼굴에 덕지덕지 붙은 전극들은 별로 신경이 안 쓰였다. 건물 밖의 술 취한 학생이 우는 소리와 낯선 베개 정도만 내 잠을 방해했을 뿐이다. 한밤중에 노래를 합창하는 학생들 때문에 깬 후에, 특이한 꿈 몇 개를 꿨던 기억이 나기도 했었다. 내가 자는 동안 나를 모니터링하는 사람들이 있다는 게 신경 쓰이진 않았다. 그런데 아침에 일어나 간밤의 내 수면이 컴퓨터에 기록된 걸 보니, 연구원들이 얼마나 내 내면에 대한 깊은 통찰력을 가졌는지 깨달았다. "상당히 빨리 잠드셨군요." 태미넨이 내 뇌의 활동을 보여주는 EEG 기록을 훑어보며 말했다. "여기서 잠에 빠지기 시작했고요. 여기서는 잠을 방해받았네요. 근데 그건 어떤 이유에선지 몸을 움직여서 그런 겁니다." 고작 어제 이 사람을 처음 만났는데, 벌써 내가 자는 모습을 알고 있다니.

수면에는 총 다섯 단계가 있다. 1~4단계 그리고 마지막 단계인 REM 수면이다. 우리는 이 단계들을 차례대로 거친 뒤, 다시 1단계를 시작한다. 밤새 각 단계에 들이는 시간의 비율은 여러 이유로 변화한다. 예를 들어, 술 취했다거나 약을 먹었다거나 무언가에 의해 방해받는지에 따라 변하는 거다. 수면의 1단계는 얕은 잠으로, 각성과 수면의 중간 과정이라 할 수 있다. 대개 나는 이 단계는 빨리 지나치곤 한다. 하지만 수면 연구실에서는 밖에서 나는 소음 때문에 뒤척이느라 잠이 들 듯 말 듯한 상태로 되돌아오곤 했다. 태미넨은 내 수면 기록에서 뭔가 흥미로운 일이 일어나기 전에 나타난 긴 꼬리 모양의 진동 패턴을 보여주었다. 그가 찾는 부분은 수면 방추(spindle)였다. 수면 방추가 바로 내가 수면 2단계에 들어갔다는 표시이기 때문이다.

하룻밤의 EEG 수면 기록 내 가득한 진동과 폭들 가운데에는 약 0.5초 동안 지속되는 특이하고 신기한 뇌 활동 구간이 보인다. 이 구간의 주파수는 항상 12~14헤르츠(hertz)를 유지한다. 바로 이 구간이 수면 방추인 것이다. 수면 방추는 뇌 깊숙한 한가운데인 시상(thalamus)에서 발생하는 뇌 경련(brain spasm)으로부터 비롯된다. 한편, 수면 방추는 뇌 안으로 새로운 정보를 통합하는 과정에도 관여할 가능성이 있다. 뇌를 좀 더 유연하게 즉 새로운 데이터를 수용하기 쉽게 만들어줄 수 있기 때문이다.

태미넨은 다음과 같이 설명했다. 우리가 낮 시간 동안 새로운 정보를 배우면, 이는 재빨리 해마에 의해 암호화된다. 이렇게 단기 기억이 저장되는 것이다. 하지만 밤에는 정보가 통합되어야 한다. 밤에 새로운 정보는 신피질(neocortex) 부위로 전달되는데, 신피질이란 언어 습득 및 감각 인지를 담당하는 뇌의 넓고 중요한 부위다. 한마디로, 우리가 사고할 때 신피질이 크게 활성화되는 것이다. 수면 방추는 신피질 부위의 문지기 역할을 한다고 볼 수 있다. 수면 방추가 느리게 지속되는 사람들이 더 지능이 높다는 말도 있다.[1] 그래서 태미넨이 내 수면 방추 상태가 그리 좋아 보이지 않는다고 말했을 때 나는 살짝 실망스러웠다.

그렇게 우리는 내 무의식의 전기적 출력 기록을 훑어나갔다. 내게는 그저 혼란한 뾰족하고 끄적거린 듯한 표시인데, 태미넨은 그처럼 읽어낼 수 있다는 게 놀라웠다. 이제, 우리는 좀 더 나은 모양의 수면 방추를 찾았다. 태미넨에 따르면 이 구간에서 내 뇌파들이 느려지기 시작했다. 이는 델타(delta)파라는 것으로, 수면의 3단계에서 처음 등장한다. 4단계에서는 뇌파가 좀 더 뚜렷해지기 시작했다. 이를 뇌파의 주파수가 감소하는 서파수면(slow wave sleep)이라 부른다. 3단계와 4단계를 합쳐서 '깊은 수면(deep sleep)'이라 한다. 이 구간에서 뇌파는 부드럽게 구르는 패턴으로, 비전문가인 내 눈으로도 그 큰 진폭을 알아볼 수 있었다. 이 구간에서는 완벽하게 외부 세계와 차단된다. 깊은 수면에 빠진 이를 깨우는 것은 매우 힘든 일이다. 만약 깨운다 해도 정신없고 몽롱한 상태일 때가 많다. 마치 이상한 나라에 있다가 귀환한 듯이 말이다. 지금 내 뇌파 기록을 보면 이상한 바다에서 왔다고 하는 게 더 적절하겠지만. 몽롱한 이유는 운영 체계를 재가동시켜야 하기 때문이다. 온라인에 접속하는 데는 시간이 걸리기 마련 아닌가.

나는 태미넨과 계속 간밤의 내 뇌파 기록을 마치 노를 젓듯 훑어나갔다. 곧, 내 EEG 패턴이 또 한 번 변화하기 시작했다. 테미넨에 의하면 나는 이 구간에서 렘수면에 들어갔다. 내 양쪽 눈 옆에 붙여진 전극으로부터의 기록은 이제 봉우리와 홈통 모양의 패턴을 나타냈다. 이는 내 눈이 눈꺼풀 밑에서 움직이고 있다는 뜻이었다. 잠을 잘 때 눈이 불안정하게 움직이는지, 아니면 꿈에서 나오는 형상에 시선을 고정하는지, 나는 이 점이 항상 궁금했다. 아마도 이에 대한 답은 전자에 가까울 거다. 꿈은 비렘수면(non-REM sleep)에서 발생한다는 게 밝혀졌으니까 말이다. 게다가 렘수면 중 안구 운동이 일어날 때도, 우리가 항상 꿈을 꾸는지는 알 수 없는 일이다. 한편, 내 턱에서 나오는 EEG 파동은 이제 평평한 패턴이었다. 내 몸이 불수 상태에 들어갔음을 나타내는 신호였다.

깊은 수면은 하룻밤의 전반 동안 더 자주 발생하는 경향이 있다. 그리고 후반에는 렘수면의 구간이 더 길어지곤 한다. 사람들은 렘수면 주기가 끝나면 일시적으로 깨는 경향이 있다. 이 수면 연구실의 모르페우스(Morpheus, 그리스 신화에 나오는 꿈의 신)격인 태미넨은 내 EEG 기록에서 갑자기 뇌 활동이 활발해지는 지점을 가리켰다.

"여기서 잠이 깬 겁니다." 태미넨이 기록상의 시간을 체크하며 말했다. "새벽 다섯 시경이지요. 이때가 기억이 나나요?"

실은 기억이 났다. 잠에서 깨서, 바깥의 찌르레기가 우는 소리를 들었던 것이다. 그러고는 혹시 이제 기상 시간일지도 모른다고 생각했었다. 페리(ferry)호를 타고 리버풀(Liverpool)로 항해하는 꿈을 꿨었는데, 부둣가의 로열 리버 빌딩(Royal Liver Building) 위에 리버 새(Liver Bird, 리버풀의 상징인 신화 속의 새)가 노니는 모습이 보였다. 여하튼 곧장 나는 다시 잠에 들었다.

"이제 여기서는 뒤척거리기 시작하네요." 잠귀신(sandman, 수면을 돕는 상상 속의 존재) 같은 태미넨이 말을 이었다. 하룻밤이 거의 끝나가면서 기록 속의 파도처럼 일렁이던 패턴은 뚝뚝 끊기는 모양새였다. "곧 깨어날 겁니다."

* * * *

수면 연구실에서 하룻밤을 잔 뒤, 나는 다시 집으로 돌아왔다.

창문 밖을 내다보니 여우 한 마리가 정원 풀밭에 웅크린 채 햇볕에 졸고 있었다. 주변 길거리에서 차 문이 쾅 닫히는 소리가 나자 여우의 귀가 쫑긋했다. 이제, 이웃집 정원에서 아이들이 소리 지르는 소리가 나니, 고개를 들고 쳐다봤다. 아무래도 여우가 깊은 수면을 취할 수 있을 것 같진 않았다. 도무지 몸을 이완할 수 없을 테니까 말이다. 잠시 뒤에 다시 내다보니, 여우는 아직도 잠들어 있었다. 다만 사과나무 아래서 자세를 바꿔 그늘을 피하고 햇볕의 따스함을 좇으려 하고 있었다.

여우는 24시간의 주기 동안 도둑잠을 여러 번 잔다. 여우의 잠은 다단계(polyphasic) 수면으로, 우리 인간의 단상성(monophasic) 수면과는 대조된다. 많은 포유동물들이 다단계 수면을 취한다. 특히 체질량이 적은 동물들이 더욱 그렇다. 이런 동물들은 체내 에너지를 매우 빨리 연소시키기 때문이다. 심지어 수면 중에도 에너지가 연소되므로 일어나서 먹이를 찾으러 가야 할 때도 있다. 개와 고양이들도 이와 비슷하다. 이런 동물들의 경우를 따라 다단계 수면패턴을 취한 한 인물이 바로 미국의 발명가이자 건축가인 버크민스터 풀러(Buckminster Fuller)이다. 너무나 잦은 비행을 해야 했는 데다 하고 싶은 일이 너무 많았기 때문이라고 한다.

풀러는 1983년에 87세의 나이로 생을 마감했다. 그는 자기 주관이 매우 뚜렷한 사람이었다. 그는 삼십 대 때 하루를 여섯 시간 단위로 네 번 나누어 일하고 식사하며 살았다. 그리고 각 단위마다 삼십 분씩의 낮잠을 잤다. 물론 그는 주로 일을 하며 시간을 보냈다. 그는 이 지옥 같은 스케줄을 '다이맥시온(Dymaxion) 수면법'이라고 명명했다. 그리고 이 수면법으로 이 년이나 보냈다고 한다. 그 후 일반인들과 비슷한 수면을 할 때도 그는 지칠 줄 모르고 의욕이 넘치는 생산적인 삶을 살았다. 그가 삶에서 많은 것을 성취하고 살았음은 자명하다. 서른 권이 넘는 책을 출판했으며 많은 발명도 해냈다. 그의 발명 중 가장 유명한 것은 아마 지오데식 돔(geodesic dome, 반구형 혹은 바닥이 잘린 건축물)일 것이다. 한 수면 연구가가 내게 풀러의 이름을 언급했을 때, 나는 단 번에 '버크민스터풀러렌(buckminsterfullerene)'이라는 이름의 60개의 원자들로 이뤄진 탄소 분자를 떠올렸다. 축구공 모양의 이 분자는 풀러의 지오데식 돔과 그 모양이 비슷하기 때문이다. 풀러는 이런 발명 외에도 영감을 주는 선구자적 사고관으로 유명하다. 그가 바로 '우주선 지구(Spaceship Earth)'라는 용어를 처음 만든 장본인이기도 하다. 우리는 모두 함께 지구라는 행성에서 살기에 에너지와 자원을 재생 가능한 방법으로 사용해야 한다는 뜻을 담은 용어이다.

여하튼 풀러는 수면에 있어서의 슈퍼휴먼이 아닐 수 없다. 게다가 아마 그처럼 인류에 공헌을 한 인물도 흔치는 않을 거다. 그런데 그가 어떻게 그런 수면법을 유지할 수 있었을까? 굳은 의지력으로 그런 수면 패턴을 스스로에게 강요한 걸까? 아니면 내면의 어떤 원동력이 에너지원이 되어 일에 매진하게 한 걸까? 명백히 수면이 부족한 상황에서도 말이다. 내면의 어떤 에너지가 그가 오래 잠자는 걸 막은 걸까?

물론 우리는 풀러보다 훨씬 더 소박한 목표를 갖고 사는 사람들이다. 그래도 사회에 더 공헌하고 싶고, 자기 자신에게도 그리고 가족 및 친구들에게도 더 잘하고 싶은 게 사실이잖은가. 그러려면 풀러처럼 지치지 않는 삶이 필요하다. 여유 시간이 더 필요하니까 말이다. 풀러의 예는 소위 '수면 해커(hackers)'들의 커뮤니티 탄생에 많은 영감을 주었다. 이들은 하루에 여덟 시간의 수면이라는 표준은 부자연스러운 것이며, 사람들에게 제약이 된다고 주장한다. 어쨌든 적어도 이들은 평범한 수면법은 자신들에게 맞지 않는다고 말한다.

물론 풀러는 영원한 수면으로 들어간 지 오래다. 하지만 현대의 다단계 수면법 선구자들은 그의 정신을 이어가고 있다. 그중 한 명이 보스턴에서 프로젝트 매니저로 일하는 마리 스테이버(Marie Staver)이다. 그녀는 자신이 '우버만(Uberman) 시스템'이라 칭한 수면법을 학생 때부터 활용했다고 한다. 그녀는 학생 시절 과제를 쓰고 교정하느라 늘 피로와 싸워야 했단다. 게다가 불면증에 시달리기도 했다. 그러던 중, 그녀는 풀러에게서 영감을 얻었다. 그러고는 일반적인 단상성 수면법은 자신과 맞지 않는다고 결정했다. '우버만'이 어쩐지 '위버만시(Übermensch. 니체 철학에서의 '초인')'처럼 들리지 않는가? 사실 스테이버와 그녀의 친구가 처음에 이 수면법을 위버만시라고 불렀다고 한다. 어쩌면 이 둘은 히틀러와 위버만시의 연관성을 떼놓고 싶었는지 모른다. 여하튼, 둘은 니체를 덜 연상시키는 '우버만'으로 최종 이름을 지었다. 우버만 시스템에서는 네 시간마다 이십 분씩 하루에 총 여섯 번을 잔다. 그렇게 해서 하루 24시의 주기 동안 총 두 시간의 잠을 자는 것이다. 그러면 하루에 22시간을 깨어 있는 슈퍼휴먼이 되는 거다. 스테이버에 따르면, 이 혁신적인 수면법에 처음 적응하는 과정은 끔찍했다. 감기와 두통, 불안과 우울 같은 증상도 동반됐다. 하지만 일단 이 수면법에 익숙해지면, 약 이 주쯤 후에 그 보람을 느낄 수 있다고 한다. 생산성이 훨씬 향상되고, 더 푹 쉰 듯한 느낌이 들기 때문이다. "이 수면법을 유지하려면 노력이 필요해요. 하지만 그 혜택을 생각하면, 단연 그 값을 하지요." 스테이버는 말한다. 이렇게 매 이십 분의 낮잠에서 깨려면 알람을 맞춰 놓아야 한다. 하지만 그녀는 정확히 19분이 되면 깨곤 했다고 한다.

물론 이제 그녀는 더 이상 초인이 아니다. 우버만 수면법은 육 개월 동안밖에 실행하지 못했으니까 말이다. 육 개월이 되자, 온갖 '사회적 문제'들이 방해하기 시작했단다. 하지만 그 후 지난 구 년간 그녀는 '에브리맨 3(Everyman 3)'라는 이름의 조금 다른 패턴의 다단계 수면법을 실행해왔다. 이 수면법에서는 밤 사이 세 시간을 자고, 낮 동안 세 번 20분간 낮잠을 잔다. 그렇게 하면 24시간 주기에 일반인들보다 약 네 시간을 더 깨어 있게 된다.

스테이버는 에브리맨 3이 우버만보다 쉽다고 말하기는 힘들다고 했다. 이건 마치 울트라러너에게 24시간 트랙 경주가 고산 지대의 100마일 경주보다 어려운지를 묻는 것과 비슷할지 모른다. "대부분의 사람들에게는 에브리맨 3이 일반적 스케줄에 더 잘 맞겠지요. 우버만보다 일상 수정 과정이 덜 껄끄러울 거고요." 그녀는 말한다. 그녀에 따르면, 에브리맨 3 수면법을 실행하면 9시 출근과 5시 퇴근의 삶을 살 수가 있다. 그런데 처음 시작할 때는 우버만보다 수면 부족이 덜하지만, 전체적으로 적응하기는 더 오래 걸린다는 것이다. "제게는 현재 에브리맨 3가 더 쉬워요. 이 수면법이 아니고는 다이맥시온 스케줄을 소화할 방법이 달리 없거든요. 하지만 새로운 수면법을 만들려고 노력 중이죠. 이게 완성되면, 바로 바꿀 거고요." 그녀가 말했다. "에브리맨 3가 단상성 수면법보다 더 좋아요. 하루에 네 시간을 버는 데다가 더 개운한 느낌이거든요."

하지만 나는 스테이버가 어쩐지 에브리맨 3를 꼼수로 여기고 있다고 느꼈다. "물론 온전한 다단계 수면법을 제일 좋아하지요." 그녀가 인정했다. "왜냐면 더 도전적이거든요. 멋진 성취가 대개 그렇듯이 말이죠."

이 책을 통해 많은 다른 이들을 만났을 때처럼, 스테이버의 경우에도 내 능력이 한참 뒤쳐져 있음을 실감했다. 나는 그저 평범한 단상성 수면을 할 뿐이니까 말이다. 사람들은 '날밤을 새는' 이들에 대해 말하곤 한다. 하지만 내가 밤을 제대로 새운 건 평생 단 한 번이었다. 당시 박사 논문을 쓰고 있었는데, 연구실에서 밤새 일해야 했던 것이다. 그리고 전날과 같은 옷을 입은 채, 학과의 일과인 커피 휴식 시간에 친구들을 만났었다. 그 뒤 나는 집으로 비틀거리며 돌아가 몇 시간이고 내리 자버렸다. 그러니, 다단계 수면법을 유지하려면 어떤 노력이 들지 상상이 가지 않았다. 하지만 스테이버는 자신은 단상성 수면법을 유지하는 게 훨씬 힘들다는 거였다.

스테이버는 차 안이나 남는 소파, 심지어 야외 같은 특이한 장소에서도 쉽게 잔다고 했다. 또한 새로운 스케줄에 적응 중에는 머리가 베개에 닿자마자 잠에 빠지는 느낌을 경험했단다. 하지만 일단 적응이 끝나면, 약 오 분 뒤에나 잠에 든다고 했다. 물론 오 분간의 수면 잠복기(sleep latency, 잠드는 데 걸리는 시간)는 평범하고 건강한 정도다. 하지만 20분간의 낮잠에서 오 분이란 상당히 큰 손실일 것이다. 스테이버는 정말로 이 수면법으로 충분히 각성된, 기민한 느낌을 얻을까? "푹 쉰 느낌으로 잠에서 깨지요. 그리고 다음 낮잠 시간까지는 전혀 피곤함을 느끼지 않아요. 정말로 더 자주 자야 할 필요성을 느끼지 않고요. 사실, 단상성 수면이었을 때보다 훨씬 그럴 필요성을 덜 느껴요." 그녀는 말한다. 그녀의 이런 주장을 개별적으로 평가하기란 어려운 일이었다. 사실 그녀를 직접 만나 대화한 게 아닌, 이메일을 주고받았을 뿐이니 말이다.

다단계 수면법을 하면 외롭지는 않을까?

"적응이 좀 필요하지요. 남들이 다 잘 때 오래 깨어 있어야 하니까요. 하지만 그 시간은 매우 생산성 넘치는 시간이에요. 게다가 사람들과의 접촉이 필요하면, 새벽 시간에도 얼마든지 사람들과 같이 할 일을 찾을 수 있고요." 스테이버는 말한다.

스테이버는 자신의 여유 시간을 '비대면 시간'이라 칭했다. 주로 이 시간을 그녀는 글을 쓰거나 태극권을 하는 데 쓴다고 했다. 태극권은 중국 도교의 명상법으로, 동일 이름의 권법의 기초가 되기도 한다. 태극권에는 '극강' 혹은 '궁극적인 위대함' 등의 뜻이 담겨 있으며, '무한한 가능성'의 상태를 일컫는다. 너무 연결성을 찾으려는 태도인지 모르지만, 왠지 니체 철학의 초인과 비슷한 느낌이 들었다.

스테이버는 다단계 수면의 상당히 열성적인 전도사다. 물론 이 수면법을 모두에게 권하지는 않는단다. 하지만 모두가 단상성 수면만 해야 한다고 보지는 않는다고 했다. 인터넷에는 다단계 수면의 극성팬들로 이뤄진 열정적인 거대 커뮤니티가 존재한다. 사실, 현실에서는 많은 이들이 만성적인 수면 부족을 경험한다. 미국에서 2004년부터 2007년까지 실시한 한 설문 조사에서는 66,000명의 민간인 근로자들 중 30퍼센트가 하룻밤에 6시간 이하의 잠을 잔다고 밝혔다. 고위 관리직인 이들의 경우는 그 수치가 40퍼센트에 달한다. 스테이버는 급증하는 업무 압박에 대한 해결책은 스마트폰을 침실로 들고 오지 않는 것 또한 사람들에게 방해 없는 적어도 일곱 시간의 수면의 중요성을 교육시키는 것이라고 생각하고 있다. 하지만 수면 시스템을 개혁하는 것도 선택지로 고려해보라고 조언한다. "오랫동안 수면 부족이거나 늘 수면 패턴이 일정하지 않는 건 무척 건강하지 않은 습관이에요. 사실 우리 모두가 이를 알지만, 사회 전체로 보면, 별로 바꾸려 노력하지 않지요. 아예 간섭을 하지 않죠. 사람들에게 양질의 휴식 같은 잠을 독려하지도 않아요. 하루에 여덟 시간 이상 무의식 상태로 지낸다는 게 현실적으로 불가능한 상황에서는 선택권도 없긴 하지만 말이죠." 스테이버가 말했다.

마치 대부분의 사람들에게 여덟 시간의 단상성 수면을 강요하는 게 폭정처럼 느껴진다고 스테이버는 말한다. 더 많은 수면을 필요로 하는 이들이 많은 실정에서, 우리는 서로에게 더 깨어 있으라고 더 생산성을 향상시키라고 다그치는 격이라고 말이다.

물론 수면 부족이 건강하지 않다는 그녀의 주장은 옳다. 확실히 우리에겐 좀 더 많은 수면 시간이 필요하니까. 하지만 다단계 수면에서 필자가 가장 염려되는 점이 바로 건강 문제였다. 결국은 다단계 수면법이 지속되면, 건강을 해치지는 않을까?

"적응 과정에서 무리가 갈 수 있긴 해요. 그리고 병자나 허약자에는 수면 스케줄을 조정하는 건 추천하지 않아요." 스테이버가 말했다. "하지만 일단 적응이 되고 나면, 제가 목격한 바로는 다단계 수면을 한다고 건강에 무리가 가는 건 전혀 아닌 듯하네요. 저도 버크민스터 풀러처럼 다단계 수면 중에 그리고 후에 정기적으로 의사에게 검진을 받는 데 완벽하게 건강하다는 결과를 얻거든요."

현재, 다단계 수면은 학술적으로 연구되는 주제다. 나사(NASA)에서는 우주 비행사들이 하루에 가까스로 여섯 시간 정도 잔다고 밝힌 바 있다.[2] 또, 낮잠이 작업 기억(working memory)을 향상시킨다는 과학 실험 결과들도 있다. 앞서 소개한 요트 선수 엘런 맥아더는 세계를 항해할 때 다단계 수면 패턴을 취한다고 말했었다. 맥아더는 다단계 수면법을 신경학자인 클라우디오 스탬피(Claudio Stampi)에게 조언받았었다. 스탬피는 매사추세츠 주 뉴턴(Newton) 지역에서 시간생물학 연구소(Chronobiology Research Institute)를 운영 중이다. 그녀는 홀로 항해하는 이들이 수면 없는 항해를 극복하는 걸 돕고 있다.

하지만 맥아더의 항해 때의 수면과 스테이버처럼 정확한 타이밍을 요하는 수면법에는 중요한 차이점이 하나 있다. 바로 맥아더는 틈이 생기는 대로 잤지만, 뭔가를 보려고 벌떡 일어나야 하는 경우가 많았다는 점이다. "수면에 영향을 미치는 가장 큰 요소는 몸 안에 흐르는 아드레날린의 양이에요." 맥아더는 내게 말했었다. 그녀는 신기록 도전 일지를 썼었는데, 혈관에 아드레날린이 꽉 차서 잠을 자기 힘들다는 내용이 많았다. 가슴은 윙윙대는데, 몸은 녹초가 되어 있다고 말이다. "세계 항해를 하다 보면, 아닌 경우도 있지만 대개는 늘 중간에 배가 전복될 위험에 노출돼요. 그래서 밧줄을 손에 잡고 자지요"라고 그녀가 말하지 않았던가. "그러니 잠을 잘 때 오 분, 구 분 이런 식이죠. 물론 때로는 이십 분을 자는 경우도 있고, 아주 드물게 한 시간을 자기도 해요."

맥아더를 만났을 때, 그녀는 세상을 혼자 항해하는 것에 대해 가장 어려운 점을 명백히 드러냈었다. "체력적으로 힘든 것 때문이 아니라, 수면 부족 때문에 힘들어요. 어떨 때는 전혀 잘 수가 없거든요. 그래서 굉장히 위험하기도 하고."

물론 우주 항해 임무 및 전투 비행 혹은 혼자서 세계를 항해하는 동안 여러 번 잠을 자는 것과 이런 다단계 수면법을 일상 생활화하는 것은 다른 문제다. 다단계 수면법을 장기적으로 실행하면 어떤 문제가 생길지 모르지 않는가. 수면의 역할에 대해 아직 충분히 알려지지 않았기 때문이다. 이쯤에서 수면에 대한 연구를 하는 과학자들을 만나보기로 하자.

'가이즈 병원 수면 장애 센터(Guy's Hospital Sleep Disorders Centre)'를 찾으려면 지나치기 쉬운 런던의 버러 마켓(Borough Market) 맞은편 골목으로 내려와야 한다. 혹자는 이 골목을 다이애건 앨리(Diagon Alley, 『해리포터』에 나오는 시장 이름)라 부르기도 한다. 나는 신경과 전문의이자 수면 분야의 수석 임상 전문가인 가이 레시자이너(Guy Leschziner)를 만났다. 때마침 예일 의과 대학의 전설적인 수면 과학자인 메이어 크리거(Meir Kryger)도 가이즈 병원에 머물고 있던 차라 함께 있었다. 크리거는 북미권에서 최초로 수면무호흡증(sleep apnea)를 진단한 의사로, 수면에 관한 수많은 논문들과 책을 출판했다. 게다가 가이즈 병원의 수면 전문 외과 의사인 에이드리언 윌리엄스(Adrian Williams)도 함께였다. 윌리엄스는 영국 수면 협회(British Sleep Foundation)의 창단 멤버이기도 했다. "수면의 기능이 뭔지를 알고 싶다면, 동물들에게 잠을 안 재우는 실험을 해보면 됩니다."

20세기 초에 러시아인들이 바로 그런 실험을 했었다. 그런데 개들은 수면 없이 삼 일 안에 죽고 말았다. 한편, 물을 못 마셨을 때는 팔일 또는 구일까지는 생존했다. "그러니, 수면이 물보다 중요한 거지요." 윌리엄스는 말했다. 그는 이 놀라운 말을, 마치 "비는 구름에서 떨어지지요"와 같은 무덤덤한 말투로 말했다.

윌리엄스는 이어서 내게 1980년대에 시카고 대학(University of Chicago)에 재직하던 미국 수면 연구계의 선구자인 앨런 렉크샤펜(Allan Rechtschaffen)이 한 대표적인 실험들에 대해 말해주었다.[3] 렉크샤펜은 쥐들을 잠을 전혀 자지 못하게 하면, 약 이 주만에 죽는다고 밝혔다. 또, 쥐들이 렘수면에 들지 못하게 하면 사 주 안에 죽는다고 했다. 점점 수면 부족에 시달린 쥐들은 태도마저 변했다. 예를 들어, 수컷 쥐들은 과잉성욕이 되었다. "수컷 쥐들은 돌멩이에도 올라타기 시작했죠." 여전히 무미건조하게 윌리엄스가 말했다.

나는 랜디 가드너(Randy Gardner)의 예를 떠올렸다. 가드너는 1964년 샌디에이고(San Diego)에 살던 십 대 소년이었다. 그는 즉흥적으로 최대한 오래 잠을 자지 않고 깨어 있기로 결심했다. 그 결과,

그는 놀랄 만큼 오랜 시간을 깨어 있었다. 자그마치 264시간으로, 11일이 조금 넘는 기간이었다. 가드너는 현재 그 어느 누구보다 오래 약의 도움 없이 의도적으로 잠을 자지 않은 기록의 보유자이다.

몇몇 목격자에 따르면, 가드너는 잠을 자지 않는 동안 꽤나 멀쩡했다. 물론 그가 단기 기억에 문제가 생기고 환각 증상을 나타내며 우울하고 편집증적인 면모를 보였다고 말하는 목격자들도 몇 있었다. 미 해군 소속 정신과 의사인 존 로스(John Ross)는 이 신기록 도전 기간에 가드너를 모니터링했다.[4] 다음은 도전 11일째 되던 날 로스가 쓴 보고서의 일부이다.

> "표정 없는 모습에, 말은 불분명하고 억양도 없었다. 무슨 반응이라도 이끌어내려면 말할 것을 독려해야 했다. 주의 지속 시간은 매우 짧았고, 정신적 능력도 감퇴했다. '순차적 7 테스트(serial sevens test)', 즉 참가자가 100에서부터 한 차례마다 7씩 빼서 진행하는 테스트에서 가드너는 65까지 진행하더니 멈췄다. 겨우 다섯 차례의 뺄셈만 성공한 것이다. 왜 멈췄냐고 질문을 받은 그는 자기가 뭘 해야 하는 건지 까먹었노라고 답했다."

물론 가드너는 이후 잠을 다시 보충하고 난 뒤는 아무렇지도 않았다. 장기적인 문제점도 드러나지 않았다고 한다.

우리는 모두 수면 부족일 때 기분이 우울해진다는 걸 안다. 엘런 맥아더의 지원팀은 그녀가 세계 기록 도전 항해 때, 이런 모습을 정기적으로 보인 걸 목격했다. 이런 현상은 우리 뇌의 전두엽 피질에서 의사 결정을 담당하는 부위와 신비롭고도 경이로운 편도체 간의 연결성이 끊어지기 시작하기 때문이다. 편도체는 우리의 두려움 및 감정을 관장하는 부위이다. 물론, 수면 부족인 쥐들이 우울감 때문에 죽은 건 아니지만 말이다.

"완전히 수면이 결핍된 쥐들은 아주 안 좋은 상태로 죽었어요. 체온이 떨어지고, 식욕은 증진되었지만 체중은 주는 상태로 말입니다. 또, 털도 빠지고 내장 파열도 일어났지요." 윌리엄스가 말했다.

이 말에 어떻게 답을 해야 하나 조금 당황스러웠다. 다행히 크리거가 나 대신 말을 이었다.

"끔찍한 죽음을 맞았어요. 신진대사의 문제로 인한 죽음이었죠. 불쌍한 쥐들은 정말 큰 스트레스를 겪었거든요."

이 실험의 경악스러운 부분을 걷어내고 한번 살펴보자. 이 실험에서 쥐들은 회전 바닥이 있는 새장에 갇혔다. 만약 잠이 들면 쥐들은 바닥에서 밑의 물로 곤두박질칠 것이었다. 이 실험의 흥미로운 점은 렘수면에 들지 못하게만 해도 쥐들은 죽는다는 것이다. 아예 잠을 못 자는 것보다는 느리게 죽겠지만. 그러면, 이 실험이 수면의 기능에 대해서 우리에게 시사하는 바는 뭘까?

일부 가설들에 따르면, 수면의 기능은 복잡한 운동 행동(motor behaviors)를 연습하는 것이라고 한다. 또, 수면이 기억들을 통합하고[5] 세포 기능을 회복하는 역할을 한다는 건 익히 알려진 바 있다.[6] 여하튼 그래서 아기들은 렘수면을 더 길게 잔다. 아직 움직임을 컨트롤하는 걸 배우는 중이기 때문이다.

"아기들은 하루에 열두 시간을 렘수면에 쓰지요." 크리거가 말했다. "하지만 아기들이 꿈을 꾸는지 혹시 꾼다면 무슨 꿈을 꾸는지 우리는 알지 못해요."

성인들에게서 렘수면 양은 개인차가 있다.

"항우울제를 복용하는 환자들을 종종 봐요. 항우울제는 렘수면을 극적으로 감소시키고, 어떤 경우에는 아예 파괴하거든요." 레시자이너가 말했다. "우리는 성인들의 삶에서 렘수면의 기능이 얼마나 중요한지는 잘 모릅니다. 아기들과 어린이들에게서는, 성인이 돼서는 덜 중요한 어떤 중요한 기능을 한다고 보지만요."

그 기능이란 아마 낮 동안에 경험한 감정들을 처리하는 것과 관련 있을지 모른다. 여하튼 수면에 관한 한 근본적인 미지의 사실들이 존재한다. 그리고 우리가 나이를 먹을수록 수면의 각 단계가 맡는 기능이 변하는지도 모를 일이다. "아마 인간이 마흔 살에 죽기로 되어 있다면, 마흔 살 이후로 렘수면은 아무런 기능을 하지 않을지도 모르는 일이죠. 진화론적인 관점에서 볼 때 말입니다." 레시자이너가 말했다.

이처럼 우리는 렘수면 기능에 대해 잘 모른다. 하지만 렘수면의 기능 중에 가장 유명한 것이 하나 있다.

다음 문장을 읽어보라. '스크램블드 에그, 내 자기, 얼마나 당신 다리를 사랑하는지(Scrambled eggs - oh my darling how I love your legs).' 금방 어떤 멜로디가 떠오르는가? 그렇다면 다음 문장은 어떤가. '어제까지, 내 모든 문제들은 멀게만 느껴졌네(Yesterday, all my troubles seemed so far away).'

역사상 가장 많이 리메이크된 이 노래는 폴 매카트니(Paul

McCartney)가 1964년 어느 호텔 방에서 잘 때 꿈에서 그 멜로디가 떠올라서 쓰여진 것이다. 잠에서 깨는 순간, 매카트니는 꿈에서 뭔가 있었다고 느꼈다. 그래서 머리에 떠오르는 대로 즉흥 가사를 만들어서, 이 멜로디를 잊지 않으려 했다. 당시 유명 음악 피디(pd)였던 조지 마틴(George Martin)이 매카트니의 데모 테이프를 처음 들었을 때, 노래의 제목은 다름 아닌 '스크램블드 에그'였다.

이번엔 다른 호텔방을 살펴보자. 그로부터 일 년 뒤 이번에는 가수 키스 리처드(Keith Richards)가 꿈에서 깬 뒤, 역사상 가장 유명한 기타 주법이 머리에 떠올랐다. 그는 즉시 기타를 들어 그의 유명 곡이 된 〈만족할 수 없어요 (I Can't Get No) Satisfaction〉라는 곡을 연주하고, 카세트 기계에 녹음했다. 그러고는 다시 잠에 들었다. 후일 리처드는 이 테이프를 잘 들으면, 코고는 소리가 난다고 말했다.

나는 매카트니와 리처드가 흔쾌히 자신들의 가장 불멸의 곡들이 꿈에서 연유했다고 한 게 마음에 든다. 마치 그 책임으로부터 회피하려는 듯이. 이러한 예들이 적어도 수십 건은 된다. 예를 들어 화학자인 드미트리 멘델레예프(Dmitri Mendeleev)는 원소 주기율표의 구조를 꿈속에서 보았다고 한다. 또, 약리학자 오토 뢰비(Otto Loewi)도 꿈에서 얻은 아이디어로 신경 전달 물질(neurotransmitter)에 대한 발견을 하고 뒤이어 노벨상을 수상했다.[7] 물론 꿈에서 〈예스터데이〉와 같은 큰 성과물을 얻으려면 이미 특별한 위치에 있어야 함은 자명할 거다. 우리 모두가 꿈을 통해 영감은 얻겠지만 말이다. 여하튼 필자는 꿈을 꾸는 능력을 수면 능력의 한 요소로 보고 있다. 따라서 꿈에 있어서의 슈퍼휴먼들을 이 장에서 살펴볼 필요가 있다. 어떤 이들은 정말로 남들보다 꿈을 잘 꾸니까. 꿈을 꾸는 능력은 긍정적이고 실제적인 결과를 가져다줄 수 있으니 말이다.

미카엘 슈레들(Michael Schredl)은 스물두 살 때부터 꿈에 대한 일기를 썼다. 그러다가 서른넷이 됐을 때 좀 색다른 걸 시도해보기로 했다. 바로 하루에 약 5~10번을 이런 질문을 스스로에게 던진 것이다. '내가 꿈을 꾸는 건가, 아니면 깨어 있는 건가?' 그는 주변을 훑으며 그가 현실 세계에 있다는 증거들을 체크하려 했다. 만약 현실과 괴리가 있는 것이 발견되면, 자신이 꿈속에 있음을 알 수 있을 것이었다.

이게 극단적인 편집증처럼 들릴 수도 있다. 혹은 크리스토퍼 놀란(Christopher Nolan) 감독의 영화 〈인셉션 Inception〉의 시작 부분처럼 들릴지도 모른다. 하지만 그건 아니었다. 슈레들은 자각몽(lucid dream)을 꿀 확률을 높이는 방법을 연습한 것이었다. 자각몽이란, '꿈인 줄 알고 꾸는 꿈'을 일컬으며, 그 꿈을 컨트롤할 수 있는 것이다. 아마 여러분들도 이런 경험이 있을 거다. 인구의 약 50퍼센트가 평생 적어도 한 번은 자각몽을 꾼다고 하니 말이다. 가끔 나도 이런 꿈을 꾼다. 그래서 꿈에서 무서운 일이 생기면 스스로를 진정시킬 수가 있다. 예를 들면 괴물에게 잡혀 먹힌다거나 칼에 찔린다거나 절벽에서 떨어지는 등의 상황에서 말이다. '죽기야 하겠어'라고 스스로에게 말하는 거다. 이게 꿈인지를 아니까. 좀 더 유쾌한 자각몽에서는 내가 날아다니거나 공중부양을 하기도 했다. 물론 자각이 덜 되면 중력이 나를 끌어내리는 느낌이 들었지만.

심지어 인구의 약 오 분의 일은 한 달에 한 번 혹은 그 이상 자각몽을 꾼다고 한다. "자각몽의 빈도는 사람들마다 개인차가 심해요. 그리고 꿈의 내용에 영향을 미치는 능력 또한 마찬가지입니다. 그러니 천성적으로 자각몽을 잘 꾸는 사람들이 존재하지요"라고 슈레들은 말한다. 그는 결국 독일 하이델베르그 대학(Hidelberg University)의 정신 건강 중앙연구소(Central Institute of Mental Health)의 수면 연구실 소속 교수가 되었다. 그럼 여기서 자각몽 능력을 타고 난 한 사람을 만나보자.

미셸 카(Michelle Carr)가 처음 자각몽을 꾼 건, 그녀가 열아홉 살 대학생 때였다. 그녀는 뉴욕의 로체스터 대학(Rochester University)에서 심리학을 공부하고 있었다. "저는 수면 부족에 시달려서 이른 오전 수업 후에 자주 낮잠을 자곤 했어요." 미셸이 말했다. "하루는 그렇게 오전에 낮잠을 잤는데 잠에서 깼다고 착각을 했지요. 침대에 앉아 있었는데 갑자기 내 몸이 아직도 침대에 누워 잠을 자고 있음을 깨달은 거예요. 그리고 실제로도 전 꿈을 꾸고 있던 거지요. 잠에서 깨기 전에는 침대 위를 잠시 둥둥 떠다녔고요."

그게 미셸의 첫 자각몽이었다. 그 후, 그녀는 자각몽에 대한 글을 읽고, 자각몽을 유도하는 기술을 연마하기 시작했다. 오전 낮잠이 자각몽을 꾸는 데 좋은 시간이라는 것도 깨달았다. "가끔은 낮잠에서 잠깐 깨어나 의식적으로 다시 자각몽에 빠지기도 했지요." 그녀가 말했다.

이를 '각성으로 유도된(wake-induced) 자각몽 기법'이라 한다. 이는 '선잠'이라 부르는, 각성과 수면의 중간 단계를 잡아두는 기법이다. 그래서 깨었을 때의 의식을 꿈을 꾸는 상태로 어느 정도 가져가는 것이다. "제가 이 기법에 성공할 수 있던 이유는, 오전에 낮잠을 자면서 렘수면과 얕은 수면을 더 많이 잤기 때문일 거예요. 밤에 잠을 잘 때보다 말이죠." 미셸은 말한다.

그녀는 요즘은 일주일에 한 번 정도 자각몽을 꾼다고 한다. 그런 식으로 벌써 몇 년을 보냈다. 그녀는 자각몽을 재미를 위해서 일부러 꾸기도 한다(하늘을 나는 게 가장 좋다고 한다). 또, 필요에 의해서 악몽을 제어하는 데도 자각몽을 활용한다. "예를 들어 계속 출몰하는 괴물에 맞설 때요. 그 괴물은 결국 최근에 제가 현실에서 싸운 친구로 변하더군요." 미셸이 말했다. 어느 날 꿈에 그녀는 괴물에게서 벗어나려 고군분투하다가 자신이 지금 악몽을 꾼다는 걸 깨달았다. 더구나 전에 꾼 적이 있는 악몽이라는 것도 말이다. 그래서 그녀는 꿈을 컨트롤하기로 마음먹고는 뒤돌아 괴물에게 맞섰다고 한다. 또, 그녀는 자각몽을 마치 우리가 여유 시간을 보내는 것처럼 활용하기도 한단다. 예를 들어 명상을 하거나 프랑스어를 연습하는 것이다(실제 상황에서 느낄 사회적 불안감 없이). 나아가 무의식을 탐험하기도 한다. 자신의 무의식이 어떤 창조성을 지녔는지를 살펴보기 위해서 말이다.

미셸의 자각몽은 그녀의 커리어 선택에도 큰 영향을 미쳤다. 그녀는 학사 학위를 마치고, 몬트리올 대학교(University of Montreal)의 '꿈과 악몽 연구소(Dream and Nightmare Laboratory)'에서 박사 학위를 취득했다. 그녀는 현재 영국의 스완지 대학 수면 연구소(Swansea University Sleep Laboratory)에서 꿈과 감정적 기억에 대한 연구를 하고 있다. 수년간 자각몽을 연습했고 낮 시간에도 자각몽에 대해 많이 생각하기 때문에 미셸은 주기적으로 자각몽을 경험한다. 그녀는 자각몽 상태를 10~15분간 유지할 수 있다고 한다. 그리고 그 시간 동안 자신을 컨트롤할 수 있는 것이다.

네덜란드 라드바우드 대학(Radboud University)의 마틴 드레슬러(Martin Dresler)와 동료들은 뮌헨 소재 막스 플랑크 정신의학연구소(Max Planck Institute of Psychiatry)에서 마치 관과 같은 fMRI 기계 안에 갇혀 자각몽을 꾸는 사람의 뇌를 스캔하는 데 성공했다. 드레슬러는 자각몽이 렘수면 기간에 일어나며 주로 그 단계의 수면에서는 차단되는 뇌 부위에서 활동이 일어남을 알아냈다. 물론 이는 드레슬러도 인정했듯, 이 한 예에 해당하는 데이터이지만 말이다. 여하튼 연구원들은 이 때문에 자각몽을 꾸는 이들이 수면 동안 컨트롤 및 기억과 같은 인지 능력에 접근 가능하다고 설명한다. 일반적인 꿈을 꾸는 상태에서는 불가능한 일이지만 말이다. 자각몽과 자각몽이 아닌 렘수면 간의 차이는 뇌의 설전부(precuneus)에서 나타난다. 이 부위는 자기 지시적인 처리 과정, 주체성 및 일인칭 시점 등의 고등 인지 기능을 담당한다.[8]

이러한 설명은 미셸의 자각몽 경험과도 부합하는 것이다. 그녀는 자각몽을 꿀 때 자의식을 갖고 자신의 움직임을 컨트롤할 수 있다고 했으니까 말이다. 그렇다고 꿈속의 장면에 대한 완전한 컨트롤을 할 수 있는 건 아니란다. "꿈속에서 여전히 저항에 부딪히지요. 예를 들어, 내 주위 환경을 내 마음대로 바꿀 수는 없어요. 그 사이를 마음대로 다닐 수는 있지만." 미셸이 말했다.

필자는 가끔 죽은 친척들을 꿈에서 본다. 이런 꿈에서 나는 그 친척들이 현실에선 죽었다는 사실을 안다. 특히 그들이 죽었을 때의 실제 나이보다 더 젊어 보이기 때문이다. 하지만 내가 대화를 주도하지는 않는다. 그저 만남이 저절로 진행될 뿐이다. 이러한 점이 자각몽의 흔한 특징이기도 하다. 자각몽은 항상 정교한 줄거리가 만들어지는 게 아니라, 그저 내용이 눈앞에 펼쳐질 뿐인 것이다. 이때 꿈을 꾸는 사람은 수동적이지만 자각하는 관찰자가 된다. 물론 내가 꿈에서 죽은 이들을 자주 보는 건 아니다. 하지만 죽은 이들을 만날 때면, 꿈속의 대화를 내가 원하는 방향으로 이끌고 가진 못한다(만약 그럴 수 있다면, "할머니, 다이아몬드를 대체 어디에 숨기셨어요?"라고 물어볼지도 모른다). 꿈속의 만남과 대화는 두서없고, 등장인물이 이미 죽은 사람이라는 걸 빼고는 고루한 내용이다. 물론 잠에서 깨어나면, 지금은 돌아가신 좋아하던 친척들과 시간을 보냈다는 데 애정 어린 기쁨을 느끼지만 말이다. 모든 게 다 상상 속의 내용일지라도 말이다. 앞서 2장에서도 언급했듯이, 꿈을 특별하게 만드는 건 어떤 감정을 느꼈는지에 달렸다. 자각몽은 대개 즐거우며, 이로운 꿈이다. 예를 들어, 빈 의과 대학(Medical University of Vienna) 소속 에벌린 돌(Evelyn Doll)은 정기적으로 자각몽을 꾸는 이들이 일반인들보다 더 좋은 정신 건강을 유지한다고 밝힌 바 있다.[9]

자각몽에 출현하는 인물들이 주체성을 지니는 것은 상당히 유익한 일이다. 왜냐하면 뇌의 어떤 부위가 의식(consciousness)에 중요한 역할을 하는지를 알려주기 때문이다. 미셸의 경우에도, 꿈속에서 만난 인물들을 컨트롤할 수는 없었다고 한다. "누군가에게 다가가서 어떤 정보에 대해 물어도, 저를 무시하거나 헛소리를 늘어놓는 반응이 나왔어요. 가끔은 문을 열 수 없을 때도 있었고 특정 인물에게 다가가기도 힘들기도 하고요. 그래서 아직은 기법에 많은 연습이 필요하다고 생각해요." 그녀가 말했다.

한편, 미카엘 슈레들의 연구는 자각몽 연습을 통해 이룰 수 있는 성취를 설명한다. 그와 같은 연구원들에게는 자각몽을 연구하는 데 큰 이점이 있다. 바로 무의식 세계에 존재하는 인물들과 대화를 나눌 수 있다는 점이다. 물론 꿈을 꾸는 대상자들은 잠이 들어 있고, 대개는 렘수면 중이다. 하지만 이들은 자각몽을 꾸기 시작하면 연구원들에게 눈으로 시그널을 보낼 수 있다. 독일 오스나브뤼크 대학교(Osnabrück University)의 크리스토퍼 아펠(Kristoffer Appel)은 자각몽을 꾸는 이들에게 모스 부호를 가르쳐서, 이 현상을 적극 활용해왔다. 그래서 그들이 꿈의 세계로부터 메시지를 전달하도록 한 것이다. 예를 들어, 왼쪽으로 눈을 움직이면 선(dash) 기호를 뜻하고, 오른쪽으로 눈을 움직이면 점(dot) 기호를 뜻했다. 아펠은 자각몽을 꾸는 이들에게 산수 문제를 모스 부호의 교신으로 보내 풀도록 했다. 이 교신을 자각몽에 통합시키도록 말이다.[10] 그러면 자각몽을 꾸는 이들은 답을 계산하고, 이를 모스 부호를 활용해 다시 시그널로 보내는 것이다.

이제, 슈레들은 한 단계 더 나아가 자각몽을 연습의 장으로 활용하기로 했다. 즉, 어떤 기술을 연마하기 위해, 꿈꾸는 동안 이를 의도적으로 연습하는 것이다. 정말 놀라운 제안이 아닌가. 그는 840명의 운동선수들을 대상으로 한 연구를 했다. 이들 중 평생 한 번이라도 자각몽을 꿔본 경우는 57퍼센트에 달했다. 또, 적어도 한

달에 한 번 자각몽을 꾸는 이들도 24퍼센트나 됐다.[11] 그런데 이들 중 9퍼센트는 자각몽을 통해 스포츠를 연습했고, 그 결과 운동 실력이 향상했다고 답했다. 물론 840명은 적은 표본이고, 그 내용도 일화적일 뿐이었다. 그래서 슈레들의 연구팀은 이들 자각몽을 꾸는 운동선수들을 수면 연구실로 불러서, 꿈에서 다트(dart) 연습을 하도록 했다. 다트라니, 마치 신경과학자들이 쓴 마틴 에이미스(Martin Amis, 영국의 스릴러 소설 작가)의 소설에 들어온 기분이지 않은가.

이 연구에서 슈레들의 연구팀은 참가자들 한 집단에게 우선 다트를 연습하게 한 다음, 연구실에서 잠이 들게 했다. 참가자들은 자각몽을 꾸면서 세 번 연속으로 왼쪽에서 오른쪽으로 눈을 움직여, 꿈에 대한 컨트롤이 시작됐다는 신호를 보냈다. 이제, 참가자들은 우선 연습에 필요한 다트판과 다트를 '집합(assemble)'시켜야 했다. 즉, 꿈에 존재하도록 만드는 것이다. 이때 사용된 다트판은 한가운데에 빨간색 표적이 있는 것이었다. 그리고 이를 중심으로 총 아홉 개의 흑색 및 백색의 동심원이 둘러싸고 있는 모양이었다. 곧, 참가자들은 다트를 연습하기 시작했다. 그리고 다트를 다섯 번 던질 때마다 한 번씩 현실 세계로 시그널을 보내도록 했다.

다트를 총 30번 던지고 나자, 참가자들을 기상을 시도했다. 그러고는 연구원들에게 꿈에 대한 상세한 보고를 했다. 다음 날 아침, 전날 자각몽을 꾼 이들과 꿈에서 다트 연습을 하지 않은 통제 집단은 다시 현실의 다트로 연습을 했다. 그리고 이들의 실력이 점수로 매겨졌다.

어떤 연습도 주위가 산만하면 그 질과 효율성이 떨어지기 마련이다. 자각몽 속에서의 다트 연습도 마찬가지였다. 어떤 이들은 아무런 방해 없이 다트 연습이 가능했지만, 어떤 이들은 장애물에 맞서야 했다. 예를 들어, 꿈속의 귀찮은 등장인물이 방해를 한다거나("그 인형이 계속 제게 다트를 던지더라고요") 꿈속 환경의 물건들이 갑자기 변한다거나("갑자기 제가 다트가 아닌 연필을 던지고 있지 뭐예요") 하는 식으로 말이다. 또 자각몽을 붙잡는 참가자의 의식이 멀어지기도 했다("꿈이 불안정해지기 시작하더군요. 그래서 눈 시그널을 또 내보냈죠. 그러고는 다트를 서너 번 더 던진 뒤 잠에서 깨어났어요"). 이에 연구원들은 참가자들의 꿈 보고서에 나타난 방해물에 대한 설명을 시도했다.

여하튼, 이러한 까다로운 조건에서 적절한 크기의 표본 확보가 어렵다는 게 상상이 되지 않는가. 슈레들도 이 연구는 예비 연구(pilot study)에 불과하다고 강조했을 정도였다. 이런 주의점을 감안할 때, 연구원들은 만약 참가자들이 꿈에서 방해를 받지 않았다면, 꿈속의 연습 이후 현실에서 다트 점수가 상승했다고 밝혔다. 이 독일 운동선수들이 24퍼센트나 정기적으로 자각몽을 꾼다는 걸 생각하면, 슈레들은 꿈속에서의 연습도 일반적인 운동 훈련의 일부가 될지도 모른다고 주장했다.

또, 슈레들은 아마추어 운동선수들도 자각몽을 꾸는 동안 실력이 상승했다는 보고를 한 바 있다고 내게 언급했다. 다이빙대를 사용하는 한 다이빙 선수는 자각몽을 통해 트위스트 동작과 공중제비를 연습한다고 한다. 심지어 그녀는 꿈에서 시간이 늦게 흐르도록 해서, 동작이 좀 더 천천히 펼쳐지도록 할 수 있다고 했다. 그래서 동작의 각 포인트마다 움직임도 더 잘 이해하게 된다는 것이었다. 또. 한 스노우보드 선수는 아직 현실에서 그가 성공하지 못한 기술을 자각몽에서 연습한다고 한다. 그에 따르면, 그렇게 연습한 게 실력 향상에 도움이 됐다는 거였다.

이런 사례들을 들으니, '한계 이익(marginal gains)의 훈련 철학'이 연상됐다. 이는 지난 십여 년간 영국 사이클링(cycling)계에서 큰 성공을 거둔 훈련 철학이다. 이는 즉, 더 큰 성공을 위해서는 가능한 모든 요소를 다 향상시켜야 한다는 사고방식이다. 예를 들어, 운동팀의 트럭 바닥을 하얀색으로 칠해서, 자전거 기능을 손상시킬지 모르는 어떤 먼지도 잡아내기 쉽게 만드는 식이다. 혹은 수면에 최적의 베개를 발굴해서 선수들의 호텔로 가져온다던가 하는 거다.

이런 식의 작은 조절들은 아주 작은, 눈에 잘 보이지 않는 향상을 불러온다. 이런 조절들이 늘어날수록, 한계 이익은 증가하는 것이다. 스포츠 심리학자들은 이미 밤에 자는 단잠의 중요성을 크게 강조해왔다. 그렇다면 꿈속의 훈련도 그 중요성에 포함될 수 있을까?

슈레들은 사이클링에서는 자각몽 속 훈련이 큰 도움은 못 될 거라 답했다. 사이클링에서는 체력 훈련이 핵심이기 때문이다. "하지만 좀 더 예술적인 스포츠, 예를 들어 플랫폼다이빙(platform diving)이나 프리스타일 스키 등에서는 충분히 도움이 될 법하지요." 그가 말했다. 이는 깨어 있을 때 정신 훈련 및 리허설 등을 하는 게 도움이 되는 것과도 비슷하다. 앞서 포뮬러1 선수들이 트랙과 경주라인 등을 익혀두던 것을 떠올려보라. 한편, 수면 동안 직접적인 정보의 전송은 쥐를 대상으로 한 실험에서는 성공했다. 하지만 이는 수술을 통한 전극의 이식이 있었기에 가능했을 뿐이다. 게다가 꿈 속에서의 훈련은 자각몽 상태에 빠질 수 있어야만 가능하다. 물론 이를 배우는 건 가능할지 모른다. 엘리트 선수들의 수준에서는 아주 작은 향상이라도 추구할 가치가 있는 법 아닌가.

르브론 제임스(LeBron James)는 역사상 가장 위대한 농구 선수 중 한 명이다. 그는 올림픽 금메달을 두 개나 땄다. 또, NBA 챔피언 십을 세 번이나 거머쥐었고, MVP에는 네 번이나 올랐다. 르브론의 이런 놀라운 운동 실력과 성공에는 여러 이유가 있을 것이다. 하지 만 그중 하나가 내 눈에 띄었다. 바로 그는 하룻밤에 11시간 또는 12시간을 잔다는 점이다.[12]

캘리포니아 대학 샌프란시스코 캠퍼스의 인간 수행 센터(앞서 울트라러너 딘 카르나제스가 테스트를 받은 곳) 소속 셰리 마(Cheri Mah)는 더 긴 수면이 대학 농구 선수들에 미치는 영향에 대해 연구했다. 마 와 동료들은 스탠포드 대학 농구팀에서 11명의 남성을 모집했다. 이 들의 평균연령은 19세였다. 마는 이들에게 수면 시간을 연장하도록 훈련시켰다. 그 결과, 모든 참가자들이 평균 약 두 시간 정도 더 긴 잠을 자는 데 성공했다. 그러자, 이들의 스프린트(sprint, 전력 질주) 속 도, 슛의 정확성, 프리드로우(free throw) 성공률의 퍼센트가 모두 향 상됐다. 마의 연구팀은 수면 시간을 확장하는 것이, 운동 수행 능 력, 반응 속도와 스프린트 속도 향상에 도움이 된다는 결론을 내렸 다. 뿐만 아니라 기분과 활력도 개선되었다. 이에, 마는 최적의 수행 능력은 꼭 수면 상태가 최적일 때만 나타날 수 있다고 주장했다.[13]

세상에 르브론 제임스는 단 한 명이지만 수면을 늘리는 건 누구나 할 수 있는 일이다. 단지 밤늦게 알코올이나 카페인을 너무 많이 마시지 말고(가능하면 아예 안 마시는 게 좋지만), 너무 늦게 저녁을 먹어서도 안 된다. 그렇게 하면 신진대사율이 높게 유지돼서 잠자는 데 방해가 되기 때문이다. 그리고 침실을 선선하고 어두우며 조용하게 유지해야 한다. 또, 방해를 받지 않도록 해두어야 하며, 잠들기 전 너무 책을 많이 읽거나 전자 기기의 과도한 사용도 삼가야 한다. 가능한 이메일 체크도 미루길 바란다. 적어도 잠들기 한 시간 전부터는 릴랙스해야 한다. 조명을 어둡게 하고, 가볍게 소설을 읽는 것도 좋다. 잠을 쫓아버려려야 할 대상이 아닌, 휴식의 좋은 친구로 받아들여야 한다.

물론, 잠에 대항하는 사람들은 항상 존재할 것이다. 업무의 압박 때문에 하루에 여섯 시간 이하로 자는 사람들도 있고, 아예 수면이 필요치 않다고 주장하는 이들도 있을 거다. 이쯤에서 이 장에서 피해갈 수 없는 두 인물, 마가렛 대처(Magaret Thatcher)와 도널드 트럼프(Donald Trump)를 언급해야겠다. 이 두 정치인들은 적은 수면으로 버티는 능력을 말할 때 자주 인용되곤 한다. "도널드 트럼프는 하룻밤에 네 시간만 잔다고 항상 자랑하죠. 제 의견으로는 사실 티가 나요. 왜냐면 수면 부족의 징후들을 보이거든요." 메이어 크리거가 내게 말했다.

수면 부족의 징후들은 우울감, 주의력 결핍, 혼란과 의사 결정의 어려움 등이다. 트럼프의 경우, 'covfefe'[14]라는 알 수 없는 단어를 트위터에 흘렸던 게 내 머리에 떠올랐다. 장기적인 수면 부족이 쌓이면 뇌졸중과 당뇨병의 위험이 증가하고, 심지어 우울증과 체중 증가가 초래되기도 한다. 전미 수면 협회(US National Sleep Foundation)가 가장 최근 업데이트한 권장 수면 시간은 성인의 경우 하룻밤에 7~8시간이다.[15] 한편, 펜실베이니아 주 허시(Hershey) 소재 펜실베이니아 주립대학 의과대학교의 수면 연구 및 치료 센터에서는 '쇼트 슬립(short sleep, 짧은 수면 시간)'의 부작용에 대해 조언했다.[16] 만약에 심장병의 위험성을 안고 있는 상태라면, 짧은 수면이 위험성을 더 높일 수 있다는 것이었다. 수면 연구 및 치료 센터 소속 의사인 홀리오 페르난데즈-멘도자(Julio Fernandez-Mendoza)는 자신이 짧은 수면을 하는지도 모르는 사람들도 있다고 말했다. 이들은 대개 실제 자는 양보다 더 잔다고 착각한다는 것이다. "다시 말해, 이들은 하루에 여덟 시간을 침대에서 보내고 일곱 시간 반은 잤다고 생각하지만, 실제로는 고작 여섯 시간을 자는 식이죠." 그가 말했다. 이런 이들은 사실 부작용에 시달리지는 않는다. 고혈압이나 당뇨, 우울감 같은 부작용 말이다. 하지만 '처리 속도(processing speed)'가 감소하는 경험을 한다. 처리 속도란 인지 기능의 일부로, 얼마나 대상을 빠르게 이해하고 반응해서 정신적 과제를 완료하는지를 결정하는 것이다.

그러니, 하룻밤에 고작 네 시간의 수면만 필요하다는 이들은 허세일 가능성이 많다. 일부 사업가 및 정치인들은 그렇게 말해야 한다고 생각할 뿐이다(특히 사업가와 정치인들이 그런 경향이 짙다). "어떤 이들은 적은 수면으로 버티고 이게 굉장히 남성적이라고 뽐내요. 하지만 사실 업무 수행은 그다지 잘하지 못해요. 그저 수면이 시간 낭비라고 생각할 뿐이지요. 잠을 자느니 깨어서 돈을 벌거나 생산성 있는 일을 하겠다 이거죠." 크리거가 말했다. 한편, 우리 대부분이 수면 부족 시 느끼는 일종의 정신적 숙취(hangover)를 겪지 않는 이들도 실제로 있기는 하다. 사업가인 마사 스튜어트(Martha Stewart)가 그런 한 사람이다.[17] 그녀는 낮에는 시간이 부족하다고 불만을 토로하면서 자신은 하룻밤에 네 시간만 자면 된다고 말했었다.

"이런 주장이 실제로 옳을 때도 있어요." 크리거가 말했다. 짧은 수면을 하는 어떤 이들은 이에 수반되는 부작용들을 실제로 피해간다는 것이다. 그러면 이들에 대해 한번 살펴보기로 하자.

유타 대학교(University of Utah) 내 수면-각성 센터(Sleep-Wake Center)에서는 세계 대부분의 수면 연구소들과 마찬가지로 수면에 어려움을 겪는 이들을 대한다. 이곳에서는 수면 무호흡증, 낮 시간 동안의 나른함, 하지불안 증후군(restless leg syndrome, 발에 불쾌한 느낌이 들어 잠들기 힘든 증상) 그리고 불면증을 겪는 환자들에 대한 현장 연구가 활발히 이뤄진다. 그런데 이천 년대 초반에 이곳의 센터장인 크리스토퍼 존스(Christopher Jones)는 수면 스펙트럼에서 왜 어떤 이들은 이른 아침에 일어나는 '아침형 인간'이고, 어떤 이들은 '올빼미족'인지에 대해 의문점을 가졌다. 그는 이 문제를 이해하면, 수면 장애를 겪는 환자들에게 더 나은 치료법을 내려줄 수 있을 것임을 깨달았다. 그래서 그는 연구를 위한 자원자들을 모집했다. 그는 습관적으로 이른 새벽에 일어나는 이들에 관심을 가졌고, 결국 68세의 노년 여성과 연락이 닿았다. 이 여성은 존스에게 자신은 오직 여섯 시간의 수면이 필요할 뿐이라고 말했다. 기억이 닿는 한, 자신은 늘 그런 식으로 살았다는 거였다. 그리고 아무런 문제가 없었다고 말이다. 게다가 자신의 딸도 자신과 같은 습관을 지녔다고 했다.

그녀의 말을 들은 존스는 큰 흥미를 느꼈다. 특히 그녀의 딸도 비슷하다는 말은 그들의 수면 패턴에 어떤 유전적 영향이 있을지도 모름을 시사했기 때문이다. 1990년대 초, 스위스의 프리부르 대학교(University of Fribourg) 소속 우르스 알브레흐트(Urs Albrecht)와 동료들은 Per2라는 유전자를 발견했다. 이는 쥐의 체내에서 생체 시계(circadian clock)을 관장하는 유전자였다. 전진수면위상 증후군(advanced sleep phase syndrome)을 지닌 가족들도 일종의 Per2 유전자를 공유하고는 한다. 전진수면위상 증후군이란, 동일하게 여덟 시간을 자더라도 그 취침 시간이 일반인들보다 훨씬 이른 것을 말한다. 즉, 이런 경우는 극단적인 아침형 인간인 것이다. 예를 들어 저녁 여섯 시나 일곱 시에 침대에 들고, 새벽 서너 시에 기상하는 식이다. Per2 유전자는 2번 염색체상에 존재하며 생체 시계에 영향을 미친다. 이 유전자의 변이들은 특정 암들과 연결성을 갖기도 한다.[18] 아무튼 Per2 유전자가 발견된 이후부터, 존스는 일반적인 수면 패턴을 크게 벗어나는 가족들을 만나게 되길 바라고 있었다. 그런데 문제의 이 모녀가 바로 그런 유전자를 지니고 있을 가능성이 있었다.

"태생적으로 '쇼트 슬립'을 자는 이들은 본 적이 없었죠. 처음엔 그저 이 모녀가 심한 아침형 인간이라고만 생각했어요." 존스가 말했다. 그럼에도 존스는 모녀에게 수면 일지를 쓰게 하고 손목에는 '액티그래프(actigraph, 시계같이 생긴 모니터링 기계)'를 차게 했다. 이 액티그래프는 두 사람이 어떤 활동을 하는지, 행동량은 어느 정도

인지를 기록하는 기계였다. 그 결과, 모녀는 밤에 늦게 잠이 들고(밤 열 시경), 매우 이른 시간(새벽 네 시경)에 깨는 것으로 나타났다. 하지만 이는 '극단적인 아침형 인간'의 수면 패턴은 아니었다.

존스는 모녀의 DNA 샘플을 수집해 캘리포니아 대학교 샌프란시스코 캠퍼스에 재직 중인 동료 푸잉후(Fu Ying-Hui)에게 보냈다. 푸잉후는 미엘린(myelin) 생물학 분야의 전문가였다. 미엘린이란 신경 세포를 둘러싼 일종의 지방 절연제이다. 또, 그녀는 수면 행동의 전문가이기도 했다. 그녀는 유전학과 수면 세계의 극단적 아침형 인간에 대해서도 특별한 관심을 갖고 있었다.

이윽고 푸잉후가 모녀의 염기 서열을 살펴보니, 12번 염색체상에 DEC2 유전자의 변이가 존재함이 발견됐다. 그녀는 이 변이가 바로 이들을 그렇게나 일찍 기상하게 하는 원인이라 추측했다. 그리하여 그녀는 쥐와 파리가 이 변이를 지니도록 유전자 이식을 했다. 그 결과, 쥐는 한 시간을, 파리는 두 시간을 평균보다 덜 자게 되었다. 푸잉후는 이러한 발견을 2009년에 『사이언스 Science』에 실었다.[19] 그녀는 만약 DEC2 유전자를 알약으로 섭취할 수 있다면, 더 많은 낮 시간을 누리게 될 것이라고 말하기도 했다.

루이 타체크(Louis Ptacek)은 캘리포니아 대학교 샌프란시스코 캠퍼스에서 푸잉후와 함께 일하는 신경유전학자(neurogeneticist)이다. 그는 DEC2 '쇼트슬립 변이'를 지닌 이들에게 가장 핵심적인 문제는 이들이 '여섯 시간만 자도 충분한 휴식을 얻을 수 있는가'라고 말한다.

"안타깝게도, 우리는 수면에 대해 아는 게 아직 너무 적어요.

그래서 그 답은 얻을 수 없지요"라고 그는 말했다. 그에 따르면 중요 사안은 이들이 잠을 '덜' 필요로 하는지의 문제라고 했다. 다시 말해, 수면 동안 제거되어야 할 특정 물질이 있다면, 이들이 깨어 있는 동안 그 물질을 덜 축적하는지의 문제인 것이다. "이들이 일정 시간 깨 있을 때 몸에 쌓이는 '부담'이 일반인과 같은지, 즉 이들이 더 '효율적인 수면'을 하는지가 의문이지요." 타체크는 말했다.

물론 그에 대한 대답을 우리는 아직 모른다.

위 모녀의 경우를 접한 뒤로, 연구원들은 쇼트 슬립을 하는 더 많은 가족들을 만나 유전적 정보를 수집했다. 게다가 타체크에 의하면 연구원들은 새로운 인간 수면 관련 유전자 및 변이를 한두 개 어쩌면 세 개까지 발견했다는 것이다. 연구원들은 이제 쇼트 슬립을 취하는 능력을 지닌 이들에게 집중하고 있다. 다음과 같은 질문에 해답을 얻을 수 있을까 해서이다. "수면의 모든 요소는 유전적일까 아니면 모두 환경의 영향을 받는 것일까?"

여하튼, 이처럼 쇼트 슬리퍼(short sleeper)들은 실제로 존재한다. 태생적으로 잠을 적게 자는 사람들 말이다. 일이 바쁘거나 간호해야 할 친척이 있어서 억지로 수면을 줄이는 게 아닌 것이다. 그러면 쇼트 슬리퍼들의 성격적 특성은 어떨까?

이에 대해 알아보기 위해, 펜실베이니아 주의 피츠버그 대학 의료 센터(University of Pittsburgh Medical Center) 소속 티모시 몽크 (Timothy Monk)와 동료들은 쇼트 슬리퍼들을 모집하기로 했다. 태생적으로 쇼트 슬립을 취하는 이들만을 수용하기로 각별한 주의를 기울이면서 말이다. 그렇게 해서 선발된 아홉 명의 남성과 세 명의 여성들은 하룻밤에 평균 5.3시간을 잤다. 이들과의 비교를 위해 모집한 통제 집단은 동일 연령과 성별로, 평균 7.1시간을 자는 이들이었다.

이제, 모든 참가자들에게 '삶에 대한 태도'에 관한 설문 조사를 실시했다. 만약 여러분도 주변에 쇼트 슬리퍼를 안다면 혹은 여러분 자신이 쇼트 슬리퍼라면 연상되는 성격적 특성을 떠올려보기 바란다. 몽크의 결과에 따르면, 쇼트 슬리퍼들이 일반인들보다 더 에너지가 넘치고 공격적이었다. 비록 참가자들의 표본은 작지만 말이다. 또한 쇼트 슬리퍼들은 덜 불안하고, 더 야망이 있었다. 이런 성격적 특성들은 사실 우리가 들어봄직한 쇼트 슬리퍼들의 성격적 스테레오타입과 일치하는 것이다. 하지만 이전 연구들과는 달리, 몽크 연구팀은 쇼트 슬리퍼들이 더 외향적이라는 증거는 없다고 밝혔다. 하지만 이들이 '준임상적 경조증(subclinical hypomania)'을 겪는다는 증거는 어느 정도 있다고 결론 내렸다. 이 증상은 한마디로 감정의 고조 상태인데 심해지면 조울증으로까지 번질 수 있다.[20]

몽크의 연구에서 쇼트 슬리퍼들이 과도한 업무에 시달리는 게 아님을 상기해보자. 연구팀은 자신들을 태생적 쇼트 슬리퍼라고 주장한 많은 이들을 연구에서 제외해버렸다. 이들은 단지 '어리석은 수면'을 하고 있었을 뿐이다. 예를 들어, 업무나 간병을 위해서 의도적으로 수면을 축소해버린 것이다. 혹은 신체적 정신적 건강상의 이유로 잠을 제대로 못 잤거나.

"종종 우리가 생각하는 정상에 못 미치는 수면 양으로도 상당한 생산성을 지닌 이들을 만나곤 하지요." 크리거가 말했다. "하지만 이들이 적절한 수면을 취했을 때, 그 생산성이 어떻게 더 좋아질지는 전혀 알 수 없는 일이에요. 그게 딜레마지요."

생산성의 문제를 차치하고라도, 하루에 일곱 시간 미만의 수면을 스스로에게 강요하는 게 좋지 않다는 증거는 상당히 명확하다. 나폴레옹 보나파르트가 사람들의 수면 필요성에 대해 한 다음과 같은 유명한 공포는 시대착오적일 뿐 아니라 성차별적인 셈이다. "남성은 여섯 시간, 여성은 일곱 시간, 바보는 여덟 시간의 잠이 필요하다." 심지어 푸잉후의 연구실에 등록된, 정말로 적게 자는 이들도 결국 단기 이득을 넘어서는 장기적 문제가 생길지 모른다. 수면 부족이 치매에 더 취약하게 만든다는 사실도 그 한 예이다.[21] 이를 뒷받침하는 몇몇 증거들도 존재한다. 그중 하나가, 수면 부족 상태에서는 뇌를 청소하는 세포들이 과도한 활동을 보인다는 점이다. 이탈리아 마르케 공과대학교(Marche Polytechnic University)의 미켈레 벨레시(Michele Bellesi)는 한 연구에서 5일 연속 쥐들의 잠을 방해해보았다. 그랬더니 뇌에서 시냅스의 가지 치기를 담당하는 별아교세포(astrocyte)들의 활동이 활발해졌다. 또한, 뇌 내 손상세포를 추적하는 미세아교세포(microglial)의 활동도 활발해졌다. 이와 비슷하게 쥐를 대상으로 한 실험들에서는 수면이 뇌 안의 노폐물을 청소하는 기능을 한다고 밝힌 바 있다.[22] 동물들에게 잠을 자지 못하게 하면 아밀로이드(amyloid) 단백질이 뇌 안에 쌓이는데 이는 치매의 대표적인 특성이다.[23]

마가렛 대처도 노년에 알츠하이머를 앓지 않았던가. 어쩌면 하루에 네 시간 자는 그녀의 습관이 발목을 잡은 셈인지도 모른다.

즉, 그녀의 수면 습관과 치매가 연관성이 있었을지 모른다고 우리는 추측할 수 있는 것이다. "동물 실험에 따르면 확실히 연관성이 있지요. 쥐들은 잠을 자지 못하면 알츠하이머에 걸리거든요"라고 에이드리언 윌리엄스가 말했다.

물론 수면의 이점을 완벽히 이해하려면 아마도 수년이 더 걸릴 것이다. 수면이 기능하는 메커니즘에 대한 이해는 말할 것도 없고 말이다. 하지만 우리 모두는 양질의 수면이 우리의 건강과 웰빙에 필수적이라는 걸 안다. 그러니 잠을 푹 자기를 바란다. 우리의 행복이 수면에 달려 있다 해도 과언이 아니니까 말이다.

11장

— 행복 —

HAPPINESS

행복이란 너무 늦기 전에 자신이 찰나의 존재임을 깨닫
는 것이다.
　　　　−알리 스미스(Ali Smith), 소설『호텔 월드 *Hotel World*』중에서

우리는 모두 행복을 찾는다. 어디서 행복을 찾아야 할지
도 모른 채. 마치 어렴풋이.
어디엔가 자신의 집이 있다는 걸 아는 술주정뱅이가 집
을 찾듯이.
　　　　− 볼테르(Voltaire),『작가 수첩 *Notebooks*』중에서

셜리 파슨스(Shirley Parsons)의 인생은 41세에 극적으로 그리고 영원히 변했다. 그 전까지 그녀는 잉글랜드 남서쪽의 엑서터(Exeter)에 사는 성공한 변호사였다. 그녀의 남편은 근방에서 소와 양 농장을 운영하고 있었다. 둘은 아직 결혼한 상태였지만, 당시에 그녀는 남편을 자주 만나지는 않고 있었다.

나는 몇 달 동안 셜리와 이메일을 주고받으며 대화를 했다. 그러는 동안 나는 그녀의 사려 깊음과 놀라운 강인함 그리고 정신적 회복력에 깊은 감명을 받았다. 내가 이를 지적하자 그녀는 "글쎄요, 대부분의 사람들은 절 보고 고집 세고 어설프다고 할 것 같군요"라고 말하는 것이었다. 내가 또 놀란 부분은 그녀의 인생관이었다. "내 뇌의 디폴트(default) 상태는 '행복'이라는 결론을 내렸어요"라고 그녀가 말한 적도 있었다.

셜리의 이 말이 행복의 본질에 대한 토론의 장을 열어주었다. 나는 그녀에게 행복을 정의할 수 있느냐고 물었다. 그녀가 답을 하기까지는 상당한 시간이 걸렸다. "제 생각에는 행복에는 여러 다른 종류가 있는 것 같네요." 그녀가 마침내 말했다. "삶에 대한 전반적인 행복도 있을 것이고, 결혼이나 파티 같은 특별한 이벤트를 기다리는 행복도 있죠. 또 시험을 통과하는 등의 특정 순간에 의해 만들어지는 행복도 있을 것이고요." 그녀가 말했다. 그녀의 결론은 이랬다. "행복을 하나로 정의할 순 없겠네요."

그런 점에서 그녀는 혼자가 아니다. 토머스 제퍼슨도 미국 독립 선언문에 행복이 무언지 정의해놓지는 않았지 않은가. 그리고 행복 추구권을 보장해놓았을 뿐이다. 행복은 지능과 마찬가지로 애매한 개념인 셈이다. 행복을 추구하는 길도, 앞으로 살펴보겠지만, 미로 처럼 복잡하고 말이다.

이때까지 셜리와 나는 이메일로만 연락을 했다. 그러다가 실제로 만나는 데 동의했다. 우리는 약속을 잡았다. 현재 55세인 그녀는 여전히 데번(Devon) 지역에 살고 있어서, 나는 그녀를 만나러 차를 타고 내려갔다. 그녀의 집은 다트무어(Dartmoor) 근처에 자리 잡고 있었다. 다트무어는 화강암이 여기저기 널려 있는 국립공원이다. 나는 이 공원이 황량하진 않더라도 항상 바위 투성이라고 생각했었다. 하지만 오늘은 놀랄 만큼 푸르른 잔디를 뽐내고 있었다. 그 광경이 무척 아름다웠다. 제비와 칼새(swifts)떼도 스치듯 공원 위를 날아다녔다. 차를 몰고 가니, 이번엔 까마귀 한 마리가 독수리를 쫓아내는 광경이 내 차 바로 앞에서 펼쳐졌다. 독수리는 짜증난다는 듯 공중에서 머리를 돌렸고 까마귀를 향해 울어댔다. 이 시골 지역은 찌는 듯이 무더웠다. 올해의 가장 무더운 날이었다. 결국 나는 한낮이 다 되어서야 셜리의 집에 도착했다. 막 깎은 잔디가 그녀의 집 앞까지 깔려 있었다. 꽃이 담긴 화분들도 가지런히 줄을 이루고 있었다. 집의 문은 열려 있었다. 미리 전화를 했으니 내가 올 줄 알고 있을 터였다. 그래서 나는 집안으로 들어가 거실을 지나쳤다. 벽에는 셜리의 두 대학 졸업장이 걸린 게 눈에 띄었다. 벽난로 위 선반에는 결혼 사진이 놓여 있었다. 곧 나는 셜리의 침실에 다다랐다. 방안은 어둡고 커튼이 드리워져 있었다. 침대는 의료용 침대로, 침대 다리가 들어 올려져 있었다. 스탠드엔 링거액 파우치가 매달려 있는 게 보였다.

셜리는 침대에 앉은 채, 티브이로 테니스 경기를 보고 있었다. 그녀는 인사를 하려고 뒤를 돌지는 않았다. 몸을 움직일 수 없기 때문이었다. 게다가 말을 할 수 없으니, 말도 하지 않았다. 사실 그녀는 목 아래부터 마비 상태로 지낸 지 14년하고도 5개월째였다. 그녀는 '락트인 증후군(locked-in syndrome)'을 앓고 있었던 것이다. 그녀는 의식이 온전하고 심지어 활발했지만 신체는 마비돼버린 지 오래였다.

증상은 2003년의 한 일요일 아침부터 시작되었다. 잠에서 깨보니, 무척 심한 두통과 어지럼증이 느껴졌다. 셜리는 침대에 누워 있기로 했다. 그러다가 오후에 가까스로 몸을 추슬러 일어났다. 농장의 동물들에 먹이를 주기 위해서였다. "그런데 갑자기 너무 어지러워져서 근처의 건초더미에 앉아버렸죠." 그녀는 회상했다. "그런데 이후 정신을 차려보니, 이 주 뒤였고, 중환자실이었어요."

이제 나는 그녀와 얼굴을 마주했다. 그녀는 내 단답형 질문에 올려다봄으로써 '네'를, 눈을 좌우로 움직여서 '아니오'를 답했다. 내가 복잡한 질문을 할 때면, 그녀는 컴퓨터를 사용했다. 뺨에 붙인 스위치와 '이지 키스(EZ Keys)'라는 특수 소프트웨어를 이용해, 컴퓨터를 작동시킨 거다. 그런 식으로 내게 이메일도 보낸 것이었다.

앞서 만나본 카먼 탈튼처럼, 셜리도 진정제를 놓아 유도한 혼수상태에 이 주간 빠져 있었다. 의사들은 셜리가 제V인자(Factor V)에 관여하는 유전자의 변이를 지녔음을 발견했다. 제V인자는 혈액 응고를 돕는 체내 물질이다. 유전자 코드(유전자 내 뉴클레오티드이 서열)에서 한 글자만 잘못 되어도 제V인자의 단백질이 아르기닌(arginine) 대신에 글루타민 아미노산(glutamin amino acid)을 포함하게 된다. 이 때문에 셜리는 혈전성향증(thrombophilia)을 앓게 되었다. 이는 필요 이상으로 과도하게 혈액이 응고하는 증상이다. 혈전성향증 중에서도 셜리가 겪은 병명은 '레이던 제V인자(Factor V Leiden)'였다. 이 병이 발견된 네덜란드의 도시인 레이던을 병명에 붙인 것이었다. 유럽 인구의 약 5퍼센트가 이 병을 일으키는 변이를 지닌다고 한다. 이 변이를 지니면, 심부정맥혈전증(deep vein thrombosis, 혈액이 응고되어 혈관을 막는 증상)으로 발전될 가능성이 높아진다. 게다가 특이한 경우에는 떨어져 나온 응고된 혈액이 뇌로 흘러들어가기까지 한다. 셜리에게 바로 이런 상황이 발생한 것이었다. 이 때문에 그녀는 뇌간(brain stem) 출혈, 그리고 대량 출혈로 인한 뇌졸중을 겪어야 했다. 결국 발병 후 그녀는 일 년 이상을 엑서터의 한 재활센터에서 보내게 되었다. 심지어 의료진으로부터 살 가망이 없다는 말까지 들었다고 한다.

나는 셜리의 방에서, 그녀의 시선 방향을 따라가보았다. 그녀의 눈이 나를 향해 움직였다. 그녀는 많은 옷을 껴입은 채 휠체어에 앉아 있었다. 이런 더위에 땀을 흘리지는 않는지 의문이었다. 긴 소매에 덮인 양손은 무릎에 놓여 있었다. 얼굴은 홍조를 띤 채 광채가 났다. 입은 벌려져 있었다. 신체가 마비 상태이기 때문에 이는 기본적인 상태였다. 전체적으로 병원에 입원한 듯한 느낌이 나는 모습이었다. 응급실에 있는 환자나 혼수상태에 빠진 환자들에게서 보이는 모습 혹은 식물인간 상태인 환자들에게서 보이는 모습 말이다. 예전에 내 할머니가 혼수상태에 빠지신 뒤에도 얼굴에 비슷한 모습이 비치셨었다. 이런 상태의 사람들을 보면, 이들의 마음도 마비가 됐을 거라 넘겨짚기 쉽다. 심지어 식물인간 상태라는 꼬리표도 있으니 말이다. 물론 나는 셜리는 전혀 그런 상태가 아니란 걸 알았다. 하지만 이렇게 그녀를 마주하니 약간 당혹스럽기는 했다. 전혀 움직이지 못하는 외관 속에는 쉴 새 없이 말을 하는 내면이 자리하고 있음을 분명 알았지만 말이다.

"저는 생각이 너무 많아요." 그녀가 말했다. 그리고 자신이 행복한 삶을 산다고 느낀다고 했다. 나는 그녀에게, 혹시 락트인 상태가 되기 전보다 지금이 더 행복하다는 느낌이 있느냐고 물었다. 이게 이상하거나 기분 나쁜 질문은 아닌지 양해를 구하면서 말이다. 그런데 그녀는 이 질문이 답하기 수월하다고 했다. 적어도 행복에 대한 정의를 묻는 질문보다는 훨씬 쉽다고 그녀는 말했다.

"물론 겉보기엔 우스운 질문일 수 있죠. 하지만 질문에 대해 곰곰이 생각해보니 그렇지도 않더군요. 왜냐하면 이상하게도 전 지금이 더 행복하다고 생각하거든요." 그녀는 이렇게 이메일로 답했다. "뇌졸중 이전에는 굉장히 소란스럽고 정신없는 삶을 살았었는데, 이제는 대부분 조용한 나날을 보내죠. 평화롭고 고요한. 지난 몇 년 동안 이 삶에 익숙해졌고, 이제는 만족해요." 그녀는 말한다.

사람들이 자신의 삶을 단순화하고 싶다고 말하는 걸 자주 들어봤을 거다. 우리는 세상 속에, 또 우리의 바쁜 삶 속에 방해물이 너무 많다고 불평하고는 한다. 그리고 그런 방해물들을 제거한다면 더 행복해질 수 있을 거라고 말한다. 물론 그게 옳을지도 모른다. 실제로 행복해질 수도 있으니까. 앞으로 이 장에서는 단 70개의 물건만 남겨놓고, 자신의 전 재산을 없애버린 한 남성을 만나보게 될 거다. 그는 내가 아는 어떤 이보다 재산이 적지만, 매우 행복해 보였다. 또, 3만 2천 달러 이상의 수입은 모조리 기부해버리는 한 교수도 만나보기로 하자. 그는 '기부 선언'을 한 뒤로 자신의 삶이 훨씬 더 행복해졌노라고 주장한다. 어쩌면 정말로 그 모든 물질들을 없애버리는 게 우리를 진정 행복하게 만드는지도 모를 일이다. 한 유명 서치 엔진에 따르면, '세상에서 가장 행복한 사람'은 바로 매튜 리카드(Matthieu Ricard)이다. 그는 프랑스인 학자였다가 불교의 승려가 되었는데 달라이 라마의 통역으로 일했다고 한다. 일반적으로 불교의 승려들은 물질적 소유 면에서는 별로 가진 게 없는 편이다. 그런데도 무척이나 행복한 경향이 있다. 혹은 웰빙으로 가득 찬 삶을 살고는 한다.

내가 셜리를 만나러 온 건, 그녀가 삶의 대부분의 것들을 던져버린 인물이기 때문이다. 물론 그녀가 이를 직접 선택한 것은 아니지만. 어쨌든, 그녀의 삶은 최소한으로 간결화되었지 않은가. 밖을 내다보는 온전한 마음 하나로 말이다. 그래서 그녀의 삶이 어떤 모습인지 알아보고 싶었던 거다. 어쩌면 그녀가 행복하다는 게 그리 믿지 못할 일은 아닐지 모른다. 심지어 그 전보다 더 행복하다는 게 말이다.

심리학자 윌리엄 제임스(William James)는 1918년에 이렇게 말한 바 있다. "심리학자들에게 가장 큰 덫은, 자신의 견해와 자신이 논문을 쓰려는 정신적 현상을 헷갈리는 데서 온다." 그는 이를 '심리학자의 오류'라 불렀다. 이는 다시 말해, 우리가 다른 이들이 경험하는 것을 안다고 가정하는 현상이다. 물론 제임스는 심리학자의 아버지격이지만, 우리도 이런 경향에 대해 항상 주의하는 게 바람직할 거다. '락트인 증후군'을 겪는 이의 경우를 떠올려보자. 주위의 가족과 친구들은 이 환자가 모든 것을 잃었다고 여길 거다. 그도 그럴게, 환자는 완벽하게 주변인들에게 모든 걸 의존해야 하니까 말이다. 삶을 살 가치가 없다고 가정할지 모른다. 남아프리카 공화국의 작가이자 웹디자이너인 마틴 피스토리우스(Martin Pistorius)도 십대에 락트인 증후군을 앓았다. 그래서 그는 십 년 이상을 몸이 마비된 채 살았다. 후일 그는 기적적으로 회복했다. 그러고는 반응을 못하면 의식도 없다고 생각한 그의 어머니가 자신에게 "네가 죽었으면 좋겠구나"[1]라고 말한 것을 회상했다. 피스토리우스에 따르면, 그의 부모님은 아들이 식물인간이 되었으니 죽음을 대비하라는 말을 들었다고 한다.

만약 의식은 또렷한데 몸은 마비되었다면, 어떤 기분일지 가히 상상이 가는가? 무엇을 그리워하게 될까? 나는 셜리에게 이 질문을 했다. 셜리는 자신이 그리워하는 한 가지는 토스트라고 답했다. 바삭거리는 토스트를 베어 물고 싶다고 말이다. 그녀를 직접 마주한 뒤 재차 이 질문을 하자 그녀는 웃음을 터뜨렸다. 정말로 많이 웃는 것이었다. 마비가 됐다고 소리를 못 내는 건 아니었다. 락트인 증후군을 앓는 많은 이들과는 달리, 셜리는 머리 쪽의 움직임을 회복했다. 그래서 음식을 삼킬 수도 소리를 낼 수도 있다. 즉, 튜브에 의존하지 않고, 스푼으로 떠먹여주는 식사를 할 수도 있고 웃을 수도 있는 것이었다. 그녀의 웃음은 확실히 유쾌했다. 그녀 곁에 앉아 있는 동안 나는 그 웃음을 자주 들었다. 물론 이 특별한 웃음은 처음엔 알아듣기 조금 어려웠다. 혹시 그녀가 울거나 숨이 막히는 건 아닌지 걱정이 됐으니까 말이다. 하지만 그건 확실히 즐거움의 표현이었다. 숨이 찬 웃음은 그녀가 컴퓨터로 내 질문의 답을 적는 내내 이어졌다. 토스트 외에는 또 무엇이 그리울까? "말을 하는 거지요." 그녀가 답했다. 무엇보다 수다 떠는 게 그립다고 했다. "간병인들은 별로 말을 하지 않거든요. 그럴 만도 하지요. 저는 허튼 소리는 잘 못 참아서." 그녀가 메시지를 적었다. 그녀가 간병인들을 야단이라도 친다는 걸까? 그녀의 눈이 천장을 향했다. 확실한 '네'가 분명했다. 물론 간병인들은 셜리에게 말을 할 터였다. 하지만 그녀의 뜻은 말싸움과 토론 그리고 대화 등이 그립다는 것이리라. 그녀는 원래 변호사가 아니었던가.

나는 하버드 대학교 심리학과의 마리-크리스틴 니지(Marie-Christien Nizzi)를 만난 뒤로, 처음 락트인 증후군에 대해서 생각해보게 됐다. 니지의 사무실은 윌리엄 제임스 전당(William James Hall)의 꼭대기에 자리하고 있다. 이 건물은 매사추세츠 주의 케임브리지(Cambridge) 지역에서 유명한, 이름에 어울리게 고층인 건물이다. 이 건물에서 내려다보이는 도시 전체의 뷰는 환상적이었다. 사무실에 앉으니, 니지는 내게 중국 농부와 말에 대한 유명한 우화를 들려주었다.

옛날에 아름다운 흰 말을 가진 농부가 살았다. 많은 돈을 줄 테니 말을 팔라고 하는 사람도 있었지만 농부는 거절했다. 말은 그가 가진 전부이니 이를 잃고 싶지 않았던 까닭이다. 결국 흥정은 끝이 나버렸다. 마을 사람들은 그런 기회를 놓치다니 실성한 게 아니냐고 했다. 그런데 얼마 후 말은 도망쳐버렸다. 이제 농부는 말도 잃어버린 신세가 돼버렸다. 마을 사람들은 그런 그를 조롱했지만 농부는 어깨를 으쓱해 보일 뿐이었다. "무슨 일이 생길 줄 누가 알겠소. 좋을 수도 나쁠 수도 있는 것을" 하고 농부는 말했다(이 '새옹지마' 우화에는 '침착한 농부'라는 다른 제목도 있다).

며칠 뒤, 도망쳤던 말이 야생마 한 떼를 몰고 돌아왔다. 농부는 이제 부자가 되었다. 그랬더니 마을 사람들은 잔치를 벌이라고 부추겼다. 하지만 그는 그러지 않았다. 대신 늘 하던 대사를 했다. "좋은 일일 수도, 나쁜 일일 수도 있지." 그 뒤, 농부의 아들이 야생마를 길들이려다 다리가 부러지는 일이 생겼다. 마을 사람들은 (정말 치졸한 패거리가 아닌가) 혀를 차며, 야생마들이 굴러들어오는 행운이 없는 게 나을 뻔했다고 말했다. 그런데 이번에는 전쟁이 나서 모든 젊은이들이 징병을 당하게 되었다. 오직 다리가 부러진 농부의 아들만이 징병을 면제받은 것이었다.

이 이야기의 교훈은 어떤 일이 좋은지 나쁜지를 섣불리 판단해서는 안 되는 것이라고 니지는 말했다. "항상 희망은 존재하는 법이거든요. 많은 사람들이 타인의 상황에 있다면 어떨까 하고 감정을 이입하곤 해요. 그게 말을 잃는 것이든, 돈을 잃는 것이든 간에."

하지만 그녀는 심리 평가에서는 이러한 경향이 거의 반영되지 않는다고 보았다. 곧, 그녀는 락트인 증후군을 앓는 사람들을 대상으로 연구를 하기 시작했다. 그런데 이 환자들이 행복한지 아닌지는 어떻게 알 수 있을까? "간단해요. 그들에게 물어보면 되지요." 니지가 말했다. 그녀가 그렇게 단순하게 반박 불가능하게 답하는 걸 보니 '너무 뻔한 질문이었나?' 하는 생각마저 들 정도였다. 하지만 그녀는 곧 락트인 증후군 환자들에게 내면의 삶이 질이 어떤지 묻는 경우는 거의 없다고 나를 안심시켰다. 사람들은 그저 그들의 삶이 너무 끔찍할 거라고 생각해 묻지 않는다는 것이다. 게다가 별로 알고 싶어 하지도 않고 말이다. 어쨌든 그녀는 이 질문을 직접 환자들에게 던져보았다. 환자들의 관점에 대해 물어본 것이다.

이를 암체어(armchiar, 안락의자)에서 휠체어로 옮겨가는 접근법이라고,[2] 니지는 부르고 있었다. 앞서 5장에서 아프가니스탄 전의 참전 용사이던 데이브 헨슨도 사고 전에 휠체어 사용자들의 관점을 얻기 위해 이런 접근법을 썼었다. 니지는 환자들에게 설문 조사를 해보았다. "제가 발견한 건 우리가 외부에서 투영하는 것보다 환자들은 훨씬 더 긍정적인 삶의 질을 누리고 있었단 거지요." 그녀가 말했다. 그녀에 따르면, 환자들은 회복력 덕에 꽤나 만족스러운 삶의 질을 유지하고 있었다. 예를 들어, 환자들은 사고를 당하면 심폐소생술을 받기를 원했다. 주변의 의사 및 간호사 심지어 가족들까지도 이들이 그런 식으로는 살고 싶지 않을 거라 가정해버리더라도 말이다. "환자들은 행복하다고 보고했지요. 아니면 삶에 만족한다고 말이죠. 대부분의 환자들이 행복을 느끼고 있었어요." 니지가 말했다.

니지의 이러한 연구는 스티븐 로리스(Steven Laureys)의 연구를 뒤잇는 것이었다. 로리스는 벨기에의 리에주 대학교(University of Liége) 내 '코마 사이언스 그룹(Coma Science Group)'을 운영하고 있다. 2008년에 그는 락트인 증후군 환자들을 대상으로 삶의 질에 대한 설문 조사를 실시했다. 설문 대상자는 락트인 증후군을 앓는 65명이었다. 이들 중 47명이 자신이 행복하다고 선언했다. 나머지 환자들은 불행하다고 답했다.

18명의 환자들이 불행하다고 답한 이유는 불안과 이동성의 결여였다. 또 다른 이유는 앞서 셜리의 가장 불만족스러운 점과도 동일했다. 바로 말을 하지 못한다는 점이었다. 락트인 상태에 놓인 기간이 길수록 행복하다고 답한 비율이 높았다. 그럼에도 이들 중 58퍼센트는 심장마비가 닥칠 경우 심폐소생술을 원치 않는다고 답했다.[3] 로리스는 행복감을 느끼는 락트인 증후군 환자들은 삶의 재정비에 성공한 이들이라는 결론을 내렸다.

나는 락트인 증후군 환자들이 삶에 만족하고 더 나아가 행복할 수 있다는 사실을 받아들이게 됐다. 그래도 이들이 현재가 더 행복하다고 말하지는 않지 않을까? "바로 그 질문을 던져봤지요. 그랬더니 그 답은 '더 행복하다'는 것이었어요." 니지가 말했다. "자신에 대해서 더 잘 알게 됐을 뿐 아니라 삶의 의미도 전보다 훨씬 더 강하게 느낀다고 말이지요." 락트인 상태가 되면 활동적인 삶을 멈출 수밖에 없게 된다. 반면, 그전에는 찾아본 적 없는 어떤 의미를 찾게 되는 것이다. 내가 이 사실을 아는 건 셜리에게 뇌졸중 이

후에 더 행복해졌느냐는 대담한 질문을 해보았기 때문이다.

팀 하로워(Tim Harrower)는 데본 앤 엑서터 병원(Devon and Exeter Hospital)에 재직 중인 셜리의 신경과 전문의이다. 뇌졸중을 겪은 후 셜리는 그의 병원에 재활을 위해 머물고 있었고 하로워는 그때 셜리를 만났다.

"락트인 증후군 환자들의 경우 큰 돌파구는 의사가 환자와 소통하는 방법을 찾을 때 발생하지요. 모든 것이 달라지거든요. 환자가 뭐가 필요한지 말할 수 있게 되니까." 하로워가 말했다. 예를 들어 환자는 어디가 가려운지, 어디가 아픈지를 알려줄 수 있게 된다. 아니면 저 시끄러운 티브이를 꺼달라든가. 그러고 나면 환자는 자신이 뭘 할 수 있는지 그리고 못 하는지를 스스로 조절하게 된다. 또, 자신이 할 수 있는 지능적인 일도 찾는 것이다. "자신의 상황을 받아들이고, 자신의 한계에 적응하는 것이 사실 가장 큰 문제이지요. 물론 이는 곧바로 일어나는 일은 아녜요. 몇 년이나 걸릴 수도 있고요." 그가 말을 이었다.

셜리는 마침내 학위를 따기로 마음먹기까지 락트인 상태로 오년을 보냈다. 그녀는 자신의 직업이 그리웠던 데다가 무료했던 것이다. "직업이 없어지고 나니, 공부를 할 마음이 생기더군요." 그녀가 말했다. "아직 은퇴하기는 너무 어렸고, 공허함을 채워줄 뭔가 지적인 일이 필요했거든요." 결국, 그녀는 온라인 대학에 원서를 냈다. 우선 그녀는 사회과학과 정치학 학사 과정을 밟았다. 토니 블레어(Tony Blair) 총리의 국정 스타일에 대한 에세이를 썼던 기억이 난다고 그녀는 말했다. 졸업은 2010년에 했다. 그 뒤, 그녀는 같은 전공의 대학원 학위도 따서 2012년에 졸업을 했다. 나는 대단히 도전적인 과제였겠다고 말했다. 그러자 그녀는 "가장 도전적인 일은 과제를 타이핑하는 데 시간이 끝도 없이 걸렸던 거지요"라고 씁쓸하게 말했다.

셜리는 항상 투철한 의지의 여인이었다. 그녀는 2001년 영국에 끔찍한 구제역이 발병했을 때 자신이 어떤 반응이었는지를 말해줬다. 이때는 그녀가 락트인 증후군을 겪기 전 변호사로 일하던 때였다. 셜리가 기르던 동물들은 구제역에 걸리진 않았다. 하지만 이웃 농장에는 구제역이 돌았다. 당시 정부 방침은 감염된 동물과 인접 지역의 동물을 모조리 살상하는 것이었다. 티브이에서는 매우 끔찍한 가축 더미가 불타는 영상이 비치곤 했다. "처음엔 굉장히 심란했지만 저는 금세 전투 모드로 들어갔죠." 셜리가 말했다. "긴 얘기를 짧게 줄이자면, 저는 대부분의 소와 양들이 도살당하는 걸 막는 데 성공했어요."

대화 도중, 셜리는 안경을 끼고 있었는데, 안경 왼쪽 알에 약간 김이 서리는 게 보였다. 내 옆에 놓인 가습기가 그녀의 왼쪽으로 김을 뿜어내고 있었다. 그래서 왼쪽 알에 김이 쌓였던 것이다. 그래서 나는 사실상 그녀의 오른쪽 눈만 쳐다보고 있었다. 그래서인지 왠지 참기 어려운 긴장감이 완화되는 듯했다. 나는 가끔 다른 곳을 쳐다봐야 했다. 그녀가 가진 DVD가 보였다(맨체스터 시티 챔피언 결정전이나 영화 〈브리짓 존스 Bridget Jones〉, 드라마 〈오펀 블랙 Orphan Black〉, 영화 〈노예 12년 12 Years Slave〉 등이 있었다). 직장 동료들이 보낸 사진 모음도 있었다. 사진 모음에는 "셜리, 너는 할 수 있어!"라는 문구가 쓰여 있었다. 나는 그렇게 앉아서 혼자 조잘대고 있었다. 곧 내 원래대로의 삶으로 돌아갈 것을 인지하면서. 그녀는 여생의 대부분을 앞으로도 이 단층집에서 이 작고 어두운 방안에서 보낼 것이었다. 그런데 이렇게 함께 앉아서 그녀가 얼마나 행복한지에 대해 대화를 나누고 있다니.

나는 윌리엄 매캐스킬(William MacAskill)의 명성을 들은 적이 있었다. 그는 옥스퍼드 대학 철학과의 교수로 임명되었을 때, 세계 최연소 교수 중 한 명이었다. 그런데다 그는 2009년에 앞으로 평생 자신의 대부분의 수입을 기부해버리기로 결정을 내렸다. 3만 2천 달러 이상의 수입은 전부 기부하기로 한 것이었다. 나는 이 결정에 놀라고 감탄하지 않을 수 없었다. 단순히 그 자비심 때문만은 아니었다. '어떻게 옥스퍼드에서 견뎌낼 수 있지?'라고 나는 궁금했던 것이다. 옥스퍼드의 물가는 절대로 싸지 않다. 런던만큼 비싼 곳이니까 말이다. 매캐스킬을 직접 만나기 전 나는 그가 혹시 고행중인 승려 같은 모습은 아닐까 진담 반으로 의심했었다. 맨발에 넝마 차림은 아닐까?

매캐스킬은 '효율적 이타주의 운동(effective altruism movement)'의 창시자 중 한 명이기도 하다. 이는 과학적 증거를 활용해서 돈을 기부하는 가장 효과적 방법을 찾아내는 운동이다. 또 그는 '기빙 왓 위 캔(Giving What We Can)'이라는 단체도 창시했는데, 이는 사람들에게 평생 10퍼센트의 수입을 자선단체에 기부하도록 독려하는 기관이다. 처음 23명으로 시작한 이 단체는, 이제 거의 삼천 명의 회원을 자랑한다. 이들은 함께 14억 달러를 기부해나가기로 약속했다고 한다. 나는 매캐스킬을 옥스퍼드에 자리한 '효율적 이타주의 센터(Center for Effective Altruism)'에서 만났다.

살짝 실망스럽게도 그는 전혀 승려 같지 않았다. 그는 키가 크고 깨끗한 티셔츠 차림이었다. 심지어 스마트폰도 갖고 있었다.

그가 그렇게 많은 돈을 기부하기로 마음먹은 것은, 토비 오드(Toby Ord)를 만난 후였다. 오드도 매캐스킬과 비슷한 기부 선언을 한 철학 교수였다. 선언을 한 이유는, 어떻게 돈이 행복에 기여할 수 있는지에 대한 이해가 있었기 때문이었다. 자신이 기부를 함으로써 변화를 일으킬 수 있을 거라 그는 믿었다.

행복에 대한 논의에서 자주 인용되는 논문이 바로 경제학자 리처드 이스털린(Richard Easterlin)의 유명한 논문이다.[4] 현재 서던 캘리포니아 대학(University of Southern California)에 재직 중인 이스털린은 1974년에 한 국가의 GDP가 상승해도 국민들이 느끼는 행복은 증가하지 않는다는 논문을 출판했다. 예를 들어 1945년 이후의 일본이나 20세기 동안의 미국에서 그렇다는 것이었다. 이것이 바로 '이스털린의 역설(Easterlin Paradox)'이라는 현상이었다. 더 많은 돈이 사람들을 행복하게 하지 못한다니 이거야말로 역설이 아닌가. 나는 이 개념을 처음 전해 듣고 정말로 맞는 현상이라고 생각했었다. 우리 모두는 더 큰 성장만을 좇고, 웰빙은 신경 쓰지 않는 경제 시스템에 갇힌 꼴이라고. 그런데 매캐스킬은 그런 생각이 틀렸음을 일깨워주었다.

2008년에 펜실베이니아 대학의 벳시 스티븐슨(Betsey Stevenson)과 저스틴 울퍼스(Justin Wolfers)는 이스털린 논문의 자료를 다시 살펴봤다.[5] 그랬더니 역설은 찾을 수 없었다고 두 학자는 주장했다. 오히려 수입이 증가할수록 행복도 증가했다. 이는 여러 나라에서 분명한 사실로 드러난다는 것이었다. 미국, 중국, 인도, 일본, 독일 등에서. 이게 무엇을 뜻할까? 결국 돈이 행복을 살 수 있다는 것일 까? 어느 정도 '그렇다'가 답이었다. 스티븐슨과 울퍼스는 수입이 두 배 늘어나면, 행복의 양도 두 배 늘어났다고 보고한다는 자료를 제 시했다. 이러한 상관관계는 그래프의 어느 지점에서나 유효했다. 즉, 내가 만약 중국 시골에 사는데 일 년에 천 달러를 번다고 가정해 보자. 그렇다면, 만약 수입이 천 달러 더 늘어나면 행복의 양도 천 달러에 해당하는 만큼 증가한다는 거다. 그런데 만약 내가 미국에 서 일 년에 8만 달러를 번다면, 같은 행복의 양 증가를 달성하려면, 16만 달러를 벌어야 한다. 그런데 만약 8만 달러를 벌다가 2만 달러 의 수입이 증가한다면(사실 이것도 힘든 일이지만) 행복은 그다지 크게 증가하지 않는다는 것이다.

　이러한 행복 측정법을 '일생 평가(lifetime evaluation)'라 부른다. 이는 즉, 사람들에게 '요즘 어떻게 지내세요?'라고 물어보는 단순한 방법이다. 이 측정법에 따르면 돈이 더 많이 생길 경우 더 행복한 경향이 있었다. 하지만 어디까지나 수입이 두 배 증가해야 큰 효과 가 있었으므로 이는 한계를 수반했다. "수입이 어느 정도 수준에 이 르면, 그보다 더 번다고 자신의 웰빙에 큰 보탬이 되지는 않아요"라 고 매캐스킬이 말했다.

　한편, 행복을 측정하는 또 다른 주요 방법이 있다. 이를 '경험 적 표본 추출법(experiential sampling)'이라 부른다. 이 측정법에서는 하루 동안 자신의 핸드폰에 저장된 인물들을 무작위로 뽑아 전화를 한다. 그리고 "1부터 10까지 점수를 매긴다면 지금 얼마나 행복한가요?"라는 질문을 던진다. 이러한 방법으로 연구원들은 사람들이 가장 즐거운 행위라 여기는 게 뭔지를 평가하는 것이다. 사람들이 무엇에서 가장 행복을 느낄지 예상해보길 바란다. "성생활이 큰 폭으로 1위를 차지하지요"라고 매캐스킬이 말했다. "10 중 9 정도로 행복하다고 한 이들은 만족할 만한 성생활 중이었는지도 몰라요."

경험적 표본 추출법이 흥미로운 이유는 '초점 오류(focusing illusion)'를 피할 수 있기 때문이다. 또 다른 철학자인 마이클 플랜트(Michael Plant)가 초점 오류에 대해 설명해주었다. "우리는 미국 가수 카니예 웨스트(Kanye West)가 돼서 마세라티(maserati) 차를 몰고 다니면 얼마나 재미있을까를 상상하지요. 하지만 실제로 카니예는 차 안에서 교통 혼잡 때문에 짜증이 날 뿐인지도 몰라요. 즉, 우리가 상상하는 타인의 삶 혹은 우리의 미래의 삶과 실제로 그 삶은 사는 것에는 간극이 존재해요." 플랜트는 말했다.

다시 말해, 우리는 카니예의 차만 보고 '멋지군. 나도 저런 차가 있었으면 좋겠네'라고 생각하지만, 차 안의 인물이 무슨 경험을 하는지는 모른다는 거다. 우리 자신의 욕망에 의해 오해를 할 뿐이다. 우연히, 매캐스킬과 내가 일시적인 행복의 순간에 대해 대화를 나누던 퍼브의 벽에는 이런 문구가 새겨 있었다. "이 퍼브는 빌 클린턴(Bill Clinton)이 옥스퍼드 대학에 로즈(Rhodes) 장학생으로 다닐 때 마리화나를 피우던 곳이 아님."

다시 매캐스킬의 얘기로 돌아와보자. "경험적 표본 추출법에서는 한 가구당 수입이 7만 5천 달러가 넘어서면 행복의 크기는 더 증가하지 않는다는 결과가 있었지요." 그가 프린스턴 대학의 대니얼 카너먼(Daniel Kahneman)과 앵거스 디턴(Angus Deaton)의 논문을 언급하며 말했다. 카너먼과 디턴은 이 논문에서 천 명의 미국 시민들을 대상으로 45만 건의 경험적 표본을 얻어냈다.[6]

다시 한 번 정리를 해보자. 행복을 전체적인 개념으로 측정할 때 '일생 평가법'을 사용하면 행복은 수입이 늘어감에 따라 꾸준히 증가한다. 하지만 '경험적 표본 추출법'을 사용해서 순간의 감정적 행복을 측정하면 특정 수준의 수입 이상으로는 행복이 더 이상 증가하지 않는다. 심지어 그 수준은 상상보다는 낮은 정도이다.

"영국에서는 그게 바로 일인당 3만 2천 달러이지요." 매캐스킬이 말했다. 이쯤 되면 그가 어떻게 이 비싼 도시에서 3만 2천 달러로 버티는지를 물어볼 좋은 기회인 듯싶었다. "저는 3만 2천 달러 이상의 수입은 모조리 기부를 해버려요. 그런데도 영국 전체에서 소득 상위 50퍼센트 안에 들어요. 나보다 가난한 50퍼센트의 사람들이 살아간다면, 저도 충분히 이 소득으로 살아갈 수 있겠지요." 그가 말했다.

이 말에, 나는 마치 스크루지처럼 들리는 말을 이어가는 수밖에 없었다. 아니, 런던 배경의 중산층 저널리스트처럼 들린다고 해야 맞겠다. 그게 나니까. 여하튼 나는 집요한 질문을 계속했다. "어떻게 살 곳을 마련하나요?"

"공동 월세로 한 달에 약 630달러 정도를 내지요. 한 집에서 열 명이 같이 살아요. 정말 만족스러워요. 공동 주책에서 사는 것이 혼자 살거나 여자 친구와 둘이 사는 것보다 훨씬 행복하거든요. 공동체 의식 때문이지요." 그가 말했다.

내 생각이 얼마나 편협한 중산층의 사고방식인지, 매캐스킬은 근사하게 가르쳐주고 있었다. 아마도 그런 설명을 많이 해봐서가 아닌가 싶었다. "전 세계 97퍼센트의 인구가 3만 2천 달러보다 적은 돈으로 살지요. 그래서 사람들이 '어떻게 그 돈으로 살지요?'라고 물으면 조금 이상하기는 해요. 중산층의 의식인 거지요. 97퍼센트의 인구는 어쨌든 그렇게 사니까. 그리고 잘 살고요." 그가 말했다.

벽 선반에는 한 엄숙한 표정을 한 젊은이의 빛바랜 흑백사진이 놓여 있었다. 내가 얼마나 이기적이고 소비 중심의 삶을 사는지에서 관심을 다른 데로 돌리고자 나는 그 젊은이가 누군지를 물어봤다.

그는 세계를 구했다는 칭송을 듣는 바실리 아르키포프(Vasili Arkhipov)였다. 그는 소련의 해군 장교였는데, 1962년 10월 27일 당시, 한 잠수함 속에서 모스크바로부터의 명령을 기다리고 있었다. 당시는 쿠바 미사일 위기 사태가 정점을 이루던 때였다. 잠수함의 함장은 모스크바로부터 아무런 소식도 없자, 핵 어뢰를 발사하려는 결정을 내렸다. 이를 승인하려면 장교 세 명의 만장일치의 찬성이 필요했다. 세 명 중 한 명은 찬성이었지만 아르키포프는 반대했다. 그리고 그는 함장에게 어뢰 발사를 포기할 것을 설득했다. 만약 어뢰가 발사됐다면, 미국은 즉각 친절한 대응을 할 것이었다. 그러면 세계에는 핵전쟁의 소용돌이가 펼쳐질 게 뻔했다. 당시 존 에프 케네디의 한 측근에 따르면, 이때가 인류 역사상 가장 위험한 순간이었다.[7] 아르키포프의 사진은 이곳 '효율적 이타주의 센터'에 영감을 주기 위해 걸려 있었던 것이다.

여하튼, 매캐스킬은 기부 선언 이후, 자신의 삶이 훨씬 개선되었다고 말한다. "예전보다 훨씬 행복하지요. 아마 선언을 안 했다면 내 삶이 어떻게 펼쳐질지, 미리 알고 있었던 것 같아요." 그가 말했다.

매캐스킬에게 행복이란, 자신이 큰 만족감을 얻는 무언가를 하는 데서 오는 듯했다. 특히 도덕적인 보상이 큰 행동을 하는 데서 말이다. 그처럼 기부를 하면, 자신의 행복이 줄어든다기보다 타인의 행복이 더 증가하기 때문이다. "저는 자동차가 없어요. 별로 물질적으로 소유한 게 없지요. 가진 게 많으면 삶의 질이 더 낮아질 것 같아요. 만약에 요트가 한 척 있다면 그걸 가졌기 때문에 오는 스트레스가 있겠죠. 저는 스트레스를 받을 게 없거든요."

솔직히 나는 요트가 한 척 있으면 좋을 것 같았다. 하지만 나는 탐욕스러운 인물이 아니므로 나룻배를 젓는 것만으로도 만족할 듯싶었다. 잠시 얘기가 딴 데로 샜다. 아무튼 내가 하려던 질문을 생각하는 순간 매캐스킬이 말했다. "직원 중 한 명은 가진 물건이 백 개밖에 없을 정도죠." 다시 한 번 말해달라고 나는 그에게 청했다.

"물건을 백 개밖에 안 가진 직원이 있다고요. 그는 미니멀리스트(minimalist, 간결함을 추구하는 예술가)거든요." 매캐스킬이 말했다. 이 말을 들은 내 첫 반응은 당혹함이나 감탄의 표현은 아니었다. 대신, 나는 그 사람이 속옷 바지를 몇 벌 가졌는지 물어보았다.

"그는 속옷 바지가 두 벌밖에 없어요." 매캐스킬이 답했다.

나는 그 사람과 대화를 나누기로 마음먹었다.

파블로 스타포리니(Pablo Stafforini)는 조각 같은 턱과 헝클어진 머리칼을 가진 아르헨티나인으로, 옥스퍼드에서 탱고 무용수와 철학자로 살고 있었다. 그는 이곳 효율적 이타주의 센터에서 리서치 분석가로 일했다. "특별한 개수를 목표로 하는 건 아니에요. 그저 가능한 많은 물건을 처분해버리자는 휴리스틱(heuristic, 복잡한 상황을 간결하게 만드는 잣대)을 이용할 뿐이지요." 스타포리니가 말했다. 그의 현재 소유물은 겨우 70여 개 남짓하다고 한다. 그는 사람들이 자원 축적에 대한 편견을 가지고 있다고 생각했다. 즉, 우리는 효과적으로 소비자 중심 시스템에 갇혀 있다는 것이다. 그리고 현재의 진화적 단계가 우리로 하여금 너무 많은 물건들을 원하고 축적하도록 부추긴다고 말이다. "제가 가진 이 휴리스틱은 그 편견을 바로잡고자 하는 시도예요. 그 목표는 더욱 충만하고, 보람찬 삶을 살자는 것이죠." 그가 말했다.

철학자인 그는 앞서 우리가 살펴본 여러 심리학적 연구의 결론들에 친숙했다. 경험을 위해 돈을 소비하는 건 사람들을 행복하게 하지만, 물건에 돈을 쓰는 건 별로 그렇지 않다는 점도 그 한 예다. 게다가 그는 소유물이 점점 귀찮게 느껴진다고 했다. 피아노 한 대와 약 삼천 권의 책을 보유한 서재도 그의 소유물에 포함돼 있었다. 특히 그가 다니던 토론토의 대학원에서부터 옥스퍼드까지 이 책들을 옮겨오는 건 힘들고 값비싼 일이었다. 그래서 그는 이를 포함한 대부분의 것들을 없애버리기로 마음먹었다. 그리고 이를 페이스북에 선언했다. 그렇게 그는 피아노와 책들을 팔 수 있었다. 이제는 오히려 뭔가를 좀 사고 싶을 정도란다. 물론 엄격한 테스트를 거쳐야 했다. '정말 이게 나한테 필요한 건가? 이게 있으면 내가 행복해질 까?'라는 질문을 해봐야 하지만 말이다.

스타포리니는 현재 옷가지 몇 벌과 부츠 한 켤레, 탱고를 출 때 입는 바지와 신발, 꽤 근사한 노트북 컴퓨터 및 기타 등을 가졌다. 그 정도로 가진 게 없는 성인을 나는 처음 만나봤다. 게다가 그는 그의 수입의 상당 퍼센트를 자선단체에 기부한다고 했다. 그가 제 정신이 아니라고 생각하는 이들도 있을 정도였다. "어떤 이들은 제 가 유쾌한 느낌으로 정신이 나갔다고 생각해요. 물론 대부분은 매 우 긍정적인 평가를 내리지만." 그가 말했다.

그는 이제 자기가 더 행복하다고 느끼는 걸 허락한다. 세속적 인 소유물들을 거의 내던졌기 때문이다. 자신이 미니멀리스트이 기 때문에 더 행복하다고 결론짓는 데는 조심스러웠다. 어쨌든 그 는 휴리스틱을 따르는 철학자이자 즐거움을 좇는 탱고 무용수이다. "심리학은 우리에게 인간은 과거의 경험을 회상하고 합산하는 데 믿을 만한 존재는 아님을 가르쳐주죠." 그는 말한다. 다시 말해, 그 는 현재 더 행복하다고 느끼지만 그게 사실임을 확인하려고 온 힘 을 다하지는 않는다는 입장이다.

앞서 셜리 파슨스는 자신의 디폴트 상태가 행복이라 말했었다. 그런데 그게 무슨 뜻일까? 아마도 어떤 이들은 천성적으로 남들보 다 더 행복하게 타고난다는 일반론적인 견해를 말하는 듯싶다. 사 실 우리는 모두 주변에 항상 긍정적이고 밝은 사람들을 안다. 이들 은 어려움이 생겨도 항상 일정한 수준의 행복한 상태로 돌아오곤 한다. 심리학에는 이러한 특징에 대한 명칭이 있다. 바로 '쾌락 적응 (hedonic adaptation)'이다. 주의할 점은 이 쾌락 적응은 양쪽으로 성립한다는 것이다. 즉, 행복에서 멀어져 있다가 다시 행복을 찾게 되기도 하지만, 복권에 당첨되는 것과 같은 큰 행복을 느끼다가도 다시 불행에 빠지기도 하는 것이다.

"사람들은 무엇에든 금방 익숙해지곤 하거든요." 마이클 플랜트가 말했다. "뭐든 오랫동안 매우 기분 좋게 혹은 나쁘게 해주진 못해요. 삶도, 죽음도, 승진도, 강등도. 어떤 학자들은 '셋 포인트 이론(set point theory)'를 내놓기도 했죠. 삶에서 어떤 일이 생기던 다시 기준점으로 돌아오게 된다는 것이죠."

정말로 우리가 항상 되돌아오는 기준점이 있다면 아마 이런 의문이 들 것이다. '장기적으로 우리가 행복을 증진시킬 방법이 있기는 할까?'

그 답을 찾기 위해 가장 먼저 해야 할 일은 우선 행복의 기준점이 어떻게 정해지는지를 이해하는 거다. 문제는 그 과정이 무척 복잡하다는 것이다. 물론 이 책을 통해 살펴봤듯, 모든 특성에는 유전적 요소가 있으니, 기준점이 정해지는 것도 유전적 요소가 어느 정도 관여할 것이다. 하지만 논란이 될 만한 것은 사람들을 더 행복하게 만드는 특정 유전적 요소를 찾았다는 주장이다(혹은 그 반대로, 우울증에 기여하는 유전적 요소라던가). 만약 정말 그러한 요소가 발견될 때 어떤 위험이 도사리고 있을지 상상이 가지 않는가. 벌써부터 '행복의 알약'이라는 마케팅 전략이 눈에 보이는 듯하다.

실제로 그런 한 주장 때문에, 지난 십오 년간 엄청난 양의 연구가 진행돼오기도 했다.

문제의 유전자 변이는 바로 제17번 염색체 상의 세로토닌 수송체 유전자(serotonin-transporter gene)이다. 행복감과 연관 있는 신경 전달 물질인 세로토닌에 대해 아마 들어봤을 거다. 혈류 내에 세로토닌의 양이 많으면 우리는 더 행복해지는 경향이 있다. 때문에 세로토닌 고갈을 막는 프로작(Prozac) 같은 약이 우울증을 앓는 이들에게 도움이 되는 것이다. 세로토닌 수송체 유전자의 역할은 세로토닌을 흡수해서 재활용하는 단백질을 만들어내는 것이다.

대부분의 유전자와 마찬가지로, 세로토닌에도 얼마나 유전 물질이 생성되는지를 컨트롤하는 부위가 있다. 이 부위는 5-HTTLPR로 불리며, 유전자 발현(gene expression)을 컨트롤한다. 마치 목욕탕으로 흘러들어가는 물을 컨트롤하는 수도꼭지처럼 말이다. 1994년에 유전학자들은 5-HTTLPR에는 두 가지 유형, 즉 짧은(short) 변이체와 긴(long) 변이체가 있음을 발견했다. 긴 변이체를 가진 이들은 짧은 변이체를 가진 이들에 비해 유전 물질을 더 생성한다. 세로토닌 수송 단백질을 더 많이 만든다는 건, 짧은 변이체를 지닌 이들보다 체내의 세로토닌 처리를 더 효율적으로 한다는 것이다. 이 발견은 즉각적으로 뇌과학자들 및 정신과 의사들에게 의문을 던졌다. 사람들 간의 변이체 길이의 차가 행동에는 어떤 영향을 미칠까?

2003년, 『사이언스』에는 그 답을 제시하는 논란의 논문이 하나 실렸다.[8] 뉴질랜드의 더니든(Dunedin) 지역에서 젊은 남녀를 대상으로 한 작은 연구에 관한 논문이었다. 이 논문에서는 짧은 변이체를 지닌 이들이 긴 변이체를 지닌 이들보다 우울증에 걸리기 쉬우며, 심지어 자살에 이르기도 한다는 결론이 난 것이었다.

그 후, 5-HTTLPR의 효과를 파헤치려는 수백 개의 연구 논문들이 쏟아졌다.[9] 물론 확정적인 내용들은 아니었다. 특히나 우울증같이 복잡한 증상을 대상으로는 말이다. 우울증은 복합적인 원인에 의해 영향을 받으니까. 어떤 한 행동이 하나의 유전자에 의한 것이라고 단정 지을 수도 없지 않은가. 그럼에도 짧은 변이체를 가진 이들이 우울증 발병률이 높다는 증거들이 드러나기 시작했다. 한 예로, 전미 청소년 건강 종단 연구(US National Longitudinal Study of Adolescents)에서는 2,574명의 청소년들에 대한 데이터를 분석했다. 즉, 이들의 삶에 대한 만족도 응답을 유전적 특성에 따라 비교해본 것이다. 당시 연구를 주도했던 [현재는 옥스퍼드 대학의 사이드 비즈니스 스쿨(Saïd Business School)소속인] 장-이매누엘 드 네브(Jan-Emmanuel De Neve)는 5-HTTLPR의 긴 변이체를 지닌 청소년들이 더 행복함을 발견했다. 이로써 행복의 기준점에서의 개인차가 설명 가능하다고 그는 주장했다.[10]

하지만 그 뒤 드 네브가 직접 실시한 후속 연구는 엇갈린 결과를 가져왔다.[11] 이에 대해 앞서 1장에서 지능에 대한 연구를 했던 로버트 플로민은 이렇게 말했었다. 즉, 어떤 유전자 변이들과 복잡한 특성들의 상관관계를 밝히려면 거대한 데이터 세트(data set)가 필요하다고 말이다. 한 연구를 위해 수백, 아니 수천 명의 DNA 표본을 구하는 걸로는 부족하다. 수십만, 수백만의 DNA 표본이 필요한 것이다. 이러한 방대한 데이터 세트는 이제 막 사용 가능하게 됐다.

2016년에 드 네브는 그런 거대 데이터 세트를 활용한 한 연구를 주도했다. 이 연구에서는 298,420명을 대상으로 한, 주관적인 웰빙에 미치는 유전적 영향을 분석했다. 참가자들 DNA 상의 수백만 가지의 차이 속에서도, 연구팀은 웰빙에 관여하는 세 개의 유전자 변이들을 찾아냈다. 5번 염색체 상에 두 개, 20번 염색체 상에 한 개였다. 이 세 개의 유전자를 합하면 사람들 간 웰빙의 차를 0.9퍼센트 설명 가능했다. 즉, 한편으로는 발견된 유전 물질이 확실히 웰빙의 차이 설명에 통계적으로 유의미하게 관여하고 있었다. 하지만 다른 한편으론, 각각의 유전자가 단독으로 그 차이를 설명하는 정도는 미미했다. 게다가 드 네브에 따르면, 만약 아직 발견되지 않은 수천 개의 변이들을 포함한 모든 유전적 영향들을 다 합친다고 해도, 환경이 행복과 우울증에 미치는 영향이 더 클지도 모른다.

이런 거대한 데이터 세트는 5-HTTLPR의 영역에서도 논점을 흐리는 데 한몫했다. 2017년에는 5-HTTLPR과 스트레스 및 우울증에 대한 모든 데이터에 대대적인 재분석이 이뤄졌다. 수십 명으로 구성된 연구팀이 38,802명에 대한 정보가 담긴 31개의 데이터 세트를 살펴본 것이다. 그 결과, 5-HTTLPR의 짧은 변이체와 우울증 간의 연관성이 덜 확고하다는 게 밝혀졌다.[12]

이 모든 사실이 뜻하는 바는 단일한 '행복 유전자'에 대한 탐색은 무의미하다는 것이다. 물론 복합적으로 우리의 행복을 증진시킬 수천 개의 유전자 변이들에 대한 탐색은 계속된다. 위에 언급한 2017년의 메타 분석을 주도한 이는 미주리(Missouri) 소재 워싱턴 대학교 세인트루이스 의과대학(Washington University st Louis School of Medicine)의 교수인 로버트 쿨버하우스(Robert Culverhouse)였다. 이 책에서 살펴본 복잡한 인간 특성들에는, 수백 개의 유전자 변이들이 서로 상호작용함으로써 영향을 미친다는 학문적 합의에 도달했다고, 쿨버하우스는 말한다. "어떤 단일 유전자 변이가 한 특성에 미치는 영향은 미미합니다." 그가 말했다. 이는 즉, 유전자 편집(gene editing)이나 단일한 유전자를 타깃으로 하는 약 등의 손쉬운 유전자 치료법을 기대해서는 안 된다는 뜻이다. 만약 그런 치료법에 대한 주장이 있다면, 이에 회의적일 필요가 있다. "복잡한 인간 특성에 대한 유전적 발견을 즉각적으로 활용하려면, 개인의 유전적 프로필에 근거한 맞춤형 치료법 정도가 가능성이 있지요." 쿨버하우스가 설명했다.

그럼에도, 각각의 인간 특성과 연관되는 유전자 변이들을 찾으려는 노력은 여전히 의미가 있다. 이를 통해 인간 특성들이 발달하는 메커니즘에 대한 통찰력을 얻을 수 있기 때문이다. 나아가 그 통찰력은 새로운 치료법으로 발전할 수 있다. 또, 유전자 변이들과 웰빙 간의 연관성이 아주 작은 정도의 설명만 가능하다고 해서, 아직 발견되지 않은 수많은 다른 유전적 연관성이 존재하지 않는 건 아니다. 게다가 사실 우울증에서 유전의 역할은 매우 크다. 쌍둥이 연구를 통한 드 네브의 또 다른 연구에서는 유전이 사람들 간의 웰빙 차이에서 3분의 1 정도를 설명함을 보여준 바 있다.

5-HTTLPR에 대한 사람들의 관심도 식지 않았다. 위의 2017년 메타 분석에 참여한 또 다른 학자인 캐스린 레스터(Kathryn Lester)는 현재 서섹스 대학교(University of Sussex)의 심리학자이다. 그녀가

말하는 웰빙 및 우울증 메타 분석에서의 한 문제점은 표본 추출의 비균질성(heterogeneity)이다. 즉, 고르지 않다는 것이다. 예를 들어, 어떤 연구에서는 개인의 웰빙을 자기 보고 평가(self-reported assessment)로 측정하고, 어떤 연구에서는 대면 인터뷰를 통해 측정한다. 두 방법 간의 정확도에는 차이가 있다. 메타 분석에서는 이 비균질성을 최소화하려고 하지만 여전히 해소되지는 않는다. "그래서 저는 5-HTTLPR 유전자형과 우울증에서의 스트레스 노출 간의 논란은 계속될 거라고 봐요." 그녀가 말했다.

레스터도 쿨버하우스처럼 웰빙을 증진시키기 위한 유전적 치료법은 아직 먼 얘기라고 말한다. 물론 현재 유전학에 대한 이해가 복합적으로 일어나는 것은 희망적이지만 말이다. 그런 흐름 속에서 연구원들은 웰빙에 대한 뇌 내 유전적 경로를 찾게 될 것이다. 또, 현재까지 나온 유전적 치료에 어느 정도 반응하는 이들도 찾아낼 수 있게 될 거다. 하지만 아직까지는 우리의 타고난 행복의 기준점을 변화시킬 방법은 없다고 볼 수 있다.

* * * *

셜리 파슨스의 신경과 전문의인 팀 하로워는 락트인 증후군 환자가 신체의 회복을 겪는 일은 거의 없다고 말한다. "그게 정말 안타까운 부분이지요. 대체적으로는 회복하는 경우가 매우 매우 드물어요." 그가 말했다. 물론 대체적으로는 그렇지만 예외도 있다. 내가 대화를 나눠본 한 신경과학자는 케이트 알랏(Kate Allatt)이라는 여성에게 연락해볼 것을 권했다. 그녀는 가끔 놀라운 회복력이 존재한다는 것에 대한 살아 있는 증거라고 말이다.

알랏은 영국 셰필드(Sheffield) 지역의 여학생이던 시절, 꽤나 말썽을 부리고 살았다고 한다. 한마디로 불량 청소년이었다고 그녀는 말했다. 하지만 학교의 직업 상담사가 공장 일을 해보라고 권했을 때 그녀는 화를 냈다. "그게 제게 도움이 됐어요. 이제는 사람들이 '너는 할 수 없어'라고 말하면, '두고 봐' 하고 맞받아치게 됐거든요." 그녀가 말했다.

그 후, 알랏은 항상 긍정적이고 결단력 있는 삶을 살아왔다. 그녀는 후일 펠 러너[fell runner, 크로스컨트리에서의 달리는 방식을 '펠 러닝(fell running)'이라 함]가 되었는데, 매주 70마일을 달렸다고 한다. 그녀는 아이가 셋인 풀타임 커리어 우먼이었다. 하지만 그때까지 그녀가 이룬 모든 도전 과제는 그녀가 39세이던 2010년 2월 7일에 벌어진 일과는 비교도 되지 않았다.

당시, 그녀는 침대에 누워 쉬고 있었다. 의사들은 편두통일 거라고 했다. 그날 저녁, 그녀는 비틀거리며 계단을 내려와 남편에게 물었다. "내가 왜 이러죠?" 그런데 그녀가 실제로 한 말은 어눌하고 알아들을 수 없는 말이었다. 그대로 그녀는 쓰러졌다. 뇌간에 뇌졸중이 심하게 온 것이었다.

정신을 차리자 그녀는 셰필드의 노던 제너럴 병원(Northern General Hospital)에 와 있었다. 그녀는 이때의 기분이 마치 자신의 관에서 깨어나는 것 같았다고 말했다. 몸이 완전히 마비된 채, 그녀는 중환자실에 와 있던 것이었다. 그녀는 락트인 상태가 되어 산소

호흡기에 숨을 의존하고 있었다. 그녀는 남편에게서 차라리 그녀가 죽는 게 나을 뻔했다는 말까지 들었다. 하지만 이때 알랏은 정신이 또렷했다. 만약 의사들이 생명 유지 장치들을 꺼버리면 어떡하나 하고 그녀는 겁에 질렸다. 하지만 자신의 공포를 표현할 수조차 없었던 것이다.

결국, 그녀는 눈을 깜빡임으로써 친구들 및 가족들과 소통하는 법을 익혔다. 그녀는 회복을 위해 안간힘을 썼다. 몸 상태를 호전시키려고 끈질기게 노력했다. "가족들은 그저 각자의 삶을 살아가라는 충고를 들었대요." 알랏이 내게 말했다. "저를 포기해버리더군요. 가족들은 즉시 기대치를 낮추고, 제대로 시도조차 하려 하지 않았어요. 그게 정말 화가 났죠. 저는 속으로, '그래? 그걸 내가 받아들일 것 같아? 집에 아이가 셋인데, 난 뭐든지 다 해볼 거야' 하고 생각했어요. 그러고는 열심히 아주 열심히 노력했어요. 계속 말이죠." 그녀가 말했다.

그녀는 신체의 움직임을 회복하는 데 온 집중을 다했다. 중환자실에 8주간 있은 뒤, 그녀는 오른쪽 엄지손가락을 약 2밀리미터 정도 움직일 수 있게 됐다. 그게 시작이었다. 그녀는 곧 가까스로 말을 하게 됐다. 그리고 놀랍게도, 갖은 고난 속에서도 혼자서 병원 밖으로 걸어 나가는 데 성공하기까지 했다(유튜브에 이 동영상이 올라와 있는데 매우 감동적이다). 그로부터 일 년 뒤, 그녀는 1마일 달리기도 했다. 현재 완전히 회복된 그녀는 다시 가족과 함께 살고 있다. 그녀는 현재 자신의 상황에 대한 연설을 하고, 락트인 증후군 환자들을 방문하기도 한다. 환자들이 상황을 개선시키는 데 도움을 주기 위해서였다. 자신의 이야기로 희망을 전하기 위해서 말이다.

유니버시티 칼리지 런던(University College London)의 뇌과학부 소속 신경학자인 파라쉬케브 나체브(Parashekev Nachev)는 알랏의 이야기와 그녀의 회복 과정에 대해 잘 안다. 나는 알랏이 어떻게 그런 성취를 했는지를 알고 싶어서 그에게 연락을 해봤다. 그는 이렇게 설명했다. 우리의 뇌는 자기 조직화(self-organization)를 통해 발달한다. 그런데 그 과정의 복잡성을 이루려면 임의성(randomness)과 우연성(chance)이 필요하다. 다시 말해, 우리의 뇌는 시행착오를 통해 발달한다는 것이다. 그런데 뇌가 손상을 입으면, 잃어버린 기능을 되찾기 위해 재조직화를 하거나 아니면 손상을 입은 채로 그대로 있게 된다. 하지만 재조직화를 위해서는 많은 유연성이 필요하다. 활동을 할 새로운 방법을 찾고 시도해보기 위해서이다. "바로 이 부분이 알랏과 연관이 깊어요. 그녀는 말도 안 되는 '슈퍼휴먼의 의지'를 지니고 '시도'를 훨씬 더 많이 해본 거지요. 락트인 상태인 다른 환자들에 비해서요. 그녀보다 더 노력하는 환자를 만나본 적이 없을 정도예요. 그래서 그녀의 뇌는 자기 조직화를 훨씬 더 크게 할 수 있었던 거지요. 평범한 사람들에 비해서." 나체브가 말했다.

이제 이 책의 마무리에 접어드니, 정말로 '슈퍼휴먼'이라 부를 만한 사람을 만난 듯싶다. 알랏은 뭐든지 개선의 핵심은 '노력'이라고 말했다. "저는 수년간 그런 말을 해왔고, 이제 드디어 과학자들이 제 사고방식에 주목하는 듯해요." 그녀는 말했다.

앞서 만나본 매캐스킬처럼, 그녀도 타인을 돕는 게 자신의 웰빙 증진에 도움이 되는 것을 깨달았단다.[13] 나는 그녀에게 그런 경험이 행복에 대해서 어떤 점을 시사하는지 물어봤다. 그랬더니 그녀는 자신이 알게 된, 한 핀란드 전직 모델의 이야기를 들려주는 거였다. 1995년에 카티 반 더 후벤(Kati van der Hoeven)은 자신의 꿈을 성취한 상태였다. 그녀는 당시 스무 살이었는데, 세계적인 모델로서 로스엔젤레스에 살고 있었다. 그런데 그녀가 핀란드의 가족을 방문하는 동안, 그녀는 대량 뇌출혈을 겪었고 락트인 상태에 빠지고 말았다. 그게 22년 전 일이다. 카티는 여전히 마비 상태다. 하지만 그녀는 결혼도 했고, 자신의 집에 살고 있다. 그리고 행복하다고 말한다. 알랏은 카티와 그녀의 남편은 그녀가 만나본 세상에서 가장 행복한 커플이라고 말했다.

물론, 카티는 말은 하지 못한다. 그래서 나는 그녀에게 페이스북과 이메일로 연락을 해보았다. 그런데 그녀의 답장이 너무 빨라서, 누군가 대신 답을 해주는 건 아닌가 싶었다. 그런데 그녀가 자신이 어떻게 컴퓨터를 사용하는지에 대한 동영상을 함께 보내온 것이었다. 그녀의 이마에는 빛을 반사하는 작은 점이 부착돼 있다. 그리고 그녀의 컴퓨터에 장착된 자외선 센서가 그 점을 따라 그녀가 어디를 쳐다보는지를 파악하는 것이다. 이를 통해 그녀는 재빨리 가상의 키보드와 커서를 조종할 수 있는 것이다.

그녀는 춤을 추는 것 그리고 말하는 것이 그립다고 했다. 하지만 그녀는 더 이상 그녀가 겪은 비극에 대해서는 생각하지 않는다고 했다.[14] 게다가 모델이었을 때보다 지금이 더 행복하다고 말했다. "저에게 행복은 사랑이에요. 받는 것뿐만 아니라 주고 나눌 수 있는 사랑 말이죠"라고 그녀는 말한다[그녀는 남편인 헤닝(Henning)뿐 아니라 반려견 해피(Happy)도 사랑한다]. "두 번째로 행복이란, 삶에서 목적을 가지는 것 그리고 타인의 삶에 변화를 줄 수 있는 것이라 생각해요. 그게 아무리 작은 변화라도요."

핀란드어에는 '시수(sisu)'라는 단어가 있다. 그 뜻은 대략 '역경을 대하는 투지,' 혹은 '끔찍한 고난에 맞서는 용기'이다. 또한, 시수에는 마치 앞서 살펴본 새옹지마의 이야기처럼, '평온'이라는 의미도 담겨 있다. 그런가 하면, '스트레스 관리'라는 뜻도 있다[평온은 좋은 일과 나쁜 일에 똑같이 무관심한 반응을 보이는 태도로, 부처가 말하는 칠각지(깨달음으로 이르는 일곱 가지 수행 방법)의 하나이기도 하다].[15]

많은 락트인 증후군 환자들은 카티에게 연락을 해왔다. 그녀의 블로그 글을 읽거나 그녀의 모습 또 남편인 헤닝과 대화하는 모습 등을 유튜브로 본 뒤에 말이다. 이들 중 대부분은 아직 자신에게 벌어진 일을 완전히 받아들이지는 못했다고 한다. "그 말인즉, 이들은 아직 긍정적인 부분으로 시선을 돌리거나 자기 자신에 대해 온전히 파악하지 못했다는 거지요." 카티는 말한다. 그녀가 그들에게 가르치고 싶은 게 바로 '시수'의 정신이다. 카티는 뇌졸중 전에는 모든 행동을 사회적인 규칙에 의거해 살았다고 한다. 하지만 지금은 감정에 이끌리는 삶을 산다. 사랑과 연민, 친절함 등과 같은. "제 행동들은 이제 더 이상 사회에 의해 영향받지 않아요. 무엇이 옳고 그르다는 감정들에 영향을 받을 뿐이지요." 그녀가 말했다.

카티의 말로부터 내가 깨달은 것은 두 가지다. 첫째는 카티에게 연락한 락트인 환자들이 아직 자신의 상태를 완전히 받아들이지는 않았다는 점이다. 여태껏 내가 인용한 연구들에서는 대부분의 락트인 환자들이 행복하다는 식이었다. 하지만 확실히 수용하기 힘든 타격이 아니라고 할 수는 없는 일이다.

둘째는 '시수'의 정신과 긍정적인 마인드를 타고난 사람들도 어떤 목적이 필요하다는 점이다.

셜리의 경우, 락트인 상태가 된 게 삶에 대한 긍정적 시선을 갖는 데 오히려 도움이 됐다고 한다. "물론 제 낙관적인 기질, 오래 언짢은 상태로 못 있는 점 등이 상황에 도움이 된 건 의심의 여지가 없어요. 하지만 제가 매우 실용적이고 현실적인 사람이란 것도 큰 도움이 됐지요." 셜리가 말했다. 셜리의 경우는 아름다움도, 운동 실력도, 부와 명예도 행복의 큰 조건이 되지 못함을 보여준다. 순간 순간의 경험과 자신에 대한 느낌은 그러한 조건들에서 오는 건 아니기 때문이다. 앞서 살펴본 '일생 평가'로 행복을 측정했을 때도 마찬가지다. 행복은 우리가 일상에서 좇는 것과 필연적으로 연결돼 있지는 않다.

만약 인생을 뒤돌아봤을 때, 락트인 상태로 이삼십 년을 보냈다면 어떨까? 아마 혹독한 시련을 겪었노라고 생각해 마땅할 것이다. 여러분이 셜리였다면, 아마 과거를 돌아보고 이렇게 생각하지 않을까? '끔찍한 일이 벌어졌었지. 하지만 난 삶을 통해 보람찬 일들을 해냈어. 학위들도 따고, 마음을 향상시켰어. 내 자신 그리고 삶에 대한 이해도 했지. 내 몸 안에 난파된 꼴이었지만, 내 안을 탐색해갔고 결국 숨겨진 보물을 찾은 셈이야.'

나체브도 이러한 락트인 환자들의 이야기가 일반적인 행복의 개념에 비출 때 사람들에게 어떤 깨달음을 줄지 궁금해했다. "우리 대부분이 견딜 수 없을 거라 생각하는 상황에서도 행복하다고 말하는 사람들이 있지요. 하지만 그런 이야기가 우리에게 '행복이 무엇인가'에 대해 많은 걸 가르쳐주는지는 모르겠네요." 그가 말했다.

하지만 나는 락트인 환자들의 이야기가 확실히 행복에 대해 가르쳐준다고 믿는다. 그들의 이야기는 내게 순간적이고 경험적인 행복이 더 실질적인 행복이고 중요한 행복임을 일깨워줬기 때문이다. 즉, 누군가 "어떻게 지내세요?"라고 물을 때의 답이 바로 그 행복과 직결되는 거다. 너무 복잡하게 생각하지 말기로 하자. 행복은 단순한 것이다. 마치 덥거나 춥거나 한, 온몸에 퍼지는 느낌이다. 행복할 때, 바로 이를 알아차릴 수 있을 정도로. 만약 더 넓은 관점에서 좀 더 거창하게 행복을 생각하려면, '일생 평가'를 떠올리면 된다.

플랜트는 내게 이렇게 말했었다. "우리는 순간순간의 경험보다 삶 전체의 이야기들에 더 감동받는 경향이 있어요." 여하튼, 시나 노래 그리고 소설을 통해서도 우리는 돈이 우리를 더 행복하게 하지 못한다는 걸 안다. 그럼에도 우리는 더 돈을 벌려고 마치 러닝머신 위를 달리는 것처럼 살지 않는가. 토머스 제퍼슨이 독립선언문에서 말한 '행복 추구권'은, 사회 전체의 웰빙 증진을 추구해야 한다는 의미가 아닐까. 하지만 뭐든지 개인주의가 우선인 사회에서는 이는 혼란스러운 개념이다. 개인적인 일생 평가를 행복의 잣대로 삼아야 하는 세상이니까.

우리는 행복의 추구가 연봉 상승에 있다고 생각하곤 한다. 하지만 이 장에서 살펴봤듯, 일정 금액 이상으로는(중산층 개념으로는 상당히 낮은), 여분의 돈이 우리의 웰빙을 크게 증진시키지는 못한다. 또, 카니예 웨스트의 멋진 차나 우리가 멋지다고 생각하는 연예인의 삶을 목표로 하는 게 행복이라 생각할지 모른다. 혹은 특정 평수의 집이나 아이들을 보낼 특정 학교 등이라고 말이다. 그러고는 그런 것들이 우리의 삶에 만족을 가져다줄 거라고 얘기를 지어낸다. 이를 위해서라면 장거리 출퇴근 시간도 견디고 지루한 업무도 참아낸다. 심지어는 따분한 배우자를 참아내기도 한다. 그런 노력이 우리를 행복에 이르는 길로 인도할 거라 믿기 때문이다. 물론 그런 행복에 도달할 수도 있고, 성공했다면 잘 된 일이다. 하지만 그런 기준이 우리의 순간순간의 감정적 행복을 바꿔놓지는 못한다. 이 사실을 정확히 알고 이에 대비해야만 할 것이다. 그렇지 않으면 언젠가 모든 게 수포로 돌아가버릴지도 모르니까. 행복에 대한 논쟁에서, 어쩌면 진화론적 관점이 도움이 될지 모른다. 수만 년 전에는 쉴 곳, 식량, 도구 같은 자원을 소유하는 게 진화론적인 관점에서 매우 중요했다. 또, 그런 것들을 소유한 사람이 더 높은 지위에 올랐고 말이다. 하지만 이제는 그런 기본적인 자원들에 대한 욕구는 끊임 없이 원하는 고삐 풀린 욕구로 변질되었다. 그런 면에서, 현대의 비만 문제는 진화론적인 함정일지 모른다. 단것과 기름진 음식에 대한 입맛은 그런 음식들이 지금보다 훨씬 희귀했을 때부터(그리고 지금보다 훨씬 활동량이 적었을 때부터) 길들여진 것이다. 하지만 이제 우리의 몸은 그런 음식들이 제공하는 대량의 값싼 에너지를 감당하기 힘들어진 것이다.[16] 소비 지상주의(consumerism)도 비슷한 진화론적 함정이라고 볼 수 있다.

결국 우리의 삶과 마음가짐에 변화를 줄 가장 간단한 방법은 뭘까? 바로 행복을 논할 때 떠올려야 할 게 순간순간의 경험임을 기억하는 것이다. 카니예 웨스트도 마세라티 안에서 행복하지 않을 수 있다. 그러니, 지금 이 순간, 여러분을 행복하게 하는 일들을 가능한 많이 하도록 삶을 설정해나가길 바란다.

— 끝맺는 말 —

시민 개개인의 내면에는 사실 집단이 있다. 그들에게는
너무도 다양한 행동적 가능성이 내재돼 있기 때문이다.
                                  – 소설가 제이디 스미스(Jadie Smith)

인간은 동물과 초인 사이에 놓인 밧줄과 같다. 심연에
걸쳐져 있는 밧줄.
                                  – 철학자 프레데릭 니체(Friedrich Nietzsche),
              『자라투스트라는 이렇게 말했다 *Thus Spoke Zarathustra*』 중에서

간단히 설명해주지. 호모 수피리어(Homo Superior)를 위해
길을 비켜라.
                                      – 가수 데이빗 보위,
                  〈오 유 프리티 띵 Oh You Pretty Thing〉의 가사 중에서

며칠 전, 나는 쇼핑몰 주변에서부터 버킹엄 궁전까지 자전거를 달리고 있었다. 그런데 우연히 부모님께 꾸지람을 듣는 아이가 한 명 눈에 띄었다. "네가 뭐라고 생각하는 거니?"라고 아이의 엄마는 외치고 있었다. 나는 자전거를 계속 밟아 나가서, 더 이상은 듣지 못했다(버킹엄 궁 앞이었던 걸 감안하면, 아마 다음 나올 말은 "네가 여왕이라도 된다고 생각하니?"였을지 모른다). 하지만 나는 "네가 뭐라고 생각하는 거니?"라는 말에 대해 생각해봤다. 이 책에서 만난 이들을 떠올리면서 말이다. 나는 내 자신을 뭐라고 생각하고 있을까? 나는 일상에서 깨닫는 것보다 훨씬 더 위대한 잠재력을 가진 종의 일원이 아니던가.

나는 놀라운 생존과 회복의 이야기를 읽고 감탄하거나 인간 성취의 최정점에 놓인 예술과 문학, 과학을 보고 경이로워했다. 그럴 때마다 그런 업적을 쌓은 이들이 다른 세상 사람만 같았다. 사실 우리 대중은 슈퍼휴먼이 아니다. 우리가 일상에서 만나는 이들의 대부분도 슈퍼휴먼은 아니다. 하지만 내가 뒤늦게 깨달은 것은 우리와 그들 사이에는 연결의 끈이 있다는 사실이다. 그렇기에 우리는 타인의 영광을 보고 자랑스러워해도 되는 거다. 슈퍼휴먼들과 우리는 비슷한 특성들을 공유하니까 말이다.

어디 한번 보자……. 내 기억력은 평균 정도지만 원한다면 더 좋아지도록 훈련은 할 수 있을 거다. 물론 내가 배드워터 울트라마라톤을 뛸 수 있을 것 같지는 않다. 하지만 일반적인 마라톤 정도는 완주할 수 있을지 모른다. 노벨 과학상이라면 절대 불가능할 거다. 하지만 나는 『사이언스』에 한 번 논문을 낸 적은 있다.[1] 그리고 로열 오페라 홀에서 노래 부르는 일도 어림없을 거다. 물론 지금은 연습 끝에 노래방에서 부끄럽지 않을 정도로는 노래할 수 있다.[2] 그러니 어느 정도까지는 우리 모두 안에 가능성이 존재하는 것이다.

　이 책을 통해 우리는 다양한 종류의 인간 특성들에 대해 살펴보았다. 지능과 용기, 가창력과 인내력, 회복력과 수면, 장수와 행복 등을 말이다. 이러한 특성들을 아우르는 한 가지 공통점이 있다. 바로 그러한 특성들에는 정도의 차이가 존재하기에 우리 모두 이를 표현할 수 있다는 것이다. 이런 특성들은 우리를 인간답게 만드는 수채화 팔레트의 일부분인지 모른다. 그리고 우리가 살펴본 특성들이 팔레트에서 가장 주된 색깔인지도 모른다.[3] 불현듯, 햄릿(Hamlet)의 '인간은 얼마나 멋진 존재인가(what a piece of work is man)'라는 독백이 떠오른다. 햄릿은 인류의 이성과 무한한 능력에 대한 감탄을 한다. 하지만 곧 쓸쓸하게 이를 번복한다. "인간은 나를 즐겁게 하지 못해. 여자도 마찬가지"라고 그는 말한다.[4] 하지만 햄릿과 나는 이 부분에서 다르다. 이 책의 끝에서 내가 느끼는 건, 인류에 대한 실망과는 거리가 멀기 때문이다. 햄릿은 부정론자인지 모르지만, 나는 긍정론자가 됐다.[5]

　앞서 살펴봤듯, 슈퍼휴먼들은 단지 능력 스펙트럼의 극단에 자리할 뿐이다. 논란이 될 법한 건 그들이 어떻게 그 위치에 도달했는가이다. 우리가 탐구한 여러 특성들을 보면, 어떤 이들은 그저 위대함을 성취하기 위한 특별한 유전적 배경을 타고난다. 지능과 가창력, 장수 여부 등이 가장 확실한 예다. 물론 이런 유전적 조건을 갖췄더라도 능력의 완전한 발달을 도울 유리한 환경이 필요하다. 모차르트가 태어나자마자 피아노를 친 것은 아니지 않은가. 또, 앞서 만나본 매그너스 칼슨도 체스 두는 법을 배워야 했다. 그 외 기억력이나 인내심 같은 특성들은 유전적 조건이야 어떻든 스스로 증진해 나갈 수 있다.

이처럼, 이 책에서 우리는 뭔가를 얼마나 잘할 것인가는 양육에도 달렸다는 것을 살펴봤다. 무엇을 먹고, 무엇을 경험하는지, 또 어떻게 훈련을 받고 연습하는지 등에도 영향을 받는다. 유전적 조건 이외에도 말이다. 환경은 우리를 양육할 뿐 아니라 유전자들과도 상호작용한다. 또, 유전자들을 조절하기까지 한다. 물론 환경이 유전적 영향을 넘어선다는 건 아니다. 오히려 유전자들과 함께 움직인다. 어떤 유전자를 발현시킬지 억제할지를 구별하면서. 그러니, '본성 대 양육'이라는 개념은 틀렸다. 유전자만 그리고 환경만 영향을 미치는 일은 없는 거다. 언제나 두 요소가 함께 합동하여 작용하는 것이다. 이처럼 '본성 대 양육'은 유통기한이 지난 고대의 문화적 산물이지만, 대중의 상상력 속에 굳건히 자리 잡았다. 하지만 유전학자들은 이를 무시해버린 지 오래다. 햄릿에 나오는 또 다른 대사가 이 상황에 적절해 보인다. "습관은 거의 천성을 바꿀 수 있으니(For use almost can change the stamp of nature)"라는. 이 장면에서 햄릿은 자신의 어머니가 삼촌인 클라우디우스(Claudius)와 동침하는 것을 막으려고 한다. 그러면서 어머니가 삼촌의 침대로 가지 않으려고 노력하면, 내면의 욕구도 사그라질 것이라고 말하는 것이다. 셰익스피어가 이 구절에서 '거의(almost)'라는 단어를 쓴 것에 감탄하지 않을 수 없다. 내게는 마치 이 구절이 "훈련은 타고난 능력을 '거의' 능가할 수 있다"처럼 읽힌다.[6]

복잡한 인간 특성들은 수천 개의 유전자들에 의해 영향을 받는다. 예를 들어, 지능에 영향을 준다고 확정된 한 유전자는 다른 많은 특성들에도 영향을 미친다. 따라서 유전적 영향은 그 경계가 모호한 것이다. 어찌 보면, 지능이나 기억력, 언어 능력, 회복력 등은 그저 우리가 인간에 대한 이해를 쉽게 하려고 임의로 정한 범주인지도 모른다. 이렇게 범주를 분류해야 혼잡한 현실을 정리하기 쉬우니까 말이다. 플라톤의 이상과는 거리가 먼 범주인 셈이다. 이렇게 유전자들의 영향이 한데 뭉뚱그려지는 것을 학술 용어로 '다면발현(pleiotrophy)'이라고 한다. 즉, 지능에 연관된 유전자들은 아마도 기억, 언어 능력, 집중력, 행복 등에도 영향을 미칠 것이다. 또, 장수와 회복력에까지 영향을 줄 수도 있다. 물론 그 반대도 성립하고 말이다. 한 예로, 베트남 참전 용사들을 대상으로 한 한 연구에서는, 지능과 건강 간의 연관성이 발견됐다. 이는 아마도 낮은 지능과 허약한 상태 간에 공통적인 유전적 요소가 있었기 때문일 것이다.[7] 또한, 세 개의 쌍둥이 연구에서는 지능과 수명 간에 어느 정도의 연관성이 존재한다는 분석이 나왔다. 똑똑한 사람들이 더 수명도 길다는 유전적 연관성이었다.[8]

물론 유전자들 간의 상호 연관성 때문에 유전이 우리의 능력에 미치는 영향이 적다는 건 아니다. 운동 능력과 지능, 백 세까지 살 가능성 등에 말이다. 유전적 요소들의 영향은 여전히 거대하다. 물론 소수의 유전자 변이들에서는 예외다. 예를 들어 앞서 9장에서 살펴봤던 '낭포성섬유증' 같은 멘델 유전병 같은 경우에서 말이다. 이런 경우에는 어떤 특정 유전자가 특정 행동 및 생리적 효과와 연관된다고 단정 지을 수 없다.

그렇다면, '타고난 천성'의 개념에 왜 그렇게 저항하는 걸까? 최근의 베스트셀러들은 유전을 넘어서는 양육의 효과를 강조한다. 그리고 타고난 능력의 중요성을 깎아내리는 것이다(생각나는 베스트셀러들은 앤절라 더크워스의 『그릿 *Grit*』, 안데르스 에릭슨과 로버트 풀의 『1만 시간의 재발견 *Peak*』, 대니얼 코일(Daniel Coyle)의 『탤런트 코드 *The Talent Code*』, 말콤 글래드웰의 『아웃라이어 *Outliers*』, 제프 콜빈(Geoff Colvin)의 『재능은 어떻게 단련되는가? *Talent is Overrated*』, 데이비드 셍크(David Shenk)의 『우리 안의 천재성 *The Genuis in All of Us*』 등이 있다).

그 이유는 아마도 우리가 흔히 유전학이 바람직하지 않다고 생각하기 때문인지 모른다. 이러한 문화적 트렌드에서는 유전을 양육과 대립시킨다. 그리고 사람들은 유전이 불변하고 조절 불가능한 대상이라 믿게 된다. 사실은 그렇지 않은데도 말이다. 유전적 조절은 우리가 이 책에서 만나본 여러 특성들에서 발생할 수 있기 때문이다. 사람들의 필요에 따라 어떤 유전자는 발현되기도 억제되기도 한다. 또, 유전은 훈련과 식습관 및 기타 환경적 영향들에 의해서도 조절될 수 있다. 이러한 유전적 조절을 연구하는 학문을 '후성 유전학(epigenetics)'이라 부른다.

인간 행동에 미치는 유전적 영향을 인정하기 꺼리는 건, 이데올로기적인 이유인지도 모른다. 누구도 유전자들이 자신의 운명을 좌우한다고 믿고 싶지 않을 테니까. 물론 아무도 이를 입 밖에 내지는 않겠지만 말이다. 이는 마치 허수아비 논법(상대방의 주장을 약점 많은 대상으로 바꿔치기하는 것)과 비슷하다. 게다가 역사적인 과오도 있지 않은가. 영국과 스칸디나비아, 캐나다와 미국 그리고 물론 독일에서 벌어진 우생학 운동이라는 사건 말이다. 하지만 그건 정치였을 뿐 과학은 아니었다. 만약 현대 과학에서 특정 분야의 높은 성취에는 유전적 요소가 바탕이 됐다고 말한다면 그건 사실인 거다. 이 책에서 쭉 살펴본 대로 말이다. 그런 주장의 증거를 수용하고, 이를 발전의 힘으로 삼으면 된다. 예를 들어, 사람들은 유전학을 통해 자원을 적재적소에 활용하는 법을 배울 수 있다. 또, 전문성에 미치는 유전적 영향을 이해하면, 더 많은 이들이 훈련을 통해 더 위대한 성취를 하게 될지도 모른다. 이는 마치 IQ 테스트에 대한 논쟁과도 비슷한 점이 있다. IQ 테스트의 실시로, 오히려 전통적인 소외 계층을 도울 수 있게 됐으니 말이다. 캘리포니아 대학교 어바인 캠퍼스의 데이빗 카드(David Card)와 로라 줄리아노(Laura Giuliano)는 플로리다의 한 대형 학군에서 IQ 테스트 선별을 도입한 예를 들었다. 테스트를 통해 더 많은 흑인, 히스패닉, 저임금 가정 및 여학생들이 '재능 있는 학생'을 위한 프로그램에 참여하게 되었다는 것이었다.[9] 앞서 소개한 유전학자 로버트 플로민도 IQ 테스트는 모든 어린이들의 교육적 성취 향상에 도움이 된다고 말한 바 있다.[10] 게다가 지능에 미치는 유전적 영향이 없다고 한번 상상해보라. 만약 양육만이 지능을 결정한다고 한다면, 결핍된 환경의 모든 이들이 유복한 환경의 사람들보다 덜 똑똑하다는 말밖에 되지 않는다.

어떤 일에 전문가가 되고 싶은 독자 여러분은 이런 사실을 어떻게 받아들여야 할까? 혹은 여러분이 부모 혹은 예비 부모로서 자녀들에게 최고의 지침을 마련해주고 싶다면? 바로 너무 비현실적인 목표를 세우지 말라는 것이다. 마치 동화 속 소녀 골디락처럼 여러 가지를 시도해보아야 한다. 자신에게 가장 잘 맞는 목표를 선택할 때까지 말이다. 만약에 어떤 일에 소질이 있다고 생각되면, 쭉 밀고 나가라. 만약 업으로 삼을 정도의 재능이 없다 싶으면, 그만두면 된다. 어떤 분야에 전문가가 되려고만 하지 말고 재미 삼아 해보는 것도 좋다. 어떤 일에 대한 동기 또한 우리의 유전적 특성임을 기억하라. 실은, 이 책을 위한 리서치를 하면서 내게 가장 놀라운 발견으로 다가온 게 바로 이 사실이다. 6장에서 살펴봤듯, '연습을 하려는 성향' 또한 강한 유전적 요소를 지니고 있는 것이다. 나도 그전엔 '그릿'이나 집념에 유전적 요소가 있을 거라고는 생각하지 못했다. 하지만 이는 엄연한 사실이다. 그렇다고 이 책의 등장인물들 수준에 도달하지 못한다며 자책하지 말기를 바란다. 극소수만이 그런 성취를 이룰 수 있으니까 말이다.

우리 어머니는 어린이와 청소년 대상의 책을 쓰시는 성공한 작가시다. 나는 언젠가 어머니에게 왜 아동 도서를 쓰시는지 여쭤봤었다. 막 아동 작가 필립 풀먼(Philip Pullman)의 책을 함께 읽은 뒤였다. 어머니의 책은 잘 팔렸지만, 어머니도 자신이 풀먼이나 로알드 달(Roald Dahl), J.K. 롤링(J.K. Rowling)처럼은 되지 못할 걸 아셨다.

"조금이라도 아동 문학에 기여한다는 게 기뻐서 글을 쓰지"라고 어머니는 답하셨다. 이 책을 통해 만나본 슈퍼휴먼들은 그들의 성취를 못 이뤘다는 공포에 나를 떨게 하진 않았다. 아니, 오히려 내 일에 조금도 노력하게 되는 계기가 돼줬다. 달리기를 하거나 적어도 운동을 해서 나 자신에 긍정적인 에너지를 부여하라. 마치 횡단보도를 건널 때 조심하거나 아이들의 건강을 염려하는 것처럼 자신의 수면도 우선시하라. 그러면 기분도 좋고 사고도 더 잘 이루어진다. 뿐만 아니라 장기적으로 볼 때 더 이득이다. 투지를 불태워서 F1 경주에 참여하거나 세계 항해를 할 필요는 없다. 현재의 순간을 사는 게 삶을 어떻게 개선시킬지 어떤 행복을 가져다줄지만 생각하면 된다. 물론 나 자신이 카르멘 탈튼이나 알렉스 루이스가 겪은 고통에 처하는 일은 없길 바란다. 하지만 그보다 덜한 고통은 우리 누구에게나 온다. 우리에게는 회복력이 장착돼 있으니, 고난을 이겨나갈 힘이 있지 않은가.

내게는 이 정도면 족하다. 물론 자신이 슈퍼휴먼이 아님을 못 받아들일 이들도 있을 것이다. 아마 그래서 앞서 언급한 베스트셀러들이 그렇게 인기가 있는 게 아닐까. 또, 지능이나 음악적 능력, 장수, 심지어 수면 등의 분야에 그렇게 유전적 연구가 활발한 이유이기도 할 거다. 10장에서 살펴본 DEC2 유전자가 기억나는가? 특정 형태의 DEC2 유전자를 지닌 이들은 일반인들보다 더 적은 수면 시간으로도 버틸 수 있다. 이를 보고, 미래에는 사람들이 유전적인 도움을 받게 될 거라고 공공연히 말하는 과학자들도 있다.[11] 하버드의 유전학자인 조지 처치(George Church)도 유전자 변이들이 편

집되어 인간 유전체에 추가될 가능성에 대해 언급한 바 있다.[12]

크리스퍼(CRISPR, 유전자 가위)와 같은 유전자 편집 기술의 대두는 큰 흥분[13]과 동시에 걱정도 안겨다 주었다. 중국[14]과 미국[15]의 연구 기관들에서는 인간 배아(embryo)에 수정을 가하는 기술을 이미 시도해본 바 있다. 그 결과는 부분적인 성공이었을 뿐이지만, 여하튼 유전자 편집의 실행 계획이 세워지고, 안전 수칙도 잘 명시되었다고 다는 아니다. 인간 유전자의 다면 발현적 성격 때문에 유전자 편집으로 인류에 큰 변화가 설계되기는 힘들기 때문이다. 지능과 장수, 음악성과 성격 등은 우리가 생각했던 것보다 훨씬 더 유전적으로 복잡한 성질들이기 때문이다. 그럼에도 사람들은 유전자 편집을 계속 시도할 것이다. 이미 유전 공학으로 동물들의 지능 및 수명이 향상되는 결과를 낳은 바 있으니 말이다. 쥐에게 NR2B라는 단일한 유전자에 수정을 가했더니 지능이 더 높아졌던 것이다. NR2B는 학습 기술 및 기억력 등을 증진하는 데 기여한다.[16] 또한, 이 유전자는 뉴런들 간의 소통을 더 오래 지속시키는 효과도 지녔다. 한편, 예쁜꼬마선충(Caenorhabditis elegans)이라는 벌레에서는 노화와 연관된 두 개의 유전적 경로들이 발견됐는데, 이를 변화시켰더니 수명을 다섯 배 연장되는 결과가 나왔다.[17]

여기서 생각해볼 질문이 하나 있다. 현대의 인간은 약 이십만 년 전부터 진화해왔다. 그렇다면 인간이라는 종의 일부 구성원들이 뛰어난 성취를 해와서, 우리가 더 '인간답게' 변한 걸까? 그렇지는 않을 거다. 왜냐하면 현대의 우리 일반인들과 슈퍼휴먼들 간의 연결고리가 있듯이, 우리와 선사시대의 인간들을 잇는 연결고리도 존재할 것이기 때문이다. 하지만 현재 우리의 모습을 보라. 우리는 훨씬 커지고, 건강해졌으며, 똑똑해졌다. 더 오래 살고, 더 많은 걸 성취한다. 그 이유는 우리가 더 인간답게 변해서가 아니라, 우리의 내재된 잠재력을 통해 더 많은 걸 성취했기 때문일 거다. 그렇다면, 앞으로 인간은 얼마나 더 많은 걸 성취할 수 있을까?

앞으로 남은 성취는 무궁무진하다. 이에 대해 조금만 엿보자.

2016년과 2017년에는 고대부터 내려온 바둑을 이해하는 데 획기적인 사건이 벌어졌다. 즉, 알파고(AlphaGo)라는 인공지능이 세계 최고의 바둑 기사들을 상대로 대승을 거둔 것이었다. 알파고는 바둑의 삼천 년 역사상 전혀 본 적이 없는 수를 두었다. 그런데도 세계 최고의 인간들은 알파고와의 대전에서 이기기도 했다. 한국의 이세돌과 중국의 커제(柯洁)가 알파고의 플레이를 바탕으로 자신들의 움직임을 변화시키고 발전시킨 것이었다. "알파고와 대전 뒤에, 저는 그 매치에 대한 근본적인 재고를 해봤어요. 이제 와서 생각하면 그런 사고가 제게 큰 도움이 된 것 같아요"라고 커제는 말했다. "비록 제가 지긴 했어도, 바둑의 가능성이 무한하다는 점, 그리고 바둑이 계속 발전 중이라는 점을 깨달았거든요."[18] 커제는 그 후 경기에서는 22연승을 거두기도 했다.

데미스 하사비스(Demis Hassabis)는 구글 딥 마인드(Google Deep Mind)의 공동 창시자이다. 딥 마인드는 런던에 기반을 둔 연구소로 알파고를 개발한 곳이다. 또, 알파고의 후속인 알파 제로(Alpha Zero)를 탄생시키기도 했다.[19] 하사비스는 커제와 이세돌이 보인 반응은 AI가 인류를 위해 공헌하는 바를 잘 드러낸다고 말했다. 우리는 AI

가 우리의 직업을 대체할 거라 두려워하지만 이는 틀렸다. AI는 오히려 인간이 어디까지 발전 가능한지를 보여주는 역할을 한다. "AI에 의해 보강된 인간의 독창성은 인류의 진정한 잠재력을 드러내 보일 겁니다"라고 하사비스는 말한다.

나는 이 책에서 다뤄진 인간 특성들이 어떻게 AI에 의해 보강될 수 있을지 상상이 갔다. 지능과 창의성은 충분히 그럴 만했다. 또, 기억력과 언어 능력, 집중력도 마찬가지였다. AI의 힘을 빌린 의학의 혁신도 우리의 장수와 회복력에 영향을 미칠 게 뻔하다. 이런 트렌드가, '인간 이후의 인간(post-human, 유전자 변형, 기술 이식 등을 통한 상상의 인간)' 시대의 도래를 뜻하는 걸까? 또, 빈부격차도 심화되는 결과를 낳을까?

하지만 AI의 도움 없이도, 이 책을 통해 내가 만나본 사람들은 내게 충분히 인간 잠재 능력에 열광케 했다. 우리 인간 내면에는 정말 많은 잠재력이 존재한다. 필자가 이 책을 쓰는 동기를 마련해준 것도 바로 인간의 잠재력이었다.

옥스퍼드 소재의 '인류 미래 연구소(Future of Humanity Institute)' 소속 앤더스 샌버그(Anders Sanberg)는 특히 미래 인류의 잠재력에 대해 큰 관심을 갖고 있다. 그에 따르면, 우리는 현재 등한시할 수 없는 존재론적 위협들을 마주하고 있다. 기후 변화, 인공 생물학(synthetic biology, 새로운 기능의 생명체를 인공 합성하는 생물학), 핵전쟁과 인공지능(아이러니하게도, 방금 전에 AI에 대해서 찬양했지만) 등이다. 우리가 마주하는 위험을 측정하는 한 방법은, 철학자들이 '미래의 크기(size of the future)'라 칭하는 것이다. 이는 즉, 미래에 존재 가능한 인구 수를 측정하는 방법이다. 샌버가 이를 계산해보았더니, 결과는 천문학적인 숫자 그 이상이었다. 현재의 존재론적 위협 때문에 미래의 인구 800억과 3.92×10^{100}명이 위험에 처할 수 있다.[20] 그러니, 모두가 미래의 인류와 그들의 잠재력을 위해서 함께 대응해나가야 한다고 샌버그는 말한다.

이 책을 통해 우리는 가장 뛰어난 인간들, 즉 슈퍼휴먼들의 예를 탐색해보았다. 맨 처음엔 어떻게 침팬지보다 인간이 더 많은 걸 성취할 수 있는지에서부터 시작했다. 그리고 책에서 살펴본 인류와 문화에 얽힌 여러 인간 특성들은 이를 충분히 설명해냈다. 인간이 침팬지보다 더 고도의 수준으로 해내는 또 하나는 바로 협동이다. 협동은 이제 예전보다 더욱 필요한 덕목이 되었다. 여러분도 나처럼 인류의 풍요로움과 잠재력에 감탄을 금치 못했을 거라 믿는다. 이제는 우리가 이러한 인간 특성들을 동력으로 적극 이용해야 할 때다. 그래서 우리 인류라는 종이 마주한 문제들을 함께 해결해나갈 수 있도록 말이다.

감사의 말

이 책을 쓰는 과정은 무척이나 즐겁고 보람찼다. 이 책에 대한 모든 공을 집필 과정 동안 필자가 만나고 인터뷰한 모든 이들에게 돌린다. 과학자들과 각 장의 대상이 되어준 슈퍼휴먼들에게 말이다. 지금 여기서 이름을 언급하기엔 너무 많은 분들이 도와주셨다 (모든 이름들은 본문에서 찾아볼 수 있다). 아무쪼록 여러분들의 시간을 내어 필자를 만나고, 삶과 일과에 관한 대화를 나눠주신 데에 무한한 감사를 드린다. 직접 여러분들을 만나서 이야기를 들은 게 내게 얼마나 큰 영감이 되었는지 모른다.

『뉴 사이언티스트 *New Scientist*』는 너무나 훌륭한 그리고 학문적으로 흥미로운 단체이다. 이 잡지에 십 년 이상 일원이 되어온 것이 나의 사고방식에 얼마나 큰 가르침을 주었는지 모른다. 질문과 상상을 할 수 있도록 자연스러운 분위기를 마련해준 이곳의 동료들에게 큰 감사를 드린다. 이 책을 집필하는 데 필요한 여유를 허락해준 직장 상사들께도 역시 감사의 뜻을 전한다.

많은 분들이 이 책의 여러 부분들을 읽고 코멘트를 해주셨다. 셀레스테 비버(Celeste Biever), 제시카 함젤루(Jessica Hamzelou), 로라 갈라허(Laura Gallagher), 사이먼 피셔(Simon Fisher), 마리-크리스틴 니지(Marie-Christine Nizzi), 스튜어트 리치(Stuart Ritche), 미리엄 모싱(Miriam Mosing), 자케 태미넨(Jakke Tamminen)께 시간을 내주셔서 감사하다는 말씀을 드린다. 혹시 오류가 있다면, 물론 이는 내 책임이다. 또, 내내 조언과 용기를 아끼지 않으신 동료 작가 헬렌 톰슨(Helen Thomson), 가이아 빈스(Gaia Vince), 조 마천트(Jo Marchant), 빅 제임스(Vic James)에게도 감사드린다. 자케 태미넨과 데이빗 모건(David Morgan)은 친절히 내 몸에 EEG 기계를 연결하고 자신들의 수면 연구실에서 내가 자도록 도와주셨다. 이 책 속의 인물들을 만나는 데는 많은 기관들의 도움이 있었다. 이 기관들의 도움과 호의가 없었다면, 이 책을 마칠 수 없었을 거다. 로열 첼시 병원의 입주민들과 직원들, 윌리엄스 그랑프리 엔지니어링팀, 로열 오페라 하우스, 보스톤의 브리검과 여성 병원, 영국 노년학회의 데버라 프라이스, 로열 데본 앤 엑서터 파운데이션 트러스트 병원(Royal Devon and Exeter Foundation Trust Hospital)에 감사한다.

리틀, 브라운(Little, Brown) 출판사의 편집팀에도 감사드린다. 팀 위팅(Tim Whiting)과 니트야 래(Nithya Rae), 그리고 교열 담당자인 스티브 고브(Steve Gove), 사이먼 앤 슈스터(Simon & Schuster) 출판사의 벤 로넌(Ben Loehnen)은 너무도 훌륭한 작업을 해주셨다. 특히 멋진, 지칠 줄 모르는 에이전트인 패트릭 월시(Patrick Walsh)에게 특별한 감사를 전한다. 초기의 아이디어가 이 책으로 펼쳐지는 데 중요한 역할을 맡아주셨다.

　나를 타자기 치는 소리 속에서 키워주신 나의 멋진 어머니께도 감사드린다. 나도 작가가 될 수 있음을 어머니께서 일깨워주셨다. 훌륭히 나를 북돋아준 내 가족과 대가족 일원들께도 감사한다. 특히 아버지와 여동생 젬마(Gemma), 그리고 내 인척[특히 로스(Ros)는 정말 생명의 은인이다], 내 자녀들 몰리(Molly)와 아이리스(Iris)에게도 고마움을 전한다.

　사람들은 흔히 책을 쓰는 게 아이를 낳는 것과 비슷하다고 말한다. 그런데 이 책을 쓰는 동안 놀랍게도 아내 로라가 아이를 임신하였다. 임신 기간 동안 그녀가 간혹 나의 신체적 정신적 부재를 참아준 것에 감사한다. 또, 집필 과정에서 내게 큰 사랑과 지지를 보내준 것도 말이다. 이 책의 첫 번째 독자로, 그녀는 내 집필 능력을 크게 향상시켜 주었다. 그리고 무엇보다, 내 삶을 크게 향상시켜 주었다. 이 책을 아내에게 바친다.

◇◇◇◇◇
출처

· 2장 · 기억력

Pliny, *The historie of the world*: commonly called *The naturall historie of C. Plinius Secundus*. Translated by Philemon Holland Doctor of Physicke (https://quod. lib.umich.edu/e/eebo/A09763.0001.001/1:48. 24?rgn=div2;view=fulltext)

Sartre, *Nausea*, translated by Robert Baldick (London: Penguin, 2000)

Wilson, *Plaques and Tangles* (London: Faber, 2015)

· 3장 · 언어

Wallace, *Infinite Jest* (London: Abacus, 1997)

· 4장 · 집중력

Yamamoto, *Hagakure*, translated by Alexander Bennett (Vermont: Tuttle Publishing, 2014)

· 7장 · 달리기

Murakami, *What I Talk About When I Talk About Running* (London: Vintage, 2009)

· 10장 · 수면

Tranströmer, 'Nocturne', translated by Robert Bly, *The Half-Finished Heaven* (Minnesota: Graywolf Press, 2017)

· 11장 · 행복

Smith, *Hotel World* (London: Penguin, 2002)

· 끝맺는 말

Smith, 'On Optimism and Despair', *New York Review of Books*, 22 December 2016

Nietzsche, *Thus Spoke Zarathustra*, translated by R. J. Hollingdale (London: Penguin, 1961)

Bowie, 'Oh! You Pretty Things', *on Hunky Dory* © RCA 1971

```
∞∞∞∞
```
각주

· 시작하는 말

1 *Current Biology*, DOI: 10.1016/j.cub.2010.11.024
2 *Current Biology*, DOI: 10.1016/j.cub.2006.12.042
3 *Proceedings of the National Academy of Sciences*, DOI: 10.1073/pnas.0702624104
4 *Journal of Human Evolution*, doi.org/smp
5 *Scientific Reports*, DOI: 10.1038/srep22219
6 https://www.newscientist.com/article/mg23130890-600-metaphysics-specialwhere-do-good-and-evil-come-from/

· 1장 · 지능

1 *Frontiers in Psychology*, DOI: 10.3389/fpsyg.2014.00878
2 http://www.telegraph.co.uk/men/the-filter/football-mad-mobbed-by-girls-and-easily-bored-meet-magnus-carlse/
3 *Psychology and Aging*, DOI:10.1037/0882-7974.22.2.291
4 *Journal of Intelligence*, DOI: j.intell.2017.01.013
5 *Intelligence*, 45 (2014), 81–103 http://dx.doi.org/10.1016/j.intell.2013.12.001
6 *British Medical Journal*, DOI: 10.1136/bmj.j2708
7 For more on this see: http://slatestarcodex.com/2017/09/27/againstindividual-iq-worries/
8 *Molecular Psychiatry*, DOI: 10.1038/mp.2014.105
9 https://www.theatlantic.com/health/archive/2014/01/the-dark-side-of-emotional-intelligence/282720/
10 *Journal of Applied Psychology*, DOI: 10.1037/a0037681)
11 http://www.teds.ac.uk
12 Plomin et al., 'Nature, nurture, and cognitive development from 1 to 16 years: a parent-offspring adoption study'. *Psychological Science*, 8 (1997), pp. 442–7

13 *Intelligence*, DOI: j.intell.2014.11.005

14 *Nature Genetics*, DOI: 10.1038/ng.3869

15 *Psychological Science*, DOI: 10.1111/j.1467-9280.2007.02007.x

16 *Nature Communications*, DOI: 10.1038/ncomms2374

17 *Psychological Science*, DOI: 10.1111/j.1467-9280.2008.02175.x.

18 *Trends in Cognitive Sciences*, DOI:10.1016/j.tics.2016.05.010

19 https://www.newscientist.com/article/mg23431260-200-how-to-daydream-your-way-to-better-learning-and-concentration/

20 *Developmental Psychology*, DOI: 10.1037/a0015864

·2장· 기억력

1 Thanks to Felipe De Brigard for pointing this out; see *Synthese*, DOI: 10.1007/s11229-013-0247-7

2 https://stuff.mit.edu/afs/sipb/contrib/pi/pi-billion.txt

3 *Neurocase*, DOI: 10.1080/13554790701844945

4 http://www.worldmemorychampionships.com

5 *Neuron*, DOI: 10.1016/j.neuron.2017.02.003

6 *Neurocase*, DOI: 10.1080/13554790500473680

7 *Frontiers in Psychology*, DOI: 10.3389/fpsyg.2015.02017

8 *Memory*, DOI: 10.1080/09658211.2015.1061011

9 https://www.theguardian.com/science/2017/feb/08/total-recall-the-people-who-never-forget

10 PNAS, DOI: 10.1073/pnas.1314373110

11 *Nature*, DOI: 10.1038/35021052

12 *Psychological Science*, DOI: 10.1111/j.1467-9280.2008.02245.x

13 *Brain Structure and Function*, DOI: 10.1007/s00429-015-1145-1

14 *Synthese*, DOI: 10.1007/s11229-013-0247-7

15 *Psychology and Aging*, DOI: 10.1037/pag0000133

·3장· 언어

1 http://rosettaproject.org/blog/02013/mar/28/new-estimates-on-rate-of-language-loss/

2 http://www.polyglotassociation.org/

3 *Brain and Language*, DOI: 10.1016/S0093-934X(03)00360-2

4 *NeuroImage*, DOI:10.1016/j.neuroimage.2012.06.043

5 *NeuroImage*, DOI: 10.1016/j.neuroimage.2015.10.020

6 *Behavioural Neurology*, DOI: 10.1155/2014/808137

7 *PLoS ONE*, DOI: 10.1371/journal.pone.0094842

8 *Psychological Science*, DOI: 10.1177/0956797611432178

9 *Trends in Cognitive Sciences*, DOI: 10.1016/j.tics.2016.08.004

10 *Nature Genetics*, DOI: 10.1038/ng0298-168

11 *Nature*, DOI: 10.1038/35097076

12 *Proceedings of the National Academy of Sciences*, vol. 92, pp. 930–3

13 *Trends in Genetics*, DOI: 10.1016/j.tig.2017.07.002

14 *Nature*, DOI: 10.1038/nature01025

15 *Current Biology*, DOI: 10.1016/j.cub.2008.01.060

16 *Proceedings of the National Academy of Sciences*, DOI:10.1073/PNAS.1414542111

17 *Journal of Neuroscience*, DOI: 10.1523/JNEUROSCI.4706-14.2015

18 This is true when we learn a second language using traditional teaching methods, rather than when picking a language up by immersion. But what about when we learn our first language? We acquire complex grammatical rules and apply them successfully without being explicitly aware of the rules.

·4장· 집중력

1 http://www.thedrive.com/start-finish/11544/jacques-villeneuve-says-lance-stroll-might-be-worst-rookie-in-f1-history

2 http://www.williamsf1.com/racing/news/azerbaijan-grand-prix-2017

3 *Cerebral Cortex*, DOI: 10.1093/cercor/bhw214

4 *Nature Reviews Neuroscience*, DOI: 10.1038/nrn3916

5 *Pain*, DOI: 10.1016/j.pain.2010.10.006

6 *Emotion*, DOI: 10.1037/a0018334

7 *Neuroscience of Consciousness*, DOI: 10.1093/nc/niw007

8 *Proceedings of the National Academy of Sciences*, DOI: 10.1073/pnas.0707678104

9 One note of caution here: not everyone enjoys the positive benefits of meditation or mindfulness. Two UK-based researchers, Miguel Farias at Coventry University and Catherine Wikholm at the University of Surrey, have written about the potential unexpected consequences in *The Buddha Pill: Can meditation change you?* (London: Watkins Publishing, 2015).

10 *Frontiers in Psychology*, DOI: 10.3389/fpsyg.2014.01220

11 *Frontiers in Psychology*, DOI: 10.3389/fpsyg.2017.00647

・5장・ 용기

1 https://www.gov.uk/government/news/ied-search-teams-honoured-with-new-badge

2 http://www.bbc.co.uk/news/uk-england-25354632

3 *Nature Neuroscience*, DOI: 10.1038/nn2032

4 *Nature Neuroscience*, DOI: 10.1038/nn.3323

5 http://abcnews.go.com/US/hero-mom-describes-chased-off-carjackers-gas-station/story?id=36496307

6 *Neuron*, DOI: 10.1016/j.neuron.2010.06.009

・6장・ 가창력

1 Anders Ericsson, *Peak: Secrets from the New Science of Expertise* (Eamon Dolan/Houghton Mifflin, 2016) p xviii

2 *Psychological Review*, DOI: 10.1037//0033-295X.100.3.363

3 *British Journal of Sports Medicine*, DOI: 10.1136/bjsports-2012-091767

4 Ericsson, *Peak: Secrets from the New Science of Expertise,* p 110.

5 *Psychological Bulletin*, DOI: 10.1037/bul0000033

6 *Intelligence*, DOI: 10.1016/j.intell.2013.04.001

7 *Frontiers in Psychology*, DOI: 10.3389/fpsyg.2014.00646

8 https://alanwilliams123.wordpress.com/2015/06/30/northern- eh, voices-opera-project-the-survey/ and https://www.thetimes.co.uk/article/opera-the-arsonists-to-be-sung-in-yorkshire-accent-alan-edward-williams-ian-mcmillan-39xfpkhjc

9 *Psychological Science*, DOI: 10.1177/0956797614541990

10 I'd always thought it was extraordinarily dismissive to consider that the creative songwriting genius of John Lennon and Paul McCartney was something you could simply practise towards, and then I read this comment by McCartney: 'There are a lot of bands that were out in Hamburg who put in 10,000 hours and didn't make it, so it's not a cast-iron theory,' he told *Q* magazine. 'I don't think it's a rule that if you do that amount of work, you're going to be as successful as the Beatles.' (From: http://www.cbc.ca/news/entertainment/interviewpaul-mccartney-heads-to-canada-1.942764). In any case, a thorough analysis of the Beatles' Hamburg days found they performed together for a total of only about 1100 hours (from Mark Lewisohn, *Tune In*, New York: Crown Archetype, 2013).

11 *Psychonomic Bulletin and Review*, DOI 10.3758/s13423-014-0671-9

12 http://www.telegraph.co.uk/opera/what-to-see/written-skin-one-operatic-masterpieces-time-review/

13 http://www.lemonde.fr/culture/article/2012/07/09/written-on-skin-le-meilleur-opera-ecrit-depuis-vingt-ans_1731145_3246.html

14 http://www.japantimes.co.jp/life/2016/05/28/lifestyle/whispers-asmr-softly-rising-japan

15 Angela Duckworth, *Grit – why passion and resilience are the secrets to success*. Vermilion, 2017.

16 *Journal of Personality and Social Psychology*, DOI: 10.1037/0022-3514.92.6.1087

17 *Journal of Medical Genetics*, DOI: 10.1136/jmedgenet-2012-101209

18 http://jmg.bmj.com/content/45/7/451

19 *Scientific Reports*, DOI: 10.1038/srep39707

20 'Savant Syndrome: A Compelling Case for Innate Talent', DOI: 10.1093/acprof:oso/9780199794003.003.0007

21 *Frontiers in Psychology*, DOI: 10.3389/fpsyg.2014.00658

22 *Proceedings of the National Academy of Sciences*, DOI: 10.1073/pnas.1408777111

23 DOI: 10.1080/02640414.2016.1265662

24 *Developmental Review*, DOI: 10.1006/drev.1999.0504

25 *Perspectives on Psychological Science*, DOI: 10.1177/1745691616635600

26 Email correspondence with the author.

· 7장 · 달리기

1 http://www.runnersworld.com/elite-runners/dean-karzes-runs-350-miles

2 http://www.dailymail.co.uk/news/article-3588109/Super-human-marathon-runner-Dean-Karnazes-jog-350-miles-without-stoppingthanks-rare-genetic-condition.html

3 http://www.bbc.co.uk/news/magazine-17600061

4 http://barefootrunning.fas.harvard.edu

5 *Journal of Sport and Health Science*, DOI: 10.1016/j.jshs.2014.03.009

6 http://www.menshealth.com/fitness/the-men-who-live-forever

7 http://running.competitor.com/2015/04/news/tarahumara-running-tribe-featured-in-a-new-documentary_125766

8 http://www.latinospost.com/articles/77223/20151102/tarahumara-athletes-win-world-indigenous-games.htm

9 *American Journal of Human Biology*, DOI: 10.1002/ajhb.22607

10 *American Journal of Human Biology*, DOI: 10.1002/ajhb.22239

11 https://www.nytimes.com/2015/03/07/sports/caballo-blanco-ultramarathon-is-canceled-over-threat-of-drug-violence.html

12 http://www.aljazeera.com/indepth/features/2016/01/running-lives-mexico-teenage-raramuri-160127090310518.html

13 https://www.theguardian.com/lifeandstyle/2015/mar/31/japanese-monks-mount-hiei-1000-marathons-1000-days

14 Thanks for the input, Celeste Biever.

· 8장 · 장수

1 Children learn from reading fairy tales that you have to be careful what you wish for from a genie. From fairy tales, or from science fiction. I remember reading Fredric Brown's short story, 'Great Lost Discoveries: Immortality', when I was a kid. The hero has invented an immortality pill, but is unsure about whether to use it. Finally, in hospital, on his deathbed, his fear of oblivion overcomes his fear of eh, for ever, and he pops the pill. He slips into a coma . . . and lives for ever. Eventually the hospital realise what's happened and, short of bed space, bury him.

2 http://www.un.org/esa/population/publications/worldageing 19502050/

pdf/90chapteriv.pdf

3 *Human Genetics*: https://www.ncbi.nlm.nih.gov/pubmed/8786073/

4 *Human Genetics*, DOI: 10.1007/s00439-006-0144-y

5 http://www.nytimes.com/1997/08/05/world/jeanne-calment-world-s-elder-dies-at-122.html

6 http://web.archive.org/web/20010113103900/http://entomology.ucdavis.edu/courses/hde19/lecture3.html

7 *Journal of the American Geriatrics Society*, DOI: 10.1111/j.1532-5415.2011.03498.x

8 Dong, X., Milholland, B. and Vijg, J., 'Evidence for a limit to human lifespan' *Nature* 538 (2016), pp. 257–9

9 *Nature*, DOI: 10.1038/nature22784

10 *Nursing Open*, DOI: 10.1002/nop2.44

11 http://www.dailymail.co.uk/femail/article-1008681/Alcohol-cigarettes-chocolates-sweets--The-secrets-long-life.html

12 *Nature Genetics*, DOI: 10.1038/ng0194-29

13 *Rejuvenation Research*, DOI: 10.1089/rej.2014.1605

14 *Neurobiology of Aging*, DOI: 10.1016/j.neurobiolaging.2012.08.019

15 *Nature Reviews Genetics*, DOI: 10.1038/nrg1871

16 *International Journal of Epidemiology*, 2017, 1–11, DOI: 10.1093/ije/dyx053

17 *Journal of Gerontology*, DOI: 10.1093/gerona/glr223

18 *PLoS ONE*, DOI: 10.1371/journal.pone.0029848

19 *Journals of Gerontology Series A: Biological Sciences and Medical Sciences*, 15 March 2017, DOI: 10.1093/gerona/glx027

20 *Human Molecular Genetics*, DOI: 10.1093/hmg/ddu139

21 *Journals of Gerontology Series A: Biological Sciences and Medical Sciences*, DOI: 10.1093/gerona/glx053

22 This work, shared with me by Nir Barzilai, is currently in press in a cardiovascular journal.

23 *Frontiers in Genetics*, DOI: 10.3389/fgene.2011.00090

24 *Health Affairs (Millwood)*, DOI: 10.1377/hlthaff.2013.0052

25 *Neuroscientist*, DOI: 10.1177/107385840000600114

26 *Nature*, DOI: 10.1038/nature10357

27 *Cell*, DOI: 10.1016/j.cell.2013.04.015

28 *Nature Medicine*, DOI: 10.1038/nm.3898

29 http://bioviva-science.com/blog/one-year-anniversary-of-biovivas-gene-therapy-against-human-aging

30 *Proceedings of the National Academy of Sciences*, DOI: 10.1073/pnas.0906191106

31 http://onlinelibrary.wiley.com/doi/10.1002/emmm.201200245/full

32 You can see him here: https://www.youtube.com/watch?v=IEAejwYBilE

33 *Nature*, DOI: 10.1038/nature11432

34 Mattison et al., *Nature Communications* 8 (2017), DOI: 10.1038/ncomms14063

35 https://www.newscientist.com/article/mg22429894-000-everyday-drugs-could-give-extra-years-of-life/

・9장・ 회복력

1 http://nymag.com/health/bestdoctors/2014/steve-crohn-aids-2014-6/

2 *Nature Biotechnology*, DOI: 10.1038/nbt.3514

3 https://www.newscientist.com/article/mg21428683-200-watching-surgeons-expand-a-babys-skull/

4 *American Psychologist*, https://www.ncbi.nlm.nih.gov/pubmed/11315249

・10장・ 수면

1 *Scientific Reports*, DOI: 10.1038/srep17159

2 *Sleep*, DOI: 10.1016/j.slsci.2016.01.003

3 https://www.researchgate.net/scientific-contributions/33359804_Allan_Rechtschaffen

4 https://www.sciencealert.com/watch-here-s-what-happened-when-a-teenager-stayed-awake-for-11-days-straight

5 *Proceedings of the National Academy of Sciences*, DOI: 10.1073/pnas.0305404101

6 *Nature*, DOI: 10.1038/nature02663

7 Otto Loewi, 'An Autobiographical Sketch', *Perspectives in Biological eh, Medicine* 4 (1960), pp. 1–25

8 *Sleep*, DOI: 10.5665/sleep.1974

9 *International Journal of Dream Research*, DOI: 10.11588/ijodr.2009.2.142

10 https://www.newscientist.com/article/mg23331130-400-heal-yourself-from-inside-your-dreams/

11 *Imagination. Cognition and Personality*, DOI: 10.2190/IC.31.3.f

12 http://www.technologyreview.com/view/424608/extra-sleep-boosts-basketball-players-prowess/

13 *Sleep*, DOI: 10.5665/SLEEP.1132

14 https://www.theguardian.com/us-news/2017/may/31/what-is-covfefe-donald-trump-baffles-twitter-post

15 *Sleep Health*, DOI: 10.1016/j.sleh.2014.12.010

16 http://www.neurologyadvisor.com/sleep-2017/cvd-and-stroke-mortality-risks-linked-to-sleep-duration/article/668280/

17 http://www.hellomagazine.com/profiles/marthastewart/

18 *Trends in Genetics*, DOI: 10.1016/j.tig.2012.08.002

19 *Science*, DOI: 10.1126/science.1174443

20 *Journal of Sleep Research*, 10, pp. 173–9

21 *Science*, DOI: 10.1126/science.1180962

22 *Science*, DOI: 10.1126/science.1241224

23 *Brain*, DOI: 10.1093/brain/awx148

· 11장 · 행복

1 http://www.npr.org/sections/health-shots/2015/01/09/376084137/trapped-in-his-body-for-12-years-a-man-breaks-free

2 *Consciousness and Cognition*, DOI: 10.1016/j.concog.2011.10.010

3 *BMJ Open*, DOI: 10.1136/bmjopen-2010-000039

4 Richard Easterlin, 'Does Economic Growth Improve the Human Lot? Some Empirical Evidence' (pdf). In Paul A. David, Melvin W. Reder. *Nations and Households in Economic Growth: Essays in Honor of Moses Abramovitz* (New York: Academic Press, 1974)

5 http://www.nber.org/papers/w14282

6 *Proceedings of the National Academy of Sciences*, DOI: 10.1073/pnas.1011492107

7   http://www.latinamericanstudies.org/cold-war/sovietsbomb.htm

8   *Science*, DOI: 10.1126/science.1083968

9   *Molecular Psychiatry*, DOI: 10.1038/sj.mp.4001789

10 *Journal of Human Genetics*, DOI: 10.1038/jhg.2011.39

11 *Journal of Neuroscience, Psychology, and Economics*, DOI: 10.1037/a0030292

12 *Molecular Psychiatry*, DOI: 10.1038/mp.2017.44

13 http://www.huffingtonpost.co.uk/kate-allatt/wellbeing-volunteering_b_15425654.html

14 http://www.huffingtonpost.co.uk/author/henning-van-der-hoeven

15 I read this in James Kingsland, *Siddhartha's Brain* (London: Robinson, 2016).

16 *Nature Genetics*, DOI: 10.1038/ng.3620

• 끝맺는 말

1   *Science*, DOI: 10.1126/science.1064815 – this achievement was entirely due to the skill and generosity of the first author.

2   Actually this isn't true: I do disgrace myself.

3   Of course, in this book we have only looked at abilities and traits, not at emotions, such as love and sadness, which are also key to the human condition.

4   I can never read those lines without seeing Richard E. Grant magnificently spitting the words at the end of *Withnail and I*.

5   It's been claimed that in Hamlet, Shakespeare was describing the symptoms of what we now call bipolar syndrome. See: https://www.newscientist.com/article/mg22229654-900-shakespeare-the-godfather-of-modern-medicine/

6   It goes without saying that Shakespeare had an unprecedented and unsurpassed insight into human nature; what's interesting from my point of view and what makes him so quotable, five hundred years later, is that he seems to have intuitively understood the role of nature, of genetics, even if sometimes he over-eggs the pudding. Here's an example. Of wicked Caliban, Shakespeare has Prospero say he is 'A devil, a born devil, on whose nature Nurture can never stick.' Would Caliban always turn out evil? Is Prospero asserting that to salve his conscience? Or does Shakespeare – do we – really

believe that someone can be *born* evil? Might Hitler have ended up merely a grumpy old farmer if not for certain catastrophic turns of eh, fate?

7 *Intelligence*, DOI: 10.1016/j.intell.2009.03.008

8 *International Journal of Epidemiology*, DOI: 10.1093/ije/dyv112

9 *Proceedings of the National Academy of Sciences*, DOI: 10.1073/pnas.1605043113

10 Kathryn Asbury and Robert Plomin, *G is for Genes: The Impact of Genetics on Education and Achievement* (Oxford: Wiley-Blackwell, 2013)

11 https://www.scientificamerican.com/article/improving-humanswith-customized-genes-sparks-debate-among-scientists1/

12 https://ipscell.com/2015/03/georgechurchinterview/ and https://ipscell.com/2016/04/new-chat-with-george-church-on-crispringpeople-zika-weapons-more/

13 For example: https://www.newscientist.com/article/mg22830500-500-will-crispr-gene-editing-technology-lead-to-designer-babies/

14 *Molecular Genetics and Genomics*, DOI: 10.1007/s00438-017-1299-z

15 *bioRxiv*, DOI: 10.1101/181255

16 Public Library of Science, DOI:10.1371/journal.pone.0007486

17 *Cell Reports*, DOI: 10.1016/j.celrep.2013.11.018

18 Quoted in this tweet from Demis Hassabis: https://twitter.com/demishassabis/status/884915065715085312

19 https://en.chessbase.com/post/the-future-is-here-alphazero-learnschess

20 These figures were presented at a public lecture at New Scientist Live, September 2017.

인간 잠재력의 최고점에 오른 사람들
슈퍼휴먼

초판 1쇄 인쇄 2020년 7월 27일
초판 1쇄 발행 2020년 7월 31일

글쓴이 로완 후퍼
옮긴이 이현정

펴낸이 이경민
펴낸곳 (주)동아엠앤비
출판등록 2014년 3월 28일(제25100-2014-000025호)
주소 (03737) 서울특별시 서대문구 충정로 35-17 인촌빌딩 1층
전화 (편집) 02-392-6903 (마케팅) 02-392-6900
팩스 02-392-6902
전자우편 damnb0401@naver.com
SNS ￼ ￼ ￼

ISBN 979-11-6363-222-1(03400)